Gerhard Lang

Militärflugzeuge international

seit 1945

Gerhard Lang

Militärflugzeuge international

seit 1945

Motor
buch
Verlag

Einbandgestaltung: Katja Draenert unter Verwendung von Vorlagen aus dem Archiv des Verfassers.

Die Fotos auf der Titelseite zeigen: Den zweiten deutschen Prototyp des Eurofighter Typhoon, die DA5 (98+30), mit eingeschalteten Nachbrennern (großes Bild), sowie eine Mi-24V einer tschechischen »Tiger«-Einheit, eine MiG-21UM der tschechischen Luftstreitkräfte und die Do 31E-3 (kleine Bilder von links nach rechts).

Die teilweise geminderte Bildqualität ist auf das Alter der Abbildungen und die Umstände ihres Entstehens zurückzuführen.

ISBN 3-613-02097-1

1. Auflage 2001

Lektorat: Hartmut Lange, Wolf Westerkamp
Innengestaltung: Viktor Stern
Scans: digi bild reinhardt, 73037 Göppingen
Druck: Rung-Druck, 73033 Göppingen
Bindung: E. Riethmüller, 70176 Stuttgart
Printed in Germany

Inhalt

Vorwort

Kampfflugzeuge haben bei den Luftwaffen schon immer eine führende Rolle gespielt. Die Technik machte in den letzten Jahren im Luftfahrtbereich große Fortschritte. War es Ende der 40er-, Anfang der 50er-Jahre das Erreichen der Überschallgeschwindigkeit, so war es Ende der 80er-Jahre die Stealth- oder Tarn-Technologie, die großen Einfluss auf die Entwicklung der Militärflugzeuge hatte. Für die nahe Zukunft werden die mit Schubvektor-Steuerung ausgerüsteten Flugzeuge einen weiteren Höhepunkt in der Geschichte der Kampfflugzeuge setzen.

Die gesamte Entwicklung militärischer Flugzeuge seit den Ersten Weltkrieg darzustellen ist im Rahmen dieses Buches nicht möglich. Darum wird die Auswahl in diesem Buch auf die wichtigsten militärischen Flugzeugtypen der letzten 50 Jahre beschränkt. Das vorliegende Buch soll keine umfassende Dokumentation militärischer Luftfahrzeuge dieser Zeit sein, sondern allen Luftfahrtbegeisterten einen Überblick über die Entwicklung der Luftfahrt in den letzten Jahren geben und es dem interessierten Laien ermöglichen, sich über die einzelnen Luftfahrzeugtypen zu informieren und diese auch zu erkennen.

Selbstverständlich konnten nicht alle Flugzeuge, die in den letzten Jahren entwickelt wurden und bei den einzelnen Luftwaffen zum Einsatz kamen, erfasst werden – dies würde den Rahmen dieser Publikation bei weitem sprengen. Insgesamt sind es 207 Flugzeugtypen, die in Wort und Bild vorgestellt werden. Bei den wichtigsten Typen wurde der Text ausführlicher gehalten. Zum großen Teil geben die Begleittexte jedoch nur die wichtigsten Informationen wieder.

Die technischen Daten können von bereits publizierten Angaben abweichen, da Leistungsdaten wie Geschwindigkeit, Reichweite, Gipfelhöhe und dergleichen von vielen Faktoren abhängig sind. Für die in diesem Buch veröffentlichten technischen Daten wurden im Allgemeinen Angaben der Hersteller zu Grunde gelegt.

Die Gliederung des Buches hätte sicherlich nach den verschiedensten Gesichtspunkten durchgeführt werden können. Als die übersichtlichste Art erschien mir die Gliederung nach Produktionsländern und hier wiederum nach Herstellern unterteilt. Internationale Projekte wie A310, Jaguar oder Tornado sind unter der Rubrik »International« zu finden. Im Index erfolgt die Aufschlüsselung in alphabetischer Reihenfolge nach Typbezeichnung, Hersteller und Typnamen, so dass es keine Schwierigkeiten bereiten dürfte, einen bestimmten Typ zu finden.

Mein besonderer Dank gilt all den Fotografen, die mir Bildmaterial für dieses Buch zur Verfügung gestellt haben.

Filderstadt, im März 2001
Gerhard Lang

FMA IA-58 Pucará

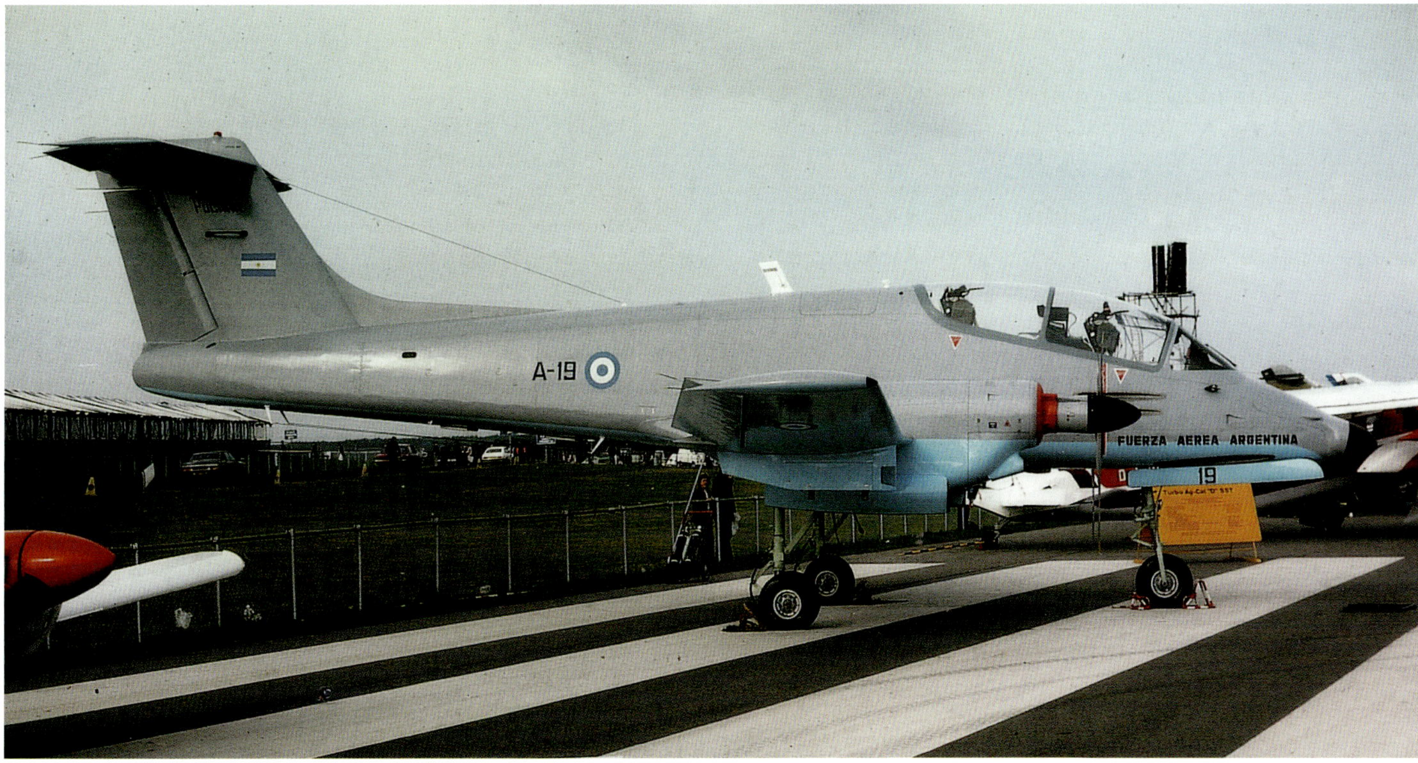

■ **Für Erdkampfeinsätze setzt die argentinische Luftwaffe die IA 58 Pucará ein, von der noch 60 Maschinen zur Verfügung stehen.**

Bei der Pucará handelt es sich um ein leichtes Kampfflugzeug, das am 20. August 1969 zum ersten Mal flog. Allerdings dauerte es bis zum 8. November 1974, bis die Serienversion startete. Ab 1976 erfolgte die Auslieferung an die argentinische Luftwaffe. Am 15. Mai 1979 hob der mit zwei DEFA-553-Kanonen ausgerüstete Prototyp der IA-58B zu seinem Erstflug ab. Bei der IA-58C handelt es sich um einen Umbau der IA-58A, der zu den zwei 20-mm-Kanonen und den vier 7,62-mm-MGs zusätzlich noch mit zwei DEFA-553-Kanonen ausgerüstet wurde. Die Maschine flog erstmals am 30. Dezember 1985. Es wurde nur eine IA-58A umgebaut. Im Jahr 1981 erhielt Uruguay sechs und Kolumbien drei IA-58A für die Drogenbekämpfung. Vier Pucará wurden 1992 nach Sri Lanka geliefert.

FMA IA-58 PucaráFMA IA-58 Pucará

Verwendungszweck: COIN-Flugzeug
Antrieb: zwei Propellerturbinen (Turboméca Astazou XVIG) mit je 729 kN (978 WPS)
Besatzung: 2
Spannweite: 14,50 m
Länge: 14,25 m
Höhe: 5,36 m
Flügelfläche: 30,30 m²
Leermasse: 4037 kg
Maximale Startmasse: 6800 kg
Höchstgeschwindigkeit: 750 km/h
Reisegeschwindigkeit: 500 km/h
Steiggeschwindigkeit: 18 m/s
Dienstgipfelhöhe: 10.000 m
Reichweite: 3042 km
Startstrecke: 705 m
Landestrecke: 603 m
Bewaffnung: zwei 20-mm-Hispano-HS-2084-Maschinenkanonen, vier 7,62-mm-FN-Browning-MGs, Außenlasten bis zu 1620 kg

Chengdu JJ-5/FT-5

■ **Die Luftstreitkräfte Sri Lankas erhielten im Juli 1991 zwei Chengdu FT-5, die zur Pilotenausbildung eingesetzt werden.**

Die J-5A entwickelten die Chinesen aus der MiG-17PF. Die neue Maschine flog erstmals am 11. November 1964. Daraus entstand der Trainer JJ-5. Von der JJ-5 baute Chengdu 1061 Flugzeuge, deren erstes am 8. Mai 1966 startete. Die Produktion endete 1986. Die Exportversion FT-5 wurde an die Luftwaffen von acht Staaten geliefert. Die Produktion endete 1986. Die Exportversion FT-5 wurde an die Luftwaffen von acht Staaten geliefert.

Chengdu JJ-5

Verwendungszweck: Schulflugzeug
Antrieb: ein Strahltriebwerk (Xian Wopen WP 5D) mit 26,5 kN (2703 kp) Schub
Besatzung: 2
Spannweite: 9,63 m
Länge: 11,50 m
Höhe: 3,80 m
Flügelfläche: 22,60 m²
Leermasse: 4080 kg
Maximale Startmasse: 6215 kg
Höchstgeschwindigkeit: 1048 km/h
Reisegeschwindigkeit: 775 km/h
Steiggeschwindigkeit: 27 m/s
Dienstgipfelhöhe: 14.300 m
Reichweite: 1230 km

Chengdu J-7/F-7

■ **Zwei Chengdu F-7BS der No.5 Jet Squadron der Sri Lanka Air Force.**

Ein weiterer chinesischer Nachbau eines russischen Flugzeuges ist die J-7, die auf der MiG-21 basiert. Die erste Maschine startete am 17. Januar 1966. Mehrere Versionen wurden gebaut und auch exportiert. Produktion und Weiterentwicklung laufen noch heute. Im April 1990 flog die erste J-7E, die mit moderner Avionik, Computern und HUD ausgerüstet ist. Die Exportversion J-7M Airguard verfügt ebenfalls über moderne westliche Ausrüstung. Für Pakistan entwickelte Chengdu die F-7P Skybolt, die mit dem Schleudersitz Martin Baker Mk 10L ausgerüstet ist und R.550 Magic und AIM-9 Sidewinder mitführen kann. Die Weiterentwicklung führt die Bezeichnung F-7MP. Die Allwetterversion J-7 III hob erstmals am 26. April 1984 ab. Darüber hinaus gibt es noch die Doppelsitzer JJ-7 und FT-7.

Chengdu F-7M

Verwendungszweck: Kampfflugzeug
Antrieb: ein Strahltriebwerk (Liyang Wopen WP 7B[BM]) mit 41,2 kN (4202 kp) Schub ohne Nachbrenner; 59,8 kN (6070 kp) Schub mit Nachbrenner
Besatzung: 1
Spannweite: 7,15 m
Länge: 14,89 m
Höhe: 4,10 m
Flügelfläche: 23,00 m²
Leermasse: 5275 kg
Maximale Startmasse: 7531 kg
Höchstgeschwindigkeit: 2175 km/h
Steiggeschwindigkeit: 180 m/s
Dienstgipfelhöhe: 18.200 m
Reichweite: 2230 km
Bewaffnung: Luft-Luft-Raketen, Bomben, Bordkanonen

Nanchang Q-5 (Fantan A/B)

Die A-5 Fantan ist eine chinesische Weiterentwicklung der MiG-19. Es wurden rund 800 Flugzeuge gebaut.

Die Q-5 (Qiangjiji-5, oder Erdkampfflugzeug Nr. 5) ist eine rein chinesische Entwicklung und entstand 1958. Sie ist eine Weiterentwicklung der MiG-19 (J-6), die von China ab 1955 eingesetzt wurde. Ihre Existenz wurde erstmals 1980 offiziell bestätigt. Gegenüber der MiG-19 verfügt die Q-5 über einen vergrößerten Waffenschacht, der die Verlegung der elektronischen Ausrüstung in die Bugspitze erforderlich machte. Gleichzeitig verlegte man die Lufteinläufe auf die Rumpfseiten. Das Cockpit deckt eine »Bubble-Haube« ab. Der Erstflug erfolgte am 5. Juni 1968. Im Verlauf der folgenden Jahre nahm man weitere Änderungen vor: So wurden andere Querruder und ein Bremsschirm eingebaut, und der Waffenschacht erhielt zusätzliche Tanks, was jedoch zu Lasten einer erheblich größeren Startstrecke geht. Bis 1985 wurden ungefähr 700 Q-5 gebaut. Pakistan erhielt 42 Flugzeuge der Exportversion A-5. Die Anzahl der an Nordkorea gelieferten Flugzeuge ist nicht bekannt.

Nanchang

Verwendungszweck: Erdkampfflugzeug
Antrieb: zwei Strahltriebwerke (Shenyang Wopen-6 [WP-6]) mit je 25,5 kN (2600 kp) Standschub; 31,9 kN (3250 kp) mit Nachbrenner
Besatzung: 1
Spannweite: 9,70 m
Länge mit Staurohr: 6,26 m
Länge ohne Staurohr: 15,65 m
Höhe: 4,51 m
Flügelfläche: 27,95 m²
Leermasse: 6494 kg
Maximale Startmasse: 12.000 kg
Höchstgeschwindigkeit: 1210 km/h
Steiggeschwindigkeit auf 5000 m: 103 m/s
Dienstgipfelhöhe: 15.850 m
Reichweite mit Zusatztanks: 2000 km
Kampfradius (Hi-Lo-Hi): 600 km
Startrollstrecke: 1250 m
Landerollstrecke mit Bremsschirm: 1060 m
Bewaffnung: zwei 23-mm-Maschinenkanonen, im Waffenschacht vier 250-kg-Bomben, sechs 250-kg-Bomben an zwei Rumpfstationen, vier Flügelstationen für Tanks, Raketen und ECM-Behälter

Shansi Y-8

■ Shanshi Y-8 im Einsatz bei der Sri Lanka Air Force.

Die Y-8 ist ein Nachbau der Antonow An-12. Die erste Y-8 wurde noch bei der Xian Aircraft Company gebaut und startete erstmals am 25. Dezember 1974. Shansi übernahm die Fertigung 1972. Der Erstflug einer Y-8 bei Shansi erfolgte im Dezember 1975. Sieben Versionen wurden entwickelt und gebaut, wobei die Y-8B für den zivilen Einsatz vorgesehen ist und die Y-8D für den Export. Die Y-8C wurde zusammen mit Lockheed entwickelt, es entstanden aber nur zwei Prototypen. Die Y-8X erhielt westliche Avionik, bis jetzt fliegt allerdings nur ein Prototyp.

Shansi Y-8C

Verwendungszweck: Transportflugzeug
Antrieb: vier Propellerturbinen (Zhuzhou Wojiang-6) mit je 3169 kW (4250 WPS)
Spannweite: 38,00 m
Länge: 34,02 m
Höhe: 11,16 m
Flügelfläche: 121,86 m²
Leermasse: 35.500 kg
Maximale Startmasse: 61.000 kg
Höchstgeschwindigkeit: 662 km/h
Reisegeschwindigkeit: 530 km/h
Steigleistung: 7,9 m/s
Dienstgipfelhöhe: 10.400 m
Reichweite: 5615 km
Startstrecke: 1230 m
Landestrecke: 1100 m

Dornier Do 27

■ **Dornier Do 27 in den Farben der portugiesischen Luftwaffe.**

Die Do 27 ist eine Weiterentwicklung der Do 25, die 1951 unter der Leitung von Dipl.-Ing. Claudius Dornier in Madrid entstand. Der Prototyp, die Do 25P1, flog unter der spanischen Musterbezeichnung XL-9 erstmals am 25. Juni 1954 von Sevilla-Tablada aus. Ausgerüstet war sie mit einem 150 PS starken Elizalde Tigre G-IV-B.
Am 17. Oktober 1956 startete Heinrich Schäfer zum Erstflug mit der ersten Do-27-Serienmaschine in Oberpfaffenhofen. Die Do 27 wurde in 14 Versionen gebaut. Ein Auftrag der Bundeswehr über 428 Flugzeuge war der Auslöser für den Serienbau. Bei der Bundeswehr kamen die Versionen Do 27A und B zum Einsatz. Für die Schweizer Fliegertruppe wurde die Do 27H-2 gebaut, die mit einer Drei-Blatt-Hartzell-Metallluftschraube ausgerüstet ist. Die belgischen Streitkräfte erhielten die Do 27J. In Spanien bauten die CASA-Werke weitere 50 Do 27 unter der Bezeichnung C.127 in Lizenz. Insgesamt verließen über 600 Maschinen die Fertigungslinien.

Dornier Do 27 A-4

Verwendungszweck: Reise-und Verbindungsflugzeug
Antrieb: ein Kolbenmotor (Lycomming GO 480-B1A6) mit 203 kW (274 PS)
Besatzung: 1 + 5 Passagiere
Spannweite: 12,00 m
Länge: 9,60 m
Höhe: 2,80 m
Flügelfläche: 19,40 m²
Leermasse:1100 kg
Maximale Flugmasse: 1850 kg
Höchstgeschwindigkeit: 250 km/h
Reisegeschwindigkeit: 215 km/h
Mindestgeschwindigkeit: 60 km/h
Dienstgipfelhöhe: 3300 m
Reichweite: 1100 km
Startrollstrecke: 190 m
Landerollstrecke: 170 m

Dornier Do 28 D Skyservant

■ **Die deutsche Luftwaffe setzte die Do 28D-2 als leichtes Transportflugzeug ein. Hier eine Maschine des JaboG 32.**

Aus der Do 27 leitete Dornier die Do 28B ab, ein zweimotoriges Mehrzweckflugzeug. Eine Do 28A-1, die 15+01 (ex CA+041, ND+108) flog auch bei der Bundeswehr. Die Weiterentwicklung Do 28D-1 unterschied sich von ihren Vorgängermustern erheblich und war im Grunde eine Neukonstruktion. Der Prototyp startete am 23. Februar 1966 zu seinem Erstflug. Von der Do 28D wurden nur sieben Flugzeuge gebaut, dann erfolgte die Umstellung der Produktion auf die Version D-1. Am 19. April 1967 bekam die Do 28D-1 die FAA-Zulassung und 1970 die militärische Zulassung. Für Luftwaffe und Marine wurden 125 Flugzeuge bestellt. Die ersten vier Maschinen waren noch Do 28D-1; sie wurden aber bald an zivile Halter verkauft. Bei den restlichen Flugzeugen handelte es sich um Do 28D-2.

Weltweit stehen über 220 Exemplare im Einsatz. Die Do 28D-1 stellte am 15. März 1972 sechs FAI-Weltrekorde in der Klasse C1e auf. Im Jahr 1980 wurde eine Do 28D-2 mit Avco-Lycoming-Turboladertriebwerken ausgerüstet, deren Erprobung positiv verlief, worauf man alle bei der Bundeswehr eingesetzten Flugzeuge auf dieses Triebwerk umrüstete. Ab 1981 änderte Dornier die Typenbezeichnungen für seine Flugzeuge: Die mit Kolbenmotoren (Lycoming IGSO 540 A1E) ausgerüsteten Flugzeuge erhielten die Bezeichnung Dornier 128-2, die von Propellerturbinen angetriebenen Flugzeuge Dornier 128-6; Prototyp der Do 128-6 war die Do 28D-5X (D-IBUF).

Dornier Do 28D-2

Verwendungszweck: Mehrzweck- und Verbindungsflugzeug
Antrieb: Zwei Kolbenmotoren (Lycoming IGSO 540A-1E) mit je 281 kW (380 PS)
Besatzung: 2 + 12 Passagiere
Spannweite: 15,55 m
Länge: 11,41 m
Höhe: 3,90 m
Flügelfläche: 28,60 m²
Leermasse: 2304 kg
Maximale Flugmasse: 3862 kg
Höchstgeschwindigkeit: 320 km/h
Reisegeschwindigkeit: 272 km/h
Mindestgeschwindigkeit: 60 km/h
Dienstgipfelhöhe: 7680 m
Reichweite: 2020 km
Startrollstrecke: 280 m
Landerollstrecke: 228 m

Dornier Do 31

■ **Als Erprobungsträger für ein senkrecht startendes Transportflugzeug diente die Do 31E-3.**

Die Do 31 war der erste senkrechtstartende Strahltransporter der Welt. Die Anfänge der Do-31-Entwicklung reichen bis in das Jahr 1959 zurück. Das Bundesministerium beauftragte Dornier 1962 mit der Entwicklung eines V/STOL-Transporters. Dafür baute Dornier zwei Schwebegestelle und für die Festigkeitsversuche eine Bruchzelle. Die beiden Experimentalflugzeuge Do 31E-1 und E-3 nahmen 1967 die Flugerprobung auf. Die Do 31 war mit zwei Hub-/Schubtriebwerken des Typs Pegasus 5-2 von Rolls-Royce mit je 68,69 kN (7000 kp) Schub ausgerüstet. Über drehbare Austrittsdüsen wurden der Antrieb für den Horizontalflug und der Auftrieb für Senkrechtstart und -landung erzeugt.
Bei Start und Landung wurden die schwenkbaren Marschtriebwerke von acht in den Gondeln an den Flügelenden montierten Hubtriebwerken des Typs RB 162-4 von Rolls-Royce mit je 19,62 kN (2000 kp) unterstützt. Die Do 31 beschleunigte durch Schwenken der Marschtriebwerke innerhalb von etwa 20 Sekunden auf 250 km/h. Nach Erreichen dieser Geschwindigkeit wurden die Hubtriebwerke abgeschaltet, und die Do 31 flog wie ein konventioneller Strahltransporter weiter. Nach Abschluss der Erprobung stellte Dornier die weitere Entwicklung ein.

Dornier Do 31

Verwendungszweck: Experimental-Transportflugzeug
Antrieb: zwei Strahltriebwerke (Rolls-Royce Pegasus 5-2) mit je 68,69 kN (7000 kp) Schub, acht Hubtriebwerke (Rolls-Royce RB 162-4D) mit je 19,62 kN (2000 kp) Schub
Spannweite: 18,06 m
Länge: 20,88 m
Höhe: 8,53 m
Flügelfläche: 57,00 m²
Maximale Abflugmasse: 27.500 kg
Reisegeschwindigkeit: 700 km/h
Steiggeschwindigkeit: 19,2 m/s
Dienstgipfelhöhe: 10.700 m

Dornier 228

■ **Bei der thailändischen Marine stehen sechs Dornier Do 228-212 als Seeraum-Überwachungsflugzeug im Einsatz.**

Am 27. November 1979 begann man bei Dornier mit Entwicklungsstudien für ein modernes, einfach gebautes Mehrzweckflugzeug mit STOL-Eigenschaften für 19 Passagiere oder eine entsprechende Nutzlast. Das Ergebnis war die Dornier 228. Es handelt sich dabei um die konsequente Weiterentwicklung von Dornier Do 28D-2 Skyservant, Dornier 128-2 und Dornier 128-6. Viele der bewährten Merkmale blieben erhalten, darunter der Kabinenquerschnitt und die tragende Konstruktion. Auffälligstes Merkmal der Dornier 228 ist die Verwendung des »Tragflügels Neuer Technologie (TNT)«. Diese von Dornier – im Rahmen eines vom Bundesministerium für Forschung und Technologie (BMFT) geförderten Programms – entwickelte Flügelkonstruktion ähnelt in der aerodynamischen Profilgebung dem so genannten »superkritischen Profil«, das für die neue Generation von Strahlverkehrsflugzeugen entwickelt wurde. Das am 14. Juni 1979 aufgenommene Flugerprobungsprogramm mit dem Dornier-TNT-Experimentalflugzeug (D-IFNT) ergab, dass der neue Flügel die Leistung konventioneller zweimotoriger Flugzeuge um mehr als 25 Prozent erhöhen kann. Der »Tragflügel Neuer Technologie« bietet durch den Einbau von Spaltklappen mit Fowler-Effekt und eine entsprechende Randbogengestaltung, die eine größtmögliche Verringerung des induzierten Widerstandes bewirkt, eine beachtliche Verbesserung besonders bei Starts und Landungen. Die daraus resultierenden Gesamtleistungen ermöglichen sowohl eine entsprechende Nutzlasterhöhung und Reichweitensteigerung als auch eine Senkung des Kraftstoffverbrauchs und damit eine wesentliche Steigerung der Wirtschaftlichkeit des Flugzeugs. Auch technisch erwies sich die Dornier 228 als außerordentlich verlässlich. Sie kann bei vollem Abfluggewicht von bis zu 3050 m hoch gelegenen Plätzen aus eingesetzt werden.

Am 28. März 1981 startete auf dem Dornier-Werksflugplatz Oberpfaffenhofen der Prototyp der für 15 Fluggäste ausgelegten Dornier 228-100 (D-IFNS) zu seinem erfolgreichen Erstflug. Bereits am 9. Mai 1981 folgte der Erstflug des zweiten

Prototyps, der Dornier 228-200 (D-ICDO), die 19 Fluggästen Platz bietet und einen um 1,53 m verlängerten Rumpf hat. Die 19-sitzige Ausführung für den Zubringer- und Regionalluftverkehr wurde gewählt, da nach den Vorschriften der FAA und zahlreicher Zulassungsbehörden bei dieser Sitzzahl kein Flugbegleiter mitfliegen muss. In Staaten, in denen diese Regelung nicht gilt, kommt die Dornier 228-200 mit bis zu 21 Sitzen zum Einsatz.

Im Jahr 1984 wurden die rein äußerlich gleichen Versionen Dornier 228-101 und -201 eingeführt, die mit einer nur 10 kg höheren Betriebsleermasse eine um 280 kg höhere Abflugmasse aufweisen, wobei sich die Zuladung bei der -201 um 270 kg erhöhte. Außerdem wird noch die leistungsgesteigerte Dornier 228-202 mit einer Abflugmasse von 6200 kg angeboten, die bei einer um 75 kg höheren Betriebsleermasse 425 kg mehr Zuladung gegenüber der -201 ermöglicht. Mit einem besonderen Umrüstpaket können Dornier 228-200 auf die erhöhte Abflugmasse von 6200 kg nachgerüstet werden. Die Auslieferung der Versionen Dornier 228-102/-202 erfolgte ab November 1987.

Erstbesteller für die Dornier 228 war die norwegische Fluggesellschaft A/S Norving, die im Spätsommer 1982 mit ihrer ersten Dornier 228-100 von Kirkenes aus den Liniendienst zu den Städten Vadsö und Alta aufnahm. Als erster Abnehmer in USA setzt Precision Airlines seit 1984 die Dornier 228-200 ein. Im Jahr 1985 konnte das 50. Serienflugzeug an Olympic Aviation ausgeliefert werden.

Als reines Frachtflugzeug kommt seit Dezember 1987 die Dornier 228-203F mit einer Abflugmasse von 6500 kg zum Einsatz. Die Nutzlast beträgt maximal 2300 kg und das Ladevolumen 18,1 Kubikmeter. Im Gegensatz zur Passagierversion verfügt diese Ausführung nicht über Kabinenfenster und Notausstiege. Dafür stehen der Besatzung nicht nur auf der linken, sondern auch auf der rechten Seite eine Cockpittür zur Verfügung.

Am 29. November 1983 wurde mit der indischen Regierung ein Abkommen abgeschlossen, demzufolge 150 Dornier 228-200 unter Lizenz durch Hindustan Aeronautics Ltd. (HAL) in Indien gefertigt werden. Die erste aus indischer Produktion stammende Dornier 228 absolvierte am 31. Januar 1986 ihren Erstflug und wurde im März 1986 an die inländische Regionalgesellschaft Vayudoot übergeben.

Die Dornier 228 fliegt weltweit in 40 Ländern, davon 28 Prozent in Asien, 25 Prozent in Europa und 15 Prozent in den USA. Die Produktion der Dornier 228 wurde 1998 nach 240 gebauten Einheiten eingestellt. In Indien läuft die Fertigung jedoch weiter.

Am bekanntesten dürften die Maschinen des Alfred-Wegner-Instituts sein, die als »Polar 2« (D-IAWI, Werk-Nr. 7014), »Polar 3« (D-IGUN, Werk-Nr. 7039) und »Polar 4« (D-CICE, Werk-Nr. 7073) für die Antarktis-Forschung eingesetzt wurden. »Polar 3« wurde auf dem Rückflug von der zweiten Antarktis-Expedition am 24. Februar 1985 über der Westsahara abgeschossen, wobei die gesamte Besatzung ums Leben kam.

Bei der Bundeswehr sind fünf Dornier 228-200 im Einsatz. Die 57+01 (ex 98+77), 57+02, 57+03 und 57+04 fliegen beim MFG 3 und dienen dort im Rahmen des Umweltschutzes für die Küstenüberwachung. Die fünfte Maschine, 98+78, gehörte ebenfalls zuerst zum MFG 3, kam dann aber zur Flugbereitschaft und ist heute in Manching bei der WTD 61 stationiert.

Dornier 228-212

Verwendung: STOL-Zubringer- und Mehrzweckflugzeug für 15-19 Passagiere
Besatzung: 2
Triebwerke: zwei Propellerturbinen (Garrett TPE331-5A-252D) von je 570 kW (776 WPS) Startleistung; Vierblatt-Luftschrauben mit 2,69 m Durchmesser und Bremsverstellung
Spannweite: 16,97 m
Länge: 16,56 m
Höhe: 4,86 m
Flügelfläche: 32,00 m²
Flächenbelastung: 200,0 kg/m²
Spurweite: 3,30 m
Radstand: 6,29 m
Rüstmasse: 3900 kg
Maximale Startmasse: 6400 kg
Maximale Landemasse: 6100 kg
Maximale Nutzmasse: 2661 kg
Tankkapazität: 2386 Liter
Kabinenlänge: 7,08 m
Kabinenbreite: 1,35 m
Kabinenhöhe: 1,55 m
Kabinenvolumen: 14,7 m³
Ladevolumen: 6,91 m³
Höchstgeschwindigkeit: 434 km/h
Max. Reisegeschwindigkeit: 400 km/h
wirtschaftliche Reisegeschwindigkeit: 390 km/h
Landegeschwindigkeit: 140 km/h
Dienstgipfelhöhe: 9000 m
Steiggeschwindigkeit: 9 m/s
Steiggeschwindigkeit einmotorig: 2,5 m/s
Startstrecke über 15 m Höhe: 793 m
Landestrecke aus 15 m Höhe: 550 m
Reichweite mit 19 Passagieren: 843 km
Reichweite mit vollen Tanks (230 l): 3400 km
Reichweite mit vollen Tanks und acht Passagieren: 2800 km
Treibstoffverbrauch im Reiseflug: 300 l/h

Messerschmitt-Bölkow-Blohm HFB-320 Hansa

■ **Der elektronischen Abwehr dienten die HFB-320M der 3. Staffel des JaboG 32 in Lechfeld.**

Im Jahr 1976 übernahm die Luftwaffe 16 Maschinen, die bei der Flugbereitschaft, der Wehrtechnischen Dienststelle (WTD) für Luftfahrzeuge 61 und bei der 3. FlgStff/JaboG 32 eingesetzt wurden. Am 24. Juni 1994 endete auch hier die Dienstzeit, und die Luftwaffe stellte in Lechfeld ihre letzte HFB 320 (M) außer Dienst.

Die HFB-320 wurde als Geschäftsreise- und Zubringerflugzeug vom Hamburger Flugzeugbau (HFB) entworfen. Ungewöhnlich ist der um 15 Grad nach vorne gepfeilte Flügel, der mit Flügelspitzentanks ausgerüstet ist.

HFB baute für die statischen Versuche zwei Bruchzellen. Für die Flugerprobung kamen zwei Prototypen zum Einsatz. Die Erstflüge der beiden HFB-320 erfolgten jeweils am 21. April und am 19. Oktober 1964. Im Mai 1965 stürzte der erste Prototyp in Spanien ab, wodurch eine Verzögerung bei der Erprobung eintrat. Am 2. Februar 1966 startete die erste Serienmaschine zu ihrem Jungfernflug. Leider wurde die HFB-320 kein wirtschaftlicher Erfolg, nur 40 Flugzeuge konnten verkauft werden. Bei den ersten 15 Maschinen kamen General Electric CJ-610-1-Triebwerke mit 12,69 kN (1293 kp) Leistung zum Einbau. Die nächste Serie von 20 Flugzeugen erhielt CJ-610-5-Triebwerke (13,13 kN/1338 kp). Später kamen noch CJ-610-9-Triebwerke mit 13,80 kN (1406 kp) zum Einsatz.

Messerschmitt-Bölkow-Blohm HFB-320M

Verwendungszweck: ECM-Trainer
Antrieb: zwei Strahltriebwerke (General Electric CJ-610-9) mit 13,80 kN (1406 kp) Schub
Besatzung: 5
Spannweite: 14,49 m
Länge: 17,50 m
Höhe: 4,94 m
Flügelfläche: 30,14 m²
Leermasse: 3742 kg
Rüstmasse: 5500 kg
Startmasse: 9200 kg
Marschgeschwindigkeit: 825 km/h
Steiggeschwindigkeit: 21,5 m/s
Dienstgipfelhöhe: 12.200 m
Reichweite: 2400 km
Startstrecke: 835 m

Aérospatiale SE 313 Alouette II

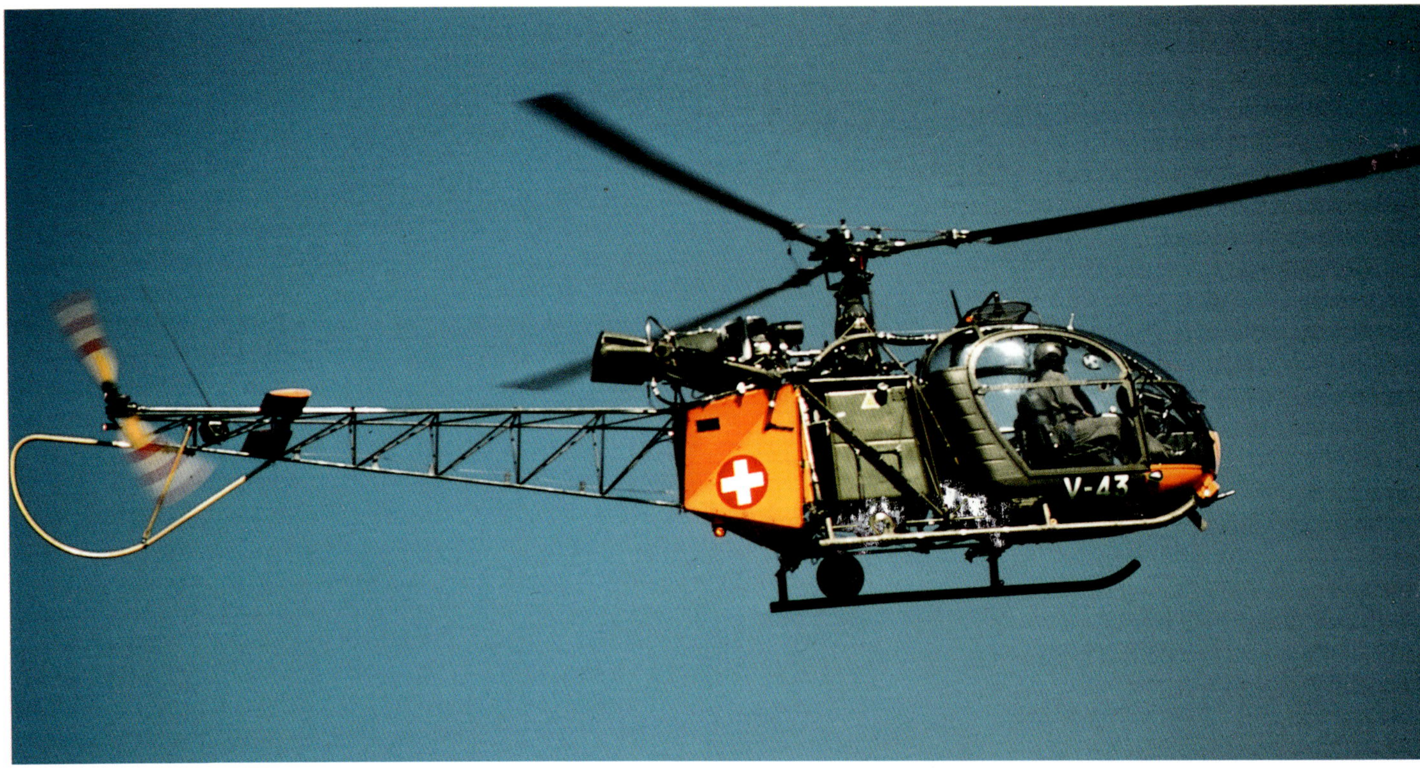

■ **Die Alouette II flog lange Jahre bei der Schweizer Luftwaffe als leichter Transporthubschrauber.**

Bei der Alouette II handelt es sich um eine sehr erfolgreiche Hubschrauberkonstruktion. Es wurden zwei Prototypen (SE 3130) gebaut, von denen der erste am 12. März 1955 flog. 1956 folgten noch drei Vorserienmuster, bevor die Fertigung aufgenommen wurde. Die französische Musterzulassung wurde am 2. Mai 1956 erteilt. Nach dem Zusammenschluss der beiden Luftfahrzeughersteller Sud-Est und Sud-Aviation änderte sich die Bezeichnung in SE 313B.

Bis zum 1. Januar 1962 verbuchte man 810 Bestellungen, davon 365 für die französischen Streitkräfte. Es gab einige Weiterentwicklungen, die aber keinen Erfolg hatten. Erst die mit einer Astazou-Turbine ausgerüstete SA 318C konnte wieder in größeren Stückzahlen gebaut werden. Der Erstflug dieser Version erfolgte am 31. Januar 1960, ihre Auslieferung begann 1965. Von beiden Varianten konnten bis zur Produktionseinstellung 1975 insgesamt 1305 Maschinen verkauft werden. Die Bundeswehr beschaffte 247 SA 313 und 54 SA 318 für den Einsatz bei den Heeresfliegern. Auch bei der Luftwaffe kamen 20 Alouette II bei der III./ Flugzeugführerschule »S« und später bei der Hubschrauberführerschule der Luftwaffe zum Einsatz.

Aérospatiale SE 313 B Alouette II

Verwendungszweck: leichter Mehrzweckhubschrauber
Antrieb: eine Wellenturbine (Turboméca Artouste II C) mit 302 kW (406 WPS) Startleistung
Besatzung: 1 + 4 Passagiere
Breite: 2,60 m
Länge: 9,70 m
Höhe: 2,75 m
Rotordurchmesser: 10,20 m
Heckrotordurchmesser: 1,817 m
Leermasse: 875 kg
Maximale Startmasse: 1600 kg
Höchstgeschwindigkeit: 180 km/h
Steiggeschwindigkeit: 4,2 m/s
Dienstgipfelhöhe: 4000 m
Reichweite: 565 km

Aérospatiale SA 316 Alouette III

SA 316B Alouette III des französischen Erprobungszentrum »Centre d'Essais en Vol« in Istres.

Als Weiterentwicklung der Alouette II brachte Sud Aviation die Alouette III auf den Markt. Die SE 3160 startete am 28. Februar 1959 zum Erstflug. Die erste Serie wurde als SA 316A gebaut. Am 27. Juni 1968 hob die SA 316B zum ersten Mal ab. Sie verfügte über ein erhöhtes Abfluggewicht und ein verstärktes Rotorgetriebe. Als dritte Version wurde ab 1971 die SA 316C ausgeliefert, die aber nur in einer begrenzten Stückzahl gebaut wurde. Die ab 1973 gebaute SA 319B flog erstmals 1967. Sie verfügte über eine in der Leistung gedrosselte Wellenturbine des Typs Turboméca Astazou XIV mit 448 kW (600 WPS). Von der Alouette III wurden bei HAL in Indien 200 und bei ICA in Rumänien 130 Exemplare in Lizenz gebaut. In der Schweiz fertigte F+W Emmen 60 Alouette III im Teillizenzbau. Insgesamt stellte man 1464 Maschinen her.

Aérospatiale SA 316 B Alouette III

Verwendungszweck: Mehrzweckhubschrauber
Antrieb: eine Wellenturbine (Turboméca Artouste III B) mit 649 kW (870 WPS), auf 425 kW (507 WPS) gedrosselt
Besatzung: 1 + 5 Passagiere bzw. zwei Tragbahren und zwei Passagiere
Länge: 10,03 m
Höhe: 3,00 m
Rotordurchmesser: 11,02 m
Heckrotordurchmesser: 1,91 m
Leermasse: 1143 kg
Maximale Abflugmasse: 2200 kg
Höchstgeschwindigkeit: 210 km/h
Reisegeschwindigkeit: 185 km/h
Steiggeschwindigkeit: 4,33 m/s
Dienstgipfelhöhe: 3200 m
Reichweite: 540 km

Aérospatiale SA 321 Super Frelon

■ Die SA 321 Super Frelon (*Frelon* = Hornisse) ist nicht nur der größte Transporthubschrauber der französischen Streitkräfte, sondern auch der größte europäische Serienhubschrauber.

Bei der SA 321 handelt es sich um den größten in Frankreich gebauten Hubschrauber. Der Erstflug des Prototyps erfolgte am 7. Dezember 1962. Der zweite Prototyp entsprach dem U-Boot-Jagdhubschrauber für die Marine (Erstflug am 28. Mai 1963). Anschließend wurden noch vier Vorserienmaschinen gefertigt, deren erste am 31. Januar 1964 flog. Die Super Frelon wurde in sechs Versionen gebaut:
SA 321F: Zivilausführung, Erstflug am 7. April 1967
SA 321G: vereinfachte Militärausführung, zehn Hubschrauber wurden an den Irak geliefert
SA 321J: Zivilausführung, Erstflug am 6. Juni 1967
SA 321K: zwölf Hubschrauber für die israelischen Streitkräfte
SA 321L: 16 Hubschrauber für die Streitkräfte Südafrikas und neun für Libyen, 16 SA 321 Super Frelon wurden an die Volksrepublik China geliefert.
Insgesamt entstanden 84 Super Frelon für militärische Kunden und 15 für zivile Kunden.

Aérospatiale SA 321G Super Frelon

Verwendungszweck: Mehrzweckhubschrauber
Antrieb: drei Turboméca Turmo IIIC Wellenturbinen mit je 1156 kW (1550 WPS)
Besatzung: 2 + 30 ausgerüstete Soldaten oder 15 Tragbahren und zwei Sanitäter
Länge: 19,40 m
Höhe: 6,66 m
Rotordurchmesser: 18,90 m
Heckrotordurchmesser: 4,0 m
Leermasse: 6863 kg
Maximale Startmasse: 13.000 kg
Reisegeschwindigkeit: 275 km/h
Höchstgeschwindigkeit: 250 km/h
Steiggeschwindigkeit: 6,66 m/s
Dienstgipfelhöhe: 3150 m
Reichweite: 3500 kg
Bewaffnung: vier zielsuchende Torpedos, zwei Exocet-Raketen

Aérospatiale TB 30 Epsilon

■ **Die TB 30 Epsilon wird zur Grundschulung bei der Armée de l'Air verwendet.**

1978 begann man bei Aérospatiale mit den Entwicklungsarbeiten für ein neues Schulflugzeug der Armée de l'Air mit der Bezeichnung TB 30. Bei der Epsilon handelt es sich um ein robustes Schulflugzeug, das eine Lebensdauer von über 10.000 Flugstunden haben sollte. Die Cockpitauslegung entspricht der eines Kampfflugzeuges. Die Epsilon ist voll kunstflugtauglich. Der Erstflug erfolgte am 28. Dezember 1979. Neben der französischen Luftwaffe, die 140 Flugzeuge einsetzt, übernahm auch die portugiesische Luftwaffe 16 Maschinen. Insgesamt wurden 174 Exemplare gebaut.

Aérospatiale TB 30 Epsilon

Verwendungszweck: Anfangsschulflugzeug
Antrieb: ein Kolbenmotor (Avco Lycoming AE 10-540 L1-850-Sechszylinder) mit 224 kW (300 PS)
Besatzung: 2
Spannweite: 7,92 m
Länge: 7,50 m
Höhe: 2,66 m
Flügelfläche: 9,00 m²
Leermasse: 863 kg
maximale Startmasse: 1190 kg
Höchstgeschwindigkeit: 370 km/h
Dienstgipfelhöhe: 6100 m

Aérospatiale C.M.170R Magister

■ **Die Fouga Magister stand bei der Armée de l'Air in großer Stückzahl im Einsatz. Diese Maschine gehörte zur GE315.**

Die C.M.170R Magister wurde als leichter Strahltrainer für die französische Luftwaffe entwickelt. Der Auftrag über drei Prototypen erfolgte am 27. Juni 1951; der erste hob am 23. Juli 1952 zum Erstflug ab. Zehn Vorserienmuster wurden im Juni 1953 in Auftrag gegeben. Der Erstflug der ersten Vorserienmaschine erfolgte am 7. Juli 1954, der des ersten Serienflugzeugs am 29. Februar 1956. Am 13. Januar 1954 wurde der Serienauftrag über 95 Flugzeuge erteilt. Dieser Auftrag wurde später auf 193 Einheiten für die französischen Luftstreitkräfte erhöht, die das erste Flugzeug Anfang 1957 übernahmen.
Fouga wurde von der Firma Potez übernommen, unter deren Regie die Fertigung der Magister jedoch weiterlief. 1967 wiederum wurde Potez von Sud Aviation, der heutigen Aérospatiale, übernommen.
Die israelische Bedek Aircraft Ltd. erwarb 1957 die Lizenzbaurechte und fertigte 36 Flugzeuge. Nach Finnland lieferte Fouga 20 Flugzeuge. Die Firma Valmet stellte weitere 62 Maschinen in Lizenz her.
Insgesamt verließen 929 Flugzeuge des Typs Fouga Magister die Fertigung. 589 Flugzeuge wurden in Frankreich für die Armée de l'Air und verschiedene andere Luftwaffen gebaut. Die Produktion bei der Flugzeug-Union Süd lief im Frühjahr 1961 aus. Die Fertigungsbänder in Frankreich wurden im Dezember 1969 abgeschaltet.
Belgien orderte 45 C.M.170R Magister, die zwischen dem 29. Januar 1960 und dem 10. Januar 1962 ausgeliefert wurden. Die Fouga Magister löste bei der VVS (Voortgezette Vliegopleiding School) die North American T-6 Harvard ab. 1969 wurden fünf überzählige C.M.170R der deutschen Luftwaffe an die VVS übergeben (MT-46 bis MT-50). Viele Jahre setzte auch das belgische Kunstflugteam »Red Devils« die Fouga Magister ein. Ein Teil der 50 Flugzeuge steht heute noch im Einsatz.

Aérospatiale C.M.170 R Magister

Verwendungszweck: Schulflugzeug
Antrieb: zwei Strahltriebwerke (Turboméca Marboré IIA) mit je 400 kp Standschub
Tankvolumen: 730 l Brennstoff in zwei Rumpftanks à 475 l und 255 l; zusätzlich zwei Flügelendtanks à 125 l
Besatzung: 2
Spannweite mit Flügelendtanks: 12,14 m
Spannweite ohne Flügelendtanks: 11,30 m
Länge: 10,06 m
Höhe: 2,80 m
Flügelfläche: 17,3 m²
Rüstmasse: 2150 kg
Flugmasse mit Flügelendtanks: 3100 kg
Flugmasse ohne Flügelendtanks: 2760 kg
Leermasse: 1936 kg
Gewicht der Turbine: 155 kg
Flächenbelastung: 160 kg/m²
Höchstgeschwindigkeit in Meereshöhe: 650 km/h
Höchstgeschwindigkeit in 9000 m Höhe: 715 km/h
Höchstgeschwindigkeit mit leeren Flügeltanks: 740 km/h
Reisegeschwindigkeit: 547 km/h
Landegeschwindigkeit: 185 km/h
Steiggeschwindigkeit: 14,7 m/s
Steigzeit auf 9000 m Höhe: 16 min
Dienstgipfelhöhe: 12.200 m
Reichweite in 9000 m Höhe: 925 km
Startstrecke bis zum Abheben: 550 m
Startstrecke auf 15 m Höhe: 1000 m
Landestrecke aus 15 m Höhe: 820 m
Flugdauer: 1:55 h
Maximale Beanspruchung: +5g, -3g
Bewaffnung: zwei MG 7,5 mm und Übungsbomben möglich

Die deutsche Luftwaffe bestellte zunächst 383 Fouga Magister, der Auftrag wurde dann jedoch auf 234 Maschinen reduziert. Air Fouga lieferte 40 Flugzeuge komplett gebaut aus. Die Werknummern der von Fouga gelieferten Flugzeuge lagen zwischen 50 und 142. Anschließend lieferte Fouga noch eine Anzahl von Fertigteilen, bis die Produktion endgültig auf die Flugzeug-Union Süd, einem Zusammenschluss der Firmen Heinkel und Messerschmitt, überging. Heinkel in Speyer fertigte Tragflächen, Leitwerk und Rumpfspitze, bei Messerschmitt im Werk Augsburg erfolgte der Bau des Rumpfes. Die Endmontage der Magister erfolgte ebenfalls bei Messerschmitt, jedoch in München-Riem. Hier wurden die Flugzeuge auch eingeflogen. Die ersten beiden Fouga Magister aus französischer Produktion erhielt die FFS »A« am 28. Mai 1957. Am 10. November 1958 übernahm Generalleutnant Kammhuber in München-Riem die erste von der Flugzeug-Union Süd fertig gestellte Fouga Magister. Mit Ausnahme einiger weniger gelb gespritzter Flugzeuge wurden alle Magister in Naturmetall ausgeliefert. Die Schulung der Luftwaffenpiloten erfolgte anfangs bei der 312. Groupement Instruction (GI312) in Salon-de-Provence, ab 1957 dann bei der FFS »A« in Landsberg-Penzing.

Im Jahr 1959 begann das Training für das Kunstflugteam der FFS »A« auf Fouga Magister. Das erste Team setzte sich noch aus englischen Fluglehrern zusammen. Die Flugzeuge führten keinen besonderen Anstrich. Erst 1962 wurde für die Fouga des Kunstflugteams eine Sonderbemalung eingeführt. Dies war auch die letzte Saison für das Team, da im Herbst 1962 nach dem Absturz der vier F-104F alle Kunstflugvorführungen verboten wurden.

Weitere Verbände, die die Fouga Magister einsetzten, waren die Waffenschule (WaSLw) 50, die zwölf Flugzeuge erhielt, sowie die Aufklärungsgeschwader (AG) 53 und 54 mit jeweils acht Fouga Magister. Bei der Flugbereitschaft des BMVg kamen zwei Magister (CA+023 und CA+024) zum Einsatz. Neben der Luftwaffe setzten auch die Marineflieger die Fouga Magister ein. Insgesamt flogen von 1959 bis 1969 siebzehn Maschinen dieses Typs mit den Kennzeichen (SA +..., SB + ... und SC + ...) für die Marine. Zusammen mit den Flugzeugen der Erprobungsstelle 61 in Manching erhielten die letzten Fouga Magister 1968 noch die neuen Kennungen (9301-9326).

Frankreich hatte mit 437 C.M.170 Magister die größte Flotte im Einsatz. Bei den letzten 130 an die Armée de l'Air gelieferten Maschinen handelte es sich um Super Magister, die mit zwei leistungsstärkeren Marboré-IV-Triebwerken von je 480 kp Schub ausgerüstet waren. Die ersten Fouga Magister erhielt 1956 die Ecole de l'Air, die spätere GI312. Fast jeder fliegende Verband der französischen Luftwaffe hatte Fouga Magister im Einsatz. Besonders bekannt wurde sie durch die Vorführungen der Patrouille de France. Die letzten Magister wurden erst Anfang der 90er-Jahre außer Dienst gestellt. Das Nachfolgemuster Fouga 90, das erstmals am 20. August 1978 flog, konnte sich gegen das deutsch-französische Gemeinschaftsprojekt Alpha Jet nicht durchsetzen.

Die französische Marine setzte 30 C.M.175 Zéphyr ein. Diese Ausführung war für den Einsatz von Flugzeugträgern aus bestimmt und diente bei der 59S als Schulflugzeug. Der Erstflug des ersten von zwei Prototypen erfolgte am 31. Juli 1956. Die Prototypen hatten noch die Bezeichnung C.M.170M. Die erste Serienmaschine absolvierte ihren Erstflug am 30. Mai 1959.

Zusammen mit Potez entwickelte Heinkel die viersitzige C.M.191, die aber nur in zwei Exemplaren (D-9504, Erstflug 19. März 1962, und D-9532) gebaut wurde. Auch das in Frankreich entwickelte Nachfolgemuster Fouga 90 (F-WZJB, Erstflug 20. August 1978) blieb erfolglos.

Weitere Betreiber der Fouga C.M.170 Magister waren: Brasilien (7), Kambodscha (4), Kongo (6), Libanon (4), Marokko (8) und Österreich (18).

Mudry CAP 10B und 230

■ **Für die Auswahlschulungen fliegen bei der Armée de l'Air sechs und bei der Aéronavale zehn CAP 10.**

Bei der CAP 10B handelt es sich um ein zweisitziges Schul- und Kunstflugflugzeug. Die Maschine absolvierte am 13. Juni 1966 ihren Erstflug. Ein Großteil der bis heute in über 280 Exemplaren gebauten CAP 10B ging an militärische Betreiber.

Die CAP 230 wurde für den Kunstflug entwickelt. Ihr Erstflug erfolgte am 8. Oktober 1985. Bis 1993 wurden 30 Maschinen dieser Version bestellt. Sie ist mit einem Lycoming AE10-540-L1 mit einer Leistung von 228 kW (306 PS) ausgerüstet, der ihr eine Höchstgeschwindigkeit von 320 km/h verleiht.

Mudry CAP 10B

Verwendungszweck: Schul- und Kunstflugflugzeug
Antrieb: ein Vierzylinder-Boxermotor (Lycoming AE10-360-B2F) mit 134 kW (180 PS)
Besatzung: 2
Spannweite: 8,06 m
Länge: 7,15 m
Höhe: 1,76 m
Flügelfläche: 10,85 m²
Leermasse: 540 kg
Maximale Startmasse: 760 kg
Höchstgeschwindigkeit: 240 km/h
Dienstgipfelhöhe: 5000 m
Reichweite: 1000 km

Dassault-Bréguet Br.1150 Atlantique

■ **Von der Atlantique 2 übernahm die Aéronavale 28 Flugzeuge. Frankreich ist der einzige Betreiber dieser Version.**

Die Br.1150 Atlantic war der Gewinner des 1958 von der NATO ausgeschriebenen Wettbewerbs für ein neues Seeüberwachungsflugzeug. Neben französischen Firmen beteiligten sich Belgien (ABAP), Deutschland (Dornier) und Holland (Fokker) am Bau der Atlantic. 1968 trat Italien (Aeritalia) dem Konsortium bei. Vier Prototypen und 87 Serienflugzeuge wurden gebaut. Der Erstflug des Prototyps 01 (F-ZWWA, später UC+301, 61+00) erfolgte am 21. Oktober 1961. Ab dem dritten Prototyp (Erstflug 25. Februar 1963) wurde das Rumpfvorderteil um 0,91 m verlängert. Die französische Marine erhielt ab dem 10. Dezember 1965 insgesamt 40 Flugzeuge. Die deutschen Marineflieger setzen 20 Br.1150 Atlantic ein, wovon fünf für ELINT-Einsätze ausgerüstet sind. Ab 1968 wurde eine zweite Serie von 27 Maschinen gefertigt, die an Holland (9) und Italien (18) geliefert wurden. Pakistan übernahm 1975 die Werknummern 32, 40 und 46 von Frankreich. 14 Atlantic der deutschen Marineflieger wurden bei Dornier mit einem neuen Radar und Navigationssystemen ausgerüstet.
1978 begann man bei Dassault-Bréguet mit der Entwicklung der Atlantique 2 (ATL 2), wobei die beiden Prototypen aus der Br.1150 umgerüstet wurden. Ihre Erstflüge erfolgten am 8. Mai 1981 bzw. am 26. März 1982. Für die französische Marine wurden 28 Maschinen bis 1993 bestellt. Geplant ist der Einsatz von 42 Flugzeugen.

Dassault-Bréguet Br.1150 Atlantic

Verwendungszweck: Seefernaufklärer und U-Boot-Jagdflugzeug
Antrieb: zwei Propellerturbinen (Rolls-Royce/SNECMA Type Mk.21) mit je 4550 kW (6183 WPS)
Besatzung: 12
Spannweite: 36,30 m
Spannweite mit ESM-Behälter: 37,30 m
Länge: 31,75 m
Höhe: 11,30 m
Flügelfläche: 120,34 m²
Leermasse: 24.000 kg
Maximale Startmasse: 46.000 kg
Höchstgeschwindigkeit: 658 km/h
Reisegeschwindigkeit: 500 km/h
Steiggeschwindigkeit: 12,5 m/s
Dienstgipfelhöhe: 10.000 m
Reichweite: 9200 km
Bewaffnung: Der untere Waffenschacht kann alle Standardbomben und Torpedos der NATO aufnehmen. An den Flügelstationen können Lenkwaffen mitgeführt werden.

Dassault Mirage III

■ **Diese Mirage IIIB gehörte zur EC 13 in Colmar.**

Die Mirage III ist eines der erfolgreichsten französischen Flugzeuge. Ihren Ursprung hat die Mirage III in der MD 550, die später als Mirage I bezeichnet wurde. Dieses Flugzeug absolvierte seinen Erstflug am 25. Juni 1955 und erreichte während der Erprobung nach dem Einbau eines zusätzlichen SEPR-66-Raketenmotors bereits Mach 1,3.

Der Entwurf wurde komplett überarbeitet, und mit der Verfügbarkeit des neuen Atar-101G mit einer Leistung von 44,48 kN stand das geeignete Triebwerk zur Verfügung. Der Prototyp, die Mirage III-001, startete unter der Führung von Roland Glavany am 17. November 1956 zu seinem Jungfernflug. Die französische Luftwaffe bestellte zehn Vorserienflugzeuge mit der Bezeichnung Mirage IIIA. Die Mirage IIIA erhielt das neue SNECMA-Atar-9B-Triebwerk, das mit Nachbrenner einen Schub von 58,86 kN erzeugte. Außerdem wurde im Heck ein SEPR-841-Raketenmotor eingebaut. Die Mirage IIIA-01 erreichte bei ihrem 35. Flug am 24. Oktober 1958 doppelte Schallgeschwindigkeit.

Ab Juli 1961 übernahm die Armée de l'Air 95 Mirage IIIC, die als Abfangjagdflugzeug eingesetzt wurde. Die erste Mirage IIIC absolvierte am 9. Oktober 1960 ihren Erstflug. Ausgerüstet war sie mit einem CSF-Cyrano-Feuerleitradar und einem SEPR-844-Raketenmotor. Als erstes Geschwader erhielt das EC 2 in Dijon die Mirage IIIC. Als nächstes kam das EC 13 in Colmar an die Reihe, wo die North American F-86K Sabre abgelöst wurde. Am 31. Juni 1988 erfolgte die Außerdienststellung der Mirage IIIC. Die EC 3/10 »Vexin« war die letzte Staffel, die diese Version flog.

Parallel zur Mirage IIIC wurde der zweisitzige Trainer Mirage IIIB entwickelt. Damit der zweite Sitz eingebaut werden konnte, musste der Rumpf um 60 cm verlängert werden. Der Erstflug fand am 21. Oktober 1959 statt. Die Armée de l'Air bestellte 45 Mirage IIIB.

Hauptversion wurde die Mirage IIIE, sie fand sowohl als Jagdbomber wie als Abfangjäger Verwendung. Für den Einbau des neuen Radars (Cyrano II von Thomson-CSF) musste das Rumpfvorderteil um 30 cm verlängert werden. Außerdem wurde sie mit dem leistungsstärkeren Atar 9C mit einer Leistung von 60,81 kN mit Nachbrenner ausgerüstet. Hinter dem Cockpit befand sich ein Bereich für zusätzliche Avionik. Unter dem Rumpf konnte eine AN52-Atombombe mitgeführt werden. Die Mirage IIIE absolvierte ihren Erstflug am 5. April 1961. Die ersten Einsatzflugzeuge wurden im April 1965 an die EC 2/13 »Alpes« in Colmar übergeben. Die letzten Mirage IIIE standen bei der EC 2/13 in Colmar und der EC 3/3 »Ardennes« in Nancy im Einsatz. Für die Armée de l'Air wurden 183 Maschinen sowie 20 Trainer (Mirage IIIBE) gebaut.

Für Aufklärungseinsätze entstand die Mirage IIIR. Diese Version kam ab 1963 bei der ER 3/33 in Straßburg zum Einsatz. Für die französische Luftwaffe wurden 50 Mirage IIIR und 20 mit Doppler ausgerüstete Mirage IIIRD gebaut. Die Aufklärerausrüstung bestand aus fünf Omera-31-Kameras im Bug. Die erste Maschine flog am 31. Oktober 1961. Am 3. Juni 1994 stellte die Armée de l'Air ihre letzte Mirage III außer Dienst.

Die Mirage III war auch ein ausgesprochener Exporterfolg. Argentinien kaufte 17 Mirage IIIEA als Abfangjäger, die mit Luft-Luft-Lenkwaffen des Typs Matra R.550 Magic ausgerüstet sind, sowie vier Mirage-IIIDA-Trainer. Später wurden noch drei Mi-… IIIBJ und 19 Mirage IIICJ von Israel erworben.

…nwealth Aircraft … O als CA-29 in Li… auf Wunsch der … von-Mk.67-Trieb… ugzeuge erhielten … wurden 16 Mirage … RAAF ihre ersten … amstown gingen. … oeing (MDD) F/A-18 Hornet abgelöst. Anfang 1989 stellte die RAAF die Mirage III außer Dienst und lagerte die Flugzeuge zunächst in Woomera ein. Davon erwarb Pakistan 1990 insgesamt 50 Flugzeuge.

Nach Brasilien wurden 16 Mirage IIIEBR geliefert, 1988 folgten sechs weitere aus Beständen der französischen Luftwaffe, die mit Canards und neuer Avionik ausgerüstet waren. Außerdem übernahm Brasilien sechs Mirage IIIDBR, zwei Mirage IIIDBR-2 und vier Mirage IIIEBR-2.

Zu den ersten Kunden zählte Israel, das 72 Mirage IIICJ und vier Doppelsitzer IIIBJ übernahm. Sie wurden 1982 außer Dienst gestellt und ein Teil davon nach Argentinien geliefert.

Die zehn in den Libanon gelieferten Mirage IIIEL und zwei Mirage IIIBL waren lange Jahre eingelagert. Nach einer Kampfwertsteigerung sollen sie jetzt wieder aktiviert werden.

Zu den größten Mirage-III-Eigentümern zählt Pakistan. Das Land erwarb neu fünf Mirage IIIDP, 18 Mirage IIIEP und 13 Mirage IIIRP. Dazu kamen 1990 aus australischen Beständen 47 Mirage IIIO und drei Mirage IIID. Sämtliche Maschinen sollen mit dem moderne FLAR-Grifo-Multifunktionsradar ausgerüstet werden.

Die Schweiz erhielt zur Erprobung eine Mirage IIIC. Für die Schweizer Luftwaffe wurden zwei Mirage IIIS von Dassault geliefert und 34 bei den Flugzeug- und Fahrzeugwerken Altenrhein (FFA) gefertigt. Für den Einsatz auf kurzen Behelfspisten wurde das Fahrwerk verstärkt. Ausgerüstet wurden die Fliegerstaffel 16 und 17 mit der Mirage IIIS. Von Anfang an waren die Mirage IIIS mit einem TARAN-18-Radar von Hughes für den Einsatz der Hughes-Falcon-Luft-Luft-Lenkflugkörper ausgerüstet. Für die Ausbildung wurden vier Mirage IIIBS und später noch zwei Mirage IIIDS erworben, außerdem noch 18 Mirage-IIIRS-Aufklärer. Alle Mirage III der Schweizer Luftwaffe wurden modernisiert und mit Canards ausgerüstet. Am 22. Oktober 1999 wurde die Mirage IIIS offiziell außer Dienst gestellt. Die Mirage IIIRS bleibt noch im Einsatz.

Spanien bestellte 24 Mirage IIIEE und sechs Mirage IIIDE. Diese Maschinen sollten zuerst auch modernisiert werden. Aus Kostengründen wurden sie 1992 jedoch außer Dienst gestellt.

Ebenfalls zu den ersten Kunden gehörte Südafrika. Es erhielt insgesamt drei Mirage IIIBZ, 16 Mirage IIICZ, drei Mirage IIIDZ, elf Mirage IIID2Z, 17 Mirage IIIEZ, vier Mirage IIIRZ und vier Mirage IIIR2Z. Die vier Mirage IIIR2Z sind mit einem Atar-09K50-Triebwerk mit einer Leistung von 70,61 kN ausgerüstet. Die zwischen 1965 und 1966 gelieferten Mirage IIIEZ werden zur Zeit bei Atlas mit neuer Avionik und mit Canards ausgerüstet. Nach der Modifizierung erhalten sie den Namen Cheetah. Eine Mirage IIICZ wird noch für Testzwecke eingesetzt.

Venezuela erwarb sieben Mirage IIIEV und drei Mirage IIIDV. Außerdem erwarb Venezuela noch einige Mirage 5 und Mirage 50. Alle Maschinen werden zur Zeit auf Mirage-50EV-Standard gebracht.

Die gesamte Fertigung der Mirage III umfasste 1422 Maschinen aller Versionen.

…ar 09C-3) mit
… und 58,85 kN

…e: 2350 km/h
… 956 km/h

Reichweite: 1200 km
Überführungsreichweite mit drei Zusatztanks: 4000 km
G-Belastung: + 4,83
Bewaffnung: zwei 30-mm-DEFA-552A-Kanonen mit je 125 Schuss und fünf Aufhängepunkte für insgesamt 4000 kg Waffenlast

Dassault Mirage 5

■ **Die Mirage 5BA kam in Belgien als Jagdbomber zum Einsatz.**

Dassault Mirage 5

Verwendungszweck: Jagdbomber, Aufklärer
Antrieb: ein Strahltriebwerk (SNECMA Atar 9 C) mit 60,8 kN (6200 kp) Schub
Besatzung: 1
Spannweite: 8,22 m
Länge: 15,56 m
Höhe: 4,50 m
Flügelfläche: 34,85 m²
Leermasse: 6950 kg
Maximale Startmasse: 13.700 kg
Höchstgeschwindigkeit: 2350 km
Reichweite: 1300 km
Bewaffnung: zwei 30-mm-DEFA-Maschinenkanonen, Bomben, Raketen

Die Mirage 5 entstand auf Grund einer Ausschreibung der israelischen Luftwaffe, die ein Flugzeug auf Basis der Mirage III suchte, jedoch mit der Möglichkeit einer größeren Waffenzuladung und Reichweite. Dies konnte bei der Mirage 5 erreicht werden, allerdings zu Lasten der Avionikausführung, die deutlich einfacher gestaltet wurde. Im September 1966 bestellte Israel 50 Mirage 5J, deren erstes Exemplar am 19. Mai 1967 seinen Erstflug absolvierte. Ende 1968 standen alle Maschinen zur Ablieferung bereit, mussten aber auf Grund eines von der französischen Regierung verfügten Waffenembargos in Frankreich bleiben. 1972 wurden die Flugzeuge modifiziert und als Mirage 5F von der Armée de l'Air übernommen. Die Mirage 5 kommt bei mehr als 20 Luftwaffen in über 1410 Exemplaren zum Einsatz.

Dassault Mirage 50

■ **Mirage 50M im Ausstellungsbereich des Internationalen Aéro Salon in Le Bourget.**

Die Mirage 50 basiert sowohl auf der Mirage III als auch auf der Mirage 5. Sie erhielt wie die Mirage IIICZ das SNECMA Atar 9K-50. Der Erstflug in dieser Version erfolgte am 15. April 1979. Die Mirage 50 kann mit einem Agave-Bugradar von Thomson-CSF ausgerüstet werden. Als einziger Käufer wurde Chile bekannt; es erwab 16 Flugzeuge.

Dassault Mirage 50

Verwendungszweck: Mehrzweckkampfflugzeug
Antrieb: ein Strahltriebwerk (SNECMA Atar 9 K-50) mit 70,6 kN (7200 kp) Schub
Besatzung: 1
Spannweite: 8,22 m
Länge: 15,56 m
Höhe: 4,50 m

Flügelfläche: 34,85 m²
Leermasse: 7150 kg
Startmasse max.: 13.700 kg
Dienstgipfelhöhe: 18.000 m
Bewaffnung: zwei 30-mm-DEFA-Kanonen, Bomben, Raketen

Dassault Mirage F.1

■ **Ein Kampftrainer des Typs Mirage F.1B. der EC 5. Dieses Geschwader fliegt heute die Mirage 2000.**

Bereits 1964 machte man sich bei Dassault Gedanken über einen leistungsfähigen Nachfolger für die Mirage III. Geplant war zunächst eine zweisitzige Maschine mit einem SNECMA-TF306-Strahltriebwerk. Im Juni 1964 wurde ein Prototyp mit der Typenbezeichnung Mirage F.2 bestellt, der am 12. Juni 1966 seinen Erstflug absolvierte. Diese Maschine flog allerdings nur als Erprobungsträger, aus dem man die leichtere Mirage F.1 entwickelte, die ebenfalls in größeren Stückzahlen gebaut wurde. Die erste Mirage F.1-01, die auf eigenes Risiko von Dassault gebaut wurde, startete am 23. Dezember 1966 zu ihrem Erstflug. Angetrieben wurde sie von einem SNECMA Atar 9K. Bei ihrem vierten Flug am 7. Januar 1967 erreichte sie die doppelte Schallgeschwindigkeit. Während eines Hochgeschwindigkeitsversuchs stürzte die Mirage F.1-01 am 18. Mai 1967 bei Istres ab, wobei der Pilot René Bigand ums Leben kam.

Die französische Regierung bestellte im September 1967 eine Bruchzelle für statische Versuche und drei Prototypen, von denen der Erste, die Mirage F.1-02, am 20. März 1969 zum ersten Mal flog und dabei bereits Mach 1,15 erreichte. Zunächst war sie mit einem Atar 9K-31 ausgerüstet, erhielt aber 1969 das schubstärkere Atar 9K-50. Sie startete am 18. September 1969 zu ihrem Jungfernflug, die Mirage F.1-04 folgte am 17. Juni 1970. Sie diente als Ausgangsmuster für die Serienversion und war mit der kompletten Avionik ausgerüstet. Die erste Mirage F.1 aus der Serie flog am 15. Februar 1973. Diese und die folgenden Maschinen wurden zunächst dem Centre d'Essais en Vol (CEV) zugewiesen, das weitere Versuche durchführte.

Als erster Einsatzverband der Armée de l'Air rüstete die in Reims stationierte EC 2/30 »Normandie-Niemen« im Dezember 1973 auf die Mirage F.1C um. Anschließend übernahm die EC 3/30 »Lorraine« die neuen Flugzeuge. Es folgten die EC 5 in Orange und die EC 12 in Cambrai. Die Armée de l'Air erhielt zunächst 83 Mirage F.1C, von denen die letzten 13 Exemplare mit einem Radarwarnempfänger von Thomson-CSF ausgerüstet waren. Zwischen März 1977 und Dezember 1983 wurden weitere 79 Flugzeuge mit der Bezeichnung Mirage F.1C-200 geliefert. Diese besaßen einen festen Luftbetankungsstutzen rechts vor dem Cockpit. Für den Einbau des Luftbetankungsstutzens musste der Bug um 7 cm verlängert werden.

Für die Systemausbildung und zum Kampftraining entwickelte Dassault die doppelsitzige Mirage F.1B. Der 60-minütige Erstflug fand am 26. Mai 1976 in Istres statt. Die französische Luftwaffe übernahm 20 Mirage F.1B zwischen Oktober 1980 und März 1983. Für die Aufnahme des zweiten Cockpits wurde der Rumpf um 30 cm verlängert. Die Treibstoffkapazität wurde reduziert, und die beiden Kanonen entfielen. Zur Cockpitausrüstung gehören zwei in Frankreich gebaute Martin-Baker-Mk.10-Zero-Zero-Schleudersitze.

Durch die Lieferung der Mirage 2000C als Abfangjäger wurden Teile der Mirage F.1C in dieser Rolle frei. Deshalb wurden 57 Maschinen zu Jagdbombern mit der Bezeichnung Mirage F.1CT umgebaut. Der erste von zwei Prototypen flog am 3. Mai 1991. Den Umbau der Prototypen übernahm Dassault, die übrigen 55 Maschinen rüstete die französische Luftwaffe bis 1995 um. Anstelle des Cyrano-IV-Radars kam das Cyrano-IVMR

zum Einbau. Die weiteren Änderungen betrafen den Einbau eines SAGEM-ULISS-47, eines Dassault-M182XR-Zentralcomputers, eines Thomson-VE120-Head-Up-Displays, eines Thomson-TRT-TMV630-Laser-Zielsuchgeräts, eines verbesserten Radarwarnempfängers, Düppel und Fackelwerfer sowie eines Martin-Baker-Mk.10-Zero-Zero-Schleudersitzes. Eine der beiden Kanonen wurde ausgebaut, um Platz für die zusätzliche Ausrüstung zu schaffen. Die Auslieferung begann am 13. Februar 1992 an die EC 13 in Colmar.
Als Ersatz für die Mirage IIIR entwickelte Dassault die Mirage F.1CR-200. Die erste Maschine flog am 20. November 1981. Ausgerüstet ist diese Version mit einem SAT-SCm²-400-Super-Cyclope-Infrarot-Abtastgerät, einer 75-mm-Panoramakamera oder einer 150-mm-Vertikalkamera, beide von Thomson-TRT. Als Radar kam das Cyrano-IVMR zum Einbau. Insgesamt 64 Flugzeuge wurden in Auftrag gegeben. Die erste Serienmaschine flog am 10. November 1982. Die ER 2/33 »Savoie« in Straßburg-Entzheim übernahm die ersten Mirage F.1CR und war im Juli 1983 einsatzbereit. Ihr folgten die ER 1/33 »Belfort« und ER 3/33 »Moselle«. Die Umrüstung war 1988 abgeschlossen. 1994 verlegte das Geschwader nach Reims.
Wie die Mirage III ließ sich auch die Mirage F.1 im Ausland gut verkaufen. Mit Mirage F.1A wird eine Tiefangriffsversion bezeichnet, die nicht nur über eine verbesserte Avionik, sondern auch über eine erhöhte Treibstoffkapazität verfügt. Diese Version wurde nur von Libyen und Südafrika bestellt.
Bei der Mirage F.1D handelt es sich um die Trainerversion der Mirage F.1E. Sie entspricht der Mirage F.1B.
Als Nachfolger für den Starfighter bot Dassault die Mirage F.1E mit einem SNECMA-M.53-2 an, das eine Leistung von 83,26 kN mit Nachbrenner besitzt. Der Prototyp flog am 22. Dezember 1974. Er wurde anschließend als Versuchsträger für das M.53-Triebwerk eingesetzt. Die später für den Export gebaute Ausführung erhielt wieder das SNECMA-Atar-9K-50.
Ecuador bestellte 18 Mirage F.1JA, die auf der Mirage F.1E basieren, und zwei Mirage-F.1JE-Doppelsitzer. Griechenland setzte 40 Mirage F.1CG ein, die ab August 1975 übernommen wurden. Der Irak erhielt zwischen April 1980 und Februar 1982 vier Mirage-F.1BQ-Doppelsitzer und 33 Mirage F.1EQ. Zwischen Dezember 1982 und Juli 1984 folgten nochmals zwei Mirage F.1BQ und 28 Mirage F.1EQ-200. Die dritte Lieferung zwischen Dezember 1983 und Februar 1985 umfasste drei Mirage F.1BQ und 20 Mirage F.1EQ-200. Weitere sechs Mirage F.1BQ und 24 Mirage F.1EQ-200 folgten zwischen Juni 1988 und November 1989. Die letzten acht Mirage F.1EQ-200 wurden 1990 ausgeliefert.
Anfang der 80er-Jahre entschied sich auch Jordanien für den Einsatz der Mirage F.1 und bestellte 17 Mirage F.1CJ, die 1981 in Dienst gestellt wurden. Später orderte das Land nochmals 17 Mirage F.1EJ.
Kuwait erhielt 1976 zunächst 18 Mirage F.1CK und zwei Mirage F.1BK. Bei den Mirage F.1BK handelt es sich um die ersten Doppelsitzer, die gebaut wurden. Die erste Maschine flog am 26. Mai 1976. Die Übergabe an Kuwait erfolgte am 28. Oktober 1977. Eine zweite Lieferung mit neun Mirage F.1CK2 kam ab 1984 zur Auslieferung.
Libyen erhielt 16 Mirage F.1AD, 16 Mirage F.1ED und sechs Mirage F.1BD. Marokko übernahm 30 Mirage F.1CH, die ab 1978 ausgeliefert wurden. Ein weiterer Auftrag über 14 Mirage F.1EH und sechs Mirage F.1EH-200 folgte. Auch Katar erhielt zwölf Mirage F.1EDA und zwei Mirage-F.1DDA-Schulflugzeuge.
Die 45 von Spanien bestellten Mirage F.1CE stehen seit Mai 1975 im Einsatz. In Spanien werden sie mit C.14A bezeichnet. Sie wurden zwischenzeitlich mit einem Cyrano-IVM-Radar modifiziert und sind für die Mitnahme von AIM-9P-Sidewinder-Luft-Luft-Lenkflugkörper ausgerüstet. Unter der Bezeichnung C.14B kommen noch 22 Mirage F.1EE-200 zum Einsatz.
Nach Südafrika wurden 32 Mirage F.1AZ und 16 Mirage F.1CZ geliefert. Die Mirage F.1CZ trafen 1975 dort ein und wurden an die No. 3 Squadron übergeben. Diese Staffel wurde jedoch im September 1992 außer Dienst gestellt und ihre Flugzeuge eingelagert.

Dassault Mirage F.1C

Verwendungszweck: Mehrzweck-Kampfflugzeug
Besatzung: 1
Triebwerk: ein Strahltriebwerk (SNECMA Atar 9K-50) mit 49,04 kN (5000 kp) Standschub und 70,22 kN (7160 kp) mit Nachbrenner
Länge einschließlich Staurohr: 15,00 m
Höhe: 4,50 m
Spannweite: 8,40 m
Flügelfläche: 25,0 m²
Rüstmasse: 7400 kg
Startmasse ohne Außenlast: 10.900 kg
Maximale Startmasse: 15.200 kg
Höchstgeschwindigkeit in 12.000 m Höhe: 2335 km/h
Höchstgeschwindigkeit ohne Außenlasten in Meereshöhe: 1472 km/h
Reisegeschwindigkeit in 9000 m Höhe: 885 km/h
Dienstgipfelhöhe: 20.000 m
Steiggeschwindigkeit: 213 m/s
Landerollstrecke: 500 m
Einsatzradius: 583 km
Reichweite mit 2000 kg Außenlast: 2300 km
Überführungsreichweite: 3300 km
Bewaffnung: zwei 30-mm-DEFA-553-Maschinenkanonen mit je 125 Schuss, drei Matra-530-Magic- und zwei AIM-9-Sidewinder-Luft-Luft-Lenkwaffen an einer Aufhängestation unter dem Rumpf, zwei unter den Tragflächen und zwei an den Flügelspitzen

Dassault Mirage 2000

■ **Mirage 2000C der Escadron de Chasse 01.005 »Vendée« aus Orange.**

In den Jahren 1971 bis 1975 arbeiteten die Ingenieure bei Dassault-Bréguet an der Entwicklung des ACF-Programms (Avion de Combat Futur). Das AFC war als Nachfolger für die Mirage III, Mirage 5 und Mirage F.1 gedacht. Als Erprobungsträger für dieses Projekt wurden zwei Mirage G.8 gebaut, von denen die Erste am 8. Mai 1971 zu ihrem Jungfernflug startete. Die Mirage G.8 war mit Tragflügeln variabler Geometrie und zwei Strahltriebwerken (SNECMA Atar 9K-50) mit einer Leistung von je 70,22 kN (7160 kp) mit Nachbrenner ausgerüstet. Nach der Einstellung des Projekts stellte Dassault-Bréguet zwei neue Entwürfe vor: Die einsitzige Mirage 2000 und die doppelsitzige Super Mirage 4000. Die Mirage 2000 war mit einem Triebwerk ausgerüstet und die Super Mirage 4000 mit zwei Triebwerken. Als Triebwerk wurde das SNECMA M53-2 vorgesehen. Beide Entwürfe verfügten wieder über Deltaflügel. Im März 1976 entschied sich die Armée de l'Air für die Mirage 2000 als neuen Luftüberlegenheitsjäger.

Die Bewaffnung der Mirage 2000C besteht standardmäßig aus zwei 30-mm-Kanonen (DEFA 554) mit jeweils 125 Schuss sowie zwei Matra-Magic-2-Luft-Luft-Raketen mit Infrarotsuchkopf und zwei radargesteuerte Super-530D-Raketen. Für den Jagdbombereinsatz können bis zu 18 Bomben mit 250 kg, zwei lasergelenkte BGL-1000 und sechs Belouga-Streubomben mitgeführt werden. Außerdem besteht noch die Möglichkeit, das Flugzeug mit zwei lasergelenkten AS30L-Raketen, zwei Anti-Radar-Flugkörper (ARMAT) oder zwei Anti-Schiff-Lenkwaffen (AM39 Exocet) zu bestücken.

Für die Erprobung bestellte die Armée de l'Air fünf Prototypen. Zwei Jahre nach Beginn der Arbeiten startete der erste Prototyp, die Mirage 2000-01, unter der Führung von Jean Coureau am 10. März 1978 zu ihrem 65 minütigen Erstflug in Istres, wobei bereits eine Höchstgeschwindigkeit von Mach 1,3 erreicht wurde. Die Mirage 2000-02 folgte am 18. September 1978. Ihr Pilot war Guy Mitaux-Mauronard. Der dritte Prototyp (Mirage 2000-03) flog am 26. April 1979. Jeder Prototyp war für einen bestimmten Erprobungsbereich vorgesehen. Am 12. Mai 1980 flog dann die Mirage 2000-04. Die zuvor bei der Erprobung gewonnenen Erkenntnisse waren alle bei der Fertigung dieser Maschine mit eingeflossen. Parallel zum Einsitzer lief noch die Entwicklung des Doppelsitzers Mirage 2000B. Die

erste Maschine dieser Version, die Mirage 2000B-01, absolvierte am 11. Oktober 1980 unter Führung von Michel Porta ihren Erstflug.
Die erste Serienmaschine, die Mirage 2000C, startete am 20. November 1982. Als erste Staffel erhielt die EC 1/2 »Cigognes« in Dijon am 2. Juli 1984 die Mirage 2000C. Ihr folgte im Juni 1986 die EC 2/2 »Côte d'Or«, die 15 Mirage 2000B übernahm.
Die Mirage 2000D entwickelte man aus der Mirage 2000N. Sie wird für konventionelle Tiefangriffe und gegen gegnerische Radarstellungen eingesetzt. Für diese Aufgabe ist sie mit GPS und leistungsfähigen ECM-Geräten ausgerüstet. Die erste Mirage 2000D flog am 19. Februar 1991, ihre Auslieferung begann 1993 an die EC 3 in Nancy.
Für den Export bot Dassault die Mirage 2000E und als Doppelsitzer die Mirage 2000ED an. Diese Version kann eine Waffenlast von 6300 kg mitführen. Dazu gehören die Anti-Radar-Rakete Matra ARMAT und die lasergelenkte Aérospatiale AS30L. Kunden wurden Ägypten, das 16 Mirage 2000EM und vier Mirage 2000DM erhielt, sowie Indien, das 42 Mirage 2000H und sieben Mirage 2000TH erwarb, die mit dem leistungsstärkeren SNECMA M53-5 ausgerüstet sind. Peru bestellte zehn Mirage 2000P und zwei Mirage 2000DP. Nach Abu Dabi wurden 22 Mirage 2000EAD, sechs Mirage 2000DAD und acht Aufklärer Mirage 2000RAD geliefert. Die Aufklärerausrüstung wird in einem Behälter unter dem Rumpf mitgeführt. Griechenland kaufte 36 Mirage 2000EG und vier Mirage 2000BG.
1979 begann Dassault mit der Entwicklung einer weiteren Version, der Mirage 2000N. Die Mirage 2000N wurde auf Basis der Mirage 2000B entwickelt und wird ebenfalls mit zwei Mann Besatzung geflogen. Die Struktur des Flugzeuges musste jedoch verstärkt werden, da sie für lange Tiefflugeinsätze mit der 900 kg schweren nuklearen Luft-Boden-Lenkwaffe ASMP (Air-Sol Moyenne Portée) ausgelegt wurde. Ihre Ausrüstung beinhaltet unter anderem das Terrainfolge- und Navigations-Radar Antilope V, ein Head-Up-Display, ECM-Geräte sowie eine vertikal eingebaute Kamera von Omera. Angetrieben wird sie von einem SNECMA M53-P2 mit einem Nachverbrennungsschub von 95,1 kN. Michel Porta startete am 3. Februar 1983 in Istres zum Erstflug mit der Mirage 2000N-01, die zweite Maschine flog am 21. September 1983. Im Januar 1987 kam das erste Serienflugzeug zur Auslieferung. Die EC 1/4 »Dauphine« in Luxeuil stellte am 31. März 1988 die Mirage 2000N in Dienst.
Mit Mirage 2000S wird die Exportversion der Mirage 2000D bezeichnet. Von dieser Variante flog nur eine Erprobungsmaschine; Bestellungen gingen nicht ein.
Neuste Version ist die Mirage 2000-5. Sie ist eine verbesserte Mehrzweckausführung mit einem neuen Thomson-CSF-RPY-Multifunktionsradar, mit dem gleichzeitig acht Ziele verfolgt werden können. Außerdem wurde ein holographisches Head-Up-Display ins Cockpit eingebaut. Die Geräte zur elektronischen Kampfführung erlauben das Erkennen und Bekämpfen von gegnerischen Luftabwehrraketen und Radar. Die Struktur der Maschine wurde verstärkt. Als Erprobungsträger kamen die Prototypen Mirage 2000-03 und 2000-04 zum Einsatz. Mit der 2000-03 wird das neue Cockpit mit fünf Bildschirmen aus der Rafale erprobt, mit der 2000-04 die Matra-MICA-Luft-Luft-Lenkwaffen, die neu zur Ausrüstung der Mirage 2000-5 gehören. Ein zweisitziges Erprobungsmuster flog am 24. Oktober 1990, der Einsitzer am 27. April 1991. Frankreich lässt 37 ältere Mirage 2000 in diese Version umbauen, Taiwan hat 60 Maschinen bestellt, die seit 1996 ausgeliefert werden. Die Lieferung der zwölf von Katar bestellten Flugzeuge begann 1997, ebenso die Übergabe der 30 Flugzeuge für Abu Dhabi.

Dassault Mirage 2000-5

Verwendungszweck: Mehrzweck-Kampfflugzeug
Besatzung: 1
Triebwerk: ein Mantelstromtriebwerk (SNECMA M53-P2) mit 64,33 kN (6547 kp) Standschub und 95,12 kN (9681 kp) mit Nachbrenner
Länge: 14,36 m
Höhe: 5,20 m
Spannweite: 9,13 m
Flügelfläche: 41,00 m²
Radstand: 5,00 m
Spurweite: 4,30 m
Rüstmasse: 7500 kg
Tankinhalt: 3160 kg
Zusatztanks: 3720 kg
Maximale Waffenlast: 6300 kg
Startmasse ohne Außenlast: 9500 kg
Normale Startmasse: 10.680 kg
Maximale Startmasse: 17.000 kg
Höchstgeschwindigkeit in 11.000 m Höhe: 2390 km/h
Höchstgeschwindigkeit ohne Nachbrenner: 1118 km/h
Steiggeschwindigkeit: 305 m/s
Steiggeschwindigkeit auf 15.000 m Höhe und Beschleunigung auf Mach 2,0: 4 min
Dienstgipfelhöhe: 18.000 m
Einsatzradius mit zwei 1700 l Zusatztanks und 1000 kg Waffenlast: 1500 km
Überführungsreichweite: 3335 km
Startrollstrecke mit normaler Startmasse: 450 m
G-Belastung normal: +9
G-Belastung maximal: +13,5
Bewaffnung: zwei 30-mm-DEFA-Maschinenkanonen; an fünf Aufhängestationen unter dem Rumpf und vier unter den Tragflächen können in verschiedenen Kombinationen bis zu zwei Matra-Magic-2- und vier Matra-Mica-Luft-Luft-Lenkwaffen sowie verschiedene Bomben und Raketen mitgeführt werden.

Dassault Rafale

Die Dassault Rafale A ist das Erprobungsflugzeug für das neue französische Kampfflugzeug ACT (Avion de Combat Tactique), das als Ersatz für die Dassault Super Etendard und die Vought F-8 Crusader der Marine und die Mirage III, Mirage 5, Mirage F.1 und den Jaguar bei den Luftstreitkräften vorgesehen ist. Sie wurde als reines Versuchsflugzeug entwickelt, um die entsprechenden Triebwerke, die Ausrüstung und die Bewaffnung im Vorfeld der Entwicklung des Serienflugzeugs festzulegen. Als Vorgaben waren zu erfüllen: eine Waffenlast von mindestens 3500 kg, mindestens sechs Luft-Luft-Lenkwaffen, Einsatzradius von 650 km. Ausgerüstet wurde die Rafale A zuerst mit zwei General Electric F404-GE-400 mit je 68,6 kN. Die Entscheidung für den Bau des Erprobungsträgers fiel bei Dassault Anfang 1983.

Während der Entwicklung der Rafale A entschieden sich Deutschland, Frankreich, Großbritannien, Italien und Spanien im Dezember 1983, beim Programm für ein neues Kampfflugzeug für die 90er-Jahre zusammenzuarbeiten. Alle Erfahrungen, die mit der Rafale A und dem britischen EAP (Experimental Aircraft Programme) gemacht worden waren, wurden berücksichtigt. Im Juli 1985 schied Frankreich jedoch wieder aus, da das neue Flugzeug nach Meinung von Dassault zu groß und zu schwer sei.

Am 4. Juli 1986 startete die Rafale zu ihrem Erstflug, wobei sie eine Geschwindigkeit von Mach 1,3 erreichte. Beim sechsten Flug überschritt die Maschine Mach 1,8. Wie schon erwähnt wurde der Einsatz der Rafale sowohl bei der Armée de l'Air wie auch bei der Aéronavale vorgesehen, so dass es bei der Serienfertigung zwei Versionen geben wird: die ACT-Version (Avion de Combat Tactique) entsprechend den Vorstellungen der Armée de l'Air und die ACM-Version (Avion de Combat Marine) nach Plänen der Aéronavale. Aus diesem Grund wurde die Rafale A so modifiziert, dass sie am 30. April 1987 einige Landeanflüge auf den Flugzeugträger *Clemenceau* durchführen konnte. Eine Landung fand allerdings nicht statt.

Später wurde die Rafale A auf zwei SNECMA M88-2 mit einem Standschub von je 72,96 kN mit Nachbrenner umgerüstet. Mit diesen Triebwerken wurde die Erprobung ab dem 27. Februar 1990 fortgeführt. Den 865. und gleichzeitig letzten Flug absolvierte die Rafale A am 24. Januar 1994.

Wie bei Dassault üblich wurde die Rafale mit Deltaflügel ausgelegt. Außerdem verfügt sie über Canards zur Erhöhung der Wendigkeit. Die kleinen nierenförmigen Lufteinläufe sind tief am Rumpf angesetzt. Beim Bau der Maschine verwendet man modernste Kunststoffe und neuartige Legierungen. Fast der gesamte Rumpf und die Tragflächen sind aus Verbundwerkstoffen hergestellt. Bug und Heck bestehen aus Kevlar. In besonders beanspruchten Bereichen gelangt Titan zum Einsatz. Im Bug ist das zweidimensionale Bordradar GIE RBE 2 eingebaut, das über eine Antenne mit elektronischer Strahlschwenkung verfügt. Mit diesem Radar können gleichzeitig mehrere Ziele bekämpft und Flugzeuge in enger Formation unterschieden werden.

Das Cockpit wurde entsprechend neuesten ergonomischen Erkenntnissen ausgelegt. Zum Einbau kommt ein Martin-Baker-Mk.10-Schleudersitz, der um 35 Grad nach hinten geneigt ist.

Dassault Rafale F2

Verwendungszweck: Mehrzweck-Kampfflugzeug
Besatzung: 2
Triebwerk: zwei Mantelstromtriebwerke (SNECMA M88-2) mit je 48,7 kN (4966 kp) Standschub ohne und 72,9 kN (7438 kp) mit Nachbrenner
Länge: 15,30 m
Höhe: 5,18 m
Spannweite mit Lenkwaffen an den Flügelspitzen: 10,90 m
Flügelfläche: 45,0 m²
Rüstmasse: 8600 kg
Maximale Außenlast: 9500 kg
Normales Startgewicht bei Luftüberlegenheitseinsatz: 14.000 kg
Maximale Startmasse: 21.500 kg
Interner Kraftstoffvorrat: 4500 kg
Maximaler Kraftstoffvorrat in Zusatztanks: 7500 kg
Höchstgeschwindigkeit in 11.000 m Höhe: 2124 km/h
Höchstgeschwindigkeit in Meereshöhe: 1390 km/h
Anfluggeschwindigkeit: 220 km/h
Dienstgipfelhöhe: 16.765 m
Steiggeschwindigkeit: 350 m/s
Startstrecke: 400 bis 600 m
Landestrecke: 450 m
Einsatzradius bei Abfangeinsätzen mit acht Mica-Luft-Luft-Lenkwaffen, einem Zusatztank mit 1700 Litern und zwei Tanks mit 1300 Litern: 1853 km
Einsatzradius bei einem Einsatzprofil hoch-tief-hoch mit Bomben, vier Mica-Lenkwaffen und Zusatztanks mit insgesamt 4300 Liter: 1093 km
Bewaffnung: eine 30-mm-DEFA-791-Maschinenkanone; an 14 Aufhängepunkten können bis maximal 8000 kg Waffenlast mitgeführt werden; acht Matra 530 Magic, AIM-9 Sidewinder, ASRAAM, zwölf Matra Mica, sieben Hughes AMRAAM, fünf Exocet oder Penguin 3 oder Harpoon, fünf ALARM oder HARM, vier Maverick sowie verschiedene Bomben.

Die Aéronavale soll 60 Rafale M erhalten. Hier die M01 während der Erprobung auf dem Flugzeugträger *Foch*.

Für die Armé de l'Air wurde die zweisitzige Rafale B entwickelt.

Für die Anzeige der Daten verfügt der Pilot über fünf Bildschirme von Sextant Avionique sowie ein holografisches Weitwinkel-Head-Up-Display mit einem Sichtfeld von 30x22 Grad. Die Maschine ist mit einer Fly-by-wire Flugsteuerung mit HOTAS-Funktion ausgerüstet .

Gesteuert wird sie mit zwei kleinen Knüppeln auf den Seitenkonsolen, wobei sich der Schubhebel links befindet. Auf den Steuerknüppeln sind Knöpfe und Schalter für 36 Funktionen untergebracht. Links und rechts auf dem Instrumentenbrett sind zwei 12,6x12,5 cm große Bildschirme eingebaut, auf denen die Daten der Flugzeugsysteme und der Bewaffnung angezeigt werden.

Für den Einsatz auf Flugzeugträgern musste die Zelle der Rafale M stellenweise verstärkt werden, Fahrgestell und Fanghaken sind neu. Die Rüstmasse der Rafale M ist rund 600 kg höher als bei der Rafale B. Von der Serienausführung der Rafale entstanden vier Prototypen. Diese Maschinen sind kleiner und leichter als der Erprobungsträger Rafale A. Als erster flog der Prototyp der einsitzigen Rafale C am 19. Mai 1991. Ihm folgte am 12. Dezember 1991 die Marineversion Rafale M, die am 19. April 1993 zum ersten Mal auf einem Flugzeugträger landete. Der erste Doppelsitzer, die Rafale B, flog am 30. April 1993. Der vierte Prototyp, die Rafale M 02, absolvierte seinen Jungfernflug am 8. November 1993.

1997 wurden die Bezeichnungen für die Rafale geändert. Der bordgestützte Abfangjäger wird jetzt mit Rafale F1 (früher Rafale M) bezeichnet, das zweisitzige Mehrzweckkampfflugzeug der französischen Luftwaffe mit Rafale F2 (früher Rafale B).

Die Rafale F1 wird in ihrer Basisausrüstung für den Abfangeinsatz ausgerüstet sein. Dazu stehen ihr als Bewaffnung eine 30-mm-DEFA-554-Kanone von GIAT-DEFA, der Infrarot-Luft-Luft-Lenkflugkörper Matra Magic 2 sowie bis zu acht Mica-Luft-Luft-Lenkwaffen mit Radarsuchkopf zur Verfügung. Die Maschine ist mit IFF (Freund-Feind-Kennung) ausgerüstet. Eine spätere Version mit geänderter Software soll den Einsatz der Mica mit Infrarotsuchkopf erlauben und einen Datenaustausch mit der Northrop Grumman E-2C Hawkeye ermöglichen. Geplant ist eine Beschaffung von 60 Rafale F1 für die Aéronavale, die ab 2001 auf dem Flugzeugträger *Charles de Gaulle* in Dienst gestellt werden sollen.

Für die Armée de l'Air will man 235 Rafale F2 anschaffen. Die Indienststellung erfolgt aber frühestens 2002. Die Planungen sehen vor, dass diese Flugzeuge neben ihrer Fähigkeit für Abfangeinsätze auch Tiefstflugeinsätze durchführen und Abstandswaffen (lasergelenkte Bomben) einsetzen können. Auch hier ist für später eine Kampfwertsteigerung geplant, bei der unter anderem das Helmvisier Topsight von Sextant Verwendung finden soll, mit dem sich vor allem bei der Zielzuweisung von Luft-Luft-Lenkwaffen neue Möglichkeiten ergeben. Außerdem soll die Maschine für Aufklärungseinsätze ausgerüstet werden und atomare Marschflugkörper einsetzen können.

Dassault Super Etendard

Als die NATO 1954 einen leichten Jagdbomber forderte, der im Ernstfall auch von Graspisten aus eingesetzt werden konnte, nahmen nur Frankreich und Italien an der Ausschreibung teil. Frankreich beteiligte sich mit der Bréguet 1001 Taon und der Dassault Etendard, Italien mit der Fiat G.91, die auch den Wettbewerb gewann.
Die Dassault Etendard diente danach als Ausgangsmuster für ein neues Kampfflugzeug der Aéronavale. Von der Etendard IV wurden 69 Etendard IVM als leichte Jagdflugzeuge und Jagdbomber bestellt. Als Aufklärer und Tanker mit der Bezeichnung Etendard IVP orderte die Aéronavale 20 Flugzeuge. Die Auslieferung erfolgte zwischen 1961 bis 1965.
Von der Etendard IVM gab es zusätzlich noch sechs Prototypen und von der Etendard IVP einen Prototyp. Der Prototyp der Etendard IV-01 absolvierte am 24. Juli 1956 mit Georges Brian im Cockpit seinen Erstflug.
Als Nachfolger für die Etendard IVM war die SEPECAT Jaguar M vorgesehen, aber Dassault setzte sich durch. Und so wurde eine modifizierte Version der Etendard IVM, die Super Etendard, in Auftrag gegeben. Drei Etendard IVM baute Dassault zu Prototypen für die Super Etendard um, wodurch die Entwicklung schnell und kostengünstig war. Die erste Maschine erhielt einen modifizierten Rumpf, die Tragflächen blieben unverändert. Sie flog erstmals am 28. Oktober 1974 mit Jacques Jesberger am Steuer. Das zweite Flugzeug entsprach dem ersten Prototyp, besaß jedoch eine komplett neue Avionik und startete erstmals am 28. März 1975. Der dritte Prototyp hatte seinen Erstflug bereits am 9. März 1975 absolviert. Bei ihm wurde der Rumpf der Etendard IVM beibehalten, er war jedoch mit neuen Tragflächen mit überarbeiteten Doppelspaltklappen und modifizierten Nasenklappen zur Erhöhung der Startmasse ausgerüstet.
Nach dem Abschluss der Grunderprobung wurden die Tragflächen des dritten Prototyps mit dem modifizierten Rumpf eines der beiden ersten Prototypen zusammengebaut. Diese Maschine unternahm ihren Jungfernflug am 3. Oktober 1975.
Bei der Super Etendard handelt es sich um eine Konstruktion in Halbschalenbauweise aus Ganzmetall. Die Tragflächen sind am Mittelrumpf befestigt und weisen eine Pfeilung von 45 Grad auf. Das Profil-Dickenverhältnis verringert sich von der Flächenwurzel bis zu den Randbögen von sechs auf fünf Prozent. Die äußeren Tragflächenabschnitte können hochgeklappt werden, wodurch sich die Spannweite um 1,80 m verkürzt.
Das Cockpit ist druckbelüftet und mit einem Martin-Baker-Mk.4A-Schleudersitz ausgerüstet. Im Bug ist das Monopulsradar Agave von Thomson-CSF/Dassault untergebracht. Es kann im Luft-Boden-Betrieb ein Schiff in einer Entfernung von rund 110 km auffassen oder im Luft-Luft-Betrieb ein Flugzeug in 28 km orten. Das Trägheitsnavigations- und Angriffssystem ETNA stammt von SAGEM/Kearfott. Außerdem sind das VE-120-Head-Up-Display von Thomson-CSF sowie ein TRT-Funkhöhenmesser und eine LMT-TACAN-Anlage eingebaut.
Als Antrieb wurde das SNECMA Atar 8K50 ohne Nachbrenner ausgewählt. Die anfälligen Teile des Triebwerks verfügen über einen besseren Korrosionsschutz als bei landgestützten Flugzeugen.
Neben zwei 30-mm-DEFA-552A-Kanonen mit je 122 Schuss können noch die verschiedensten Lenkflugkörper mitgeführt werden. Dazu gehört auch der Anti-Schiffs-Lenkflugkörper Aérospatiale AM.39 Exocet mit einer Reichweite von bis zu 70 km. Die Exocet wird unter der rechten Tragfläche aufgehängt. Als Gewichtsausgleich dient ein abwerfbarer 1100-Liter-Zusatztank unter der linken Tragfläche. An der zentralen Rumpfstation besteht noch die Möglichkeit, eine AN.52-Atombombe mitzuführen. Seit 1988 kann die trägheitsgesteuerte atomare Abstandswaffe Aérospatiale ASMP mit einer Reichweite von 100 km eingesetzt werden. Die ASPM wird an der gleichen

Dassault Super Etendard

Verwendungszweck: Kampfflugzeug
Besatzung: 1
Triebwerk: ein Strahltriebwerk (SNECMA Atar 8K-50) mit 49,04 kN (5000 kp) Standschub
Länge: 14,31 m
Höhe: 3,86 m
Spannweite: 9,60 m
Spannweite gefaltet: 7,80 m
Flügelfläche: 28,43 m²
Rüstmasse: 6500 kg
Maximale Waffenlast: 2100 kg
Normale Startmasse: 9450 kg
Maximale Startmasse: 12.000 kg
Interner Kraftstoffvorrat: 3270 Liter
Höchstgeschwindigkeit in 11.000 m Höhe: 1380 km/h
Höchstgeschwindigkeit in Meereshöhe: 1180 km/h
Dienstgipfelhöhe: 13.700 m
Steiggeschwindigkeit: 100 m/s
Einsatzradius mit einer AM.39 Exocet und zwei Zusatztanks, hoch-tief-hoch: 850 km
Bewaffnung: zwei-30 mm-DEFA-Kanonen mit je 125 Schuss; zwei AM.39-Exocet-Lenkflugkörper oder eine AN.52-Atombombe sowie Sidewinder- oder Matra-Magic-Luft-Luft-Lenkflugkörper an vier Laststationen unter den Tragflächen.

■ **Super Etendard der 11F aus Landiviseau beim Tiger-Meet 1998 in Lechfeld.**

Station wie die Exocet aufgehängt. Insgesamt 53 Super Etendard rüstete man für den Einsatz mit ASMP um. Zur Selbstverteidigung stehen Philips-Matra-Phimat-Düppelbehälter an der Außenstation der rechten Tragfläche und ein Matra-Sycomor-Leuchtkörperwerfer an der Außenstation der linken Tragfläche zur Verfügung.

Die erste Serienmaschine startete am 24. November 1977 in Bordeaux zu ihrem Jungfernflug. Geplant war die Beschaffung von 100 Flugzeugen. Aufgrund der steigenden Kosten wurden dann aber nur 71 Super Etendard in Dienst gestellt. Die Aéronavale erhielt ihre erste Maschine am 28. Juni 1978. Als erster Einsatzverband wurde die 11F mit der Super Etendard ausgerüstet, wo die erste Maschine am 4. September 1978 eintraf. Bereits ab 4. Dezember 1978 beteiligte sich ein Kommando dieser Staffel im Rahmen der Truppenerprobung an einem Einsatz an Bord des Flugzeugträgers *Clemenceau*. Als Nächstes erhielten die 14F und 17F das neue Flugzeug. Bis 1983 wurde die Auslieferung abgeschlossen. Da nicht die ganze Anzahl der erforderlichen 100 Flugzeuge übernommen werden konnte, verblieben die mit dem Aufklärer Etendard IVP ausgerüstete 16F und die 12F mit der Vought F-8E(FN) Crusader im Dienst.

Die französischen Super Etendard sind regelmäßig an Bord der Flugzeugträger *Clemenceau* und *Foch* stationiert. Während eines Einsatzes vor der libanesischen Küste zur Unterstützung der UN-Friedenstruppe griff die Aéronavale aktiv in Kampfhandlungen ein, wobei am 22. September 1983 vier Super Etendard Stellungen der dort eingesetzten Miliz angriffen.

Insgesamt 14 Super Etendard konnten an die argentinische Marine verkauft werden, von denen fünf mit der Anti-Schiffs-Lenkwaffe AM.39 Exocet ausgerüstete Maschinen bei Ausbruch des Falklandkrieges am 2. April 1982 ausgeliefert waren. Hier kam es zu den ersten Kampfhandlungen, an denen Super Etendard beteiligt waren. Am 4. Mai 1982 wurde die britische Fregatte HMS *Sheffield* versenkt und am 25. Mai das Containerschiff MV *Atlantic Conveyor*. Beide Flugzeuge gehörten zur 2. Escuadrilla Aeronavale de Caza y Ataque der 3. Escuadra Aeronaval und starteten vom Stützpunkt Rio Grande. Während des Krieges stoppte Frankreich die Auslieferung der restlichen Flugzeuge und setzte sie erst Ende 1982 fort. Erstmals landete eine Super Etendard am 18. April 1983 auf dem argentinischen Flugzeugträger *Veinticinco de Mayo*.

Der irakischen Luftwaffe wurden im Oktober 1983 fünf Super Etendard (Nr.65 bis 69) zusammen mit einer größeren Anzahl Exocet-Anti-Schiffs-Lenkwaffen leihweise bis zur Lieferung der Mirage F.1EQ mit Exocet-Raketen überlassen. Diese Flugzeuge wurden im Krieg gegen den Iran eingesetzt, damit Angriffe gegen Tankschiffe mit iranischem Rohöl im Persischen Golf durchgeführt werden konnten. Frankreich bildete 30 irakische Piloten und Techniker aus. Der erste Angriff richtete sich am 27. März 1984 gegen einen griechischen Tanker, der beschädigt wurde. Es folgten weitere 50 bestätigte Angriffe gegen Tankschiffe, an denen die Super Etendard erheblichen Anteil hatten, die aber meistens nur zu geringen Schäden führten. Eine Super Etendard ging angeblich am 22. September 1984 verloren, die restlichen wurden im Frühjahr 1985 wieder an Frankreich zurückgegeben.

■ **Eine Super Etendard landet auf dem Flugzeugträger *Foch*.**

Nord 2501 Noratlas

Nord 2501 Noratlas

Verwendungszweck: Transportflugzeug
Antrieb: zwei Sternmotoren (SNECMA/Bristol Hercules 739) mit je 1521 kW (2040 PS)
Besatzung: 5 + 42 Passagiere
Spannweite: 32,50 m
Länge: 21,90 m
Höhe: 6,00 m
Flügelfläche: 101,20 m²
Leermasse: 13.350 kg
Maximale Startmasse: 21.800 kg
Höchstgeschwindigkeit: 398 km/h
Reisegeschwindigkeit: 325 km/h
Dienstgipfelhöhe: 7500 m
Steiggeschwindigkeit: 4,75 m/s
Startstrecke: 820 m
Landestrecke: 790 m

■ **Die Noratlas war das Standard-Transportflugzeug in Frankreich und Deutschland.**

Am 10. September 1949 startete der Prototyp N.2500 (F-WFKL) zu seinem Erstflug. Er war mit zwei Gnôme-Rhône-14R-Sternmotoren von je 1212 kW (1625 PS) ausgerüstet. Die Serienflugzeuge N.2501 erhielten dann zwei bei SNECMA in Lizenz gebaute Bristol-Hercules-739-Motoren. Die erste Maschine (F-WFRG) flog am 28. November 1950. Die Noratlas kam in größeren Stückzahlen bei der Armée de l`Air, den israelischen Streitkräften und der Bundesluftwaffe zum Einsatz. Die Luftwaffe erwarb 186 Noratlas, von denen 25 aus Frankreich geliefert wurden. Den Rest fertigte man unter Lizenz in Deutschland. Einige für den zivilen Einsatz vorgesehene Noratlas konnten an UAT und Air Algérie verkauft werden.
Durch die zusätzliche Ausrüstung mit zwei Turboméca-Marboré-II mit je 3,62 kN (400 kp) Schub erreichte man eine Leistungssteigerung. Dieser Umbau wurde allerdings nur an wenigen Maschinen vorgenommen.

Armstrong Whitworth Sea Hawk

■ **Armstrong Whitworth Sea Hawk FGA.6 der Royal Navy Historic Flight.**

Unter der Bezeichnung P.1040 entwickelte die Firma Hawker die Sea Hawk. Der Prototyp mit der Seriennummer VP401 startete erstmals am 2. September 1947. Zwei weitere Vorserienmaschinen für die Royal Navy folgten. Diese verfügten über Beschläge für den Katapultstart, Fanghaken und faltbare Tragflächen. Der Erstflug erfolgte am 3. September 1948.

Aufgrund von Kapazitätsproblemen gab Hawker ab der 36. Serienmaschine 1953 die Fertigung an Armstrong Whitworth ab. 555 Sea Hawk wurden gebaut, davon 434 für die Royal Navy. 64 Flugzeuge übernahmen die Marineflieger der Bundeswehr, 36 gingen nach Holland und 21 nach Indien. Später erhielt Indien nochmals 31 Sea Hawk aus den Beständen der Bundesmarine.

Armstrong Whitworth Sea Hawk Mk. 100

Verwendungszweck: Kampfflugzeug
Antrieb: ein Strahltriebwerk (Rolls-Royce Nene N.N. 6 Mk.103) mit 23,2 kN (2359 kp) Schub
Besatzung: 1
Spannweite: 11,89 m
Länge: 12,09 m
Höhe: 2,98 m
Flügelfläche: 25,83 m²
Leermasse: 4208 kg
Maximale Startmasse: 7327 kg
Höchstgeschwindigkeit: 964 km/h
Steiggeschwindigkeit: 28,95 m/s
Dienstgipfelhöhe: 13.565 m
Reichweite: 772 km
Startstrecke: 1147 m
Landestrecke: 1143 m
Bewaffnung: vier 20-mm-Hispano-Mk.5-Kanonen, Raketen, Bomben

Avro 696 Shackleton

■ **Die Avro Shackleton »1722« der südafrikanischen Luftwaffe auf ihrem letzten Flug.**

Die Shackleton war eine Weiterentwicklung der Avro Lincoln für den Marineeinsatz. Der Erstflug erfolgte am 24. Oktober 1950. Im Jahr darauf übernahm die No. 120 Squadron die ersten Flugzeuge. Die erste Serie umfasste 77 Shackleton MR.1. Weitere Varianten waren die MR.2 und MR.3, von denen 69 beziehungsweise 42 Exemplare gebaut wurden. Die Shackleton MR.3 verfügte über neue Tragflächen mit Flügelspitzentanks und eine Klarsichthaube sowie einen schalldichten Besatzungsraum für eine zweite Besatzung auf langen Flügen. Von dieser Version übernahm die South African Air Force acht Flugzeuge. Als letzte Variante entwickelte British Aerospace 1971 die Shackleton AEW.2. Zwölf MR.2 wurden zu AEW.2 umgebaut, die über ein APS-20-Suchradar verfügten.

Avro Shackleton MR. Mk.3

Verwendungszweck: Aufklärer und U-Boot-Jagdflugzeug
Antrieb: vier Kolbenmotoren (Rolls-Royce Griffon 57A) mit je 1816,7 kW (2455 PS) und zwei Hifsstrahltriebwerke (Rolls-Royce Bristol Viper 203) mit je 11,12 kN (1134 kp) Schub
Besatzung: 10
Spannweite: 36,50 m
Länge: 28,19 m
Höhe: 7,11 m
Flügelfläche: 132,40 m²
Maximale Startmasse: 45.300 kg
Höchstgeschwindigkeit: 483 km/h
Reisegeschwindigkeit: 370 km/h
Steiggeschwindigkeit: 4,33 m/s
Dienstgipfelhöhe: 5850 m
Reichweite: 5890 km
Startstrecke: 1165 m
Bewaffnung: zwei 25-mm-Kanonen, Bomben, Raketen, Wasserbomben, Torpedos

BAC Canberra

■ **Bei der Bundesluftwaffe standen drei BAC Canberra im Dienst.**

Die Canberra war der erste Strahlbomber, der bei der Royal Air Force zum Einsatz kam. Entwickelt und gebaut wurde die Canberra bei der English Electric Company. Der Prototyp (VN 799) flog erstmals am 13. Mai 1949. Drei weitere Prototypen folgten, die alle mit einem Radar-Bombenzielgerät ausgerüstet werden sollten. Da sich dieses Gerät nicht bewährte, erhielt die nächste Variante, die Canberra B.Mk.2 (Erstflug 23. April 1950), wieder einen verglasten Rumpfbug zur optischen Zielerfassung, und die Besatzung wurde um einen Bombenschützen erweitert. Die No. 101 Squadron in Binbrook übernahm am 25. Mai 1951 die erste Maschine. Die Canberra wurde in mindestens 20 Versionen für die RAF und zwölf Versionen beim Lizenznehmer Martin für die USAF gebaut.
Die in den USA gebauten Flugzeuge führten die Bezeichnung B-57. Insgesamt verließen 1352 Maschinen die Fertigungshallen. Davon stellte English Electric 901 Exemplare her, 48 Stück wurden unter Lizenz in Australien für die RAAF gebaut und 403 Flugzeuge entstanden bei Martin in den USA.
Mit der Canberra konnten zwei Höhenweltrekorde nach England geholt werden. Am 29. August 1955 wurde eine Höhe von 20.079 m und am 28. August 1957 von 21.336 m erreicht.

BAC Canberra PR.Mk.9

Verwendungszweck: Aufklärer
Antrieb: zwei Strahltriebwerke (Rolls-Royce Avon 206) mit je 48,9 kN (4990 kp) Schub
Besatzung: 2
Spannweite: 20,68 m
Länge: 20,32 m
Höhe: 4,78 m
Flügelfläche: 97,08 m²
Leermasse: 12.678 kg
Maximale Startmasse: 24.925 kg
Höchstgeschwindigkeit: 871 km/h
Dienstgipfelhöhe: 14.630 m
Reichweite: 5482 km

BAC Lightning

■ **Diese BAC Lightning flog Mitte der 70er-Jahre bei der No. 19 Squadron in Gütersloh.**

Wie bei der Canberra handelt es sich auch bei der Lightning um eine Konstruktion von English Electric. Drei Prototypen wurden unter der Bezeichnung P.1B gebaut. Die erste P.1B (XA847) flog am 4. April 1957. Diesen Maschinen folgten 20 Vorserienmodelle. Die erste Serienmaschine, die Lightning F.Mk.1, flog am 29. Oktober 1959. Mit dieser Version wurde dann 1960 die No. 74 Squadron ausgerüstet. Nächstes Modell war die Lightning F.2 (Erstflug 11. Juni 1961). Die F.3 verfügte über leistungsstärkere Avon-301-Strahltriebwerke und anstelle der Kanonen kamen hier zwei Red-Top-Luft-Luft-Raketen zum Einsatz. Für Langstreckenflüge konnte auf den Tragflächen zwei Zusatztanks montiert werden. Für die Schulung kamen die Lightning T.Mk.4 (Erstflug 6. Mai 1959) und T.Mk.5 (Erstflug 29. März 1962) zum Einsatz. Letzte Version war die Lightning F.Mk.6, die am 17. April 1964 ihren Jungfernflug absolvierte. Bei der F.Mk.6 baute man modifizierte Tragflächen ein; außerdem wurde das Fassungsvermögen des Rumpftanks mehr als verdoppelt. Neben der Royal Air Force setzten Saudi-Arabien und Kuwait die Lightning ein. Die Serienproduktion lief nach 388 gebauten Flugzeugen 1970 aus. 1987 stellte die RAF ihre letzte Lightning außer Dienst.

BAC Lightning F.Mk.6

Verwendungszweck: Abfangjäger
Antrieb: zwei Rolls-Royce-Turbojet-Triebwerke mit Nachbrenner und je 69,7 kN (7112 kp) Schub
Besatzung: 1
Spannweite: 10,62 m
Länge: 16,84 m
Höhe: 5,97 m
Flügelfläche: 35,31 m²
Leermasse: 12.700 kg
Maximale Startmasse: 22.680 kg
Höchstgeschwindigkeit: 2415 km/h
Steiggeschwindigkeit: 254 m/s
Reichweite: 1287 km
Bewaffnung: zwei 30-mm-Aden-Kanonen im Bauchtank eingebaut, zwei Red-Top-Luft-Luft-Lenkflugkörper, Bomben, Raketen

British Aerospace BAe 748

Neben einigen anderen Ländern setzte auch die belgische Luftwaffe die BAe 748 ein.

Die Entwicklung der BAe 748 begann 1959 bei den Avro-Flugzeugwerken. Nach der Übernahme von Avro durch Hawker Siddeley wurde das Flugzeug dort weiterentwickelt. Der Prototyp G-APZV absolvierte seinen Jungfernflug am 20. Juni 1960. Ab 1961 erfolgte die Lizenzfertigung bei Hindustan Aeronautics Ltd. (HAL) in Indien.
Das überarbeitete Modell 748 Serie 2B ging 1979 bei British Aerospace in Produktion. Zu diesem Zeitpunkt stellte British Aerospace auch eine Überwachungs- und U-Boot-Abwehrversion vor: die BAe 748 Coastguarder. Für diese Version gingen allerdings keine Bestellungen ein. Mehr Erfolg hatte die BAe Andover, die über eine Heckladerampe verfügte und in größerer Stückzahl und mehreren Versionen bei der RAF eingesetzt wurde. Die RNZAF erwarb neun Andover.

BAe 748 Series 2B

Verwendungszweck: Transportflugzeug
Antrieb: zwei Propellerturbinen (Rolls-Royce Dart RDa7 Mk.536-2) mit je 1700 kW (2280 WPS) Leistung
Spannweite: 31,23 m
Länge: 20,42 m
Höhe: 7,57 m
Flügelfläche: 77,0 m²
Leermasse: 11.671 kg
Maximale Startmasse: 21.092 kg
Reisegeschwindigkeit: 452 km/h
Steiggeschwindigkeit: 7,2 m/s
Dienstgipfelhöhe: 7620 m
Reichweite: 2630 km
Startstrecke: 1158 m
Landestrecke: 625 m

British Aerospace Harrier

Bei der Harrier handelt es sich um den ersten Senkrechtstarter, der in den Truppendienst übernommen wurde. Er wurde aus den Versuchsflugzeugen Hawker P.1127 und Hawker Kestrel entwickelt. Das erste Vorserienflugzeug startete am 31. August 1966, die erste Maschine aus der Serienfertigung, die Harrier GR.Mk.1 absolvierte ihren Erstflug am 28. Dezember 1967. Der Truppendienst wurde bei der No. 233 Operational Conversion Unit (OCU) in Wittering am 1. April 1969 aufgenommen. Weiterentwicklungen waren die Harrier GR.Mk.1A mit einem Pegasus-Mk.102-Triebwerk, das einen Standschub von 91,2 kN lieferte, und die Harrier GR.Mk.3 mit einem Pegasus Mk.103, das einen Standschub von 95,6 kN besaß. Insgesamt standen bei der RAF 61 Harrier Mk.1, 17 Mk.1A und 40 Mk.3 im Einsatz. Ab 1976 wurden die Harrier GR.Mk.3 mit einem Laser-Entfernungsmesser und einem Radarwarn-Empfänger ausgerüstet. Einige Maschinen der No. 4 Squadron konnten auch mit einem Aufklärungsbehälter ausgerüstet werden. 1982 beteiligten sich 14 Harrier GR.Mk.3 am Einsatz auf den Falkland-Inseln. Diese Maschinen konnten an den beiden äußeren Flügelstationen AIM-9L-Sidewinder-Luft-Luft-Lenkwaffen mitführen. Außerdem wurden Düppel- und Täuschkörper-Werfer des Typs AN/ALE-40 eingebaut.

Ende Dezember 1968 entschieden sich die USA für den Kauf von zunächst zwölf Harrier. Äußerlich unterschieden sich die AV-8A, wie sie bei der amerikanischen Marine bezeichnet wurden, durch eine große VHF-Antenne auf dem Rumpf über der Tragfläche. Cockpit, Avionik, Elektronik und die Möglichkeit der mitzuführenden Waffen wurde den amerikanischen Wünschen angepasst. Später kam auch noch der amerikanische Stencel-S.III-Schleudersitz zum Einbau. Die AV-8A unternahm ihren ersten Flug am 20. November 1970. Als erste Einheit des USMC erhielt im April 1971 die VMA-513 die AV-8A. Insgesamt übernahm des Marine Corps 102 AV-8A und acht TAV-8A Trainer. Alle Maschinen wurden bei Hawker gebaut. Ab 1979 wurden 47 Maschinen zu AV-8C modifiziert.

Von der Trainerversion Harrier T.Mk.2 entstanden zwei Prototypen, von denen der erste am 24. April 1969 zu seinem Jungfernflug abhob. Der vordere Bereich des Rumpfes wurde um 1,19 m verlängert, und um Platz für den zweiten Sitz zu schaffen, wurde ein Teil der Avionik versetzt; die dort eingebaute Kamera entfiel. Das Seitenleitwerk wurde vergrößert und nach hinten versetzt. Die RAF erhielt 23 Maschinen und die Royal Navy vier. Wie die Einsatzflugzeuge wurden auch die Trainer mit neuen Triebwerken versehen, so dass sich die Bezeichnungen in T.Mk.2A und T.Mk.4 änderten.

Auch Spanien interessierte sich für die Harrier. Im Jahr 1972 erfolgte eine Vorführung auf dem Flugzeugträger *Dédalo*. Aufgrund des damaligen Waffenembargos gegen Spanien konnte Großbritannien die Flugzeuge jedoch nicht liefern. Zunächst wurden 1975 sechs AV-8A(S) und zwei TAV-8A(S) in die USA geliefert, wo sie bei McDonnell endmontiert und nach der Umschulung der Piloten im Dezember 1976 nach Rota in Spanien überführt wurden. 1977 bestellte Spanien weitere fünf AV-8A(S) bei Hawker Siddeley, die man 1980 direkt von Großbritannien aus überführte. 1987 wurden die Flugzeuge in England modifiziert und erhielten danach die Bezeichnung EAV-8B Matador II.

Ebenfalls 1980 gab die RAF eine neue Spezifikation für eine verbesserte Version der Harrier heraus. Zuerst war geplant, 40 GR.Mk.3 mit neuen Tragflächen auszurüsten und 60 neue Flugzeuge mit der Bezeichnung Harrier GR.Mk.5 zu bauen. Dieses Projekt hatte auch die Bezeichnung »Big Wing Harrier«.

Im Juli 1981 wurde die Beschaffung von 62 Harrier II beschlossen. Daraufhin schloss British Aerospace einen neuen Kooperationsvertrag mit McDonnell-Douglas ab. Am 24. August 1981 wurde der Vertrag unterzeichnet. Demnach baute Mc Donnell-Douglas 60 Prozent der Zelle und 40 Prozent BAe. Ausrüstung und Elektronik stammten zu 80 Prozent aus den USA. Pratt & Whitney ist allerdings nur mit 25 Prozent an der Produktion der Triebwerke beteiligt. Die Fertigung wurde so aufgeteilt, dass Bug, Lufteinläufe, Tragflächen und Höhenruder sowie alle Kunststoffkomponenten bei McDonnell-Douglas entstanden, der Mittel- und Hinterrumpf bei BAe und die Triebwerke bei Rolls-Royce.

Die Vorserienmaschine der Harrier GR.Mk.5 (ZD318) flog erstmals am 30. April 1985 in Dunsfold. Ein Teil der amerikanischen Ausrüstung wurde durch britische Geräte ersetzt. Wegen der dadurch notwendigen Entwicklungen ergab sich bei

■ **Seit 1990 fliegt bei der RAF die BAe Harrier GR.7.**

■ BAe Harrier GR.7 beim scharfen Schuss.

diesem Programm eine Verzögerung von zwei Jahren. Ferner verfügt die GR.5 gegenüber der AV-8B über zwei zusätzliche Unterflügelstationen und einen Martin-Baker-Mk.12-Schleudersitz. Der Frontbereich wie Bug, Cockpitverglasung, Lufteinlauf und Flügelvorderkanten wurde zum Schutz gegen Vogelschlag verstärkt.
Nach der Erprobung der beiden Prototypen wurde das erste Serienflugzeug (ZD323) am 29. Mai 1987 für die Umschulung des Bodenpersonals nach RAF Wittering geliefert. Im Oktober 1988 übernahm die No. 1. Squadron in Wittering als erste Einsatzstaffel die Harrier GR.5. Die Umrüstung war Ende März 1989 mit der Übergabe der letzten Harrier GR.Mk.5 an die 233. OCU abgeschlossen worden, und die Staffel meldete sich im November 1989 einsatzklar. Im März 1989 erhielt die in Gütersloh stationierte No. 3 Squadron ihre ersten GR.Mk.5 und war im April 1990 einsatzklar. 1991 begann die Umrüstung der No. 4 Squadron.
Am 2. April 1988 bestellte die RAF weitere 34 Flugzeuge, die aber als Harrier GR.Mk.7 ausgeliefert wurden. Somit erhöhte sich die Bestellung auf 94 Flugzeuge plus die beiden Vorserienmaschinen. Die ersten 41 Maschinen wurden als GR.Mk.5 gebaut. Nach ihrer Auslieferung erhielten die restlichen 19 Flugzeuge bereits die Avionik der Harrier GR.Mk.7. Diese mit Harrier GR.Mk.5A bezeichneten Flugzeuge gingen aber nicht in den Truppendienst, sondern wurden eingelagert und, wie auch die GR.Mk.5, ab 20. Dezember 1990 zu GR.Mk.7 umgebaut.
Die Harrier GR.Mk.7 unterscheidet sich von der GR.Mk.5 durch eine verbesserte Ausrüstung, die Nacht- und Schlechtwettereinsätze ermöglicht. Ansonsten sind die beiden Versionen weitgehend identisch. Die erste Harrier GR.Mk.7, eine umgebaute GR.Mk.5, nahm die Flugerprobung am 20. November 1989 auf. Das erste aus der Serienfertigung kommende Flugzeug wurde im Mai 1990 ausgeliefert. Ab August 1990 erhielt die Strike Attack OEU in Boscombe Down die ersten Maschinen für die Einsatzerprobung. Normalerweise verfügt die GR.Mk.7 nicht über die Möglichkeit, Aufklärungseinsätze zu fliegen. Für Aufklärungseinsätze über dem nördlichen Irak wurden jedoch bei neun Maschinen zusätzliche Kabel verlegt, damit diese die alten Aufklärungsbehälter der GR.Mk.3 einsetzen können. Acht dieser Maschinen kamen erstmals am 2. April 1993 in die Türkei, um die dort eingesetzten Jaguar abzulösen.
Zuerst war geplant, keine Trainer der AV-8B zu beschaffen, sondern eine Anzahl der T.Mk.4 mit Nachtflugelektronik und Infrarotsensoren zu Harrier T.Mk.6 umrüsten. Da die Zellen der T.Mk.4 jedoch abgeflogen waren, wurden 13 neue Flugzeuge mit der Bezeichnung T.Mk.10 für die Einsatzschulung bestellt. Die erste mit Pegasus 105 ausgerüstet Maschine hob am 7. April 1994 zum ersten Mal ab. Die T.Mk.10 sind mit nach vorne wirkenden Infrarot- und Nachtsichtgeräten ausgerüstet.

BAe Harrier GR.7

Verwendung: V/STOL-Erdkampfflugzeug und taktischer Aufklärer
Besatzung: 1
Triebwerk: ein Mantelstromtriebwerk mit Schwenkdüsen (Rolls-Royce Pegasus Mk.105) mit 96,7 kN (9866 kp) Standschub
Länge: 14,12 m
Höhe: 3,55 m
Spannweite: 9,24 m
Flügelfläche: 22,18 m²
Rüstmasse: 6350 kg
Startmasse ohne Außenlasten: 9600 kg
Maximale Startmasse für Senkrechtstart: 8595 kg
Maximale Startmasse für Kurzstart: 14.061 kg
Höchstgeschwindigkeit auf Meereshöhe ohne Außenlasten: 1065 km/h
Höchstgeschwindigkeit in 10.970 m Höhe: 966 km/h
Einsatzradius mit zwölf Mk.82-Bomben hi-lo-hi: 167 km
Einsatzradius mit sieben Mk.82-Bomben und zwei 1136-Liter-Zusatztanks: 889 km
Überführungsreichweite mit vier 1136-Liter-Zusatztanks: 3243 km
Bewaffnung: zwei 25-mm-Kanonen in einem Behälter unter dem Rumpf; maximale Waffenzuladung 4173 kg, bestehend aus bis zu 16 Mk.82- oder sechs Mk.83-Bomben, sechs BL-755-Bombenbehälter, vier Maverick-Luft-Boden-Lenkwaffen oder zehn Lenkwaffenbehälter an sechs Flügelstationen

British Aerospace Hawk

Bereits 1964 machte sich die Royal Air Force Gedanken über ein neues Schulflugzeug, das die Hawker Siddeley Gnat T.Mk.1, BAe Jet Provost T.Mk.5 und Hawker Hunter T.Mk.7/8 ersetzen sollte. Im Oktober 1970 veröffentlichte das Ministry of Defence (MoD) ein Pflichtenheft, in dem Forderungen für das neue Schulflugzeug festgehalten waren. An der Ausschreibung beteiligte sich außer British Aircraft Corporation (BAC) mit der P.59 auch Hawker Siddeley, wo bereits seit 1968 an einem Entwurf für ein Schulflugzeug mit einem Rolls-Royce-Viper-Strahltriebwerk unter der Projektbezeichnung P.1182 (später HS.1182) gearbeitet wurde. Die Entscheidung fiel im Oktober 1971 zugunsten der HS.1182.

Im Verlauf der Entwicklung entschied man sich für den Einbau des Rolls-Royce/Turboméca-Adour-Mk.151-Mantelstromtriebwerks, wie es auch in der SEPECAT/BAe Jaguar eingesetzt wird. Die Hawk ist das erste britische Flugzeug, das nach dem metrischen Maßsystem gebaut wurde. Bei der Konstruktion handelt es sich um einen freitragenden Tiefdecker, der in Ganzmetall-Halbschalen-Bauweise hergestellt ist.

Das Tandem-Cockpit ist in der Höhe versetzt und mit Martin-Baker-Mk.10B-Zero-Zero-Schleudersitzen ausgerüstet. Für die Besatzung ist eine Doppelsteuerung vorhanden. Die einteilige Cockpithaube ist seitlich nach rechts aufklappbar. In die Verglasung ist eine Sprengschnur (Miniature Detonating Chord) eingebaut, die automatisch zündet, bevor die Schleudersitze herausgeschossen werden.

Auf der t/4-Linie ist der Tragflügel um 21,5 Grad gepfeilt. Im Wurzelbereich weist er ein Dickenverhältnis von 10,9 Prozent auf, das sich bei den Randkappen auf 9 Prozent verjüngt. Die Tragflügel sind aus einem Stück gefertigt, haben einen zweiholmigen Torsionskasten und verfügen über Integraltanks mit einem Fassungsvermögen von 836 Litern Treibstoff. Die Doppelschlitzklappen und Querruder werden hydraulisch betätigt.

Für Waffentraining und Erdkampfeinsätze steht ein Behälter mit einer 30-mm-Aden-Kanone zur Verfügung, der als Rüstsatz an der zentralen Rumpfstation mitgeführt werden kann. An fünf Außenstationen kann die Hawk bis zu 2270 kg mitführen. Die Hauptstruktur ist auf eine Einsatzdauer von 6000 Stunden unter von der RAF genau festgelegten Bedingungen ausgelegt.

Anstelle eines Prototypen wurde nur ein Vorserienflugzeug gebaut. Diese Maschine (XX154) hatte am 12. August 1974 in Dunsfold ihren Roll-out. Sie absolvierte ihren 53-minütigen Erstflug am 21. August 1971 unter der Führung von Duncan M. Simpson. Im März 1972 bestellte die RAF 175 Hawk T.Mk.1. Die ersten fünf Hawk T.Mk.1 aus der Serie wurden für die Flugerprobung abgestellt. Die beiden ersten Serienflugzeuge flo-

■ **Nach Abu Dhabi wurden 18 BAe Hawk Mk.102 geliefert.**

■ **Zwei Hawk Mk.203 der Oman Air Force.**

gen am 19. Mai 1975 und am 22. April 1975 erstmals. Die zweite Hawk (XX156) erhielt den Anstrich der Royal Air Force. Sie diente für die Tropenerprobung und unternahm in diesem Zusammenhang im Mittleren Osten im Juni 1975 eine Demonstrationstour, wobei sie auch in Ägypten vorgeführt wurde.
Während der Erprobung kam es zu einigen Änderungen und Verbesserungen an der Zelle. Zur Verbesserung des Überziehverhaltens wurden an den Tragflächen Grenzschichtzäune angebracht, die beiden Lufteinläufe weiter nach unten verlegt und das einteilige ungedämpfte Höhenruder mit einer negative V-Stellung von 19 Grad versehen.
Zwei Hawk T.Mk.1 (XX159 und XX160) wurden beim Aircraft & Armament Experimental Establishment (A&AEE = Erprobungsstelle für Flugzeuge und Bewaffnungen der RAF) in Boscombe Down unter Einsatzbedingungen getestet und dienten für die Musterzulassung. Anfang 1976 befanden sich insgesamt sechs Hawk in der Mustererprobung. Als Ausgangsmuster für die Exportversionen und als Demonstrator von BAe diente die achte Maschine (XX162), die allerdings mit dem zivilen Kennzeichen G-HAWK vorgeführt wurde.
Bereits im November 1976 konnten die ersten vier Einsatzmaschinen an die No. 4 FTS in RAF Valley ausgeliefert werden.
Um die Hawk in ihrer Rolle als Waffentrainer aufzuwerten, wurden 88 Flugzeuge zwischen Januar 1983 und Mai 1986 modifiziert. Diese Maschinen können nun an Aufhängepunkten unter den Tragflächen zwei AIM-9L Sidewinder mitführen. Die neue Bezeichnung lautet Hawk T.Mk.1A. Als Zweitrolle sollen sie in der Heimatluftverteidigung Objektschutzeinsätze fliegen.

British Aerospace Hawk 100

Die Hawk 100 ist eine weiterentwickelte Variante des Basis- und Fortgeschrittenentrainers für den Export. Eine umgebaute Versuchsmaschine der Hawk 100 flog erstmals im Oktober 1987, und die erste Vorserienmaschine folgte am 29. Februar 1992. Neuste Variante ist die mit Lead-in-Fighter-Trainer (LIFT) bezeichnete Ausführung, die besonders im Bereich der Avionik erhebliche Verbesserungen aufweist. Dazu gehören drei Flachbildschirme, Head-Up Display (Blickfeldanzeige), Nachtsichtgeräte, GPS und ein MIL-STD-1553B-Datenbus. Die Zelle wurde verstärkt, das Bugrad steuerbar ausgelegt und eine Starthilfsturbine eingebaut.
Von der LIFT-Version bestellte die RAAF (Royal Australian Air Force) 33 Hawk 100. In Konkurrenz standen die Boeing T-45 Goshawk und Aermacchi MB 339FD. Mit rund einem Jahr Verspätung begann die Auslieferung der ersten bei BAe gefertigten Hawk 127, wie die australische Version bezeichnet wird, im September 2000 an die RAAF. Die Hawk löst die Macchi MB-326H bei der 76 Squadron in Williamstown ab. Zwölf Maschinen werden direkt von BAe geliefert, die restlichen bei Hunter Aerospace in Newcastle endmontiert. Damit die Piloten ohne Probleme auf die F/A-18 Hornet und die F-111 der RAAF umsteigen können, wird das Cockpit mit zwei farbigen Multifunktionsdisplays für Navigation, Flugführung, System- und Waffenstatus ausgerüstet sowie das Head-Up Display mit zusätzlichen Betriebsarten aufgewertet. Weiterhin besteht die Möglichkeit, eine Sonde für Luft-Luft-Betankung anzubauen.

British Aerospace Hawk 200

Bei der Hawk 200 handelt es sich um ein einsitziges leichtes Erdkampfflugzeug, mit dessen Bau British Aerospace 1985 begann. Der Prototyp flog zum ersten Mal am 19. Mai 1986, er stürzte aber bereits am 2. Juli 1986 ab.
Abgesehen vom Cockpit ist sie mit der Hawk Mk.60 Version identisch. 80 Prozent aller Bauteile der Hawk 100 und 200 sind identisch. Zur Ausrüstung gehören eine Trägheits-Navigationsanlage, ein Laser-Entfernungsmesser, ein computergesteuertes Feuerleitgerät, ein vorwärts blickendes Infrarotsystem und ein Ferranti Blue Fox Radar. Als fest eingebaute Bewaffnung verfügt die Hawk 200 über zwei 30-mm-Aden-Kanonen. Ein Vorführflugzeug, das mit einem Westinghouse-APG-66H-Mehrzweckradar ausgerüstet ist, fliegt seit dem 13. Februar 1992.

BAe Hawk T.Mk.1A

Verwendung: Schulflugzeug und taktisches Mehrzweck-Kampfflugzeug
Besatzung: 2
Triebwerk: ein Mantelstromtriebwerk (Rolls-Royce/ Turboméca Adour Mk 861) mit 25,4 kN (2586 kp) Standschub
Länge (ohne Staurohr): 11,17 m
Höhe: 3,99 m
Spannweite: 9,39 m
Flügelfläche: 16,69 m²
Rüstmasse: 3636 kg
Maximale Startmasse: 8568 kg
Höchstgeschwindigkeit ohne Außenlasten: 1038 km/h
Einsatzradius mit 2567 kg Waffenlast: 556 km
Einsatzradius mit 1361 kg Waffenlast: 1039 km
Anfangssteiggeschwindigkeit: 59,95 m/s
Dienstgipfelhöhe: 15.240 m
Bewaffnung: Mittelrumpfbehälter für 30-mm-Aden-Kanone oder ein Sea-Eagle-Schiffsbekämfungs-Marschflugkörper und bis zu 680 kg Übungsbomben, AIM-9L-Luft-Luft-Lenkflugkörper, maximale Waffenlast bis 3084 kg an vier Waffenstationen unter den Flügeln

British Aerospace Sea Harrier

■ **BAe Sea Harrier F/A.2 mit vier Sidewinder-Luft-Luft-Lenkwaffen.**

Obwohl der Einsatz von P.1127, Kestrel und Harrier mehrmals erfolgreich auf dem britischen Flugzeugträger HMS *Ark Royal* vorgeführt wurde, zeigte die Royal Navy wenig Interesse, diese Flugzeuge einzuführen. Erst als fest stand, dass die HMS *Ark Royal* 1979 außer Dienst gestellt werden sollte und damit die bisher eingesetzten Flugzeuge nur noch von festen Stützpunkten aus starten konnten, änderte sich die Einstellung der Royal Navy. Die RN forderte nun eine modifizierte Version des Harrier GR.Mk.3, die nach entsprechenden Modifikationen von Schiffen der *Invincible*-Klasse (20.000-Tonnen-Hubschrauberträger) aus eingesetzt werden konnten. Die aufwändigsten Umbauarbeiten an den Schiffen betrafen den Einbau einer Sprungrampe (Ski-Jump) für den Kurzstart. Diese wurde für die neue Starttechnik benötigt, die man seit 1972 entwickelte. Die erste Versuchsrampe wurde im Juli 1977 fertig gestellt. Der Anstellwinkel konnte von sechs bis 20 Grad variabel eingestellt werden. Bei einem Winkel von 15 Grad konnte bei gleicher Nutzlast die Startstrecke um 65 Prozent verkürzt oder aber bei gleicher Startstrecke die Nutzlast um 30 Prozent erhöht werden. Entsprechende Versuche wurden im August 1977 mit einer einsitzigen Harrier und einem Trainer mit mehr als siebzig Starts auf dem RAF-Stützpunkt Bedford mit Erfolg unternommen. Aufgrund dieser erfolgreichen Versuche wurden die Träger HMS *Invincible* und HMS *Illustrious* mit sieben, die HMS *Ark Royal* und HMS *Hermes* mit zwölf Rampen ausgerüstet.

Zunächst erfolgte im Mai 1975 eine Bestellung von 24 Sea Harrier FRS.Mk.1 und einer Harrier T.Mk.4A für die Ausbildung. Wie schon die Bezeichnung FRS (Fighter/Reconnaissance/Strike) aussagt, sollten die neuen Flugzeuge als Jäger, Aufklärer und Jagdbomber eingesetzt werden. Eine Bestellung über weitere zehn FRS.Mk.1 erfolgte im Mai 1978.

Die Sea Harrier ist zu 90 Prozent baugleich mit der Harrier GR.Mk.3. Äußerlich ist sie jedoch leicht am neuen Vorderrumpf zu erkennen, der den neuen Einsatzbedingen angepasst wurde. Das Seitenleitwerk wurde um 10 cm erhöht, die Höhenflosse verstärkt und der Ausschlag der Höhenflossen um zwei Grad erhöht.

Die Sea Harrier verfügt über ein Ferranti-Blue-Fox-Radar und ist außerdem mit dem kombinierten Doppler-Trägheitsnavigationssystem HARS FIN1040 (Heading, Attitude and Reference System) von Ferranti mit Digitalrechner (Decca 72) sowie einem Radar-Höhenmesser ausgerüstet. Das Cockpit wurde um 25 cm vergrößert und mit einem Martin-Baker-Mk.10-Schleudersitz ausgerüstet. Ein Pegasus-Mk.104-Triebwerk mit einem Standschub von 96,3 kN treibt die FRS.Mk.1 an. Die Zwischenverkleidungen der Turbine wurden aus rostfreiem Material gefertigt und die Leistung der Steuerdüsen erhöht.

Da die Flugzeuge durch Salzwasser einer verstärkten Korrosionsgefahr ausgesetzt waren, wurden die aus Magnesium hergestellten Teile durch Aluminiumteile ersetzt. Aus finanziellen Gründen verzichtete man auf die Entwicklung einer zweisitzigen Version der Sea Harrier und beschaffte dafür Harrier-Trainer, wie sie bei der RAF im Einsatz standen.

Bereits am 20. August 1978 erfolgte der Jungfernflug des Sea Harrier FRS.Mk.1 (XZ450). Am 18. Juni 1979 erhielt die No. 700A Squadron in Yeovilton als Erprobungseinheit die ersten Sea Harrier. Am 31. März 1980 wurde die Staffel in No. 899 Squadron umbenannt. Am gleichen Tag wurde auf der HMS *Invincible* die No. 800 Sqn mit vier Sea Harrier aufgestellt.

■ **Sea Harrier F/A.2 im Schwebeflug.**

Als zweiter Betreiber bestellte die indische Marine im Dezember 1979 sechs Sea Harrier FRS.Mk.51 und zwei Sea Harrier FRS.Mk.60-Doppelsitzer für das Training. Die Auslieferungen begannen am 27. Januar 1983. Ein Nachfolgeauftrag über zehn FRS.Mk.51 und eine FRS.Mk.60 folgte im November 1985. Ein Jahr später, im Oktober 1986, wurden nochmals sieben FRS.Mk.51 und eine FRS.Mk.60 bestellt. Die Maschinen kommen bei der INAS 300 und INAS 551 auf den Flugzeugträgern INS *Vikrant* und INS *Viraat* (ex HMS *Hermes*) zum Einsatz. Die FRS.Mk.51 der indischen Marine verfügen neben den beiden 30-mm-Aden-Kanonenbehältern noch über die Matra-R.550-Magic-Luft-Luft-Lenkwaffe.

Während des Falklandkrieges (Operation Corporate) wurden die No. 800 Sqn, die No. 801 Sqn und die eilig aufgestellte No. 809 Sqn mit insgesamt 28 Sea Harrier eingesetzt. Als Träger standen die HMS *Invincible* und HMS *Hermes* im Einsatz. Zusammen mit 14 Harrier GR.Mk.3 der No. 1 Sqn wurden 2376 Einsätze geflogen. Die Piloten der drei Staffeln erzielten 22 bestätigte und drei unbestätigte Luftsiege, wobei sechs eigene Flugzeuge verloren gingen. Zwei Sea Harrier gingen im Einsatz verloren, eine durch Handfeuerwaffenbeschuss und eine nach einem Treffer durch eine Roland-Luft-Boden-Rakete. Vier Verluste gingen auf Unfälle zurück.

Die Erfolge beruhten größtenteils darauf, dass die Sea Harrier zu Beginn des Konflikts noch modifiziert wurden und vier AIM-9L-Sidewinder-Luft-Raketen mitzuführen konnten. Außerdem wurde die Erhöhung der Flugdauer durch die Montage größerer Abwurftanks erreicht.

1983 bestellte die Royal Navy als Ersatz für abgestürzte Maschinen und zur Verstärkung der Flotte 14 Sea Harrier FRS.Mk.1, weitere neun und drei Harrier T.Mk.4(N) wurden 1984 geordert. Somit verfügte die RN über 57 Sea Harrier FRS.Mk.1 und vier Harrier T.Mk.4(N).

Im Januar 1985 wurde British Aerospace damit beauftragt, ein Programm zur Modernisierung der Sea Harrier vorzulegen. Hauptsächlich wurden die Avionik erneuert und das Cockpit komplett überarbeitet. Wichtigste Änderung war die Ausrüstung mit dem Ferranti-Blue-Vixen-Radar, was an dem neu gestalteten Rumpfbug erkennbar ist. Dadurch kann die FRS.Mk.2 mehrere Ziele außerhalb der Sichtweite des Piloten gleichzeitig bekämpfen. Das Rumpfheck wurde um 35 cm verlängert.

Die neue Version wurde Sea Harrier FRS.Mk.2 genannt. Sie absolvierte am 19. September 1988 (XZ439) ihren Erstflug. Am 7. Dezember 1988 wurde der Vertrag über die Umrüstung von 31 FRS.Mk.1 auf den FRS.Mk.2-Standard abgeschlossen. Die Bestellung von zehn neuen FRS.Mk.2 erfolgte am 6. März 1990; im Januar 1994 wurden nochmals 18 neue FRS.Mk.2 bestellt sowie der Umbau weiterer fünf FRS.Mk.1 beschlossen. Seit 1995 werden die FRS.Mk.2 mit Sea Harrier F/A.2 bezeichnet.

British Aerospace Harrier F/A.2

Verwendung: V/STOL-Marinekampfflugzeug
Besatzung: 1
Triebwerk: ein Mantelstromtriebwerk mit Schwenkdüsen (Rolls-Royce Pegasus Mk.106) mit 95,7 kN (9760 kp) Standschub
Länge: 14,17 m
Höhe: 3,71 m
Spannweite: 7,70 m
Flügelfläche: 18,68 m²
Rüstmasse: 6577 kg
Maximale Startmasse: 12.020 kg
Höchstgeschwindigkeit in Meereshöhe: 1160 km/h
Höchstgeschwindigkeit in 10.975 m Höhe: 977 km/h
Marschgeschwindigkeit in 300 m Höhe: 835 km/h
Dienstgipfelhöhe: 15.600 m
Einsatzradius mit drei Minuten Luftkampf: 750 km
Einsatzradius mit Erdkampfausrüstung: 370 km
Bewaffnung: zwei 25-mm- oder 30-mm-Kanonen in einem Behälter unter dem Rumpf. AIM-120-AMRAAM-Luft-Luft-Lenkwaffen unter dem Rumpf; an vier Flügelstationen können weitere AIM-120, AIM-9L, Alarm- oder Sea-Eagle-Lenkwaffen sowie 454 kg Bomben und Matra-115/116-68-mm-Raketenwerfer mitgeführt werden

British Aerospace Strikemaster

Die BAC 167 Strikemaster ist eine Weiterentwicklung der Hunting Jet Provost, die am 26. Juni 1954 ihren Erstflug absolvierte. Über die BAC 145 ging die Entwicklung zur BAC 167. Der erste Flug der Strikemaster fand am 26. Oktober 1967 statt. Sie wurde in 146 Exemplaren an die Luftwaffen von neun Nationen geliefert.

■ In Neuseeland standen 16 BAe Strikemaster Mk.88 im Einsatz.

BAe Strikemaster

Verwendungszweck: Kampfflugzeug
Antrieb: ein Strahltriebwerk (Rolls Royce Viper 535) mit 15,2 kN (1547 kp) Schub
Besatzung: 2
Spannweite: 11,23 m
Länge: 10,27 m
Höhe: 3,34 m
Flügelfläche: 19,85 m²
Leermasse: 2810 kg
Maximale Startmasse: 5125 kg
Höchstgeschwindigkeit: 760 km/h
Reichweite: 2224 km
Bewaffnung: zwei 7,62-mm-FN-Maschinengewehre, Bomben, Raketen

British Aerospace VC10

Das Royal Air Force Support Command übernahm 14 Flugzeuge des Typs Vickers 1106 mit der RAF-Bezeichnung VC10 C.Mk.1, deren erstes Exemplar am 26. November 1965 seinen Jungfernflug unternahm. Die Auslieferung an die RAF begann am 7. Juli 1966. Eine C.Mk.1 wurde an Rolls-Royce zur Erprobung von RB.211-Triebwerken ausgeliehen. Um die Tankerkapazität auszubauen, erwarb die RAF neun zivile Flugzeuge und zwar fünf Type 1101 von British Airways, die zu VC10 K.Mk.2 und vier Type 1154 Super VC10 der East African Airways, die zu VC10 K.Mk.3 umgebaut wurden. Die VC10 K.Mk.2 flog erstmals am 22. Juni 1982. Später wurden nochmals 14 Super VC10 erworben, von denen drei der Ersatzteilgewinnung dienen.

BAe VC10 K.Mk.3

Verwendungszweck: Tanker
Antrieb: vier Mantelstromtriebwerke (Rolls-Royce Conway Mk.550B) mit je 97 kN (9888 kp) Standschub
Besatzung: 4 + 17 Passagiere
Spannweite: 44,55 m
Länge: 52,32 m
Höhe: 12,04 m
Flügelfläche: 272,80 m²
Leermasse: 66.226 kg
Maximale Startmasse: 151.950 kg
Höchstgeschwindigkeit: 920 km/h
Reisegeschwindigkeit: 886 km/h
Steiggeschwindigkeit: 11 m/s
Dienstgipfelhöhe: 12.800 m
Reichweite: 7600 km

■ Diese BAe VC-10 Mk.4 diente als Tankflugzeug bei der ersten Luftbetankung einer C-130J-30, die für die RAF bestimmt ist.

de Havilland DH.100 Vampire

■ **Zwei DH.100 Vampire Mk.6 der Schweizer Luftwaffe. Die hintere Maschine führt den Anstrich eines Zielschleppers.**

Die Vampire war das erste strahlgetriebene Jagdflugzeug in Großbritannien, das die Einsatzreife erreichte. Der Prototyp flog am 20. September 1943 zum ersten Mal. Die Vampire F.Mk.1 kam 1946 in den aktiven Truppendienst. Von der Vampire F.Mk.3 wurden Exportversionen nach Norwegen und Kanada verkauft. Macchi in Italien baute 80 Vampire in Lizenz. Die Schweiz beschaffte 75 Vampire Mk.6 in England, während weitere 100 von F+W Emmen, Doflug in Altenrhein und Pilatus in Lizenz gebaut wurden. Frankreich dürfte der größte Lizenznehmer gewesen sein. Dort montierte man bei SNCASE insgesamt 67 Vampire FB.Mk.5 aus in England gefertigten Teilen und baute anschließend 183 Exemplare. Weitere 250 Exemplare wurden unter der Bezeichnung Sud Est SE.535 Mistral ausgeliefert. Die Royal Navy stellte das Flugzeug als Sea Vampire F.Mk.20 und F.Mk.21 in Dienst. Letzte einsitzige Version war die Vampire FB.Mk.9. Bis zur Produktionseinstellung 1953 verließen über 1900 Vampire die Werkhallen, von denen ein großer Teil weltweit bei den verschiedensten Luftwaffen eingesetzt wurde.

de Havilland DH.100 Vampire Mk.6

Verwendungszweck: Kampfflugzeug
Antrieb: ein Radial-Turbo-Strahltriebwerk (de Havilland Goblin 3) mit 14,9 kN (1520 kp) Schub
Besatzung: 1
Spannweite: 11,58 m
Länge: 9,37 m
Höhe: 2,15 m
Flügelfläche: 25,95 m²
Leermasse: 3470 kg
Maximale Startmasse: 5850 kg
Höchstgeschwindigkeit: 820 km/h
Steiggeschwindigkeit: 17 m/s
Dienstgipfelhöhe: 13.045 m
Reichweite: 600 km
Bewaffnung: vier 20-mm-Kanonen, Bomben, Raketen

de Havilland D.H.104 Dove

■ **Die DH.104 diente als leichtes Transportflugzeug.**

Die D.H.104 Dove entwickelte de Havilland als Kleinverkehrsflugzeug. Der Erstflug fand am 25. September 1945 statt. Bis zur Produktionseinstellung wurden 544 Flugzeuge an 42 Länder ausgeliefert. Neben der zivilen Ausführung entstanden auch die Devon C.Mk.1 und C.Mk.2 für die RAF und die Sea Devon C.Mk.20 für die Royal Navy. In England fliegt noch eine Devon als Begleitflugzeug der Battle of Britain Memorial Flight. Eine Dove steht im Jordanien noch im aktiven Dienst, und in Sri Lanka ist die Dove in flugfähigem Zustand abgestellt.

de Havilland D.H.104 Dove

Verwendungszweck: leichtes Transportflugzeug
Antrieb: zwei de Havilland Gipsy Queen 70-3 mit je 298 kW (400 PS)
Besatzung: 2 + 11 Passagiere
Spannweite: 17,37 m
Länge: 11,99 m
Höhe: 4,06 m
Flügelfläche: 31,12 m²
Leermasse: 2985 kg
Maximale Startmasse: 4060 kg
Höchstgeschwindigkeit: 338 km/h
Reisegeschwindigkeit: 288 km/h
Steiggeschwindigkeit: 3,8 m/s
Dienstgipfelhöhe: 6100 m
Reichweite: 805 km
Startstrecke: 721 m
Landestrecke: 686 m

de Havilland DH.112 Venom

■ **DH.112 Venom Mk.1 der Schweizer Luftwaffe auf dem Weg zum Start.**

Am 2. September 1949 startete der Prototyp der Venom in Hatfield. Die Venom war eine fortschrittliche Weiterentwicklung der Vampire. Größter Unterschied zur Vampire war der Tragflügel mit gepfeilter Vorderkante, dünnerem Profil und Tip-Tanks. Ab 1951 wurde die Version Venom FB.Mk.1 an die Einsatzstaffeln der Royal Air Force in Deutschland und im Mittleren sowie Fernen Osten ausgeliefert. Als Sea Venom kam sie sowohl bei der Royal Navy als auch bei der Aeronavale zum Einsatz.

In der zweisitzigen Version Venom NF.Mk.2 und Mk.3 erhielt die Venom einen neuen Rumpf mit zwei nebeneinander liegenden Sitzen für Pilot und Radarbeobachter. In dieser Variante kam sie als Nachtkampfflugzeug zum Einsatz. Die letzte Version war die Venom Mk.4, die über eine hydraulisch angetriebene Querruder-Servosteuerung, ein neues Leitwerk und Schleudersitz verfügte. Die Venom wurde in der Schweiz und Frankreich, hier unter der Bezeichnung »Aquilon«, in Lizenz gefertigt. Zum Einsatz kam sie neben den bereits erwähnten Ländern noch in Neuseeland, Schweden, im Irak, in Venezuela, Australien und Italien.

de Havilland DH.112 Venom Mk.4

Verwendungszweck: Jagd- und Erdkampfflugzeug
Antrieb: ein Radial-Turbo-Strahltriebwerk (de Havilland Ghost 48 Mk.1) mit 21,76 kN (2220 kp) Schub
Besatzung: 1
Spannweite: 12,72 m
Länge: 10,61 m
Höhe: 2,10 m
Flügelfläche: 26,20 m²
Leermasse: 4050 kg
Maximale Startmasse: 7150 kg
Höchstgeschwindigkeit: 920 km/h
Steiggeschwindigkeit: 22 m/s
Dienstgipfelhöhe: 12.000 m
Reichweite: 700 km
Bewaffnung: vier 20-mm-Kanonen, Bomben, Raketen

de Havilland DH.115 Vampire Trainer

Der Vampire-Trainer absolvierte seinen Erstflug am 15. November 1950. Er war eine private Entwicklung der Firma de Havilland und basierte auf der Vampire FB.Mk.5. Ausgerüstet ist der Vampire-Trainer mit zwei nebeneinander liegenden Martin-Baker-Schleudersitzen. Die Lieferung an die RAF begann 1952 und an die Royal Navy 1954.
In der Version für die RAF wird sie als Vampire T.Mk.11, für die RN mit Sea Vampire T.Mk.22 bezeichnet. Die Exportversion Vampire T.Mk.55 lieferte man an 19 Luftwaffen. In Australien wurden 109 Exemplare und in Italien 50 gebaut. Bis 1958 verließen 804 DH.115 Vampire-Trainer die Fertigungsstraße, von denen die RAF 530 und die RN 73 in Dienst stellte.

Für die Ausbildung der Piloten in der Schweiz kam die DH.115 Vampire T.Mk.55 zum Einsatz.

de Havilland DH. 115 Vampire T.Mk.55

Verwendungszweck: Schulflugzeug
Antrieb: ein Radial-Turbo-Strahltriebwerk (de Havilland Goblin 35B) mit 14,9 kN (1520 kp) Schub
Besatzung: 2
Spannweite: 11,58 m
Länge: 10,49 m
Höhe: 2,01 m
Flügelfläche: 25,22 m²
Leermasse: 3584 kg
Maximale Startmasse: 6174 kg
Höchstgeschwindigkeit: 840 km/h
Steiggeschwindigkeit: 17 m/s
Dienstgipfelhöhe: 10.000 m
Reichweite: 600 km
Bewaffnung: zwei 20-mm-Kanonen, Bomben, Raketen

Gloster Meteor

Die Gloster Meteor war das einzige strahlgetriebene Flugzeug, das die Alliierten im Zweiten Weltkrieg einsetzten. Der Erstflug fand am 5. März 1943 in Cranwell statt. Die erste Produktionsserie umfasste 20 Gloster Meteor F.Mk.1. 1944 wurde eine Meteor im Austausch gegen eine Bell YP-59A Airacomet in die USA geliefert. Die No. 616 Squadron flog die ersten scharfen Einsätze mit der Meteor am 27. Juli 1944. Gebaut wurde die Meteor als Jagdflugzeug, Aufklärer, Nachtjagdflugzeug und Schulflugzeug. Die Meteor N.F.11 baute man zum Zielschlepper T.T.20 um und rüstete sie mit einer Winde über dem rechten Tragflügelmittelteil aus. Über 200 Meteor F.4 und F.8 wurden zu Zielflugkörpern umgebaut.

Gloster Meteor N.F.Mk.14

Verwendungszweck: Nachtjagdflugzeug
Antrieb: zwei Strahlturbinen (Rolls-Royce Derwent 8) mit je 15,54 kN (1585 kp) Schub
Besatzung: 2
Spannweite: 13,10 m
Länge: 15,20 m
Höhe: 4,20 m
Flügelfläche: 34,74 m²
Maximale Startmasse: 8650 kg
Höchstgeschwindigkeit: 950 km/h
Steiggeschwindigkeit: 35,5 m/s
Dienstgipfelhöhe: 13.400 m
Reichweite: 800 km
Bewaffnung: vier 20-mm-Kanonen

Diese Gloster Meteor T.7 flog bei der Central Flying School.

Handley Page Victor

Einer der drei V-Bomber war die Handley Page Victor, deren Prototyp (WB771) am 24. Dezember 1952 zum ersten Mal vom Boden abhob. Der Jungfernflug des ersten Serienflugzeuges Victor B.Mk.1 mit Bristol-Siddeley-Sapphire-Triebwerken erfolgte am 1. Februar 1954 und die Übernahme durch das RAF Bomber Command ab 1958. Die No. 232 OCU und die No. 10 Squadron setzten die Flugzeuge als erste Verbände der RAF ein. Spätere Serienflugzeuge konnten in der Luft betankt werden und verfügten über eine ECM-Ausrüstung. Die B.Mk.2 war mit Rolls-Royce-Conway-Triebwerken ausgerüstet und flog am 20. Februar 1959 zum ersten Mal. 1969 wurden einige Mk.1- beziehungsweise Mk.1A-Bomber zu Tankflugzeugen umgebaut. Nach Übernahme von Handley Page durch Hawker Siddeley erfolgte der Umbau von 24 Victor B.Mk.2. Das Tankvolumen umfasste 57.607 kg Flugkraftstoff. Während des Einsatzes der Tankflugzeuge im Falklandkrieg erfolgte der Einbau von Bremsschirmen und ALQ-119-ECM-Pods. Im Frühjahr 1994 schieden die Victor endgültig aus dem Einsatz bei der RAF aus.

■ **Die Handley Page Victor kam zum Schluss ihrer Dienstzeit als Tankflugzeug zum Einsatz.**

Handley Page Victor K.1

Verwendungszweck: Tanker
Antrieb: vier Turbofans (Rolls-Royce Conway 201) mit je 91,61 kN (9344 kp) Schub
Besatzung: 6
Spannweite: 36,60 m
Länge: 35,05 m
Höhe: 9,20 m
Flügelfläche: 204,38 m²
Leermasse: 49.488 kg
Maximale Startmasse: 108.864 kg
Höchstgeschwindigkeit: 1040 km/h
Reichweite: 7400 km

Hawker Siddeley Buccaneer

Die Buccaneer ist ein Entwurf der Firma Blackburn, die später im Hawker-Siddeley-Konzern aufging. Die Entwicklung begann 1952, und die Royal Navy bestellte 20 Vorserienflugzeuge mit Gyron-Junior-101-Triebwerken. Die erste Maschine startete am 30. April 1958. Eine weitere Bestellung über 40 Buccaneer S.1 folgte im Oktober 1958. Die S.1 absolvierte ihren Erstflug am 23. Januar 1962, und im Juli 1962 übernahm die No. 801 Squadron als erste Einheit die Buccaneer. Von der Weiterentwicklung S.2 wurden 84 Exemplare bestellt (Erstflug 5. Juni 1964). Diese verfügte über leistungsstärkere Rolls-Royce-Spey-Triebwerke. Als die Royal Navy ihre Flugzeugträger außer Dienst stellte, wurden die 70 verbliebenen Buccaneer modifiziert und von der RAF als S.2A übernommen. Weitere 43 Buccaneer S. 2B wurden von der RAF bestellt, deren Erste am 8. Januar 1970 flog.

Außer in England flog die Buccaneer nur noch in Südafrika. 1965 erwarb Südafrika 16 trägertaugliche Buccaneer S.50. Diese Version war zusätzlich mit einem Bristol-Siddeley-BS.605-Raketenmotor ausgerüstet, der die Triebwerksleistung für 30 Sekunden um 35,58 kN (3629 kp) Schub erhöhte.

■ **Sowohl die RAF wie auch die Royal Navy setzten die Hawker Siddeley Buccaneer ein.**

Hawker Siddeley Buccaneer S. 2B

Verwendungszweck: Tiefangriffsflugzeug
Antrieb: zwei Turbofans (Rolls-Royce RB 168 Spey Mk. 101) mit je 50,03 kN (5103 kp) Schub
Besatzung: 2
Spannweite: 13,41 m
Länge: 19,33 m
Höhe: 4,95 m
Flügelfläche: 47,82 m²
Leermasse: 13.608 kg
Maximale Startmasse: 28.123 kg
Höchstgeschwindigkeit: 1111 km/h
Dienstgipfelhöhe: 12.190 m
Reichweite: 3700 km
Bewaffnung: Bomben, Raketen, ECM-Pods

Hunting Pembroke

Die Pembroke ist eine Entwicklung für die RAF aus der für die Royal Navy gebauten Sea Prince C.Mk.1 (Erstflug 24. März 1950). Einen Prototyp gab es nicht. Der Erstflug der Pembroke (WV698) erfolgte am 20. November 1952. Diese Maschine stürzte während eines Erprobungsfluges am 11. Mai 1955 ab. Die Royal Air Force bestellte 46 Pembroke C.Mk.1. Neben der Version als Verbindungsflugzeug kam sie auch als Fotoaufklärer zum Einsatz. Außer an die RAF wurde die Pembroke noch an die Luftstreitkräfte folgender Länder geliefert: Belgien, Schweden, Dänemark, Finnland, Deutschland, Sudan, Rhodesien und Sambia.

Für die deutsche Bundeswehr bestellte man 33 Pembroke C.Mk., die für eine Vielzahl von Aufgaben bei allen drei Teilstreitkräften eingesetzt wurden. Als erste Maschine übernahm die Bundeswehr am 22. Juni 1957 die AS-551 (Werk-Nr. 091).

Zu den ersten Flugzeugen, die bei der Bundeswehr in Dienst gestellt wurden, gehörte die Hunting Pembroke.

Hunting P.66 Pembroke C.Mk.54

Verwendungszweck: Transport- und Verbindungsflugzeug
Antrieb: zwei Sternmotoren (Alvis Leonides Mk.12701) mit je 412 kW (560 PS)
Besatzung: 4 + 8 Passagiere
Spannweite: 19,66 m
Länge: 14,02 m
Höhe: 4,88 m
Flügelfläche: 37,16 m²
Leermasse: 4160 kg
Maximale Startmasse: 6125 kg
Höchstgeschwindigkeit: 360 km/h
Reisegeschwindigkeit: 320 km/h
Dienstgipfelhöhe: 6100 m
Reichweite: 1850 km
Startstrecke: 768 m
Landestrecke: 780 m

Westland Sea King

Westland Sea King HAS.6 der 814. Squadron der Royal Navy im Tiger-Look.

Bei der Sea King handelt es sich um einen Lizenzbau der Sikorsky SH-3D, der den Forderungen der Royal Navy für einen U-Boot-Jagdhubschrauber angepasst wurde. Der erste Serienhubschrauber, die Westland Sea King HAS.Mk.1, flog am 7. Mai 1969. Die von Westland gefertigte Sea King unterscheidet sich von der SH-3D durch zwei Rolls-Royce-Gnome-H.1400-Triebwerke, ein automatisches Flugsteuerungssystem, ein Sonargerät mit großer Reichweite, ein A.W.391-Suchradar, das auf der Rumpfoberseite sitzt und ein Doppler-Navigationssystem. Im Rahmen der Weiterentwicklung entstand noch die für taktische Aufgaben wie logistische Unterstützung, Rettungseinsätze und Truppentransport ausgelegte »Commando«.
Am 19. August 1969 übernahm die No. 700 Squadron als erste Einheit der RN die Sea King. Eine bedeutende Rolle spielten die Sea King der No. 424, 425 und 846 Squadron im Falklandkrieg. Die Sea King wurde in sieben Versionen für die Royal Navy gebaut. 16 Varianten gingen in den Export nach Deutschland, Indien, Norwegen, Pakistan, Ägypten, Belgien, Australien und Katar. Die von der deutschen Marine eingesetzten 22 Sea King Mk.41 werden in erster Linie für SAR-Aufgaben verwendet.

Westland Sea King HAS.Mk.5

Verwendungszweck: Mehrzweckhubschrauber
Antrieb: zwei Wellenturbinen (Rolls-Royce Gnome H.1400-1) mit je 1238 kW (1660 WPS)
Länge: 17,01 m
Höhe: 4,72 m
Rotordurchmesser: 18,90 m
Leermasse: 6202 kg
Maximale Startmasse: 9525 kg
Höchstgeschwindigkeit: 208 km/h
Reichweite: 1230 km
Bewaffnung: vier zielsuchende Mk.46-Torpedos oder vier Mk.11-Wasserbomben

Westland Wessex

Nachdem Westland bereits die Sikorsky S-55 mit Erfolg in Lizenz gefertigt hatte, entschloss man sich, auch die S-58 zu bauen. Sikorsky lieferte eine HSS-1 an Westland. Dort wurde der mit einem Kolbentriebwerk angelieferte Hubschrauber mit einer Gazelle-N.Ga.11-Wellenturbine von 820 kW (1100 WPS) ausgerüstet. Der Erstflug fand am 17. Mai 1957 statt. Ab dem 4. Juli 1961 wurde die Wessex HAS.Mk.1 bei der Royal Navy in Dienst gestellt. Die RAF stellte die Wessex HC.Mk.2 als Transporthubschrauber in Dienst (Erstflug 5. Oktober 1962). Zwei HCC.Mk.4, die mit einer VIP-Einrichtung ausgerüstet waren, flogen bei der Queens Flight. Die Royal Australian Navy übernahm 27 Wessex HAS.Mk.31. Weitere Maschinen wurden an den Irak, an Ghana und nach Brunei geliefert.

■ **Die für SAR-Aufgaben eingesetzten Westland Wessex HC.2 der RAF trugen einen gelben Anstrich.**

Westland Wessex HU.Mk.5

Verwendungszweck: Kampf- und Transporthubschrauber
Antrieb: eine Wellenturbine (Rolls-Royce Gnome 112), die mit einer Gnome 113 gekoppelt wurde. Gesamtleistung beider Turbinen 2014 kW (2700 WPS)
Besatzung: 3 + 16 Soldaten
Länge: 14,75 m
Höhe: 4,93 m
Rotordurchmesser: 17,07 m
Leermasse: 3927 kg
Maximale Startmasse: 6169 kg
Höchstgeschwindigkeit: 214 km/h
Reichweite: 770 km
Bewaffnung: Maschinengewehre, Raketen und Torpedos

AMX International AMX

Aufgrund einer Ausschreibung der Aeronautica Militare Italiana aus dem Jahr 1977 für ein Nachfolgemuster der Fiat G.91R, G.91Y und der F-104G in den Bereichen Luftnahunterstützung und Aufklärung sowie Gefechtsfeld-Abriegelung begannen Aeritalia und Aermacchi gemeinsam im April 1978 mit der Entwicklung des AMX. Da die Luftwaffe Brasiliens ein ähnliches Flugzeug benötigte, beteiligte sich Embraer ab September 1980 an dem Programm. Im Juli 1981 wurde der Bau von 266 Flugzeugen (der Auftrag wurde 1989 auf 317 Flugzeuge erhöht) beschlossen: 187 AMX und 51 AMX-T für Italien sowie 65 AMX und 14 AMX-T für Brasilien. Aeritalia (heute Alenia) übernahm die Projektleitung und verfügte über 46,7 Prozent des Auftrages. Bei Aeritalia wurden Bug und Mittelrumpf gefertigt sowie Seitenflosse und -ruder, Höhenflosse und -ruder, Querruder und Störklappen. Aermacchi hatte einen Anteil von 23,6 Prozent und war für die Fertigung von Vorderrumpf, Druckkabine und Heckkonus verantwortlich. Außerdem gehörten zum Lieferumfang von Aermacchi noch Bordkanone und Avionik. Embraer stellte mit einem 29,7-Prozent-Anteil Lufteinläufe, Tragflächen mit Vorflügelklappen und Außenlastträgern sowie Abwurftanks und Aufklärungsausrüstung her. Endmontagestraßen wurden sowohl in Italien als auch in Brasilien aufgebaut, die Einzelteilfertigung wird jedoch jeweils nur in einem Werk durchgeführt.

Aufgrund des vorgesehenen Einsatzbereiches als Jagdbomber für taktische Angriffe und Aufklärung wurden Geschwindigkeiten im Überschallbereich gar nicht erst in Erwägung gezogen. Als oberste Geschwindigkeitsgrenze wurde Mach 0,9 festgelegt. Dabei können alle normalen Flugmanöver bis zu einem Anstellwinkel von 45 Grad durchgeführt werden. Eine weitere Forderung war der Einsatz von beschädigten Flugplätzen aus.

Die AMX ist konventionell aufgebaut. Als Werkstoff kommt hauptsächlich eine Aluminiumlegierung zur Anwendung. Das Leitwerk legte man als Wabenkernkonstruktion aus, Seitenflosse und Seitenruder sowie Teile des Höhenleitwerks werden in Kohlefaserbauweise hergestellt. Die als Schulterdecker ausgelegte Tragfläche weist eine Dicke von 12 Prozent und eine Pfeilung von 27 Grad auf. Über die gesamte Länge wurden Vorflügel eingebaut und Doppelspaltklappen über den größten Bereich der Hinterkante. Auf der Oberseite der Tragflächen befinden sich jeweils zwei Störklappen, die auch als Bremsklappen eingesetzt werden können.

Das Cockpit ist druckbelüftet und mit Martin-Baker-Mk.10L-Zero-Zero-Schleudersitzen ausgerüstet. Die vogelschlagsichere Frontscheibe ist aus einem Stück gefertigt. An sie schließt die einteilige Cockpithaube an, die nach rechts geöffnet wird.

Die Rumpftanks und die Integraltanks in den Tragflächen fassen insgesamt 3440 Liter Treibstoff. Unter den Flächen befinden sich vier Außenlaststationen, an denen innen zwei Abwurftanks mit einem Fassungsvermögen von 1100 Liter und außen mit 580 Liter angehängt werden können. Die von der AMI übernommenen Flugzeuge verfügen rechts vor dem Cockpit noch über eine starre Luftbetankungssonde.

Das Rolls-Royce-Spey-807-Triebwerk wird in Lizenz von einer Unternehmensgruppe hergestellt, zu der in Italien Fiat, Piaggio und Alfa Romeo Avia und in Brasilien CELMA gehören.

In der Ausrüstung unterscheiden sich die bei der Aeronautica Militare Italiana (AMI) und der Forca Aérea Brasileira (FAB) eingesetzten Maschinen. Das Entfernungsmessradar der italienischen Flugzeuge ist ein Lizenzbau des israelischen Elta-Radars und wird von FIAR gefertigt. Das brasilianische Radar baut Technasa/SMA. Bei der AMI kommt auf der linken Seite eine sechsläufige 20-mm-M.61A-1-Revolverkanone mit 350 Schuss zum Einbau. Die FAB entschloss sich, auf jeder Seite je eine 30-mm-DEFA-553-Bordkanone einzubauen. An den Flügelspitzen befinden sich Abschussschienen für Luft-Luft-Lenkwaffen. Hier werden in Italien AIM-9L Sidewinder eingesetzt und in Brasilien MAA-1 Piranha.

Nach dem Abschluss der Entwicklungsarbeiten begann die Fertigung von sieben Prototypen. Drei baute Alenia, zwei Aermacchi und zwei sowie eine zusätzliche Bruchzelle für statische Belastungsversuche Embraer. Der erste Prototyp, die AMX-A01 (MMX594), startete am 15. Mai 1984 in Turin-Caselle zu ihrem Erstflug. Am 1. Juni 1984 stürzte diese Maschine auf ihrem fünften Flug wegen Problemen mit dem Triebwerk ab. Der erste in Brasilien gefertigte Prototyp, die AMX-A04 (YA-1-4200), flog am 16. Oktober 1985 in São dos Campos. In Turin wiederum absolvierte das erste Flugzeug aus der Serie seinen Erstflug am 11. Mai 1988, in Brasilien flog das erste Serienflugzeug am 12. August 1989. Im April 1991 begannen noch Versuche mit der AMX-A11, die mit einem leistungsgesteigerten Spey-807A-Triebwerk mit 60,05 kN Standschub ausgerüstet wurde.

Als erster Einsatzverband erhielt die 103. Gruppo der 51. Stormo (CB) in Istrana die AMX. Hier kommt sie als Jagdbomber zum Einsatz. Als Nächstes rüstete die 132. Gruppo (CR) der 3. Stormo in Villafranca um, wo die AMX in der Aufklärerrolle eingesetzt wird. Dritter Verband war die 14. Gruppo der 2. Stormo in Rivolto. Auch hier wird die AMX als Jagdbomber eingesetzt.

In Brasilien übernahm die 1/16 GAvCa in Santa Cruz am 17. Oktober 1989 ihre ersten AMX-A1-Jagdbomber.

Von der zweisitzigen Trainerversion AMX-T, die auch für Kampfeinsätze ausgelegt ist, wurden drei Prototypen gebaut. Der erste (MM55024) hob am 14. März 1990 in Turin zu seinem Erstflug ab. Die erste in Brasilien gebaute AMX-T (TA-1/5650) startete am 14. August 1991. Bei der AMX-T wurde anstelle

■ **AMX-T der 32. Stormo aus Amendola. Die Staffel flog zuvor die Aeritalia G.91Y.**

des vorderen Kraftstofftanks ein zweites erhöhtes hinteres Cockpit eingebaut.
Weiter Versionen befinden sich in der Entwicklung. Dazu gehört die AMX-AS, ein Marinekampfflugzeug, das auch zwei Antischiffslenkwaffen des Typs AM39 Exocet mitführen kann. Der hintere Sitz für den Waffensystemoffizier verfügt über ein FIAR-Grifo-Mehrzweck-Dopplerradar und einen Videomonitor von Ferranti zur Blickfelddarstellung.
Eine weitere Variante ist die AMX-E, ein ECM Kampfflugzeug für die elektronische Kriegführung zur Störung des feindlichen Luftabwehrradars und anschließender Bekämpfung. Weitere Aufgabenbereiche sind die elektronische Aufklärung (ELINT) und die Fernmeldeaufklärung (COMINT). Das Flugzeug verfügt über die entsprechende ECM-Elektronik, ein Multifunktionsradar und ein Infrarot-Nachtsichtgerät (FLIR). Als Bewaffnung kann die AMX-E bis zu vier Anti-Radar-Lenkwaffen mitführen.
Als neueste in der Entwicklung stehende Version wird die AMX-ATA (Advanced Training Attack) angeboten. Die ATA erhält eine komplett überarbeitet Avionik mit Head-Up Display und GPS (Global Positioning System/Navigationshilfe über Satelliten). Für den Antrieb wurde das Eurojet EJ-200 des Eurofighters EF2000 Typhoon vorgesehen.

AMX International AMX

Verwendungszweck: Erdkampfflugzeug
Besatzung: 1
Triebwerk: ein Mantelstromtriebwerk (Rolls-Royce Spey Mk 807) mit 49,1 kN (5000 kp) Standschub
Länge: 13,58 m
Höhe: 4,58 m
Spannweite: 8,87 m
Flügelfläche: 21,0 m^2
Rüstmasse: 6640 kg
Startmasse ohne Außenlasten: 9600 kg
Normale Startmasse: 13.000 kg
Maximale Startmasse: 10.750 kg
Höchstgeschwindigkeit in Seehöhe ohne Außenlasten: 1047 km/h
Höchstgeschwindigkeit in 10.975 m Höhe: 913 km/h
Steiggeschwindigkeit: 52 m/s
Einsatzradius mit 2721 kg Waffenzuladung im Tiefflug: 528 km
Einsatzradius mit 907 kg Waffenzuladung: 820 km
Überführungsreichweite mit Zusatztanks: 3336 km
Bewaffnung: eine 20-mm-Revolverkanone M.61A-1 (AMI) oder zwei 30-mm-DEFA-554-Kanonen (FAB) und bis zu 3800 kg externe Waffen, verteilt auf fünf Aufhängepunkte, sowie zwei Luft-Luft-Raketen des Typs AIM-9P Sidewinder (AMI) oder MAA-1 Piranha (FAB)

Airbus A310

Auf Anregung mehrerer Fluggesellschaften begann Airbus Industrie im Juli 1978 mit der Entwicklung der A310, einer verkleinerten Ausführung der A300. Lufthansa und Swissair waren die Launching Customers dieses Projekts, das den ersten Schritt in Richtung der Airbus-Flugzeugfamilie bedeutete.
Der Rumpfquerschnitt der A310 gleicht dem der A300, jedoch wurde der Rumpf der A310 gegenüber dem Vorgängermodell A300 um 13 Spanten, was sieben Metern entspricht, verkürzt und bietet je nach Ausführung 178-280 Passagieren Platz. Der Rumpf weist je Seite nur noch zwei Passagiertüren auf.
Die neuen Tragflächen mit einer kleineren Spannweite wurden bei British Aerospace entwickelt und mit neuen Triebwerksaufhängungen ausgerüstet. Die äußeren Querruder an den Tragflügeln entfielen. Durch die neuen Tragflächen erreichte man gegenüber der A300 eine Treibstoffeinsparung von 20 Prozent. Die Verwendung von CFK-Bauteilen sparte rund 500 kg Gewicht ein. Zu den weiteren Unterschieden gehören außerdem Änderungen am Fahrwerk und am Heckteil. Das Leitwerk wurde ebenfalls verkleinert.
Der Frachtraum in den Unterflurladeräumen der A310 umfasst 60 Kubikmeter. Es können 14 LD-3-Container oder drei Paletten und sieben Container darin untergebracht werden. Die Treibstofftanks der A310-200 fassen maximal 55.000 Liter, die des A310-300 bis zu 61.100 Liter, wobei sich hier der Tankinhalt durch Einbau eines Zusatztanks bis auf 68.100 Liter erhöhen lässt.
Die A310 entspricht dem Stand der Technik der 80er-Jahre und war das erste Großraumverkehrsflugzeug mit einer Zweimann-Cockpit-Besatzung und digitalisiertem Cockpit. Da die A310 in vielen Bereichen der A300 entsprach, konnte auf den Bau eines Prototypen verzichtet werden. Beide Flugzeugtypen, die A300-600 wie die A310, werden auf derselben Montagestraße hergestellt, da man es sich zunutze machen konnte, dass viele Teile sowohl für die A300 als auch für die A310 verwendet werden.
Die A310 gibt es in vier Versionen: A310-200 (Basismodell), A310-200C (Convertible, gemischte Passagier/Frachtversion) mit einem Frachttor im vorderen Kabinenbereich. Innerhalb von 15 Stunden kann man die A310-200C zu einem Vollfrachter mit 40 Tonnen Nutzmasse umrüsten: A310-200F (Frachter) und A310-300 (Passagierversion mit erhöhter Reichweite und angehobenem Startgewicht, Trimmtank in der Höhenflosse und optionalen Zusatztanks für extreme Reichweiten).
Die erste A310 mit dem Kennzeichen F-WZLH (Werknummer 162) hatte am 16. Februar 1982 ihr Roll-out und startete am 3. April 1982 in Toulouse zu ihrem Erstflug. Sie wurde am 21. März 1984 von der Swissair als HB-IPE übernommen. Als zweite Maschine flog die F-WZLI (Werknummer 172) am 13. Mai

Airbus A310-300

Verwendungszweck: Kurz-, Mittel- und Langstrecken-Verkehrsflugzeug für 178 bis 280 Passagiere
Besatzung: zwei Piloten und sechs bis zehn Flugbegleiter.
Triebwerke: zwei Mantelstromtriebwerke (General Electric CF6-80A3) von je 238,0 kN (24267 kp) bzw. CF6-80C2A8 mit je 262,4 kN (26762 kp) oder zwei Pratt & Whitney PW4152 mit je 231,2 kN (23586 kp) bzw. PW4165A mit je 249,1 kN (25400 kp) Standschub mit Schubumkehranlage
Spannweite: 43,90 m
Länge: 46,66 m
Höhe: 15,81 m
Rumpfdurchmesser: 5,64 m
Flügelfläche: 219,0 m²
Pfeilung: 28 Grad
Streckung: 8,8
Flächenbelastung: 713,6 kg/m²
Rüstmasse: 81.200 kg
Maximale Startmasse: 150.000 kg
Maximale Landemasse: 123.000 kg
Maximale Nutzmasse: 34.000 kg
Tankkapazität: 68.100 Liter
vorderer Frachtraum: 35,4 Kubikmeter
hinterer Frachtraum: 26,5 Kubikmeter
Stückgutfrachtraum: 17,3 Kubikmeter
Max. Reisegeschwindigkeit: 897 km/h auf 10.670 m
Langstrecken-Reisegeschwindigkeit: 850 km/h auf 11.280 m
Landegeschwindigkeit: 260 km/h
Dienstgipfelhöhe: 12.550 m
Steiggeschwindigkeit: 780 m/min
Startstrecke über 15 m Höhe: 3000 m
Landestrecke aus 15 m Höhe: 1900 m
Reichweite mit voller Nutzmasse: 8000 km
Reichweite mit vollen Tanks und 172 Passagieren: 9100 km
Reichweite mit 218 Passagieren und Reserven
mit PW4152-Triebwerken: 8228 km
mit CF6-80C1A8-Triebwerken: 8300 km
Treibstoffverbrauch im Reiseflug: 5200 l/h

■ **Die Flugbereitschaft der deutschen Luftwaffe übernahm die drei Airbus A310 der Interflug.**

1982, die 1986 als F-GEMF von der Air France übernommen wurde. Die dritte A310 mit dem Testkennzeichen F-WZLJ (Werknummer 191) ging am 9. März 1984 als D-AICA an die Lufthansa.

Swissair und Lufthansa hatten jedoch bereits am 25. März 1983 (HB-IPA) beziehungsweise am 29. Juni 1983 (D-AICB) ihre ersten A310 übernommen, mit denen sie den Linienverkehr eröffneten. Beide Fluggesellschaften entschieden sich für verschiedene Triebwerke. Die Lufthansa wählte als Antrieb das General Electric CF6-80 aus, die Swissair das Pratt & Whitney JT9D-7R4. Diese Triebwerke weisen ein hohes Nebenstromverhältnis und einen geringen spezifischen Kraftstoffverbrauch auf, bieten ein besseres Schub-Gewichtsverhältnis und sind im Betrieb umweltfreundlich und leise. Auf Wunsch ist auch das Rolls-Royce RB.211-524B4 erhältlich.

Bei der am 1. März 1984 an die Sabena ausgelieferten A310-200 wurde die Startmasse auf 142.000 kg erhöht. Die Maschine hat eine Reichweite von 6500 km. Martinair übernahm im Dezember 1984 die erste A310-200C. Nach Ablieferung von 85 Einheiten wurde die Produktion der A310-200 eingestellt.

Das Nachfolgemuster war die A310-300. Sie weist ein auf 157.000 kg erhöhtes Startgewicht auf und kommt auf Interkontinentalstrecken zum Einsatz. Die A310-300 unterscheidet sich von den früheren Versionen durch einen zusätzlichen, 6100 Liter fassenden Treibstofftank in der Höhenflosse, eine aus CFK gefertigte Heckflosse, Winglets zur Reduzierung des Luftwiderstandes und eine überarbeitete Cockpitauslegung.

Der Trimmtank im Leitwerk dient nicht nur zur Vergrößerung der Treibstoffmenge, sondern auch zum optimalen Austrimmen des Flugzeugs im Flug. Zur Vergrößerung der Reichweite besteht die Möglichkeit, einen Zusatztank im hinteren Laderaumbereich einzubauen, so dass insgesamt 68.100 Liter zur Verfügung stehen. Trotz des um 11.000 kg höheren Abfluggewichts konnte das Gewicht der Zelle auf den Werten der früheren Mustern gehalten werden.

Die erste A310-300 führte am 8. Juli 1985 ihren Jungfernflug aus. Wiederum war es die Swissair, die im Februar 1986 mit dieser Version als erste Fluggesellschaft den Liniendienst aufnahm. Austrian Airlines nahm mit zwei A310-300 am 16. Juli 1989 wieder die Strecke von Wien nach New York und Wien nach Tokio auf. Im damaligen Ostblock starteten Interflug und CSA ab Sommer 1989 mit je drei A310-300 den ersten Linieneinsatz mit westlichen Verkehrsflugzeugen. Die A310 ist außerdem das erste westliche Verkehrsflugzeug, welches die russische Zulassung im Oktober 1991 erhielt. So konnten bis heute elf A310 an Aeroflot, drei an Uzbekistan Airlines, eine an Armenian Airlines, eine an Kazakhstan Airways und zwei an Sakha Airlines geliefert werden. Bis Ende November 1999 wurden 261 A310 der Versionen -200 und -300 bestellt, von denen zu diesem Zeitpunkt 255 Maschinen ausgeliefert waren. Größter Betreiber ist Singapore Airlines mit 23 bestellten A310, gefolgt von der Lufthansa mit 20 Maschinen und Türk Hava Yollari (THY) mit 14 Flugzeugen. Auch bei verschiedenen Luftwaffen kommt die A310 zum Einsatz. Dies sind die Luftwaffen von Belgien, Deutschland, Frankreich, Kanada und Thailand.

Daimler-Benz Aerospace/Rockwell FanRanger

■ **An der Ausschreibung der USAF für ein neues Schulflugzeug beteiligte sich Rockwell zusammen mit der DASA mit der Ranger.**

Zusammen mit Rockwell entwickelte die Deutsche Aerospace aus dem RFB Fantrainer den strahlgetriebenen FanRanger für die IPATS-Ausschreibung der USAF/US Navy. Der FanRanger lag lange Zeit gut im Rennen, verlor dann jedoch gegen die Beechcraft/ Pilatus PC-9 Mk.II. Der erste FanRanger (D-FANA) flog am 15. Januar 1993, gefolgt vom zweiten am 14. Juni 1993. Der zweite FanRanger stürzte am 27. Juli 1993 ab und wurde durch eine neue Maschine ersetzt, die ihren Erstflug am 20. Juni 1994 absolvierte. Das komplette Ausbildungssystem umfasst neben dem Luftfahrzeugen auch die Simulatoren und das Lernprogramm.

DASA/Rockwell FanRanger

Verwendungszweck: Schulflugzeug
Antrieb: ein Mantelstromtriebwerk (Pratt & Whitney IT15C-4) mit 14,17 kN (1170 kp) Schub
Besatzung: 2
Spannweite: 10,64 m
Länge: 10,89 m
Höhe: 3,90 m
Flügelfläche: 15,55 m²
Leermasse: 2170 kg
Maximale Startmasse: 3500 kg
Höchstgeschwindigkeit: 742 km/h
Dienstgipfelhöhe: 11.500 m
Reichweite: 1800 km

Dassault-Bréguet/Dornier Alpha Jet

Seit 1967 beschäftigte sich Dornier mit Untersuchungen über ein neues Schulflugzeug für die deutsche Luftwaffe. Daraus entstand das Projekt Do P 375. Dieses zeichnete sich besonders durch die Modulbauweise aus. Geplant waren zwei Versionen: Eine für Flüge im Unterschall- und eine im Überschallbereich, was bei gleicher Rumpfauslegung mit verschiedenen Tragflächen erreicht werden sollte. Im Oktober 1968 entschied sich Dornier für ein Unterschallflugzeug, und 1969 erhielt der Hersteller einen Auftrag für die Entwicklung eines Strahltrainers mit sekundärer Eignung für den Erdkampf.
Auch in Frankreich arbeitete Bréguet an dem Entwurf eines Strahltrainers mit der Bezeichnung Br.126 für die Armée de l'Air. Im Januar 1969 entschlossen sich Bréguet und Dornier, die Entwicklung gemeinsam durchzuführen und setzten die Arbeiten unter der Bezeichnung TA 501 (Trainer Attack Bréguet 126 und Do P 375 = TA 501) fort.
Den von Frankreich und Deutschland ausgeschriebenen Wettbewerb entschieden die beiden Firmen für sich: Am 23. Juli 1970 erhielten Dassault-Bréguet und Dornier den Auftrag für weitere Voruntersuchungen über die Auslegung des neuen Flugzeugs. Frankreich benötigte als Ersatz für die Lockheed T-33A und die Fouga Magister einen reinen Strahltrainer für die Anfangs- und Waffenschulung, Deutschland ein Nachfolgemuster für die Fiat G.91/R3 und T/3 als Luftnahunterstützungs- und Schulflugzeug.
Am 16. Februar 1972 ging die Bestellung über Fertigung und Erprobung von vier Prototypen, einer Bruchzelle für Ermüdungstests und einer Bruchzelle für statische Versuche ein.
Der Prototyp 01 (F-ZJTS) des Alpha Jet wurde in Paris im Juni 1973 erstmals offiziell vorgestellt. Anschließend wurde er ins französische Flugversuchszentrum Istres überführt, wo er am 26. Oktober 1973 mit Jean-Marie Saget im Cockpit seinen 46 minütigen Erstflug absolvierte. Der zweite bei Dornier gefertigte Prototyp (D-9594/F-ZWRU) flog unter Führung von Dieter Thomas am 9. Januar 1974 in Oberpfaffenhofen zum ersten Mal. Dieser Flug dauerte 35 Minuten. Zur weiteren Flugerprobung wurde die 02 am 17. Januar 1974 nach Istres überführt. Hier startete am 6. Mai 1974 wieder unter der Führung von Dieter Thomas der Prototyp 03 (F-ZWRV) zu seinem Jungfernflug. Diese Maschine war das Ausgangsmuster der deutschen Luftnahunterstützungsversion (LNU), was schon durch den deutschen Tarnanstrich und die Luftwaffenkennung 40+01 deutlich wurde. Die Endmontage des vierten und letzten Prototyps (D-9595/F-ZWRX) wurde wieder bei Dornier in Oberpfaffenhofen durchgeführt, wo am 11. Oktober 1974 auch der Erstflug stattfand. Die 04 entsprach der französischen Trainerversion und wurde für Struktur- und Systemversuche eingesetzt. Sie stürzte am 23. Juni 1976 nach Bodenberührung in Mont-de-Marsan ab.
Die erste französische Serienmaschine, ein Alpha Jet E, flog am 4. November 1977 in Istres. 1978 erhielt die Erprobungsstelle der französischen Luftwaffe CEAM sechs Maschinen für die Truppenerprobung. Als erste Einheit übernahm die GE 314 in Tours den Alpha Jet im Mai 1979. Im gleichen Jahr rüstete auch das Kunstflugteam Patrouille de France von der Fouga Magister auf den Alpha Jet um. Aus deutscher Produktion startete der erste Alpha Jet A am 12. April 1978.
Im Unterschied zur französischen Trainerversion verfügte die deutsche LNU-Version über ein steuerbares Bugrad, ein verstärktes Radbremssystem, einen Fanghaken und vier statt zwei Unterflügelstationen. Sie konnte mit einem Waffenbehälter unter dem Rumpf ausgerüstet werden, in dem eine Mauser-BK-27- Kanone mit 150 Schuss eingebaut war. Auch die Avionik wurde erweitert. Dazu gehörten eine den Bewaffnungsmöglichkeiten angepasste Waffenelektronik und ein Radar-Höhenmesser.
Als erster Verband der Luftwaffe übernahm das JaboG 49 in Fürstenfeldbruck am 8. Januar 1980 den Alpha Jet. Zweiter Verband war das JaboG 43 in Oldenburg. Hier begann die Umrüstung von G.91R/3 auf den Alpha Jet im Februar 1981 und konnte bereits zum Jahresende abgeschlossen werden. Als letztes Geschwader erhielt das JaboG 41 den Alpha Jet. Die erste Maschine des Geschwaders, die 41+41, landete am 4. Januar 1982 in Husum. Alle drei Jagdbombergeschwader wurden mit je 51 Flugzeugen ausgerüstet. Mit der Übergabe des 175. Alpha Jet (41+75) am 26. Januar 1983 in Oberpfaffenhofen endete die Fertigung des Alpha Jets für die deutsche Luftwaffe. Aus Kostengründen und im Rahmen der Abrüstungsverhandlungen wurden die Geschwader bis 1994 aufgelöst und der Alpha Jet außer Dienst gestellt. Letzte Einheit war die Fluglehrgruppe Fürstenfeldbruck, die die Nachfolge des JaboG 49 antrat und den Alpha Jet bis 1997 flog. Die Fluglehrergruppe wurde am 30. Juni 1997 außer Dienst gestellt. Der letzte Flug eines deutschen Alpha Jet erfolgte am 13. November 1997 mit der 40+02, die zum Bestand der WTD 61 in Manching gehörte.
Bis Anfang 1994 übernahm die portugiesische Luftwaffe 50 deutsche Alpha Jet. Die Royal Air Force erwarb 1999 zwölf Alpha Jet (ZJ645 bis ZJ656) für das Erprobungszentrum DERA in Boscombe Down. Sechs der Flugzeuge dienen als Ersatzteilspender. Der erste flugklare Alpha Jet traf am 24. März 2000 in DERA Boscombe Down ein. Zudem übernimmt die thailändische Luftwaffe 25 Maschinen, und auch die Luftwaffe der Vereinigten Arabischen Emirate möchte bis zu 30 Alpha Jet einsetzen. Die restlichen Maschinen sind in Fürstenfeldbruck eingelagert.
Belgien entschied sich im September 1973 für die Beschaffung von 33 Alpha Jet E als Nachfolgemuster für die Lockheed T-33

■ **Bei der Armée de l'Air kommt der Alpha Jet nur als Schulflugzeug zum Einsatz.**

bei der Ausbildung der Piloten. Die belgischen Alpha Jet wurden mit zwei Martin-Baker-Mk.10-Schleudersitzen ausgerüstet. Für die Erdkampfunterstützung erwarb Ägypten 30 Alpha Jet MS1. Vier Maschinen wurden komplett von Dassault geliefert, die Endmontage der restlichen 26 erfolgte in Ägypten.

Eine weitere modifizierte Version für die Gefechtsfeldabriegelung flog erstmals am 9. April 1982. Diese Maschine ist mit dem neuen Feuerleit- und Navigationssystem SAGEM ULISS 81 INS, dem Head-Up Display VE110CRT von Thomson-CSF, dem Laser-Entfernungsmesser TMV360, ebenfalls von Thomson-CSF, und dem Radarhöhenmesser TRT AHV 9 ausgerüstet. Unter der Bezeichnung Alpha Jet MS2 erwarb Ägypten 15 Einheiten, wovon wiederum vier von Dassault geliefert wurden. Kamerun übernahm sieben Flugzeuge dieser Version.

Als Weiterentwicklung des Alpha Jet wurde die zunächst als Alpha Jet NGEA bezeichnete Ausführung angeboten. Heute heißt diese Version Alpha Jet 2. Sie entspricht in ihrer Ausrüstung dem Alpha Jet MS2. Als Antrieb wurde jedoch das leistungsstärkere Larzác 04-C20 vorgesehen, außerdem besteht die Möglichkeit, Matra-Magic-2-Luft-Luft-Lenkwaffen mitzuführen.

Auf der Basis der MS2 entwickelte Dassault die Alpha Jet Lancier, heute Alpha Jet 3. Der Alpha Jet 3 verfügt über ein Mehrzweckradar und FLIR sowie Laser-und ECM-Ausrüstung. Die Mitnahme von weiteren Waffen wie der Anti-Schiffs-Rakete AM-39 Exocet ist vorgesehen. Ein Erprobungsträger wurde gebaut.

Dassault-Bréguet/Dornier Alpha Jet A

Verwendungszweck: taktisches Mehrzweck-Kampfflugzeug und Waffentrainer
Besatzung: 2
Triebwerk: zwei Mantelstromtriebwerke (SNECMA/Turboméca Larzác 04-C6) mit je 13,24 kN (1350 kp) Standschub
Länge einschließlich Staurohr: 13,23 m
Höhe: 4,19 m
Spannweite: 9,11 m
Flügelfläche: 17,50 m²
Rüstmasse: 3345 kg
Maximale Startmasse: 7000 kg
Höchstgeschwindigkeit in 10.000 m Höhe: 995 km/h
Höchstgeschwindigkeit in Meereshöhe: 916 km/h
Dienstgipfelhöhe: 14.630 m
Anfangssteiggeschwindigkeit: 57 m/s
Einsatzradius: 583 km
Einsatzradius mit Zusatztanks: 1075 km
Bewaffnung: eine 27-mm-IWKA-Mauser-Kanone in einer Gondel unter dem Rumpf und bis zu 2500 kg externe Lasten an vier Aufhängepunkten unter den Tragflächen für BL755 CBU und Hughes Maverick ASM

Eurocopter Bo 105

Der Entwurf des leichten Mehrzweckhubschraubers Bo 105 entstand im Juli 1962. Es wurden drei Prototypen gebaut, mit denen die teilweise neue Technik – wie zum Beispiel der gelenklose Rotorkopf aus Titan und die glasfaserverstärkten Rotorblätter – getestet werden sollten. Das Projekt wurde vom Bundeswirtschaftsministerium mit einem Darlehen von 18,5 Millionen DM gefördert.
Im August 1966 begannen die Bodentests mit dem ersten Prototyp, der Bo 105 V1, die von zwei Allison-T63-Wellenturbinen angetrieben wurde und noch mit einem konventionellen Gelenkrotor ausgerüstet war, der – um Zeit zu sparen – von einer Westland Scout übernommen wurde. Die Bo 105 V1 wurde bei Versuchen aufgrund von Bodenresonanzen zerstört.
Der zweite Prototyp, die Bo 105 V2 (D-HECA) startete mit Testpilot Wilfried von Engelbach am 17. Februar 1967 zum Erstflug. Als Antrieb kamen zwei Allision-250C18-Wellenturbinen zum Einbau.
Der dritte Prototyp absolvierte seinen Erstflug am 20. Dezember 1967. Mit ihm wurden die MAN-Turbo-6022A-3-Wellenturbinen mit einer Leistung von jeweils 195 kW erprobt. Später wurde die V3 noch mit MAN-Turbinen mit jeweils 206 kW und 250 kW Leistung erprobt. Die Zulassungsflüge für das Luftfahrtbundesamt (LBA) unternahm die Bo 105 V4. Der fünfte Prototyp mit der Zulassung N197F wurde Boeing-Vertol übergeben und die V6 als Bruchzelle für die statische Erprobung eingesetzt.
Nach der Musterzulassung durch das Luftfahrtbundesamt im Oktober 1970 begann MBB mit der Serienfertigung der Bo 105. Die ersten fünf Hubschrauber wurden in Ottobrunn endmontiert, einige Exemplare in Manching. Später verlegte man die gesamte Fertigung ins ehemalige SIAT-Werk nach Donauwörth. Von der Bo 105 gibt es mehrere Versionen, die nachfolgend kurz vorgestellt werden.

Bo 105C

Hierbei handelt es sich um die erste Serienversion. Sie kommt im zivilen wie auch im militärischen Bereich zum Einsatz. Angetrieben wird sie von zwei Allison-250-C20-Wellenturbinen. 1974 bestellten die niederländischen Heeresflieger 36 Bo 105C. Der Bundesgrenzschutz setzt vier Maschinen ein. Weitere militärische Betreiber sind: Bahrain (6), Brunei (5), Mexico (6), Nigeria (4), Peru (4), die Philippinen (14) und Spanien (30).

Bo 105CB

Im Gegensatz zur Bo 105C treiben diese Version zwei leistungsstärkere Allison-250-C20B-Wellenturbinen an. Außerdem ist sie für IFR-Flüge zugelassen. Die schwedischen Streitkräfte bestellten 20 Exemplare, die über Heli-TOW-Panzerabwehrraketen verfügen. Die Auslieferung begann 1986. Die an Kolumbien (2) und Mexico (5) gelieferten Maschinen sind mit einem Bendix-Wetterradar und automatisch aufblasbarer Schwimmausrüstung für Einsätze über See ausgerüstet.

Bo 105CBS

Sonderausführung mit verlängertem Rumpf. Vier Bo 105CBS fliegen in Schweden unter der Bezeichnung Hkp-9B als Such- und Rettungshubschrauber. In Brunei fliegt eine Bo 105CBS.

Bo 105D

Kommt in erster Linie bei zivilen Betreibern zum Einsatz. Aber auch die nigerianische Luftwaffe bestellte 20 Bo 105D.

Bo 105LS

Diese Version wurde nur bei MBB-Helicopter in Kanada gefertigt. Sie verfügte über den verlängerten Rumpf der Bo 105CBS, Allison-250-C28C-Triebwerke und war speziell für den Einsatz in hohen und heißen Regionen vorgesehen. Die Produktion endete 1986.

Bo 105M

Für die deutschen Heeresflieger wurden 100 Bo 105M unter der Bezeichnung VBH gebaut. Sie stehen als Verbindungs- und Beobachtungshubschrauber im Einsatz. Abgeleitet wurde die Bo 105M aus der Bo 105CB.

Bo 105P

Ebenfalls für die deutschen Heeresflieger wurden 212 Bo 105P als Panzerabwehrhubschrauber unter der Bezeichnung PAH-1 gebaut.

In Spanien wurden 60 Bo 105 bei CASA für die spanischen Heeresflieger unter Lizenz gebaut, darunter 14 Bo 105LOH (spanische Bezeichnung HR.15) als leichte Beobachtungshubschrauber, 18 Bo 105GSH (HR.15) mit einer von Rheinmetall hergestellten 20-mm-Kanone des Typs Mk20 Rh 202 sowie 28 Bo 105ATH (HA.15) – mit HOT-Lenkraketen ausgerüstete Panzerabwehrhubschrauber. Die Bo 105LOH wurden mit zwei 7,62-mm-Maschinengewehren modifiziert. Für die irakischen Streitkräfte baute CASA weitere 75 Bo 105C.
Unter der Bezeichnung NBO 105 wird die Bo 105 bei IPTN auch in Indonesien unter Lizenz gebaut. Ab dem 101. gefertigten Hubschrauber führen diese die Bezeichnung NBO105S. Bisher wurden über 130 Maschinen gefertigt.

Die Bo 105 bei der Bundeswehr

Erste Versuche bei der Bundeswehr begannen 1971 mit der Bo 105A (Werknummer S2/D-9573/98+07) und der Bo 105C (Werknummer S7/D-9574/98+09). Anschließend wurde in Celle

■ **Zum 20-jährigen Jubiläum versah das HFlgRgt 26 in Roth die Bo 105P-A1 87+88 mit einem Sonderanstrich.**

eine Versuchsstaffel mit zehn Bo 105C aufgestellt. Anfang September 1974 nahm die damalige Erprobungsstelle 61 in Manching die Erprobung der Bo 105 auf.

Die militärische Variante für die deutschen Heeresflieger wurde aus der zivilen Version Bo 105CB abgeleitet. Die unbewaffnete Variante mit der Bezeichnung Bo 105M beziehungsweise Bo 105VBH, von der die Bundeswehr 1976 für die Heeresflieger 100 Maschinen bestellte, kommt als Ausbildungs-, Verbindungs- und Beobachtungshubschrauber zum Einsatz. Die Auslieferung erfolgte zwischen Dezember 1979 und Sommer 1984. Die zweite Version ist der Panzerabwehrhubschrauber Bo 105P oder Bo 105PAH, von dem 1978 dann noch 212 Maschinen bestellt wurden.

Die Bo 105M und P unterscheiden sich von den zivilen Modellen vor allem durch verstärkte Komponenten im Bereich des Antriebs, ein selbst abdichtendes Kraftstoff-System und verbesserte Landekufen. Ebenso wurden Elektronik und Avionik entsprechend den Wünschen der Heeresflieger modifiziert.

Die Bo 105VBH führen die taktischen Kennzeichen 80+01 bis 81+00 sowie 82+90 bis 82+99, wobei es sich bei den Letzteren um die Bo 105C der Versuchsstaffel handelt. Über der Verbleib dieser Maschinen ist nichts bekannt.

Folgende Heeresfliegerverbände setzen oder setzten die Bo 105VBH ein:

HFlgWaS in Bückeburg, StStffHFlg Kdo 2 in Laupheim, StStffHFlg Kdo 3 in Mendig, HFlgStff 4 in Mitterharthausen, HFlgStff (Geb) 8 in Landsberg, HFlgStff 10 in Neuhausen ob Eck, HFlgRgt 6 in Itzehoe, HFlgRgt 15 in Rheine-Bentlage, HFlgRgt 16 in Celle, HFlgRgt 25 in Laupheim, HFlgRgt 26 in Roth, HFlgRgt 36 in Fritzlar.

Die Bo 105 (D-HABV) wurde mit einer auf einem Mast montierten Ophelia-Plattform mit TV-Anlage, Wärmebildsensoren und Laser-Entfernungsmesser als Gefechtsfeldaufklärer erprobt. Diese als Kampfwertsteigerung gedachte Modernisierung der Bo 105 VBH kam jedoch nicht zum Tragen.

Die Bundeswehr bestellte am 13. Dezember 1978 für die Heeresflieger 212 Panzerabwehrhubschrauber der ersten Generation, die Bo 105PAH-1.

Bevor es jedoch zu der Bestellung kam, wurde in Celle am 1. April 1973 die »Versuchsstaffel PAH« aufgestellt. Die Staffel verfügte über zehn Bo-105C, die die Zulassungen D-9581 bis D-9590 (spätere Kennungen waren 98+10 bis 98+19 und 82+90 bis 82+98) führten. Die Versuche dauerten bis zum Januar 1977. In diesem Zeitraum wurden über 10.000 Flugstunden geflogen. Als erste für den Abschuss der HOT-Lenkflugkörper ausgerüstete Bo 105 kam D-9574 (98+09) zum Einsatz.

Der Prototyp des PAH-1 flog im Spätsommer 1977 zum ersten Mal. Der erste PAH-1 wurde Ende 1979 ausgeliefert, der letzte am 7. September 1984. Den Bo 105PAH wurden die taktischen Kennzeichen 86+01 bis 88+12 (Werknummer 6001 bis 6212) zugeteilt.

Die Heeresfliegerwaffenschule in Bückeburg übernahm die ersten zwölf PAH-1 und begann ab Januar 1980 mit der Schulung auf dem neuen Muster. Das HFlgRgt 16 in Celle erhielt als erster Einsatzverband den PAH-1 ab dem 4. Dezember 1980. Weitere Heeresfliegereinheiten mit PAH-1 sind das HFlgRgt 6 in Itzehoe, HFlgRgt 26 in Roth und das HFlgRgt 36 in Fritzlar. Jedes Regiment verfügt über 56 Bo 105 PAH-1, die auf jeweils zwei Staffeln verteilt sind. Eine Ausnahme bildet das HFlgRgt 6, das nur über 21 Panzerabwehrhubschrauber verfügt. Außerdem fliegen noch einige Bo 105PAH bei der HFlgWaS in Bückeburg und der zweite Prototyp – die Bo 105PAH V2 – bei der WTD 61 in Manching. Anfang Juni 1986 wurden die mit der Bo 105PAH ausgerüsteten Regimenter der NATO unterstellt.

Ausgerüstet sind die Hubschrauber mit sechs drahtgelenkten Panzerabwehrraketen der deutsch-französischen Gemeinschaftsentwicklung HOT. Diese von Euromissile hergestellten Lenkflugkörper können Panzer auf eine Entfernung von bis zu 4000 Metern wirksam bekämpfen. Die Feuergeschwindigkeit beträgt etwa drei Schuss pro Minute. Die Rakete ist 1,30 Meter lang. Ihre Fluggeschwindigkeit beläuft sich auf 240 Meter pro Sekunde. Ein 3000 Meter entferntes Ziel wird 13 Sekunden nach dem Abfeuern getroffen. Bei der HOT-2 beträgt die Fluggeschwindigkeit 280 Meter pro Sekunde.

Die Zielansprache erfolgt über das optische Direktsichtvisier APX M397 der Firma SFIM, das der Hubschrauberkommandant auf dem linken Platz bedient. Das Visier ist mit einem Infrarot-Ortungsgerät verbunden, das die jeweilige Abweichung des Raketenkurses in Bezug auf die optische Achse vom Hubschrauber zum Ziel misst. Diese Ausrüstung ist auf den Einsatz bei Tage beschränkt. Der PAH-1 verfügt als Waffenplattform über Vibrationsdämpfer. Dies sind Flatterdämpfer, die an den Hauptrotorblättern beweglich angeschlossen sind. Sie werden durch die Fliehkraft der rotierenden Rotorblätter aufgerichtet und wirken somit den destabilisierenden Blattschwingungen entgegen.

Da sich die Indienststellung des PAH-2, des Tigers von Eurocopter, immer mehr verzögerte, wurden am Bo 105 einige kampfwertsteigernde Maßnahmen (KWS) durchgeführt. So kam bereits ab 1983 der Radarwarnempfänger AN/APR-39 zum Einbau. Am 27. Dezember 1987 unterzeichnete man den Vertrag zur Kampfwertsteigerung, der in zwei Stufen durchgeführt wurde:

In der ersten Phase der kampfwertsteigernden Maßnahmen, die 1990 begann, wurde das Lenkwaffensystem HOT-1 durch HOT-2 mit digitalisierter Feuerleitanlage ersetzt und der PAH mit einem auf dem Kabinendach montierten Visier ausgerüstet. Damit war der Einsatz der Lenkflugkörper zu jeder Tageszeit gewährleistet. Zweite Maßnahme in der ersten Phase war der Einbau leistungsstärkerer Triebwerke (Allison/MTU 250-C-20R/3) sowie von Rotorblättern neuer Technologie.

Die zweite Phase, die ab 1993 zum Tragen kam, umfasste den Einsatz des Nachtsichtsystems ELVIS von Leitz-Eltro und MBB für beide Besatzungsmitglieder.

■ **Die 299. Squadron der niederländischen Luftwaffe betreibt 26 Bo 105CB.**

Eurocopter Bo 105P (PAH-1)

Verwendungszweck: Panzerabwehrhubschrauber
Besatzung: 2
Antrieb: zwei Wellenturbinen (Allison 250-C-20B) mit je 420 WPS (313 kW) Startleistung
Gesamtlänge bei drehenden Rotoren: 11,86 m
Rumpflänge: 8,56 m
Breite: 2,53 m
Höhe: 3,00 m
Rotordurchmesser: 9,84 m
Anzahl der Rotorblätter: 4
Durchmesser Heckrotor: 1,90 m
Leergewicht: 1673 kg
Startgewicht: 2400 kg
Nutzlast: 691 kg
Höchstgeschwindigkeit: 241 km/h
Maximale Marschgeschwindigkeit: 219 km/h
Steiggeschwindigkeit: 9,8 m/s
Flugdauer: 3,5 Std
Reichweite: 570 km
Dienstgipfelhöhe: 4267 m
Bewaffnung: sechs drahtgelenkte Flugkörper Euromissile-HOT
Waffenzuladung: 500 kg
Maximale Kampfentfernung: 4000 m

Eurocopter SA 330 Puma

■ **AS 332M1 Super Puma der Schweizer Luftwaffe bei einem Hochgebirgseinsatz.**

Die SA 330 Puma wurde als mittlerer Transporthubschrauber für die französischen Streitkräfte entwickelt. Der Erstflug erfolgte am 15. April 1965. Im Jahr 1967 wählte auch die Royal Air Force den Puma aus, was zu einer Gemeinschaftsproduktion des Hubschraubers mit Westland führte. Als Musterflugzeug wurde von Aérospatiale die XW 241 an Westland übergeben. Der erste britische Puma HC.MK.1 flog im Dezember 1970. Die SA 330 Puma wurde in vielen Versionen gebaut. Über 700 Exemplare stehen bei mehr als 25 Luftwaffen im Einsatz.

Der Prototyp der AS 332 flog zum ersten Mal am 13. September 1978. Bei der AS 332L wurde der Rumpf um 76 cm verlängert. Sie startete am 10. Oktober 1980 zum Erstflug.

Weiterentwicklungen sind die AS 532UL und AS 532UC Cougar für den Einsatz als Kampfzonentransporter, die mit 20-mm-Kanonen und Raketen ausgerüstet werden können. Für die Marine werden zwei Versionen angeboten: die AS 532MC für SAR-Einsätze und die AS 532SC für U-Boot-Jagd. Bei der 3. Staffel der Flugbereitschaft in Berlin-Tegel stehen drei AS 532 Cougar im Einsatz.

Eurocopter SA 330J Puma

Verwendungszweck: mittlerer Transporthubschrauber
Antrieb: zwei Wellenturbinen (Turboméca Turmo IVC) mit je 1174 kW (1575 WPS)
Besatzung: 2 + 20 Soldaten
Länge: 14,06 m
Höhe: 5,14 m
Rotordurchmesser: 15,00 m
Heckrotordurchmesser: 3,05 m
Leermasse: 3766 kg
Maximale Startmasse: 7400 kg
Höchstgeschwindigkeit: 281 km/h
Reisegeschwindigkeit: 258 km/h
Dienstgipfelhöhe: 4800 m
Reichweite: 550 km

Eurocopter SA 341 Gazelle

■ **SA 342M Gazelle der Armée de Terre in der Ausführung als Panzerabwehr-Hubschrauber.**

Die Gazelle entstand als Nachfolgemuster für die Alouette II. Charakteristisch für den Hubschrauber ist sein verkleideter »Fenestron«-Heckrotor. Der Erstflug fand am 2. August 1968 statt. Wie bei der SA 330 Puma zeigten die britischen Streitkräfte schon bald Interesse an der SA 341. Die erste für die Royal Army bestimmte Gazelle AH.1 flog am 28. April 1970. Für den Fleet Air Arm wurden 17 Gazelle HT.2/3 gebaut, die ab dem 10. Dezember 1974 zum Einsatz kamen. Die RAF bekam zwei Versionen: für die Schulung die Gazelle HT.3 und für Verbindungsaufgaben die HCC.4.

Die französischen Heeresflieger erhielten 157 SA 341M und F, die für Aufklärung, Verbindungsflüge und zur Schulung eingesetzt werden.

Die Gazelle steht bei vielen Streitkräften, aber auch bei zivilen Haltern im Einsatz. Bei SOKO in Jugoslawien wurde die SA 341H in Lizenz gebaut. Die Weiterentwicklung SA 342 erhielt ein stärkeres Triebwerk vom Typ Astazou XIV mit einer Leistung von 641 kW (859 WPS). Die SA 342 wird von den französischen Heeresfliegern in den Varianten SA 342L1 und SA 342M als Panzerabwehrhubschrauber eingesetzt. Für diese Aufgaben ist die Gazelle mit Euromissile-HOT-Panzerabwehrraketen ausgerüstet.

Eurocopter SA 341F Gazelle

Verwendungszweck: Mehrzweckhubschrauber
Antrieb: eine Wellenturbine (Turboméca Astazou III A) mit 440 kW (590 WPS)
Besatzung: 1 + 4 Passagiere
Länge: 11,97 m
Höhe: 3,18 m
Rotordurchmesser: 10,50 m
Heckrotordurchmesser: 0,69 m
Leermasse: 908 kg
Maximale Startmasse: 1800 kg
Höchstgeschwindigkeit: 310 km/h
Reisegeschwindigkeit: 264 km/h
Steiggeschwindigkeit: 9 m/s
Dienstgipfelhöhe: 5000 m
Reichweite: 360 km

Eurocopter AS 350 Ecureuil

AS 350L1 mit Helitow-Panzerabwehrsystem.

Als Nachfolgemuster für die Alouette III geplant, flog die AS 350 zum ersten Mal am 14. Februar 1975. Die AS 350 wird zivil wie auch militärisch genutzt. Eine rein militärische Ausführung ist die AS 550 Fennec, die in sechs Versionen gebaut wird. In Brasilien erfolgt die Lizenzfertigung als HB 350 Esquilo. Im Gegensatz zur AS 350/AS 550, die von einer Turboméca-Arriel-1D1-Gasturbine angetrieben wird, verfügen die AS 355 Ecureuil 2 und die AS 555 über zwei Gasturbinen des Typs TM-319-Arrius-1M. Der erste der beiden AS-355-Prototypen flog am 28. September 1979. Zurzeit stehen folgende Versionen in der Produktion: die zivile AS 355F2 und für den amerikanischen Markt die AS 355F2R Twin Star, die AS 555UR als militärischer Mehrzweckhubschrauber, die AS 555AR/AN als Kampfhubschrauber, die AS 555MN als unbewaffneter Marinehubschrauber mit 360-Grad-Rundsichtradar und die bewaffnete AS 555SN.

Eurocopter AS 355

Verwendungszweck: Mehrzweckhubschrauber
Antrieb: zwei Gasturbinen (Turboméca TM 319 1M Arrius) mit je 295 kW (395 WPS)
Besatzung: 1 + 5
Länge (mit Heckrotor): 12,94 m
Höhe: 3,14 m
Rotordurchmesser: 10,69 m
Leermasse: 1383 kg
Maximale Startmasse: 2540 kg
Höchstgeschwindigkeit: 278 km/h
Reisegeschwindigkeit: 225 km/h
Steiggeschwindigkeit: 6,9 m/s
Dienstgipfelhöhe: 4000 m
Reichweite: 666 km

Eurocopter AS 365 Dauphin 2

■ **Für SAR-Aufgaben von Flugzeugträgern aus kommt die SA 365F Dauphin 2 zum Einsatz.**

Die AS 365 basiert auf dem Mehrzweckhubschrauber SA 360, der am 2. Juni 1972 seinen Erstflug absolvierte. Die SA 360 wurde von einer Astazou-XVIII-A-Turbine angetrieben. Die Militärausführung SA 361H war ein leichter Angriffshubschrauber. Die mit zwei Turboméca-Arriel-Turbinen ausgerüstete Version flog erstmals am 24. Januar 1975. Die Dauphin wird in vielen Varianten gefertigt und ist auch im Export sehr erfolgreich. Irland betreibt fünf AS 365F, von denen zwei für die Fischereiüberwachung und drei für SAR-Einsätze verwendet werden. Diese Hubschrauber sind mit einem Bendix-RDR-1500-Radar, SFIM-155-Autopiloten und NADIR-Mk.II-Navigationsgeräten ausgerüstet.

Zurzeit steht die AS 365N2 in der Fertigung. Sie verfügt über stärkere Triebwerke, ein höheres Abfluggewicht und neu gestaltete Türen. Für die US Coast Guard wird die Maschine als AS 366G-1 gebaut. Die 96 Hubschrauber werden bei der USCG als HH-65 A Dolphin bezeichnet. Der Erstflug erfolgte am 23. Juli 1980. Zwei Exemplare erhielt die U.S. Navy Test Pilots School in Patuxent River leihweise von der USCG.

In China wird die AS 365 als Harbin Z-9 und Z-9A gefertigt. Insgesamt 50 Stück wurden bis 1992 hergestellt, anschließend produzierte Harbin 30 weitere Exemplare. Neun Z-9A erhielt die Royal Thai Navy.

Eurocopter AS 365N2 Dauphin 2

Verwendungszweck: Mehrzweckhubschrauber
Antrieb: zwei Turbinen (Turboméca Arriel 1C2) mit je 547 kW (733 WPS)
Besatzung: 2 + bis zu 13 Passagiere
Länge über alles: 13,88 m
Höhe: 3,98 m
Rotordurchmesser: 11,94 m
Leermasse: 2254 kg
Maximale Startmasse: 4250 kg
Höchstgeschwindigkeit: 296 km/h
Reisegeschwindigkeit: 260 km/h
Steiggeschwindigkeit: 7 m/s
Dienstgipfelhöhe: 6000 m
Reichweite: 897 km

Eurofighter EFA 2000 Typhoon

Der Eurofighter EF2000 ist eine Gemeinschaftsentwicklung von Deutschland, Großbritannien, Italien und Spanien. Erste Kontakte wurden in den 80er-Jahren geknüpft, und im Mai 1988 beschloss man schließlich die Entwicklung des EFA (European Fighter Aircraft). Erst im November 1988 stieß Spanien zu dem Konsortium. Die Anteile der vier Partner verteilen sich wie folgt: Alenia 21 Prozent, British Aerospace 33 Prozent, CASA 13 Prozent und die DASA 33 Prozent.
Steigende Kosten und politische Auseinandersetzungen verzögerten das Programm um mehrere Jahre. Zunächst war die Fertigung von 765 Flugzeuge geplant. In der Zwischenzeit wurde die Anzahl aber auf 620 Einheiten reduziert. Großbritannien wird 232 Flugzeuge übernehmen, Deutschland 180, Italien 121 und Spanien 87.
Für die Erprobung wurden sieben Prototypen gebaut, zwei davon als Doppelsitzer. Die ersten beiden Prototypen erhielten als Antrieb noch das Turbo-Union-RB199, wie es auch im Tornado eingebaut ist. Sie wurden später auf das neu entwickelte Triebwerk Eurojet EJ200 umgerüstet, dessen erster Probelauf bereits im November 1988 erfolgte.
Im Sommer 1998 erhielt der Eurofighter EF2000 den Namen »Typhoon«.
Im Januar 1998 wurde ein Rahmenvertrag abgeschlossen, der 620 Flugzeuge abdeckt. Fest bestellt ist bis jetzt das erste Los mit 148 Flugzeugen und 363 Triebwerken. Dieser Vertrag wurde am 18. September 1998 in München unterzeichnet.
Bei BAE Systems in Warton begann im Herbst 2000 die Endmontage des ersten Serienflugzeuges, des Doppelsitzers PT001. Der Rumpf der Maschine wurde am 6. September 2000 von EADS in Manching geliefert. Die PT001 soll am 31. August 2001 zu ihrem Erstflug starten. Nach der Übergabe an das britische Verteidigungsministerium wird das Flugzeug für Testzwecke eingesetzt. Insgesamt sollen fünf Flugzeuge der Partnerländer für die Truppenerprobung eingesetzt werden. Die RAF wird die ersten Typhoon im Juni 2002 übernehmen.
Bei Alenia wird mit der Endmontage des ersten italienischen Serienflugzeuges im November 2001 begonnen. Bei EADS Deutschland beginnt die Endmontage des ersten deutschen Serienflugzeuges im Dezember 2001 und bei EADS Spanien wird im März 2002 mit der Endmontage des ersten spanischen Serienflugzeuges begonnen.
Nachfolgend der Entwicklungsstand der Prototypen, wie er sich im Mai 1999 darstellte: Der erste Prototyp DA1 mit den Testkennzeichen 98+28 absolvierte mit Peter Weger im Cockpit seinen Erstflug am 27. März 1994 in Manching. Hergestellt wurde er bei der Deutschen Aerospace (DASA) in Manching. Gleichzeitig mit der Umrüstung auf das EJ200 wurde ein Martin-Baker-Mk.16-Schleudersitz eingebaut. Er steht für die Triebwerksentwicklung, die Erprobung der Flugeigenschaften und für Roll- und Bremsversuche zur Verfügung. Bis jetzt wurden 123 Flüge mit der DA1 absolviert.
Der zweite Prototyp DA2 mit dem Kennzeichen ZH588 flog zum ersten Mal am 6. April 1994 in Warton, geführt von dem Testpiloten Chris Yeo. Hersteller ist British Aerospace (BAe). Diese Maschine wird für die Ermittlung des Flugbereichs und für Triebwerktests eingesetzt. Die ZH588 war 267 Mal in der Luft und wurde nachträglich mit einer Luftbetankungssonde und einem Notaggregat für die Triebwerke ausgerüstet.
Der dritte Prototyp DA3 wurde bei Alenia in Italien gebaut. Er startete mit Napoleone Bragagnolo am 4. Juni 1995 in Caselle zu seinem Erstflug und führt das Kennzeichen MM X-602. Diese Maschine war als erste mit dem EJ200 ausgerüstet und wird für die Integration von Triebwerk, Außenlastabwurf und für Schiessversuche mit den Kanonen eingesetzt. Zuletzt wurden Versuche mit Zusatztanks durchgeführt, wobei mit zwei 1000-Liter-Tanks Überschallgeschwindigkeit erreicht wurde. Die Anzahl der absolvierten Flüge betrug 168.
Der vierte Prototyp DA4 war der erste Doppelsitzer. Gebaut wurde er bei BAe und flog mit Derek Reeh als letzter der sieben Prototypen am 14. März 1997. Seine Aufgaben sind die Ermittlung der Flugeigenschaften des Doppelsitzers sowie Integration und Entwicklung des Radars. Bis jetzt wurden mit der ZH590 37 Flüge unternommen.
Für den fünften Prototyp DA5 (98+30) war wieder die DASA verantwortlich. Den Erstflug absolvierte Wolfgang Schirdewahn am 24. Februar 1997. Die Aufgabengebiete dieses Prototyps sind Avionikintegration, Radartests und Waffensystemintegration, wofür bis jetzt 115 Flüge stattfanden. Die DA5 war der erste Prototyp mit dem neuen ECR90-Radar, allerdings noch mit der Entwicklungs-Software. Sie erhält zurzeit eine neue Avionik.
Der sechste Prototyp DA6 und gleichzeitig der zweite Doppelsitzer mit der Seriennummer XCE.16-01 der spanischen Luftwaffe wurde bei CASA in Getafe gebaut. Den Jungfernflug mit dieser Maschine unternahm Alfonso de Miguel Gonzalez am 31. August 1996. Mit diesem Flugzeug wird die Avionik- und Systemerprobung für die Doppelsitzer durchgeführt. Bis jetzt absolvierte die DA6 insgesamt 106 Flüge und erhält zurzeit ebenfalls eine neue Avionik sowie das Radar.
Der siebte Prototyp DA7 (MM X-603) entstand wieder bei Alenia. Seinen Erstflug machte dieses Flugzeug mit Napoleone Bragagnolo im Cockpit am 27. Januar 1997 in Caselle bei Turin. Seither absolvierte die Maschine 120 Flüge und wird für die Ermittlung der Leistungsdaten und zur Waffenintegration eingesetzt. Dazu gehören auch Versuche mit der neuen Mittelstrecken-Luft-Luft-Lenkwaffe AIM-120. Die Waffenintegration und die Versuche mit Außenlasten werden in Decimomannu auf Sardinien durchgeführt.

Der zweite deutsche Prototyp, die DA5 (98+30) des Eurofighter Typhoon, mit eingeschalteten Nachbrenner

Eurofighter 2000 Typhoon

Verwendungszweck: Abfang- und Luftüberlegenheits-Jagdflugzeug
Besatzung: 1
Triebwerk: zwei Mantelstromtriebwerke (Eurojet EJ200) mit je 60 kN (6100 kp) Standschub ohne und 90kN (9185 kp) mit Nachbrenner
Länge: 15,96 m
Höhe: 5,28 m
Spannweite: 10,95 m
Flügelfläche: 50,00 m²
Rüstmasse: 10.995 kg
Interner Kraftstoffvorrat: 4000 kg
Maximale Waffenlast: 6500 kg
Normale Startmasse: 15.300 kg
Maximale Startmasse: 23.000 kg
Maximale Reisegeschwindigkeit: 1900 km/h
Höchstgeschwindigkeit in 11.000 m Höhe: 2020 km/h
Minimalgeschwindigkeit: 203 km/h
Dienstgipfelhöhe: 16.765 m
Steiggeschwindigkeit: 213 m/s
Startrollstrecke: 500 m
Einsatzradius bei Abfangeinsatz mit je zwei Luft-Luft-Lenkwaffen AIM-120 und AIM-132 sowie Außentanks: 1390 km
Überführungsreichweite mit zwei Außentanks: 3700 km
Bewaffnung: eine 27-mm-Kanone von Mauser im Rumpf sowie sechs Kurzstrecken-Luft-Luft-Lenkwaffen AIM-132 und vier Mittelstrecken-Luft-Luft-Lenkwaffen AIM-120

Panavia Tornado

Als endgültig feststand, dass das so genannte AVS-Projekt aufgrund einer geänderten NATO-Konzeption nicht weiterverfolgt würde, begann man 1967 mit der Planung des Neuen Kampfflugzeugs (NKF). Aber auch dieses Projekt wurde nicht verwirklicht. Auch andere europäische Länder stellten zur gleichen Zeit ähnliche Untersuchungen an. Anfang 1968 wurde von den Luftwaffenchefs aus Belgien, Deutschland, Italien, Kanada und den Niederlanden ein Pflichtenheft über die Auslegung des Starfighter-Nachfolgemusters ausgearbeitet. Im Mai 1968 einigte man sich auf ein Programm zur gemeinsamen Entwicklung des Mehrzweck-Kampfflugzeugs MRCA 75 (Multi Role Combat Aircraft). An dieser Konferenz beteiligten sich auch einige Beobachter der Royal Air Force.
Am 17. Juli 1968 unterzeichneten Deutschland, Großbritannien, Italien und die Niederlande einen Vertrag über die Zusammenarbeit bei der Entwicklung des europäischen Kampfflugzeugs. Belgien und Kanada beteiligten sich nicht mehr daran, im Sommer 1969 schieden auch die Niederlande aus. Am 31. März 1969 wurde in München die Panavia-Aircraft-GmbH gegründet, die die länderübergreifende Systemführung übernahm. In der Triebwerksfrage entschied man sich für das Rolls-Royce RB.199. Die Weiterentwicklung wurde von der Turbo-Union Ltd. durchgeführt, einer Kooperation zwischen Rolls-Royce, MTU und Fiat. Dritter Hauptauftragnehmer war IWKA-Mauser. Das Ganze wurde von der regierungsseitigen Organisation NAMMA (NATO MRCA Development and Production Management Agency) überwacht.
Mit Beginn der endgültigen Planungen wurde Anfang 1969 die Bezeichnung MRCA 75 in Panavia 100 für den Einsitzer und Panavia 200 für den Doppelsitzer geändert. Im März 1970 fiel die Entscheidung, dass die Panavia 100 nicht mehr weiter verfolgt werde und man sich auf die Entwicklung der Panavia 200 konzentriere. British Aircraft Corporation war für die Entwicklung des Rumpfvorderteils und -hecks verantwortlich und hatte einen Anteil von 42,5 Prozent am Gesamtprogramm. Ebenfalls 42,5 Prozent hatte MBB, wo das Rumpfmittelteil und der Flügelmittelkasten entwickelt wurden. Aeritalia übernahm die Entwicklung des Tragwerks und hatte einen Anteil von 15 Prozent. Im November 1970 wurde mit dem Bau der Prototypen begonnen. Für die Erprobung wurden neun Prototypen und sechs Vorserienflugzeuge bestellt. Der erste Prototyp P.01 (D-9591) startete am 14. August 1974 in Manching unter der Führung von Paul Millett (BAC) und Nils Meister (MBB) zu seinem 33 minütigen Jungfernflug. Beim sechsten Flug am 12. September 1974 wurde in 10.675 m Höhe Mach 1,15 erreicht. Bei der offiziellen Vorstellung am 21. September 1974 in Manching erhielt das Flugzeug den Namen Tornado. Den zweiten Prototyp P.02 (XX946) fertigte BAC. Er startete am 30. Oktober 1974 in Warton zu seinem Erstflug. Auch der dritte Prototyp P.03 (XX947) wurde bei BAC gebaut und flog am 5. August 1975 zum ersten Mal. Er verfügte über das Doppelsteuer der Trainerversion. Den vierten Prototyp P.04 (D-9592) fertigte wieder MBB, er startete erstmals am 2. September 1975. Die P.04 erhielt später das Kennzeichen 98+05 und wurde mit einem Marinetarnanstrich am 15. September 1977 beim MFG 1 in Jagel vorgestellt. Als Bewaffnung führte sie vier Luft-See-Lenkwaffen des Typs Kormoran mit sich. Der fünfte Prototyp P.05 (X-586) kam von Aeritalia und flog erstmals am 5. Dezember 1975 mit Pietro Trevisan im Cockpit. Bei einer harten Landung am 23. Januar 1976 wurde P.05 schwer beschädigt und konnte die Erprobung erst Ende 1977 wieder aufnehmen. Den sechsten Prototyp P.06 (XX918) fertigte wieder BAC. Der Erstflug erfolgte am 20. Dezember 1976. Als erste Tornado verfügte sie über die beiden 27-mm-Kanonen des Typs IWKA-Mauser BK.27. P.07 (98+06) absolvierte am 30. März 1976 ihren Jungfernflug in Manching, P.08 (XX949) am 15. Juli 1976 in Warton und der letzte Prototyp P.09 (X-587) am 5. Februar 1977 in Caselle.
Das erste Vorserienflugzeug P.11 (98+01) startete am 5. Februar 1977 in Manching zu seinem Erstflug, der 69 Minuten dauerte. Im Cockpit saßen Hans-Friedrich Rammensee und Manfred Schreiber. Im Sommer 1977 wurde mit der P.11 Tieffluger-probung im Überschallbereich über der Nordsee durchgeführt. Während dieser Zeit war sie beim MFG 1 in Jagel stationiert und absolvierte bis zu drei Flüge täglich.
Für das Besatzungstraining wurde in RAF Cottesmore das gemeinsame Tri-National Tornado Training Establishment (TTTE) aufgestellt, das im Juli 1980 die ersten Flugzeuge übernahm.
Bei den ersten Einsatzverbänden, die den Tornado erhielten, handelte es ausschließlich um Jagdbomber- und Aufklärungsstaffeln. Ihnen wurde die Tornado IDS (Interdiction/Strike) zugeteilt. Aufgabe dieser Version ist die Gefechtsfeldabriegelung (Battle Field Interdiction), Gesamtabriegelung des Kampfgebietes (Interdiction/Strike), Bekämpfung von Luftstreitkräften am Boden (Counter Air), Heeresunterstützung aus der Luft (Close Air Support) und Luftaufklärung (Reconnaissance). Bei der RAF führen sie die Bezeichnung Tornado GR.Mk1 und GR.Mk1A. Die erste GR.Mk1 flog am 5. Februar 1977. 1993/1994 übernahmen die 12. und die 617. Squadron als Ersatz für die Buccaneer die Tornado GR.Mk1B, die für die Bekämpfung von Schiffszielen mit der Anti-Schiffs-Lenkwaffe BAe Sea Eagle ausgerüstet ist. Neuste Version ist die Tornado GR.Mk4, bei der es sich um kampfwertgesteigerte GR.Mk1 handelt. Als Versuchsflugzeug kam P.15 zum Einsatz, die mit der neuen Ausrüstung Ende 1993 flog. Die Auslieferung an die Einsatzstaffeln begann im Februar 1998. Insgesamt sollen 142 Flugzeuge umgerüstet werden. Die RAF übernahm 228 Tornado GR.Mk1 und GR.Mk4.

■ **Tornado IDS der 50. Stormo aus Piacenza. Italien hat 91 Maschinen dieser Version als Jagdbomber im Einsatz.**

In Deutschland sind mit der Tornado IDS das JaboG 31 »Boelcke« in Nörvenich, das JaboG 33 in Büchel, das JaboG 34 »Allgäu« in Memmingen und das JaboG 38 »Friesland« in Jever sowie das AG 51 »Immelmann« in Jagel ausgerüstet. Das JaboG 32 in Lechfeld ist mit dem ECR-Tornado ausgerüstet. Bei den deutschen Marinefliegern steht der Tornado beim MFG 2 in Eggebek im Einsatz. Übernommen wurden von der Luftwaffe 212 Tornado IDS und 35 Tornado ECR und von den Marinefliegern 112 Tornado IDS.

In Italien sind drei Geschwader mit dem Tornado IDS ausgerüstet – und zwar die 6. Stormo in Ghedi, die 36. Stormo in Gioia de Colle und die 50. Stormo in Piacenza. An die AMI wurden 84 Tornado IDS und 16 Tornado ECR ausgeliefert.

Die Royal Saudi Air Force übernahm 96 Tornado IDS, die bei der No. 7 Sqn in Taif und der No. 66 Sqn in Dhahran eingesetzt werden.

Panavia Tornado ECR

Verwendungszweck: elektronisches Kampf- und Aufklärungsflugzeug
Besatzung: 2
Triebwerk: zwei Mantelstromtriebwerke (Turbo-Union RB-199-34R Mk.105) mit je 38,7 kN (3945 kp) Standschub ohne und 66 kN (6727 kp) mit Nachbrenner
Länge: 16,72 m
Höhe: 5,95 m
Spannweite 25 Grad geschwenkt: 13,91 m
Spannweite 67 Grad geschwenkt: 8,60 m
Flügelfläche: 26,60 m²
Spannweite des Höhenleitwerks: 6,80 m
Radstand: 6,20 m
Spurweite: 3,10 m
Rüstmasse: 13.890 kg
Tankinhalt: 4650 kg
Zusatztanks: 5988 kg
Maximale Waffenlast: 9000 kg
Normale Startmasse: 20.411 kg
Maximale Startmasse: 27.951 kg
Höchstgeschwindigkeit in 10.975 m Höhe: 2338 km/h
Steigzeit auf 9145 m Höhe: 2 min
Dienstgipfelhöhe: 15.240 m
Einsatzradius high-low-high: 1390 km
Überführungsreichweite: 3890 km
Startrollstrecke mit maximaler Startmasse: 900 m
Landerollstrecke: 370 m
G-Belastung: +7,5
Bewaffnung: eine 27-mm-Kanone des Typs IWKA Mauser im Rumpf und an den Außenstationen am Rumpf zwei AGM-88 HARM Anti-Radar-Lenkwaffen; unter den Flügeln können Luft-Luft-Lenkwaffen des Typs AIM-9L Sidewinder mitgeführt werden

Rockwell/Daimler Benz Aerospace X-31A

■ **Das Experimentalflugzeug X-31A mit Strahlablenkschaufeln für die Schubvektor-Steuerung.**

Bei der X-31A handelt es sich um einem Technologieträger, der zum Nachweis der EFM-Theorien (Enhanced Fighter Manoeuverability) entwickelt wurde. Zwei Flugzeuge wurden gebaut (BuNo.164584 und 164585), von denen das erste am 11. Oktober 1990 seinen Erstflug durchführte. Die Flugzeuge verfügen über Umlenkklappen zur Steuerung des Triebwerkabgasstrahls (Schubvektor-Steuerung) und eine künstlich aufrecht erhaltene Stabilität.

Die X-31A ist das einzige Flugzeug, mit dem es möglich ist, den Rumpf im Flug aus der Flugachse zu drehen und Poststall-Manöver durchzuführen. In ihrer Auslegung ähnelt die X-31A stark dem früheren Jäger 90, ist in den Abmessungen jedoch kleiner. Triebwerk, Cockpit und Instrumentensystem stammen von der F/A-18, Rettungssystem und Fahrwerk von der F-16.

Im Rahmen der Flugerprobung führte die X-31A 129 Luftkampfübungen durch: zuerst gegen die F-18 der NASA und anschließend gegen F/A-18C und F-14D der US Navy. In 104 Fällen ging die X-31A als Sieger aus dem Luftkampf hervor. Der erste Prototyp der X-31A stürzte am 19. Januar 1995 in der Nähe von Edwards AFB ab, dabei rettete sich der Pilot Karl Lang mit dem Schleudersitz.

Rockwell/DASA X-31A

Verwendungszweck: Technologieträger
Antrieb: ein Mantelstromtriebwerk (General-Electric F-404-GE-400) mit 71,17 kN (7258 kp) Standschub
Besatzung: 1
Spannweite: 7,26 m
Länge: 14,85 m
Höhe: 4,44 m
Flügelfläche: 21,02 m²
Leermasse: 5175 kg
Maximale Startmasse: 6849 kg
Höchstgeschwindigkeit: 2752 km/h
Steiggeschwindigkeit: 218 m/s
Dienstgipfelhöhe: 12.200 m
Startstrecke: 457 m
Landestrecke: 823 m

SEPECAT Jaguar

■ **Eine Jaguar E der EC7 im Jubiläumsanstrich.**

Die Jaguar ist eine französisch-britische Gemeinschaftsentwicklung, die 1965 begann. Die Firma SEPECAT (Société Européenne de Production de l'Avion Ecole de Combat et Appui Tactique) wurde zu diesem Zweck gegründet. Zuvor schon lief in Frankreich die Entwicklung der Bréguet Br.121 als Ersatz für die Dassault Ouragan und Mystere IV und in Großbritannien bei der British Aircraft Corporation die Planungen der P.45, die die Hawker Siddeley Gnat und Hunter ablösen sollte. Die Weiterentwicklung der P.45 wurde dann aber zu Gunsten des gemeinsamen Projekts eingestellt.
Am 17. Mai 1965 unterzeichneten die beiden Länder einen Vertrag über die gemeinsame Fertigung eines Flugzeugs auf der Basis der Bréguet Br.121. Beide Länder verpflichteten sich in dem Vertrag zur Abnahme von zunächst je 150 Flugzeugen. Der Bedarf wurde im Januar 1968 auf jeweils 200 Maschinen erhöht, wobei der französische Auftrag 160 Jaguar A und 40 Jaguar E, der britische Auftrag 165 Jaguar GR.Mk.1 und 35 Jaguar T.Mk.2 umfasste. Die Jaguar T.Mk.2 waren in ihrer Zweitrolle auch als taktisches Kampfflugzeug einsetzbar.
Es wurde die Entwicklung von fünf Versionen vereinbart. Dies waren die Jaguar A, ein einsitziges taktisches Kampfflugzeug, das auf den Bedarf der Armée de l'Air zugeschnitten war, die Jaguar B, ein zweisitziger Fortgeschrittenentrainer, der dann bei der RAF als Jaguar T bezeichnet wurde, die Jaguar E, ebenfalls ein zweisitziger Fortgeschrittenentrainer, diesmal aber für die Armée de l'Air, die Jaguar M war ein einsitziges taktisches Kampfflugzeug für die französische Marine und die Jaguar S (später bei der RAF mit Jaguar GR bezeichnet) war ein einsitziges taktisches Kampfflugzeug für die RAF.

Die Triebwerksentwicklung wurde ebenfalls gemeinsam durch die Firmen Rolls-Royce/Turboméca durchgeführt. Das Triebwerk basierte auf den Entwicklungen Turboméca T.260 und Rolls-Royce RB.172. Das neue Mantelstromtriebwerk erhielt den Namen Adour. Der erste Probelauf auf dem Prüfstand erfolgte im Mai 1967.
Für die Erprobung sah man acht Prototypen vor. Die erste Maschine, die am 17. April 1968 die Werkshalle in Villacoublay verließ, war der französische Doppelsitzer E.01. Nach den ersten Bodenerprobungen kam das Flugzeug nach Istres, wo am 8. September 1968 die Flugerprobung begann. Mit der E.01 wurde das Flugverhalten der Maschine ermittelt. Aufgrund eines Triebwerkfehlers stürzte sie am 26. März 1969 bei Istres ab. Auch der zweite Prototyp E.02 war wieder ein Doppelsitzer, der seinen Erstflug am 11. Februar 1969 absolvierte. Mit ihr wurden Trudel- und Flatterversuche sowie Triebwerktests unternommen. Auch die nächsten beiden Prototypen kamen aus französischer Produktion. Es waren die Einsitzer Jaguar A.03 und A.04. Diese starteten am 23. März und 27. Mai 1969 zu ihrem Erstflug. Die erste Jaguar, die bei der British Aircraft Corporation gebaut wurde, war die S.06 (XX560). Zu ihrem Jungfernflug startete sie am 12. Oktober 1969 in Warton. Als nächste Maschine hob der Prototyp M.05 der für die Aeronavale bestimmten Version am 14. November 1969 ab. Die beiden letzten Prototypen baute wieder BAC. Dies waren die einsitzige S.07, die am 12. Juni 1970 flog und der Trainer B.08 (XX566), der am 30. August 1971 erstmals vom Boden abhob. Im Juli 1970 führte die M.05 auf dem englischen Flugplatz Bedford eine simulierte Trägererprobung durch. Die Versuche

wurden anschließend an Bord des französischen Flugzeugträgers *Clemenceau* weitergeführt. Die Entwicklung der Marineversion M.05 wurde 1972 zu Gunsten der Dassault Super Etendard eingestellt.
Eine Jaguar E für die französische Luftwaffe wurde als erstes Serienflugzeug fertig gestellt und startete am 8. September 1968. Die Auslieferung an die Armée de l'Air begann im Januar 1973. Als erste Staffel übernahm die EC 1/7 »Provence« in St. Dizier die Jaguar A. Die Jaguar GR.1 wurden zwischen Juni 1974 und 1978 an die RAF ausgeliefert. Erste Staffel war die No. 54 Squadron in RAF Coltishall.
40 Jaguar der RAF werden zu Jaguar GR.3 (auch als Jaguar 97 bezeichnet) modifiziert. Die erste umgebaute Maschine absolvierte ihren Erstflug im März 1998. Die Flugzeuge erhalten eine modernere Avionik, GPS, farbige Multifunktionsbildschirme, ein Weitwinkel-Head-Up-Display, ein Freund-Feind-Erkennungsgerät und das Laser-Zielerkennungs- und Erfassungssystem TIALD von GEC-Marconi. Außerdem ist der Austausch des Triebwerks vorgesehen: Die Flugzeuge sollen das leistungsstärkere Adour Mk.106 erhalten. Die Serienfertigung für die Armée de l'Air und die RAF wurde 1981 mit der Auslieferung einer Jaguar A an die französische Luftwaffe beendet.
Einige Länder zeigten schon während der Erprobung der Jaguar Interesse an dem neuen Kampfflugzeug. Daraufhin entschloss sich SEPECAT zur Entwicklung der Jaguar International, die im August 1974 vorgestellt wurde. Diese Exportversion erhielt leistungsstärkere Triebwerke des Typs Adour Mk.804 RT-172-22, die mit Nachbrenner eine Leistung von 36,4 kN (3630 kp) haben. Die Waffenlast wurde bei der Jaguar International erheblich erhöht. Die externen Aufhängepunkte wurden durch Mehrfachaufhängungen ersetzt und zwei zusätzliche Aussenstationen anstelle der Grenzschichtzäune auf der Flügeloberseite vorgesehen. An diesen Befestigungen konnte je ein Luft-Luft-Lenkflugkörper des Typs Matra R.550 Magic mitgeführt werden.
Erster Kunde war Oman. Hier konnten zwölf Flugzeuge verkauft werden: zehn Jaguar OS und zwei Doppelsitzer Jaguar OB. Die Auslieferung begann im März 1977. Weitere zehn Jaguar OS und zwei Jaguar OB wurden 1983 geliefert sowie ein Doppelsitzer Jaguar T.Mk.2 (1982) und ein Einsitzer Jaguar GR.1 (1986) aus RAF Beständen.
Als zweites Land bestellte Ecuador zehn Jaguar ES und zwei Doppelsitzer Jaguar EB. Die erste Maschine aus dieser Bestellung, eine Jaguar EB, flog am 19. August 1976. Die Auslieferung begann 1977. Angeblich erwarb Ecuador 1991 nochmals drei Jaguar GR.1 aus RAF-Beständen.
Größter Exportkunde wurde Indien. 1979 gab die indische Luftwaffe die Bestellung von 116 Jaguar bekannt. Für 35 Einsitzer-Jaguar IS und fünf Doppelsitzer-Jaguar IT wurde bei HAL aus vorgefertigten Teilen die Endmontage durchgeführt. Die erste in Indien montierte Maschine flog im März 1982. Acht Jaguar IS wurden mit einem Agave-Radar ausgerüstet und können mit der Anti-Schiffs-Rakete BAe Sea Eagle ausgerüstet werden. Nach der Umrüstung erhielten die Flugzeuge die Bezeichnung Jaguar IM. Die erste Jaguar IM flog im November 1985.
Als letzter Kunde erwarb 1984 Nigeria 13 Jaguar SN und fünf Jaguar BN.

SEPECAT Jaguar A

Verwendungszweck: Mehrzweck-Kampfflugzeug
Besatzung: 1
Triebwerk: zwei Mantelstromtriebwerke (Rolls-Royce/Turboméca Adour Mk.102) mit je 22,75 kN (2100 kp) Standschub ohne und 32,49 kN (3240 kp) mit Nachbrenner
Länge ohne Staurohr: 15,52 m
Länge mit Staurohr: 16,83 m
Höhe: 4,89 m
Spannweite: 8,69 m
Flügelfläche: 24,18 m²
Radstand: 5,69 m
Spurweite: 2,41 m
Rüstmasse: 7000 kg
Tankinhalt: 3337 kg
Außentank: 2844 kg
Maximale Waffenlast: 4536 kg
Normale Startmasse: 10.954 kg
Maximale Startmasse: 15.700 kg
Höchstgeschwindigkeit in 10.975 m Höhe: 1699 km/h
Höchstgeschwindigkeit in Meereshöhe: 1350 km/h
Einsatzradius high-low-high: 852 km
Einsatzradius low-low-low: 537 km
Überführungsreichweite: 3524 km
Steigzeit auf 9145 m: 90 s
Dienstgipfelhöhe: 14.000 m
Startrollstrecke: 565 m
Startrollstrecke mit vier 454-kg-Bomben: 500 m
Startstrecke auf 15 m Höhe: 940 m
Landerollstrecke: 470 m
Landstrecke aus 15 m Höhe: 785 m
G-Belastung: +8,6/+12
Bewaffnung: zwei 30-mm-Aden-Kanonen sowie verschiedene Bomben, darunter 454-kg-Laserbomben, AS-30L-Raketen, AS-37-Martel-Anti-Radar-Raketen und Matra-Magic-Luft-Luft-Lenkwaffen an fünf Waffenstationen

Transall C-160

■ **Standard-Transportflugzeug der Armée de l'Air und der Bundesluftwaffe: die Transall C-160.**

Die Transall entstand als eine Gemeinschaftsentwicklung von Frankreich und Deutschland für den Ersatz der Nord 2501 Noratlas. Drei Prototypen wurden gebaut. Die V1 absolvierte am 25. Februar 1963 in Melum-Villaroche ihren Erstflug. Die V2 flog zum ersten Mal am 25. Mai 1963 in Bremen und die V3 am 19. Februar 1964 in Hamburg. Außerdem wurden noch sechs Vorserienflugzeuge – A01 bis A06 – gefertigt. Für die Armée de l'Air wurden 50 C-160F gebaut. Die Bundesluftwaffe erhielt 110 C-160D, von denen 20 Maschinen 1972 als C-160T an die türkische Luftwaffe abgegeben wurden. Aus der C-160F-Serie wurden vier Flugzeuge zu C-160P umgerüstet, die von der Air France ab 1972 für den Nachtluftpostdienst eingesetzt wurden. Südafrika erwarb neun C-160Z. Die erste C-160Z startete am 28. Januar 1969. Die Armée de l'Air setzt noch zwei Spezialversionen ein, von denen jeweils zwei Flugzeuge zum Einsatz kommen. Die C-160 Astarte ist für den Funkverkehr mit getauchten U-Booten ausgerüstet, und die C-160 Gabriel wird für das ECM-Training eingesetzt. Anfang der 80er-Jahre wurde eine zweite Serie von 29 Flugzeugen mit der Bezeichnung C-160NG aufgelegt. Der Erstflug erfolgte am 9. April 1981. Zehn dieser Flugzeuge sind für den Einsatz als Tankflugzeuge ausgerüstet. Sechs C-160NG wurden an Pelita Air Service in Indonesien verkauft.

Ab 1980 wurden bei den C-160D der Bundesluftwaffe »Lebensdauer-Verlängerungsmaßnahmen«, kurz LEDA genannt, durchgeführt. Dieses Programm wurde 1989 abgeschlossen, so dass die Einsatzdauer bis zum Jahr 2010 aufrechterhalten bleibt. Weitere Modifizierungen betreffen die Avionik. Unter der Projektbezeichnung ANA-FRA werden eine neue autonome Navigationsanlage (ANA) und eine Flugregleranlage (FRA) auf Laserbasis eingebaut. Bedingt durch die Vorfälle bei den Hilfsflügen in Bosnien wurden zwölf Maschinen mit Kevlarmatten im Cockpit und im vorderen Laderaum ausgekleidet. Diese Matten können Geschosse von bis zu 7,62 mm abhalten. Dazu kamen noch ein Eloka-System mit dem Radarwarnempfänger ALR 68, ein Raketenanflugwarngerät sowie ein Chaff-Flare-Dispenser.

Transall C-160

Verwendungszweck: Transportflugzeug
Antrieb: zwei Propellerturbinen (Rolls-Royce Tyne RTy.20 Mk.22) mit je 4549 kW (6100 WPS)
Besatzung: 4 + bis zu 93 Soldaten
Spannweite: 40,00 m
Länge: 32,40 m
Höhe: 11,65 m
Flügelfläche: 160 m²
Leermasse: 29.000 kg
Maximale Startmasse: 51.000 kg
Höchstgeschwindigkeit: 531 km/h
Dienstgipfelhöhe: 8230 m
Reichweite: 4558 km

Israel Aircraft Industrie Arava

IAI 201 Arava

Verwendungszweck: STOL-Transporter
Antrieb: zwei Propellerturbinen (Pratt & Whitney of Canada PT6A-34) mit je 559 kW (750 WPS)
Spannweite: 20,96 m
Länge: 13,03 m
Höhe: 5,21 m
Flügelfläche: 43,68 m²
Leermasse: 4000 kg
Maximale Startmasse: 6800 kg
Höchstgeschwindigkeit: 397 km/h
Reisegeschwindigkeit: 319 km/h
Steiggeschwindigkeit: 393 m/s
Dienstgipfelhöhe: 7620 m
Reichweite: 1001 km
Startstrecke: 463 m
Landestrecke: 469 m

Die Arava war als Ersatz für die C-47 der israelischen Luftwaffe gedacht, wird aber heute in der Elint-Rolle eingesetzt. Der Erstflug des Prototyps erfolgte am 27. November 1968. Gebaut wurde die Arava in den zivilen Versionen IAI 101B und 102. Im militärischen Einsatz stehen die IAI 201 als Transporter für 24 Soldaten oder 16 Fallschirmjäger sowie für Seeüberwachung und elektronische Kriegsführung. Die IAI 202 hat einen gestreckten Rumpf für 30 Soldaten oder 20 Fallschirmjäger. Insgesamt haben 16 Luftwaffen die Arava im Einsatz, von denen der größte Teil in Lateinamerika beheimatet ist.

■ **Für Transportaufgaben stehen der Luftwaffe Guatemalas sechs IAI 201 Arava zur Verfügung.**

Israel Aircraft Industrie Kfir

■ **Die Kfir C2 wurde bei der israelischen Luftwaffe in der Zwischenzeit von der Kfir C7 abgelöst.**

Nachdem Frankreich 1967 die Lieferung von Ersatzteilen nach Israel stoppte, beschloss Israel ein Jagdflugzeug auf Basis der Mirage 5 zu bauen. Anstelle des Atar-Triebwerks kam ein General-Electric-J79-Strahltriebwerk zum Einbau. Weitere Änderungen betrafen die Avionik, die ebenfalls in Israel entwickelt wurde. Der Erstflug fand 1973 statt, allerdings wurde die Kfir erst am 14. April 1975 der Öffentlichkeit vorgestellt. Die ersten Kfir flogen noch ohne Canards, diese kamen erst ab der Kfir C1 zum Einbau. Zwischen 1975 und 1985 mieteten die US Navy und die US Marines 25 Kfir C1 als F-21A von Israel und setzten diese Flugzeuge für das Luftkampftraining ein. Als verbesserte Version flog die Kfir C2, die auch als Doppelsitzer TC2 gebaut wurde. Ab 1983 lieferte IAI die Version C7 aus. Es handelt sich dabei um umgebaute C2 mit verbesserter Ausrüstung und Leistung. Ob auch neue C7 gebaut wurden, ist nicht bekannt. Die Kfir C10 verfügt über ein neues Cockpit und ein neues Radar. In dieser Version, die seit 1993 bekannt ist, kam ein Teil der Lavi-Technologie zum Tragen.

IAI Kfir C2

Verwendungszweck: Kampfflugzeug
Antrieb: ein Strahltriebwerk (General Electric J79-GE-J1E) mit 79,62 kN (8119 kg) Schub und Nachbrenner
Besatzung: 1
Spannweite: 8,22 m
Länge: 15,65 m
Höhe: 4,55 m
Flügelfläche: 34,80 m²
Leermasse: 7285 kg
Maximale Startmasse: 14.700 kg
Höchstgeschwindigkeit: 2440 km/h
Steiggeschwindigkeit: 233 m/s
Dienstgipfelhöhe: 17.680 m
Reichweite: 748 km
Bewaffnung: zwei 30-mm-Kanonen und bis zu 4295 kg externe Waffenzuladung

Aeritalia G.91

■ **Die 60. Stormo war die letzte Einheit, die Fiat G.91T einsetzte.**

Die Fiat G.91 war der Gewinner einer NATO-Ausschreibung für ein Standard-Erdkampf- und Aufklärungsflugzeug. Entgegen den Planungen wurde die G.91 jedoch nur von Italien und Deutschland in Dienst gestellt. Später setzte auch Portugal die G.91 ein. Dabei handelte es sich allerdings um Flugzeuge aus Überschussbeständen der deutschen Luftwaffe. Die erste G.91 flog am 9. August 1956. Als erste Einheit erprobte die 103. Gruppe Caccia Tattica Leggero die G.91 ab Februar 1954 auf dem Flugplatz Practica di Mare. Für die italienische Luftwaffe wurden 97 Flugzeuge der Varianten G.91R/1, R/1A und R/1B produziert. 344 G.91R/3 bestellte die Bundesluftwaffe, von denen Fiat 50 Stück baute. Die restlichen 294 Maschinen fertigte Dornier. Am 20. Juli 1961 startete die erste in Deutschland hergestellte G.91R/3 in Oberpfaffenhofen.

Die G.91R/4 war für Griechenland und die Türkei vorgesehen. Beide Staaten übernahmen die Flugzeuge jedoch nicht. Daraufhin übernahm die Bundesluftwaffe alle 50 G.91R/4, verkaufte jedoch vier Jahre später 40 Stück an Portugal. 16 als G.91PAN bezeichnete Flugzeuge setzte die Frecce Tricolori ein, das Aerobatic Team der AMI.

Neben der einsitzigen Version baute Fiat noch die Trainerversion G.91T/1. Der Prototyp flog am 31. Mai 1960. Bei Dornier wurden 44 G.91T/3 und ab 1971 nochmals zusätzlich 22 Maschinen gebaut.

Mitte der 80er-Jahre musterte die Bundesluftwaffe ihre G.91 aus. Einige G.91R/3 und T/3 setzte der Condor-Flugdienst noch bis 1992 als Zielschlepper ein. 40 G.91R/3 und zehn G.91T/3 erhielt die portugiesische Luftwaffe. Ende 1993 wurden auch diese Flugzeuge außer Dienst gestellt. Die italienische Luftwaffe stellte den Flugbetrieb mit der G.91R/1 im April 1992 ein. Die G.91T/1 stand bei der 32. Stormo in Amendola noch bis 1995 im Einsatz.

Fiat G.91R/3

Verwendungszweck: Erdkampf- und Aufklärungsflugzeug
Antrieb: ein Strahltriebwerk (Bristol Siddeley Orpheus 803) mit 22,24 kN (2268 kg) Schub
Besatzung: 1
Spannweite: 8,56 m
Länge: 10,30 m
Höhe: 4,00 m
Flügelfläche: 16,42 m²
Leermasse: 3100 kg
Maximale Startmasse: 5500 kg
Höchstgeschwindigkeit: 1086 km/h
Reisegeschwindigkeit: 650 km/h
Steiggeschwindigkeit: 30,5 m/s
Dienstgipfelhöhe: 13.100 m
Reichweite: 1850 km
Bewaffnung: zwei 30-mm-DEFA-Kanonen, drei Vinten-Kameras, Bomben, Raketen

Aeritalia G.91Y

■ **Die Aeritalia G.91Y wurde von der AMI abgelöst.**

Die G.91Y ist eine Weiterentwicklung der G.91R mit zwei Triebwerken. Zwei Prototypen dienten der Erprobung. Der Erstflug des ersten Prototyps erfolgte am 27. Dezember 1966, der des zweiten im September 1967. Zuerst wurde eine Vorserie von 20 Flugzeugen aufgelegt, die bei der 8. Stormo in Cervia zum Einsatz kam. Anschließend baute Fiat eine zweite Serie von 35 Maschinen, die ab September 1971 ausgeliefert wurden. Ein Anschlussauftrag über weitere zehn Flugzeuge folgte. Die Produktionslinie wurde 1975 geschlossen. Eine zweisitzige Version G.91YT war geplant, wurde aber nicht gebaut. Neben der 8. Stormo setzte auch die 32. Stormo in Brindsi die G.91Y ein. Ende 1994 stellte die 8. Stormo ihre Maschinen außer Dienst.

Aeritalia G.91Y

Verwendungszweck: Kampfflugzeug
Antrieb: zwei Strahltriebwerke (General Electric J 85-GE-13A) mit je 12,12 kN (1236 kp) Schub ohne und 17,14 kN (1850 kp) mit Nachbrenner
Besatzung: 1
Spannweite: 9,01 m
Länge: 11,67 m
Höhe: 4,43 m
Flügelfläche: 18,13 m²
Leermasse: 3682 kg
Maximale Startmasse: 7800 kg
Höchstgeschwindigkeit: 1038 km/h
Steiggeschwindigkeit: 86,3 m/s
Dienstgipfelhöhe: 12.500 m
Reichweite: 3500 km
Bewaffnung: zwei 30-mm-DEFA-Kanonen, Bomben, Raketen

Aermacchi M.B.326

■ Für die Schulung und als Verbindungsflugzeug flog die MB.326 bei der italienischen Luftwaffe.

Der Prototyp dieses als Schulflugzeug entworfenen Typs startete am 10. Dezember 1957 zu seinem Erstflug. Nach einer Vorserie von 15 Flugzeugen fertigte Aermacchi weitere 85 M.B.326, deren erste am 5. Oktober 1960 flog. Im Februar 1962 übernahm die italienische Luftwaffe die ersten Maschinen. Die als leichtes Erdkampfflugzeug entwickelte M.B.326A wurde nicht bestellt. Dafür konnten acht M.B.326B nach Tunesien und neun M.B.326F nach Ghana geliefert werden. Die Streitkräfte Australiens beschafften 87 M.B.326H für die Luftwaffe und zehn für die Navy, die teilweise bei Commonwealth Aircraft als CA-30 gefertigt wurden.

Neben Brasilien war Südafrika der größte Betreiber der M.B.326. Hier kamen 151 M.B.326M zum Einsatz, die zum größten Teil von der Atlas Aircraft Corporation als Impala Mk.I gefertigt wurden. Embraer in Brasilien baute 182 M.B.326GC, von denen 167 als AT-26 Xavante bei der brasilianischen Luftwaffe zum Einsatz kamen. Als Außenseiter setzte die Fluggesellschaft Alitalia vier M.B.326D für das Training ein.

Aus dem Schulflugzeug leitete Aermacchi das einsitzige Erdkampfflugzeug M.B.326K ab, das am 22. August 1970 zu seinem Jungfernflug startete. Auch von dieser Version baute Atlas 79 Flugzeuge als Impala Mk.II unter Lizenz.

Aermacchi M.B.326K

Verwendungszweck: Erdkampfflugzeug
Antrieb: ein Strahltriebwerk (Rolls-Royce Viper Mk. 632-43) mit 17,80 kN (1815 kp) Schub
Besatzung: 1
Spannweite mit Tiptanks: 10,86 m
Länge: 10,67 m
Höhe: 3,72 m
Flügelfläche: 19,35 m²
Leermasse: 3125 kg
Maximale Startmasse: 5895 kg
Höchstgeschwindigkeit: 890 km/h
Steiggeschwindigkeit: 33 m/s
Reichweite: 2130 km
Bewaffnung: zwei 30-mm-DEFA-Kanonen, externe Waffenlast bis 1815 kg, ECM- oder Kanonenbehälter

Aermacchi MB-339

■ **In Neuseeland kommt die MB-339C als Schul- und Erdkampfflugzeug zum Einsatz.**

Die italienische Luftwaffe vergab 1972 einen Forschungsauftrag für ein neues Schulflugzeug als Nachfolger für die Aermacchi M.B.326 und die Fiat G.91T/1. Aermacchi stellte daraufhin neun verschiedene Studien vor. Von dem mit MB-338 bezeichneten Entwurf waren es sieben Varianten, die sich in zahlreichen Details und in den Triebwerken voneinander unterschieden. Von der MB-339 standen zwei Projekte zur Auswahl: die MB-339L mit einem Larzác-Mantelstromtriebwerk und die MB-339V mit einem Rolls-Royce-Viper-600-Strahltriebwerk. Die italienische Luftwaffe entschied sich im Februar 1975 für die Ausführung mit dem Viper-600-Strahltriebwerk und bestellte 100 Serienflugzeuge. Diese basierten auf der Zelle der M.B.326K, erhielten aber ein verstärktes Rumpfmittelteil und verstärkte Tragflächen. Weiterhin wurde gegenüber der M.B.326K der Vorderrumpf geändert. In dem neuen druckbelüfteten Cockpit baute man den hinteren Sitz des Fluglehrers um 32,5 cm erhöht ein und verlängerte für eine bessere Rundumsicht die Cockpithaube. Die Piloten sitzen auf zwei Martin-Baker-IT10F-Zero/ Zero-Schleudersitzen. Außerdem wurde das Seitenleitwerk vergrößert. Die sechs Aufhängpunkte unter den Tragflächen behielt man bei.

Für die Flugerprobung entstanden zwei Prototypen, von denen der erste (I-NOVE/ MM588) am 12. August 1976 in Venegono zum Jungfernflug startete.

Der zweite Prototyp (I-NINE/ MM589) flog am 20. Mai 1977. Er entsprach dem Serienstandard und war mit einer verbesserten Klimaanlage, einem lenkbaren Bugrad und Scheibenbremsen mit Anti-Blockiersystem ausgerüstet. Außerdem wurde noch eine Bruchzelle für statische Versuche gebaut.

Die erste Serienmaschine (I-NEUF) für die italienische Luftwaffe flog am 20. Juli 1978 und nahm am 8. August 1979 die Truppenerprobung auf. Bis zum Jahre 1984 wurden zunächst 81 Flugzeuge ausgeliefert. Aufgrund finanzieller Probleme des italienischen Staates wurde bis Anfang 1986 die Lieferung zunächst eingestellt; erst dann wurden die letzten 19 Flugzeuge übergeben. Die ersten acht MB-339 erhielt die Erprobungsstelle (Reparto Sperimentale di Volo/311. Gruppo) in Pratica di Mare am 9. August 1979. Die ebenfalls in Pratica di Mare stationierte 8. Gruppo/14. Stormo erhielt ab dem 16. Februar 1981 acht für die Kalibrierung von Navigationshilfen geeignete MB-339RM. Diese Flugzeuge wurden Ende der 80er Jahre wieder abgegeben. Die für die Pilotenausbildung zuständige Einheit, die SVBIA (Scuola Volo Basico Iniziale Aviogetti) in Lecce übernahm die erste MB-339A am 12. März 1981. Die Ausbildung mit dem neuen Flugzeug wurde allerdings erst am 1. Oktober 1981 offiziell aufgenommen. Die Einheit wurde in der Zwischenzeit in 61. Stormo umbenannt und hat 72 MB-339A in ihrem Bestand. Als Er-

satz für die Fiat G.91 erhielt im Januar 1982 die in Rivolto stationierte italienische Kunstflugstaffel, die Frecce Tricolori, 15 MB-339PAN. Nach der Umschulung der Piloten erfolgte die erste Vorführung mit dem neuen Flugzeug am 27. April 1982. Heute stehen der Staffel 18 Flugzeuge zur Verfügung.
Von der MB-339A konnten an die argentinische Marine zehn, nach Dubai sieben, Ghana zwei, Malaysia 13, Nigeria zwölf und Peru 16 Flugzeuge verkauft werden.
Zum Einsatz kam die MB-339AA 1982 während des Falklandkrieges. Die argentinische Marine hatte sechs Maschinen auf der Inselgruppe stationiert. Zwei Maschinen gingen verloren, drei wurden von der Briten erbeutet und eine konnte nach Argentinien zurückkehren.
Für die Zweitrolle der MB-339A-Schulflugzeuge wurde von der italienischen Luftwaffe 1986 der Auftrag vergeben, die Möglichkeit des Einsatzes der OTO-Melara-Marte-2-Anti-Schiffs-Lenkwaffe zu prüfen. Aermacchi rüstete daraufhin die Serien-Nummer MM54554 zur MB-339AM um. Die Flugversuche begannen am 24. April 1991 und wurden Ende 1992 erfolgreich abgeschlossen.
Eine weitere Version ist die MB-339C, deren Prototyp (I-AMDA) am 17. Dezember 1985 flog. Die erste Serienmaschine hob am 8. November 1988 ab. Als Antrieb kommt ein Rolls-Royce-Viper-Mk680-43 zum Einbau, dessen Leistung um 14 Prozent gesteigert wurde. Die MB-339C ist für Kampfeinsätze ausgerüstet und verfügt über ein GEC-AD-660-Dopplerradar, eine Litton-LR80-Trägheitsplattform und die taktische Flächennavigationseinheit AD-620K. Im Cockpit wurde ein Kaiser-Sabre-Head-Up-Dispaly installiert. Zur weiteren Ausrüstung gehören ein P.0702-Laserzielsuchgerät von FIAR/Ericsson, eine für den Einsatz der AGM-65 Maverick verwendbare Kathodenstrahlröhre von Aeritalia und der HG7505-Radarhöhenmesser von Honeywell. Für die Selbstverteidigung stehen ein ALE-40-Düppel- und Leuchtkörperwerfer von Tracor, der ELT/555-Störgeräte-Behälter und der Radarwarnempfänger ELT/156 von Electronica zur Verfügung. Die MB-339C kann mit einer Vielzahl von Waffen an ihren sechs Flügelstationen bestückt werden. Dazu gehören der Luft-Boden-Lenkflugkörper Hughes AGM-65 Maverick der Anti-Schiffs-Flugkörper OTO Melara Marte 2 und AS 34 Kormoran sowie lasergelenkte Bomben.
Im Mai 1990 bestellte die Royal New Zealand Air Force von der MB-339C 18 Einheiten als Ersatz für die BAC Strikemaster. Am 9. März 1991 wurden die ersten drei Flugzeuge nach Neuseeland überführt.
Als einsitziges Erdkampfflugzeug entwickelte Aermacchi auf eigenes Risiko die MB-339K Veltro 2. Den Erstflug absolvierte der Prototyp mit der Zulassung I-BITE am 30. Mai 1980. Er verfügte über das schubstärkere Rolls-Royce Viper Mk 680 mit einer Leistung von 19,89 kN (2018 kp). Die Treibstoffkapazität wurde um 637 Liter auf 2730 Liter erhöht. Anstelle des zweiten Cockpits wurde der Platz für die Munitionsbehälter der beiden Bordkanonen, für zusätzliche Bordelektronik und einen größeren Treibstofftank genutzt. An den sechs Flügelstationen kann die Veltro 2 eine Waffenlast von 2500 kg mitführen. Im Bug sind zwei 30-mm-DEFA-553-Kanonen eingebaut.
Als Antwort auf die Anfrage nach einem neuen Strahltrainer für die USAF und die US Navy bot Aermacchi in Zusammenarbeit mit Lockheed 1989 die MB-339 T-Bird II an.

Aermacchi M.B.339C

Verwendungszweck: Schulflugzeug und leichtes Erdkampfflugzeug
Besatzung: 2
Triebwerk: ein Strahltriebwerk (Rolls-Royce Viper 680-43) mit 19,57 kN (1996 kp) Standschub
Länge: 11,24 m
Höhe: 3,99 m
Spannweite mit Flügelendtanks: 11,22 m
Flügelfläche: 19,30 m²
Spannweite des Höhenleitwerks: 4,08 m
Radstand: 4,37 m
Spurweite: 2,48 m
Rüstmasse: 3310 kg
Tankinhalt: 1388 kg
Maximale Waffenlast: 2040 kg
Normale Startmasse: 4635 kg
Maximale Startmasse: 6350 kg
Höchstgeschwindigkeit in Meereshöhe: 902 km/h
Höchstgeschwindigkeit in 10.975 m Höhe: 834 km/h
Steiggeschwindigkeit: 37,1 m/s
Steigzeit auf 9145 m: 6 min 42 s
Dienstgipfelhöhe: 14.630 m
Einsatzradius mit vier Mk.82-Bomben und zwei 325-Liter-Zusatztanks, low-low-low: 371 km
Einsatzradius mit vier Mk.82-Bomben, high-low-high: 500 km
Normale Reichweite: 1965 km
Überführungsreichweite: 2200 km
Startrollstrecke mit normaler Startmasse: 465 m
Startrollstrecke mit maximaler Startmasse: 914 m
Landerollstrecke: 415 m
G-Belastung: +8/-4
Bewaffnung: An sechs Unterflügelstationen können verschiedene Waffen mitgeführt werden, wobei die vier inneren mit jeweils 454 kg und die beiden äußeren mit je 340 kg belastet werden können.

Agusta A.129 Mangusta

■ Agusta A.129 Mangusta der italienischen Heeresflieger.

Dieser für das italienische Heer entwickelte Panzerabwehrhubschrauber hob am 11. September 1993 erstmals vom Boden ab. Insgesamt wurden fünf Prototypen gebaut. Es werden 60 Maschinen in Dienst gestellt, von denen die ersten im Juli 1990 übernommen wurden. Die ersten 30 Hubschrauber, die bis 1998 ausgelieferten wurden, entsprachen der Version A.129 Mangusta. Die letzten 15 Exemplare werden der A.129 International entsprechen, die am 9. Januar 1995 ihren Erstflug absolvierte. Diese Weiterentwicklung verfügt über eine um 40 Prozent erhöhte Triebwerksleistung, einen fünfblättrigen Rotor und eine verbesserte Avionik mit einem Infrarot-Zielsuchsystem.
1986 vereinbarten England, Italien, Holland und Spanien eine verbesserte Version, die »Tonal«, als leichten Angriffshubschrauber einzuführen. Nachdem England und Holland sich dann aber für die AH-64 Apache entschieden, wurde das Projekt für die »Tonal« eingestellt.

Agusta A.129 Mangusta

Verwendungszweck: Kampf- und Beobachtungshubschrauber
Antrieb: zwei Gasturbinen (Rolls-Royce Gem 2 Mk.1004) mit je 615 kW (825 WPS)
Besatzung: 2
Länge (Rumpf): 12,27 m
Höhe: 3,35 m
Rotordurchmesser: 11,90 m
Heckrotordurchmesser: 2,24 m
Leermasse: 2559 kg
Maximale Startmasse: 4100 kg
Höchstgeschwindigkeit: 275 km/h
Steiggeschwindigkeit: 10,3 m/s
Dienstgipfelhöhe: 4725 m
Reichweite: 528 km
Bewaffnung: acht Panzerabwehrraketen TOW, bis zu 300 kg ungelenkte Raketen, ein 12,7-mm-MG

Agusta-Bell AB.206

Seit 1967 fertigt Agusta die Bell 206/OH-58A in Lizenz. Insgesamt wurden über 1000 Hubschrauber der Versionen AB.206A/A-1, AB.206B/B-1 und AB.206C-1 gebaut. Die italienischen Heeresflieger bestellten 150 Hubschrauber, weitere wurden an Streitkräfte in aller Welt geliefert. In Europa erhielt Österreich zwölf AB.206A-1 für Schulung und SAR-Einsätze. Schweden betreibt 26 Hubschrauber unter der Bezeichnung HKp6A, die mit verlängerten Landekufen und zusätzlichen Waffenaufhängungen ausgerüstet sind. Griechenland setzt 17 AB.206 ein, zwei davon sind für VIP- und SAR-Einsätze ausgerüstet.

Agusta AB.206B-1 Jet Ranger II

Verwendungszweck: Mehrzweckhubschrauber
Antrieb: eine Wellenturbine (Allison 250-C20) mit 298 kW (400 WPS)
Besatzung: 2 + 3 Passagiere
Länge (über alles): 11,94 m
Höhe: 2,91 m
Rotordurchmesser: 10,77 m
Heckrotordurchmesser: 1,57 m
Leermasse: 682 kg
Maximale Startmasse: 1519 kg
Höchstgeschwindigkeit: 222 km/h
Steiggeschwindigkeit: 7,0 m/s
Dienstgipfelhöhe: 6095 m
Reichweite: 673 km

Agusta-Bell AB.212

Agusta AB.212 ASW

Verwendungszweck: Mehrzweckhubschrauber
Antrieb: zwei Doppelwellen-Triebwerke (Pratt & Whitney Canada PT6T-6 Twin Pac)
Besatzung: 3-4 + 7 Passagiere
Länge (Rumpf): 14,02 m
Höhe: 4,40 m
Rotordurchmesser: 14,63 m
Heckrotordurchmesser: 2,59 m
Leermasse: 3420 kg
Maximale Startmasse: 5070 kg
Höchstgeschwindigkeit: 240 km/h
Reisegeschwindigkeit: 185 km/h
Steiggeschwindigkeit: 6,5 m/s
Reichweite: 615 km
Bewaffnung: Zwei Torpedos Mk.44 oder Mk.46 und bis zu vier AS.12-Lenkraketen

Wie die AB.206 ist auch die AB.212 der Lizenzbau eines Bell-Musters, und zwar der zweimotorigen Bell 212. Während die AB.212 als Transporthubschrauber eingesetzt wird, handelt es sich bei der AB.212ASW um einen Mehrzweckhubschrauber für die Schiffsabwehr. Die Entwicklung begann 1971, und bereits ein Jahr später flog die AB.212ASW. Agusta baute über 100 Hubschrauber, die von sieben Streitkräften eingesetzt werden. Allein 60 AB.212ASW betreiben die italienischen Marineflieger. Die Grundvariante AB.212 fliegt auch bei den österreichischen Luftstreitkräften (24 Stück) und bei der italienischen Luftwaffe (30 Stück).

■ Die Agusta-Bell AB-212ASW wurde für die U-Boot-Bekämpfung konstruiert.

Agusta-SIAI-Marchetti S.211

■ **SIAI-Marchetti entwickelte die S.211. Sie konnte allerdings nur in geringen Stückzahlen verkauft werden.**

Die S.211 wurde nicht als Konkurrenz zu den herkömmlichen Strahltrainern entwickelt, sondern soll bereits bei der Grundausbildung der zukünftigen Piloten eingesetzt werden. Dies bedeutet, dass die S.211 eine kostengünstige Schulung ermöglicht und geringe Wartungskosten verursacht. Es wurden zwei Prototypen gebaut, von denen der erste am 10. April 1981 in Mailand-Malpensa flog. 38 Flugzeuge konnten bis jetzt verkauft werden, vier an Haiti und 30 an Singapore, wobei 24 aus Bausätzen in Singapore endmontiert werden. Royal Brunei bestellte ebenfalls vier S.211. Zusammen mit Grumman beteiligte sich Agusta mit der S.211 an der IPATS-Ausschreibung der USAF/US Navy.

Agusta S.211

Verwendungszweck: Schulflugzeug
Antrieb: ein Mantelstromtriebwerk (Pratt & Whitney Canada JT 15D-4C) mit 11,12 kN (1134 kp) Standschub
Besatzung: 2
Spannweite: 8,43 m
Länge: 9,31 m
Höhe: 3,80 m
Flügelfläche: 12,60 m²
Leermasse: 1645 kg
Maximale Startmasse: 3100 kg
Höchstgeschwindigkeit: 676 km/h
Reisegeschwindigkeit: 667 km/h
Steiggeschwindigkeit: 21,3 m/s
Dienstgipfelhöhe: 12.200 m
Reichweite: 1668 km
Startstrecke: 390 m
Landestrecke: 360 m
Bewaffnung: bis zu 600 kg an vier Flügelstationen

Piaggio P.149D

■ **Die Bundesluftwaffe setzte die Piaggio P.149D für die Auswahlschulung ein. Hier 91+34 in Sonderlackierung zur Außerdienststellung dieses Typs.**

Die P.149 ist eine Weiterentwicklung der P.148, von der sie sich durch das einziehbare Bugradfahrwerk und das viersitzige Cockpit unterscheidet. Außerdem kam noch ein leistungsstärkerer Motor zum Einbau. Die erste P.149 flog am 19. Juni 1953. Erst durch die Auswahl der P.149 für die Ausbildung und das Screening bei der Bundesluftwaffe war dem Flugzeug Erfolg beschieden. 72 Flugzeuge baute Piaggio und lieferte die erste Maschine im Mai 1957 an die Luftwaffe aus. Focke-Wulf in Bremen baute weitere 190 Flugzeuge in Lizenz. Erster Verband, der die P.149D einsetzte, war die FFS »S« in Memmingen. Neben der Auswahlschulung wurde die P.149D auch bei den einzelnen Geschwadern der Luftwaffe sowie beim MFG 2 und 5 als Verbindungsflugzeug eingesetzt. Als letzter Verband setzte die 3./JaboG 49 in Fürstenfeldbruck die Piaggio P.149D ein. Hier wurde sie am 31. März 1990 endgültig bei der Luftwaffe außer Dienst gestellt. Viele P.149D fliegen heute jedoch noch bei Bundeswehrsportfluggruppen und mit Privatpiloten.

Piaggio P.149D

Verwendungszweck: Schul- und Verbindungsflugzeug
Antrieb: ein Boxermotor (Avco Lycoming GO-480B1A6) mit 201 kW (270 PS)
Besatzung: 1 + 3 Passagiere
Spannweite: 11,12 m
Länge: 8,78 m
Höhe: 3,00 m
Flügelfläche: 18,85 m²
Leermasse: 1160 kg
Maximale Startmasse: 1820 kg
Dienstgipfelhöhe: 5380 m
Reichweite: 1090 km
Startstrecke: 525 m
Landestrecke: 530 m

Piaggio P.180 Avanti

Die P.180 wurde als Firmenflugzeug entwickelt, und der Prototyp (I-PJAV) absolvierte am 23. September 1986 seinen Erstflug. Die erste Serienmaschine flog dann am 29. Januar 1990. Die italienische Luftwaffe bestellte sechs Flugzeuge. Es ist geplant, bis zu 40 Einheiten zu beschaffen, die für Patrouillen- und Kalibrierungseinsätze verwendet werden sollen.

Piaggio P.180 Avanti

Verwendungszweck: leichtes Transportflugzeug
Antrieb: zwei Propellerturbinen (Pratt & Whitney PT6A-66) mit je 634 kW (850 WPS)
Besatzung: 2 + 8 Passagiere
Spannweite: 14,03 m
Länge: 14,41 m
Höhe: 3,94 m
Flügelfläche: 16,00 m²
Leermasse: 3384 kg
Maximale Startmasse: 5239 kg
Höchstgeschwindigkeit: 732 km/h
Reisegeschwindigkeit: 644 km/h
Steiggeschwindigkeit: 15,75 m/s
Dienstgipfelhöhe: 12.495 m
Reichweite: 3187 km

Die Piaggio P.180 Avanti fliegt bei der italienischen Regierungsstaffel.

SIAI-Marchetti S.208

Die SIAI-Marchetti S.208 flog erstmals am 22. Mai 1967. Sie entstand aus der S.205, hat aber einen leistungsstärkeren Motor und eine größere Sitzplatzkapazität. Neben der zivilen Version baute SIAI noch die S.208M in 44 Exemplaren für die italienische Luftwaffe als Verbindungsflugzeug. Die militärische Variante verfügt auf beiden Seiten des Rumpfes über eine Tür, wovon die rechte im Notfall abgeworfen werden kann. Die ersten vier Flugzeuge übernahm die AMI in Juni 1967. Hierbei handelte es sich allerdings noch um eine S.205. Diese gingen später jedoch wieder ans Werk zurück, um auf S.208M-Standard gebracht zu werden.

Vielen Verbänden der italienischen Luftwaffe ist die Siai-Marchetti S.208M für Verbindungsaufgaben zugeteilt.

SIAI S.208

Verwendungszweck: Verbindungsflugzeug
Antrieb: ein Kolbenmotor (Avco Lycoming 0-540-E4A5) mit 194 kW (260 PS)
Besatzung: 1 + 4 Passagiere
Spannweite: 10,86 m
Länge: 8,00 m
Höhe: 2,89 m
Flügelfläche: 16,09 m²
Leermasse: 750 kg
Maximale Startmasse: 1350 kg
Dienstgipfelhöhe: 5380 m
Höchstgeschwindigkeit: 320 km/h
Dienstgipfelhöhe: 6200 m
Reichweite: 2000 km

SIAI-Marchetti SF.260

Siai-Marchetti SF.260MB zum 20-jährigen Jubiläum der 5. Smaldeel.

Die SF.260 wurde als F.250 von der Firma Aviamilano entworfen und flog dort zum ersten Mal am 15. Juli 1964. Nach der Übernahme durch SIAI-Marchetti erhielt die Maschine einen stärkeren Motor des Typs Avco Lycoming 0-540 und die neue Bezeichnung SF.260A. Daraus entwickelte sich das Schul- und Verbindungsflugzeug SF.260M (Erstflug 10. Oktober 1970). Nebenbei kann die SF.260M auch noch als leichtes Erdkampfflugzeug eingesetzt werden. Darauf basierend baute SIAI die SF.260W Warrior, die in erster Linie als Erdkampfflugzeug für finanzschwache Staaten gedacht war. Größter Kunde für die SF.260M ist Libyen, das 240 SF.260ML bestellte. Belgien erhielt 36 Flugzeuge, und Italien stellte 33 SF.260AM in Dienst. Insgesamt konnten über 800 Flugzeuge aller Versionen an 20 Luftwaffen verkauft werden. Letzte Entwicklung ist die von einer Allison-250-Propellerturbine angetriebene Version SF. 260TP. Mit Hilfe eines Bausatzes besteht die Möglichkeit, alle SF.260M/W auf SF.260TP-Standard zu bringen. Drei Prototypen (Erstflug 8. April 1981) dienten der Flugerprobung; die Auslieferung begann 1982.

SIAI SF.260 TP

Verwendungszweck: Schulflugzeug
Antrieb: eine Propellerturbine (Allison 250-B17C) mit 261 kW (350 WPS)
Besatzung: 1 + 2
Spannweite: 8,35 m
Länge: 7,40 m
Höhe: 2,41 m
Flügelfläche: 10,10 m²
Leermasse: 750 kg
Maximale Startmasse: 1300 kg
Höchstgeschwindigkeit: 347 km/h
Reisegeschwindigkeit: 330 km/h
Steiggeschwindigkeit: 9,1 m/s
Dienstgipfelhöhe: 5790 m
Reichweite: 1650 km
Startstrecke: 480 m
Landestrecke: 345 m
Bewaffnung: bis zu 300 kg externe Waffenzuladung

Avro Canada CF-100 Canuck

Neben Kanada setzte auch Belgien die Avro CF-100 Chanuck ein. Die abgebildete Maschine befindet sich heute in Duxford/Großbritannien.

Die CF-100 wurde als Allwetter-Langstreckenkampfflugzeug entwickelt. Der Prototyp CF-100 Mk.1 mit der s/n (serial number) 18101 hatte seinen Erstflug am 19. Januar 1950. Er war – wie auch die zweite Maschine (s/n 18102) – mit Rolls-Royce Avon RA.3 ausgerüstet. Die s/n 18102 stürzte am 5. April 1951 ab. Die erste Vorserienmaschine CF-100 Mk.2 (s/n 18103) flog am 20. Juni 1951 und wurde von zwei Orenda-1-Strahltriebwerken angetrieben. Als erste Einheit erhielt die 445. Squadron »Wolverine« in Uplands ab dem 1. April 1953 die CF-100. Auch in Deutschland kamen zwei mit CF-100 ausgerüstete Staffeln zum Einsatz. Dies waren die 419. Squadron in Söllingen und die 440. Squadron in Zweibrücken. Neben den kanadischen Luftstreitkräften verfügte noch die belgische Luftwaffe über drei Staffeln mit Avro CF-100. Avro baute 792 CF-100, deren letzte 1981 außer Dienst gestellt wurde.

Avro CF-100 Mk.5 Canuck

Verwendungszweck: Langstreckenkampfflugzeug
Antrieb: zwei Strahltriebwerke (Orenda 11) mit je 32,36 kN (3300 kp) Schub
Besatzung: 2
Spannweite: 17,68 m
Länge: 16,48 m
Höhe: 4,74 m
Flügelfläche: 54,90 m²
Leermasse: 10.478 kg
Maximale Startmasse: 16.783 kg
Höchstgeschwindigkeit: 1046 km/h
Dienstgipfelhöhe: 16.460 m
Reichweite: 3220 km
Bewaffnung: zwei Flügelendbehälter mit je 52 Raketen

Canadair CL-41 Tudor

Seit 1963 bildet Kanada seine Piloten auf der CT-114 Tudor aus.

Die CL-41 wurde auf Initiative von Canadair entwickelt und startete am 13. Januar 1960 zu ihrem Erstflug. Nach einem Vergleichsfliegen entschieden sich die kanadischen Streitkräfte für die CL-41 und bestellten 190 Flugzeuge unter der Bezeichnung CT-114. Die erste Serienmaschine wurde am 29. Oktober 1963 ausgeliefert. Zurzeit befinden sich noch rund 120 Flugzeuge im Einsatz, zum größten Teil bei der No. 2 Canadian Forces Flying Training School (CFFTS) auf der CFB Moose Jaw in Saskatchewan. Für das Kunstflugteam »Snow Birds« wurden zehn Maschinen modifiziert.
Unter der Bezeichnung CL-41G Tebuan entwickelte Canadair ein leichtes Kampfflugzeug, von dem Malaysia zwischen 1967 und 1968 zwanzig Exemplare erhielt. Die CL-41G wurde Mitte 1980 außer Dienst gestellt. Der zweite Prototyp wurde mit einer der F-104G ähnlichen Avionik ausgerüstet und flog unter der Bezeichnung CL-41R.

Canadair CT-114 Tudor

Verwendungszweck: Schulflugzeug
Antrieb: ein Strahltriebwerk (Orenda J85-CAN-J4) mit 13,12 kN (1337,7 kp) Schub
Besatzung: 2
Spannweite: 11,13 m
Länge: 9,75 m
Höhe: 2,84 m
Flügelfläche: 20,44 m²
Leermasse: 2220 kg
Maximale Startmasse: 3532 kg
Höchstgeschwindigkeit: 801 km/h
Dienstgipfelhöhe: 13.105 m
Reichweite: 1002 km
Startstrecke: 686 m
Landestrecke: 671 m

Canadair CL-215

■ **Diese mit Propellerturbinen ausgerüstete Canadair CL-215T wurde nach Spanien geliefert.**

Die speziell für die Waldbrandbekämpfung entwickelte CL-215 flog erstmals am 23. Oktober 1967. Die kanadischen Provinzen bestellten zusammen 49 Flugzeuge, die französische Sécurité Civile 15. Die italienische Luftwaffe setzt bei der 15. Stormo fünf CL-215 ein, Griechenland beschaffte 19 CL-215, fünf Maschinen gingen an das frühere Jugoslawien und 26 nach Spanien. Die Royal Thai Navy setzt zwei CL-215 für SAR-Aufgaben ein. Insgesamt wurden 125 CL-215 gebaut, die letzte davon erhielt Griechenland im Mai 1990. Im Januar 1987 beschloss Canadair, eine Turbopropversion zu bauen. Als Prototypen dienten zwei von der Provinz Québec zur Verfügung gestellte CL-215, die mit Propellerturbinen ausgerüstet wurden. Der Erstflug erfolgte am 8. Juni 1989. Die spanische Luftwaffe bestellte 15 Umrüstsätze. Die umgerüsteten Flugzeuge führen die Bezeichnung CL-215T. Neue mit Propellerturbinen ausgerüstete Flugzeuge erhalten die Bezeichnung CL-415. Die CL-415 flog erstmals am 8. Dezember 1993.

Canadair CL-215T

Verwendungszweck: Wasserbomber
Antrieb: zwei Propellerturbinen (Pratt & Whitney Canada PW 123AF) mit je 1775 kW (2380 WPS)
Besatzung: 2
Spannweite: 28,60 m
Länge: 19,82 m
Höhe: 8,98 m
Flügelfläche: 100,30 m²
Leermasse: 12.043 kg
Maximale Startmasse: 19.890 kg
Höchstgeschwindigkeit: 402 km/h
Reisegeschwindigkeit: 204 km/h
Steiggeschwindigkeit: 6,5 m/s
Reichweite: 2557 km
Startstrecke: 700 m
Landestrecke: 770 m

de Havilland Canada DHC-1 Chipmunk

■ Ein erfolgreiches Schulflugzeug: die DHC-1 Chipmunk.

Die Chipmunk wurde für die fliegerische Grundausbildung entwickelt und flog am 22. Mai 1946 zum ersten Mal. In Kanada wurden 218 DHC-1 Chipmunk T.Mk.1 gebaut. 1014 Flugzeuge fertigte de Havilland in Großbritannien, darunter 735 der Version T.Mk.10. OGMA (Officina Gerais de Material Aeronàutico), die Luftfahrtindustrie Portugals, baute 60 Chipmunks unter Lizenz. Seit 1993 wird die DHC-1 bei der RAF durch die Slingsby T-67 ersetzt.

de Havilland Canada DHC-1 Chipmunk T.Mk.10

Verwendungszweck: Schulflugzeug
Antrieb: ein Kolbenmotor (de Havilland Gipsy Major 8) mit 108 kW (145 PS)
Besatzung: 2
Spannweite: 10,45 m
Länge: 7,75 m
Höhe: 2,13 m
Flügelfläche: 16,03 m²
Leermasse: 646 kg
Maximale Startmasse: 914 kg
Höchstgeschwindigkeit: 222 km/h
Reisegeschwindigkeit: 187 km/h
Steiggeschwindigkeit: 4,1 m/s
Dienstgipfelhöhe: 4815 m
Reichweite: 451 km

de Havilland Canada DHC-6 Twin Otter

Bei der RCAF steht die CC-138 für Transport- und SAR Aufgaben im Einsatz.

Die Entwicklung der DHC-6 begann 1960 und fünf Jahre später, am 20. Mai 1965, flog sie zum ersten Mal. Die Maschine wurde in drei Hauptversionen gebaut. Die Serie 200 unterscheidet sich von der Serie 100 nur geringfügig. Bei der Serie 300 kamen leistungsstärkere PT-6A-27-Triebwerke zum Einbau. Neben dem zivilen Einsatz fand die DHC-6 auch bei 16 Luftwaffen ihre Verwendung. Bei den kanadischen Streitkräften fliegen sechs CC-138. Die USAF beschaffte zehn UV-18, wovon zwei noch als Trainingsflugzeuge für Fallschirmspringer eingesetzt werden. Die Air National Guard fliegt noch sechs Twin Otter. Seit 1982 bietet de Havilland drei speziell für den militärischen Einsatz entwickelte Versionen an: die DHC-6-300M als Truppentransporter, die DHC-6-300M (COIN) für die Guerillabekämpfung und die DHC-6-300MR als Marineaufklärer.

de Havilland Canada DHC-6-300

Verwendungszweck: Mehrzweck-Transportflugzeug
Antrieb: zwei Propellerturbinen (Pratt & Whitney Canada PT-6A-27) mit je 486 kW (652 WPS)
Besatzung: 2 + 20 Passagiere
Spannweite: 19,81 m
Länge: 15,77 m
Höhe: 5,94 m
Flügelfläche: 39,02 m²
Leermasse: 3363 kg
Maximale Startmasse: 5670 kg
Höchstgeschwindigkeit: 338 km/h
Steiggeschwindigkeit: 8,1 m/s
Dienstgipfelhöhe: 8140 m
Reichweite: 1297 km
Startstrecke: 457 m
Landestrecke: 290 m

de Havilland Canada DHC-8

■ **Der Navigationstrainer CT-142 wurde aus der DHC Dash 8 entwickelt.**

Als Regionalverkehrsflugzeug entworfen, kommt die DHC-8 auch im militärischen Bereich zum Einsatz. Am 20. Juni 1983 absolvierte die Dash 8 ihren Jungfernflug. Sie entstand aus der DHC-7, weist allerdings einen um 10 cm kleineren Rumpfquerschnitt auf und verfügt nur über zwei Triebwerke.
Die DHC-8 wird in vier Grundversionen gebaut, in denen sie im zivilen Luftverkehr eingesetzt wird. Zurzeit betreiben drei Luftstreitkräfte die DHC-8. Kanada bestellte zwei CC-142 (DHC-8M-100), die bei der 412. Squadron zum Einsatz kommen. Während der kanadischen Präsenz in Deutschland flogen die beiden Maschinen (s/n 142001 und 142002) von Lahr aus innerhalb Europas. Außerdem setzen die kanadischen Streitkräfte noch vier Navigationstrainer mit der Bezeichnung CT-142 ein. Diese Version ist an der längeren Bugnase erkennbar. Die USAF beschaffte zwei E-9A, die bei der 475. WEG eingesetzt werden. Als dritte Luftwaffe verfügt die Kenyan Air Force über zwei DHC-8-100.

de Havilland Canada DHC-8-300

Verwendungszweck: Kurzstreckenverkehrsflugzeug
Antrieb: zwei Propellerturbinen (Pratt & Whitney Canada PW 123) mit je 1775,7 kW (2380 WPS)
Besatzung: 2 + 50 bis 56 Passagiere
Spannweite: 27,43 m
Länge: 25,68 m
Höhe: 7,49 m
Flügelfläche: 56,2 m²
Leermasse: 11.658 kg
Maximale Startmasse: 19.505 kg
Höchstgeschwindigkeit: 497 km/h
Steiggeschwindigkeit: 7,9 m/s
Dienstgipfelhöhe: 7620 m
Reichweite: 1649 km
Startstrecke: 1122 m

Fokker F27 Friendship

■ Fokker F-27M der 334. Squadron aus Eindhoven mit der Markierung zum 75-jährigen Jubiläum der niederländischen Luftwaffe.

Die F27 wurde als Mittelstrecken-Verkehrsflugzeug entwickelt und sollte die Douglas DC-3 ersetzen. Der Erstflug erfolgte am 24. November 1955. Der zweite Prototyp entsprach der Serienausführung und startete zum ersten Mal am 29. Januar 1957. Die Auslieferung der Serienflugzeuge begann im Dezember 1958. In den USA baute Fairchild 205 Flugzeuge als F27J und FH-227. Die F27 wurde für den militärischen Einsatz in vier Versionen gefertigt. Die US Army setzt zwei mit C-31A bezeichnete Maschinen für das Fallschirmspringer-Team »Golden Knights« ein. Die holländische Luftwaffe verfügte über neun F27Mk.300M Troopship und drei F27-100, die in der Zwischenzeit jedoch außer Dienst gestellt wurden. Für SAR- und Patrouillen-Einsätze entwickelte Fokker die F27 Maritime, die an verschiedene Streitkräfte geliefert werden konnte.

Fokker F27 Mk.400 Troopship

Verwendungszweck: Transportflugzeug
Antrieb: zwei Propellerturbinen (Rolls-Royce Dart RDa.7 Mk.532-7) mit je 1528 kW (2050 WPS)
Besatzung: 3 + 48 Passagiere
Spannweite: 29,00 m
Länge: 23,56 m
Höhe: 8,50 m
Flügelfläche: 70,00 m²
Leermasse: 11.213 kg
Maximale Startmasse: 20.412 kg
Reisegeschwindigkeit: 480 km/h
Steiggeschwindigkeit: 8,23 m/s
Dienstgipfelhöhe: 9145 m
Reichweite: 1241 km
Startstrecke: 1189 m

Fokker 50 Enforcer Mk.2

■ **Die Fokker 50 Enforcer Mk.2 wurde für die Seeraumüberwachung entwickelt.**

Die Fokker 50 basiert auf der Fokker F27-500. Ungefähr 80 Prozent aller Bauteile der Fokker 50 wurden jedoch verbessert, zudem erhielt sie neue Triebwerke mit Sechs-Blatt-Propellern. Die erste Fokker 50 flog am 28. Dezember 1985, die zweite am 30. April 1987. Aus der Fokker 50 wurde für den militärischen Einsatz die Fokker 60, von der die niederländische Luftwaffe vier Stück bestellte, zudem wurde das Marinepratouillenflugzeug Enforcer Mk.2 entwickelt. Der Prototyp hob erstmals am 27. Januar 1993 vom Boden ab. China bestellte 1992 für seine Luftwaffe als erster militärischer Kunde vier Fokker 50, die gleiche Anzahl ging 1994 an Singapur. Außerdem bestellte Singapur noch fünf Enforcer Mk.2.

Fokker Maritime Enforcer Mk.2

Verwendungszweck: Marinepatrouillenflugzeug
Antrieb: zwei Propellerturbinen (Pratt & Whitney Canada PW 125B) mit je 1864 kW (2500 WPS)
Besatzung: 8
Spannweite: 29,00 m
Länge: 23,25 m
Höhe: 8,32 m
Flügelfläche: 70,0 m²
Leermasse: 13.314 kg
Maximale Startmasse: 21.545 kg
Reisegeschwindigkeit: 480 km/h
Dienstgipfelhöhe: 7620 m
Reichweite: 6820 km
Bewaffnung: Bis zu 4000 kg an Laststationen unter den Tragflächen und seitlich am Rumpf

PZL-Mielec TS-11 Iskra

■ **Schulflugzeug TS-11 Iskra der polnischen Luftwaffe.**

Der leichte Strahltrainer PZL Iskra (PZL = Polskie Zaklady Lotnicze = Vereinigung der polnischen Luftfahrtindustrie) ist eine rein polnische Konstruktion und ersetzte die TS-8. Am 5. Februar 1960 hob die Iskra zum ersten Mal vom Boden ab. Die ersten Serienmaschinen lieferte man ab März 1963 aus. 1979 wurde die Serienproduktion vorübergehend eingestellt, aber 1982 wieder aufgenommen, da weitere Bestellungen eingingen. Die Fertigung umfasste über 500 Flugzeuge, von denen 50 nach Indien exportiert wurden. Fünf Versionen entstanden. Basisausführung ist die TS-11 Iskra-Bis A, gefolgt von der Iskra-Bis B (Iskra 100), die anstelle der zwei Waffenstationen über vier Waffenstationen verfügte. Bei der Iskra-Bis C (Iskra 200) handelt es sich um einen einsitzigen Aufklärer. Die Iskra-Bis D ist die Exportversion der Iskra-Bis B für Indien. Letzte Variante ist die Iskra-Bis DF, ein zweisitziges Kampf- und Aufklärungsflugzeug.

PZL-Mielec TS-11 Iskra

Verwendungszweck: Schulflugzeug
Antrieb: ein Strahltriebwerk (SO-3W) mit 10,79 kW (1100 kp) Schub
Besatzung: 2
Spannweite: 10,07 m
Länge: 11,25 m
Höhe: 3,25 m
Flügelfläche: 17,50 m²
Leermasse: 2445 kg
Maximale Startmasse: 3800 kg
Höchstgeschwindigkeit: 770 km/h
Reisegeschwindigkeit: 600 km/h
Steiggeschwindigkeit: 14 m/s
Dienstgipfelhöhe: 12.500 m
Reichweite: 1250 km
Startstrecke: 975 m
Landestrecke: 950 m
Bewaffnung: eine 23-mm-Kanone und bis zu 400 kg externe Waffenlast

Beriew Be-40/42 Albatros
(NATO-Codename MERMAID)

■ Eine Beriew A-40 rollt beim Aéro Salon in Le Bourget zum Start.

Die Entwicklung der Be-40 begann 1983. Der erste mit A-40 bezeichnete Prototyp flog im April 1987. Der zweite Prototyp wurde zur Be-42, einem Such- und Rettungsflugzeug, umgebaut. Die Be-42 kommt außerdem zur U-Boot-Bekämpfung und zum Minenlegen zum Einsatz, dafür verfügt sie über einen 6,10 m langen Waffenschacht. Weitere Versionen sind geplant, so Löschflugzeuge sowie Passagier- und Frachtflugzeuge. Die russische Marine hat 20 Be-42 als U-Boot-Jäger bestellt.

Beriew A-40

Verwendungszweck: U-Bootjagd-Flugzeug und Patrouillenflugzeug
Antrieb: zwei Mantelstromtriebwerke (MKB D-30 KPV) mit je 147,1 kN (15.000 kp) Schub
Besatzung: 4 + 54 Passagiere
Spannweite: 41,62 m
Länge: 43,84 m
Höhe: 11,07 m
Flügelfläche: 200,0 m²
Leermasse: 62.000 kg
Maximale Startmasse: 86.000 kg
Höchstgeschwindigkeit: 760 km/h
Reisegeschwindigkeit: 720 km/h
Steiggeschwindigkeit: 30 m/s
Dienstgipfelhöhe: 9700 m
Reichweite: 5500 km

Iljuschin Il-28
(NATO-Codename BEAGLE)

■ **Die Iljuschin Il-28 war lange Zeit der Standardbomber in den ehemaligen Warschauer-Pakt-Staaten.**

Bei der Il-28 handelt es sich um einen zweistrahligen Mittelstreckenbomber, der am 8. August 1948 erstmals startete. Die Il-28 war eine sehr zuverlässige Maschine, die in großen Stückzahlen bei mehr als 20 Luftwaffen zum Einsatz kam. Anlässlich der Maifeierlichkeiten des Jahres 1950 wurde das Flugzeug erstmalig bei einer Luftparade in Moskau vorgeführt. Eine Anzahl von Maschinen baute man zu ECM- und Zieldarstellungs-Flugzeugen um. Bei der Marine fand die Il-28 in der Version Il-28T als Torpedobomber Verwendung. Die Schulversion Il-28U (NATO-Codename MASCOT) verfügte über ein zweites Cockpit vor und unterhalb des Standard-Cockpits. China fertigte ab April 1967 die Il-28 als Harbin H-5 in einer Stückzahl von über 2000 Exemplaren. Der Erstflug des chinesischen Prototyps fand am 25. September 1966 statt.

Iljuschin Il-28

Verwendungszweck: Bomber
Antrieb: zwei Strahltriebwerke (Klimow VK-1) mit je 26,48 kN (2700 kp) Schub
Besatzung: 3
Spannweite: 21,45 m
Länge: 17,65 m
Höhe: 6,70 m
Flügelfläche: 60,80 m²
Leermasse: 12.890 kg
Maximale Startmasse: 21.000 kg
Höchstgeschwindigkeit: 902 km/h
Dienstgipfelhöhe: 12.300 m
Reichweite: 2180 km
Bewaffnung: zwei starre 23-mm-NS-23-Kanonen sowie je zwei NS-23-Kanonen in Bug- und Heckkanzel; Bomben

Iljuschin Il-76
(NATO-Codename CANDID)

Bei der ukrainischen Luftwaffe stehen rund 100 Iljuschin Il-76 im Einsatz.

Als Nachfolger der An-12 entstand bei Iljuschin die Il-76. Der Prototyp CCCP-86712 flog am 25. März 1971 zum ersten Mal. Im Heckabwehrstand befindet sich eine 23-mm-Zwillingskanone. Die Serienproduktion begann 1975; bis heute baute man ungefähr 800 Flugzeuge. Neben den verschiedenen Il-76-Varianten entstand auf der Basis der Il-76MD noch eine Tankerversion. Diese führt die Bezeichnung Il-78M (NATO-Codenamen MIDAS). Als Ersatz für das Frühwarnflugzeug Tu-126 (MOSS) wurde ab 1984 die A-50 (NATO-Codename MAINSTAY) in Dienst gestellt.

Iljuschin Il-76 M (CANDID-B)

Verwendungszweck: Transporter
Antrieb: vier Turbofan-Triebwerke (Solowjow D-30 KP) mit je 117,69 kN (12.000 kp) Schub
Spannweite: 50,50 m
Länge: 46,60 m
Höhe: 14,75 m
Flügelfläche: 300 m²
Maximale Startmasse: 170.000 kg
Höchstgeschwindigkeit: 850 km/h
Reisegeschwindigkeit: 800 km/h
Dienstgipfelhöhe: 12.000 m
Reichweite: 5000 km
Startstrecke: 850 m
Landestrecke: 450 m

Iljuschin Il-102

■ **Konnte sich in der Auswahl als Erdkampfflugzeug gegen die Su-25 nicht durchsetzen: die Iljuschin Il-102**

Die Iljuschin Il-102 wurde als Gegenstück zur Suchoi Su-25 entwickelt, konnte sich aber nicht durchsetzen – der Auftrag für ein Erdkampfflugzeug ging an Suchoi. Zwei Prototypen sollen entstanden sein, deren erster am 25. September 1982 flog. Im Jahr 1992 wurde die Il-102 auf der Mosareo erstmals der Öffentlichkeit vorgestellt.

Iljuschin Il-102

Verwendungszweck: Erdkampfflugzeug
Antrieb: zwei Strahltriebwerke (RD-331) mit je 51,0 kN (5200 kp) Schub
Besatzung: 2
Leermasse: 14.800 kg
Bewaffnung: verschiedene Lenkwaffen und Bomben, zwei 23-mm-Kanonen im Heck

Kamow Ka-25
(NATO-Codename HORMONE)

■ **Am Bug dieser Kamow Ka-25 ist die Verkleidung für das Radar zu sehen.**

Als Prototyp für die Ka-25 gilt die Ka-20 (HARP), die erstmals 1961 beobachtet wurde. Ab 1967 kam die Ka-25 in den Truppendienst. Die ersten Hubschrauber trieben GTD-3F-Turbinen mit 671 kW (906 WPS) Leistung an. 1973 erfolgte die Umstellung auf das leistungsstärkere GTD-3M mit 736 kW (994 WPS) Leistung. Ungefähr 260 HORMONE-A verließen die Fertigungsstraße. Bei der HORMONE-B handelte es sich um eine Variante zur elektronischen Zielsuche und bei der Ka-25PS HORMONE-C um einen SAR-Hubschrauber. Die meisten Ka-25 sind an allen vier Fahrwerksbeinen mit automatisch aufblasbaren Notschwimmern ausgerüstet. Die Anzahl der gebauten Ka-25 wird mit 450 Hubschraubern angegeben.

Kamow Ka-25B

Verwendungszweck: Mehrzweckhubschrauber
Antrieb: zwei Wellenturbinen (Gluschenko GTD-3F) mit je 671 kW (898 WPS)
Besatzung: 5 Mann + 12 Passagiere
Länge (Rumpf): 9,75 m
Höhe: 5,37 m
Rotordurchmesser: 15,74 m
Leermasse: 4765 kg
Maximale Startmasse: 7500 kg
Höchstgeschwindigkeit: 209 km/h
Reisegeschwindigkeit: 193 km/h
Dienstgipfelhöhe: 3500 m
Reichweite: 400 km
Bewaffnung: Torpedos, Wasserbomben

Kamow Ka-29
(NATO-Codename HELIX-B)

■ Eine der ersten Ka-29, die im Westen vorgestellt wurden.

Die Ka-29TB ist eine Angriffsversion der Ka-27 für die Unterstützung der russischen Amphibienstreitkräfte. Die erste Ka-29 wurde 1987 gesehen. Der Hubschrauber verfügt über einen elektronisch-optischen Sensor und ein Raketen-Führungs- und Beleuchtungs-Radar. Neben der Ka-29TB ist noch eine Ka-29RCD-Version bekannt, bei der es sich vermutlich um eine bordgestützte AEW-Plattform handelt.

Kamow Ka-29B

Verwendungszweck: Angriffshubschrauber
Antrieb: zwei Wellenturbinen (Klimow TV3-117VK) mit je 1660 kW (2226 WPS)
Länge (Rumpf): 11,30 m
Höhe: 5,40 m
Rotordurchmesser: 15,90 m
Leermasse: 5520 kg
Maximale Startmasse: 12.600 kg
Höchstgeschwindigkeit: 250 km/h
Reisegeschwindigkeit: 230 km/h
Dienstgipfelhöhe: 5000 m
Reichweite: 520 km
Bewaffnung: vier 7,62-mm-Kanonen, Raketen

Kamow Ka-50
(NATO-Codename HOKUM)

Kamow Ka-50

Verwendungszweck: Kampfhubschrauber
Antrieb: zwei Gasturbinen (Klimow TV-3-117 VK) mit je 1660 kW (2225 WPS)
Besatzung: 1
Länge: 16,00 m
Rotordurchmesser: 14,50 m
Maximale Startmasse: 7500 kg
Höchstgeschwindigkeit: 350 km/h
Steiggeschwindigkeit: 10 m/s
Reichweite: 250 km
Bewaffnung: eine 30-mm-Kanone und bis zu 16 AT-9-Panzerabwehrlenkwaffen an vier Pylonen

Die Ka-50 flog zum ersten Mal am 27. Juli 1982. Insgesamt wurden sechs Prototypen gebaut. Geplant ist der Einsatz als Luftnahunterstützungs-Hubschrauber, aber auch als Kampfhubschrauber. Wie die meisten Kamow-Hubschrauber ist auch die Ka-50 mit einem gegenläufigen, koaxialen Doppelrotor ausgerüstet. Sie ist als Einsitzer ausgelegt und verfügt über einen Schleudersitz. Eine zweisitzige Version flog im Juli 1995.

■ Von der Ka-50 entstanden bis heute vermutlich nur 20 Maschinen.

Mikojan-Gurewitsch MiG-17

(NATO-Codename FRESCO)

■ **MiG-17 in den Farben der LSK/NVA der ehemaligen DDR.**

1953 löste die MiG-17 die MiG-15 in der Produktion ab. Gegenüber der MiG-15 war die MiG-17 mit dünneren Tragflügeln, die eine stärkere Flügelpfeilung aufwiesen, und einem längeren Rumpfheck ausgerüstet. Die MiG-17 fertigte man in den Versionen MiG-17F (FRESCO-C) als Tagjäger und MiG-17PF (FRESCO-D) als Allwetterjäger.
Die MiG-17PFU (FRESCO-E) verfügte als erster Abfangjäger der UdSSR über eine Raketenbewaffnung. In Polen wurde die MiG-17PF zwischen dem 28. November 1956 und dem 30. Juni 1960 in 477 Exemplaren als Lim-5P gebaut. Eine stark modifizierte MiG-17 flog erstmals 1960 als Lim-6. Von dieser Version entstanden 110 Flugzeuge, von denen die letzte am 25. Februar 1964 ausgeliefert wurde. In der Tschechoslowakei flog die MiG-17 als S-104. In China erfolgte der Nachbau als J-5. In der ehemaligen UdSSR erreichte die Produktion eine Anzahl von rund 6000 Flugzeugen – mit den unter Lizenz gebauten Maschinen wird die Fertigung auf insgesamt 9000 bis 10.000 Exemplare geschätzt.

MiG-17F

Verwendungszweck: Jagdflugzeug
Antrieb: ein Strahltriebwerk (Klimow VK-1F) mit Nachbrenner und 33,1 kN (3380 kp) Schub
Besatzung: 1
Spannweite: 9,63 m
Länge: 11,26 m
Höhe: 3,80 m
Flügelfläche: 22,60 m²
Leermasse: 3930 kg
Maximale Startmasse: 6075 kg
Höchstgeschwindigkeit: 1145 km/h
Dienstgipfelhöhe: 16.600 m
Reichweite: 1980 km
Bewaffnung: zwei 37-mm-N-37-Kanonen und drei 23-mm-NR-23-Kanonen, Bomben

Mikojan-Gurewitsch MiG-19
(NATO-Codename FARMER)

Diese MiG-19 der bulgarischen Luftstreitkräfte befindet sich heute in einem Museum.

Die MiG-19 war das erste Überschallflugzeug aus dem Mikojan-Konstruktionsbüro. Das genaue Erstflugdatum lässt sich nur schwer ermitteln, da eine Vielzahl von Prototypen unter den verschiedensten Bezeichnungen entstand. Die Indienststellung erfolgte Anfang 1955. Die MiG-19 wurde in der UdSSR in vielen Versionen gebaut, wobei die MiG-19S das erfolgreichste Modell war. Bei der MiG-19RM kamen anstelle der konventionellen Bewaffnung Luft-Luft-Raketen zum Einsatz. In der Tschechoslowakei war die MiG-19 unter der Bezeichnung S-105 und in Polen als Lim-7 bekannt. In der UdSSR produzierte man etwa 2500 Flugzeuge. Nach dem Auslaufen der Produktion in der UdSSR erhielt China sämtliche Fertigungsunterlagen und stellte die MiG-19 als J-6 in Shenyang her. China entwickelte außerdem noch eine zweisitzige Trainerversion als FT-6, die in großen Stückzahlen gefertigt wurde.

MiG-19SF

Verwendungszweck: Kampfflugzeug
Antrieb: zwei Strahltriebwerke (Tumansky RD-9BF) mit Nachbrenner und jeweils 32,4 kN (3300 kp) Schub
Besatzung: 1
Spannweite: 9,20 m
Länge: 12,60 m
Höhe: 3,88 m
Flügelfläche: 25,00 m²
Leermasse: 5760 kg
Maximale Startmasse: 9100 kg
Höchstgeschwindigkeit: 1450 km/h
Dienstgipfelhöhe: 17.900 m
Reichweite: 685 km
Bewaffnung: drei 30-mm-NR-30-Kanonen, Bomben, Raketen

Mikojan-Gurewitsch MiG-21
(NATO-Codename FISHBED)

Die MiG-21 aus dem Konstruktionsbüro von Artem Iwanowitsch Mikojan und Michail Jossipowitsch Gurewitsch dürfte zu den bekanntesten und erfolgreichsten Kampfflugzeugen des ehemaligen Warschauer Pakts gehören. Sie wurde in zahlreichen Versionen gebaut und steht auch heute noch in vielen Ländern im Einsatz. Insgesamt entstanden ungefähr 13.500 MiG-21, davon rund 2400 in China, 657 in Indien und 194 in der Tschechoslowakei. 38 Luftwaffen setzten die MiG-21 ein.

Als die sowjetischen Luftstreitkräfte einen leichten, einsitzigen Abfangjäger suchten, beschäftigte sich zuerst das Zentrale Institut für Hydro- und Aerodynamik (ZAGI = Zentralny Aero-Gidrodinamitscheski Institut) mit diesem Thema. Für das Projekt schlug das ZAGI einen Deltaflügel mit Höhenleitwerk vor. Zusätzlich zu dem Erprobungsträger, der entsprechend den Vorgaben des ZAGI gefertigt wurde, entstand bei Mikojan ein weiteres Flugzeug, die Ye-2 mit einer um 57 Grad gepfeilten Tragfläche. Die Erprobungsflugzeuge Ye-4 (Erstflug 16. Juni 1955) und Ye-5 wurden mit einem Deltaflügel ausgerüstet. Im Verlauf der Erprobung zeigte sich, dass die Variante mit dem Deltaflügel deutlich bessere Flugeigenschaften aufwies.

Es wurde eine Vorserie von 40 MiG-21F (Ye-6T) hergestellt, die die NATO-Bezeichnung »FISHBED-B« erhielt. Noch während der Erprobung der MiG-21 stellte Oberst Georgi Mossolow am 31. Oktober 1959 in der E-66, einer speziell für den Rekordflug hergerichteten MiG-21 aus der Vorserie, mit 2388 km/h einen Geschwindigkeits-Weltrekord auf.

Die ersten Serienflugzeuge der MiG-21F-13 (FISHBED-C) wurden Ende 1959 an die sowjetischen Luftstreitkräfte ausgeliefert. Diese Maschinen trieb ein Tumanski-R-11-300-Strahltriebwerk mit einer Leistung von 55,6 kN (5670 kp) mit Nachbrenner an. Die Bewaffnung bestand aus zwei 30-mm-Nudelmann-Richter-Kanonen (NR-30) mit je 60 Schuss. Die MiG-21F-13 war ein Tagjäger mit begrenzter Allwettertauglichkeit. Ungewöhnlich war die einteilige, nach vorn zu öffnende Cockpithaube. Bei der Luftparade 1961 in Tuschino wurde die MiG-21 erstmals der Öffentlichkeit vorgeführt.

Nächstes Modell war die MiG-21PF (FISHBED-D). Dabei handelte es sich um einen allwettertauglichen Abfangjäger. Das Rumpfvorderteil wurde neu gestaltet, und im Diffusorkegel des vergrößerten Lufteinlaufs befand sich ein Feuerleitradar. Anstelle der Kanonen erhielt die FISHBED-D als Standardbewaffnung an den Flügelstationen zwei Luft-Luft-Lenkwaffen des Typs K-13 Atoll. Da man aber bei den Einsatzverbänden nicht auf die Kanonenbewaffnung verzichten wollte, wurde die Möglichkeit geschaffen, an der Rumpfunterseite den Kanonenbehälter GP-9 mit der doppelläufige 23-mm-GSch-23-Kanone mit 200 Schuss mitzuführen.

Für die Ausbildung der Piloten entstand die MiG-21U (MONGOL-A), die auf der MiG-21F basiert, aber mit dem Triebwerk der MiG-21PF ausgerüstet ist. Die Cockpithaube ist einteilig und wird im Gegensatz zur MiG-21F nach rechts geöffnet.

Die mit dem R2L-Radar ausgerüstete MiG-21FL (FISHBED-E) stand ab 1965 zur Verfügung. Sie wurde hauptsächlich für den Export entwickelt. Äußerlich unterschied sie sich durch das Seitenleitwerk. Ausgerüstet war sie mit einem Tumanski-RD-11-Triebwerk, das mit Nachbrenner 61,6 kN leistete. Die Bewaffnung entsprach der MiG-21PF.

1966 erhielt der Westen die Gelegenheit, die MiG-21F ausgiebig zu testen, als am 16. August desselben Jahres ein irakischer Pilot nach Israel flüchtete.

Die letzten Versionen der ersten Generation der MiG-21 waren die MiG-21PFS und MiG-21PFM, die beide bei der NATO mit FISHBED-F bezeichnet wurden. Sie entsprachen der MiG-21PF und MiG-21FL, besaßen aber eine zweiteilige Kabinenhaube, die nach rechts geöffnet wurde. Das eingebaute RP-21M-Radar ermöglichte den Einsatz von K-5M-Raketen. Zur Verminderung der Landegeschwindigkeit

■ **Nach der Teilung der Tschechoslowakei ging diese MiG-21MF an die Luftwaffe der Slowakei.**

waren diese beiden Versionen mit dem SPS-Grenzschicht-Anblassystem ausgerüstet. Die Fläche des Seitenleitwerks wurde durch Verlängerung des Wurzelprofils um 45 cm vergrößert.
Die Weiterentwicklung der MiG-21 führte zu ständig neuen Versionen. In der Zwischenzeit stieg die MiG-21 zum Standard-Kampfflugzeug bei vielen Luftstreitkräften auf.
Zur zweiten Generation gehörte die mit FISHBED-H bezeichnete MiG-21R, ein taktischer Aufklärer, der aus der MiG-21PFM entstand. Unter dem Rumpf konnte sie einen Behälter mitführen, der die Kameras sowie Infrarot- und Lasersensoren enthielt. Einige der MiG-21R waren auch mit ECM- und ESM-Sensoren an den Tragflächenspitzen ausgerüstet.
Bei der MiG-21S handelte es sich um ein Jagdflugzeug, das aus der MiG-21R entwickelt wurde, mit einem RP-22-Radar ausgerüstet war und anstelle des Aufklärungsbehälters den Kanonenbehälter GP-9 erhielt.
Die MiG-21MF (FISHBED-J) trieb das leistungsstarke Tumanski-R-13-300-Triebwerk an. Der Kanonen-Rüstsatz GP-9 wurde bei dieser Version halb versenkt und strömungsgünstig verkleidet an der Rumpfstation angebracht. Für den Erdkampfeinsatz können vier 250-kg-Bomben, vier 22-cm-oder 32,5-cm-Raketen mitgeführt werden.
Aufbauend auf der MiG-21MF entstand die MiG-21SMT (FISHBED-K), deren Auslieferung 1973 begann. Sie konnte an vier Unterflügelstationen bis zu vier K-13-Atoll-Luft-Luft-Lenkwaffen mitführen. Die MiG-21SMT gehört zur dritten Generation der MiG-21: Sie unterscheidet sich von der MiG-21MF hauptsächlich durch einen vergrößerten Wulst auf dem Rumpfrücken zwischen Cockpit und Seitenleitwerk, der als Treibstofftank dient.
Aus der MiG-21MF wurde der Trainer MiG-21UM (MONGOL-B) mit erheblich verbesserten Flugleistungen entwickelt. Sie verfügt ebenfalls über vier Unterflügelstationen und kann somit als Waffentrainer eingesetzt werden. Für den hinten sitzenden Fluglehrer wurde – wie in der Fouga Magister – ein einziehbares Periskopvisier eingebaut.
Bei der der MiG-21bis handelt es sich um die fortschrittlichste und leistungsstärkste Version. 1971 wurde die MiG-21 grundlegend überarbeitet und auch die Zelle neu durchkonstruiert. Ausgerüstet wurde die MiG-21bis mit dem R-25-300-Triebwerk, das eine Leistung von 69,56 kN hat. Die erste Variante der MiG-21bis bezeichnete die NATO mit FISHBED-L. Sie ging ab Februar 1972 in den aktiven Truppendienst.
Auch heute noch wird die MiG-21 – wenn auch nicht mehr neu gebaut – so doch ständig verbessert und kampfwertgesteigert.
Die MiG-21-93 wird seit 1993 von MAPO-MiG angeboten. Basis ist die MiG-21bis. Sie erhält ein neues Radar von Fasotron mit einer Reichweite von 60 km. Es können außerdem alle modernen russischen Lenkwaffen mitgeführt werden. Ein Prototyp absolvierte am 25. Mai 1995 seinen Erstflug.
Einen Tag zuvor, am 24. Mai 1995, startete die MiG-21-2000 zu ihrem Jungfernflug. Diese Variante wurde von Israel Aircraft Industries entwickelt.
Das dritte Modernisierungsprogramm führen IAI (Israel Aircraft Industries) und IAR (Industria Aeronautica Romana) in Rumänien gemeinsam durch. Es werden rund 110 MiG-21M/MF der rumänischen Luftstreitkräfte modernisiert. Die Flugzeuge erhalten ein Elta-EL/M-2032M-Radar, Avionik von Elbit und Aerostar, ein Head-Up Display, zwei Bildschirme und INS/GPS. Ein neues Tumanski R-25-300 ersetzt das bisherige Triebwerk. Die umgerüsteten Flugzeuge werden als MiG-21 LANCER bezeichnet. Die erste Maschine flog erstmals am 29. März 1998.
Indien rüstet 125 MiG-21 um. Diese erhalten ein Kopyo-Radar, Elta-Avionik, GPS und eine ECM-Ausrüstung. Der Erstflug erfolgte am 6. Oktober 1998.

MiG-21

Verwendungszweck: Kampfflugzeug
Besatzung: 1
Triebwerk: ein Strahltriebwerk (Tumanski R-25-300) mit 40,2 kN (4100 kp) Standschub ohne und 69,6 kN (7100 kp) mit Nachbrenner
Länge ohne Staurohr: 14,10 m
Länge mit Staurohr: 14,48 m
Höhe: 4,50 m
Spannweite: 7,15 m
Flügelfläche: 23,04 m²
Rüstmasse: 5895 kg
Tankinhalt: 2390 kg
Normale Startmasse: 8725 kg
Maximale Startmasse: 10.420 kg
Höchstgeschwindigkeit auf Meereshöhe: 1300 km/h
Höchstgeschwindigkeit auf 13.000 m Höhe: 2175 km/h
Steigzeit auf 17.000 m: 8,5 min
Dienstgipfelhöhe: 17.800 m
Reichweite: 1225 km
Reichweite mit 800 Liter Zusatztank: 1470 km
Startrollstrecke: 830 m
Landerollstrecke: 550 m
G-Belastung: + 8,5
Bewaffnung: eine GSh-23L-Kanone, bis zu vier Luft-Luft-Lenkwaffen des Typs R-60 oder zwei R-55 sowie diverse Bomben und Raketenbehälter

Mikojan-Gurewitsch MiG-23
(NATO-Codename FLOGGER)

MiG-23ML im Tiger-Look während eines Besuchs beim JG 74 »M« in Neuburg.

Als Erstflugdatum für den Prototyp der MiG-23 wird der 3. April 1967 angegeben. Diese als Ye-23 bezeichnete Maschine besaß einen Deltaflügel und Antriebsdüsen im Rumpf, die für Kurzstarteigenschaften sorgen sollten. Der zweite Prototyp (Ye-231) hatte Schwenkflügel und konnte die Ausschreibung für ein Jagdflugzeug für sich entscheiden. Die erste in Dienst gestellte Version war die MiG-23M (FLOGGER-B), die erstmals im Juni 1972 flog. Bei der MiG-23UB (FLOGGER-C) handelt es sich um einen kampffähigen Doppelsitzer. Bei den Luftstreitkräften (LSK) der Nationalen Volksarmee (NVA) kamen die Versionen MiG-23MF und MiG-23BN zum Einsatz. Die MiG-23BN unterschied sich äußerlich von der MiG-23MF durch einen geänderten Rumpfbug und war als Jagdbomber ausgelegt. Für den Erdkampfeinsatz wurde die MiG-27 im vorderen Rumpfbereich modifiziert (wie die MiG-23BN) und erhielt einen geneigten Rumpfbug, der dem Piloten ein besseres Blickfeld bot. Einschließlich der Erdkampfversion MiG-27 wurden von der MiG-23 4500 bis 5000 Flugzeuge gebaut.

MiG-23MF

Verwendungszweck: Kampfflugzeug
Antrieb: ein Strahltriebwerk (Katschaturow R-29-300) mit 81,34 kN (8300 kp) Standschub und 122,5 kN (12.500 kp) mit Nachbrenner
Besatzung: 1
Spannweite bei 16 Grad Pfeilung: 13,97 m
Spannweite bei 72 Grad Pfeilung: 7,78 m
Länge: 15,73 m
Höhe: 4,82 m
Flügelfläche: 37,35 m²
Leermasse: 10.200 kg
Maximale Startmasse: 18.400 kg
Höchstgeschwindigkeit: Mach 2,35
Steiggeschwindigkeit: 240 m/s
Dienstgipfelhöhe: 18.000 m
Reichweite: 1500 km
Startstrecke: 500 m
Landestrecke: 750 m
Bewaffnung: eine zweiläufige 23-mm-Kanone des Typs GSch-23 L, Lenkwaffen

Mikojan-Gurewitsch MiG-25
(NATO-Codename FOXBAT)

■ **Der Fluglehrer sitzt bei der MiG-25PU im vorderen Cockpit, so dass der Flugschüler genau die gleiche Sicht wie in der Einsatzversion hat.**

Zur Abwehr der North American B-70 Valkyrie entwickelte das OKB (Opitno-Konstruktorski Bjuro = Versuchs- und Konstruktionsbüro) Mikojan die MiG-25. Erstmals bekannt wurde die Existenz dieses Flugzeuges, als einer der Prototypen mit der Bezeichnung E-266 im April 1965 einen Geschwindigkeitsweltrekord von 2319,37 km/h auf einem Rundkurs von 1000 km aufstellte.
Eine weitere Variante, die E-266M, stellte mit 37.650 m einen neuen Höhenweltrekord auf. Bei der Erringung des Geschwindigkeitsweltrekords für Frauen mit 2683,44 km/h am 22. Juni 1975 kam die Maschine mit der Bezeichnung Ye-133 zum Einsatz.
Weltweites Aufsehen erregte die Flucht von Victor Belenko, der mit einer MiG-25P am 6. September 1976 auf dem Flughafen von Hakodate in Japan landete. Neben der Abfangjagdversion gibt es noch die MiG-25R als Aufklärer und die MiG-25U als Trainer, wobei es hier auch wieder viele Unterversionen gibt. Neben Russland setzen Algerien, Indien, der Irak, Libyen und Syrien die MiG-25 ein. Ungefähr 700 Flugzeuge wurden gebaut.

MiG-25

Verwendungszweck: Abfangjäger
Antrieb: zwei Strahltriebwerke (Tumamski R-31) mit Nachbrenner von je 120,15 kN (12.250 kp) Schub
Besatzung: 1
Spannweite: 13,95 m
Länge: 23,82 m
Höhe: 6,10 m
Flügelfläche: 56,83 m²
Leermasse: 20.095 kg
Maximale Startmasse: 36.200 kg
Höchstgeschwindigkeit: 2978 km/h
Dienstgipfelhöhe: 24.395 m
Reichweite: 1450 km
Bewaffnung: eine 23-mm-Kanone des Typs GSh-23, Lenkflugkörper

Mikojan-Gurewitsch MiG-29 (NATO-Codename FULCRUM)

Die MiG-29 wurde von amerikanischen Satelliten im November 1977 in Ramenskoye, dem Erprobungszentrum der sowjetischen Luftwaffe, entdeckt. Bis sie die Amerikaner einem Konstruktionsbüro zugeordneten, erhielt sie die Bezeichnung »Ram-L«. Elf Prototypen entstanden, von denen der erste am 6. Oktober 1977 zu seinem Jungfernflug startete. Zwei der Prototypen gingen durch Triebwerksprobleme verloren. Anschließend wurden noch acht Vorserienflugzeuge für die Erprobung gebaut. Ab Oktober 1983 erfolgte die Indienststellung der MiG-29 bei den Frontfliegerkräften. Als erstes übernahmen die Regimenter in Kubinka und Ros die MiG-29. Von der NATO wurde der MiG-29 der Codenamen FULCRUM zugeteilt.

Zum Zeitpunkt der Aufnahme des Truppendienstes gehörte die MiG-29 zur neuesten Generation von sowjetischen Kampfflugzeugen mit wesentlich verbesserter Elektronik- und Radarausrüstung. Die MiG-29 wurde in erster Linie als allwettertauglicher Luftüberlegenheitsjäger eingesetzt, kann aber auch Einsätze als Jagdbomber und Aufklärer durchführen. Sie erwarb sich bald den Ruf besonderer Wendigkeit und Höhenleistung, was Beobachter am 1. Juli 1986 bei einem Staffelaustausch von sechs Maschinen auf dem Flugplatz Kuopio-Rissala in Finnland vollauf bestätigten. Bei den Frontstaffeln der sowjetischen Luftwaffe ersetzte die MiG-29 die MiG-21, die Su-15 und einen Teil der MiG-23. Die Neuausrüstung der sowjetischen Jagdfliegerregimenter ging rasch voran.

Im April 1984 erhielten zwei indische Testpiloten die Gelegenheit, sich mit der MiG-29 umfassend vertraut zu machen und das Flugzeug zu fliegen. Die Bewertung der Testpiloten muss gut ausgefallen sein, denn Indien entschied sich für die Lizenzfertigung der MiG-29 anstelle der Mirage 2000. Der Auftrag Indiens umfasste 45 flugbereite MiG-29 sowie den Lizenzbau von 150 weiteren Einheiten. Die Flugzeuge für Indien entsprachen dem Standard der sowjetischen Flugzeuge. Sie können R-23- (AA-7 Apex) und R-60- (AA-8 Aphid) Luft-Luft-Raketen mitführen.

Über 1200 MiG-29 baute die MAPO (Moscow Aircraft Production Organization) zwischen 1983 und 1995. Nach der Auflösung des östlichen Bündnisses gingen die Lieferungen der MiG-29 stark zurück, weil die traditionellen Absatzmärkte verloren gingen und die russischen Luftstreitkräfte ihre Bestellungen stornierten. 1994 und 1995 konnten nochmals rund 60 MiG-29 an Ungarn, die Slowakei, Rumänien, den Iran, Indien und Malaysia verkauft werden. Bei den neu angebotenen Versionen handelt es sich nicht um Neuproduktionen, sondern um Umbauten der im Einsatz stehenden Flugzeuge.

Eine MiG-29U der ukrainischen Luftwaffe während eines Besuchs in Kanada.

Die MiG-29S und ihre Untervarianten SD, SE und SM bauen auf der ursprünglichen Zelle auf, werden aber mit einer moderneren Ausrüstung versehen. Grundsätzlich verfügen sie aber über ein modifiziertes elektromechanisches Flugsteuerungssystem. Die weitere Ausrüstung hängt von den Kundenwünschen ab. Die Reichweite erhöhte sich um 800 km und die mögliche Waffenlast stieg auf 4000 kg.
Die an Malaysia gelieferten MiG-29SM basieren auf der Zelle der FULCRUM-A. Die Instumentenanzeigen im Cockpit stellte man vor der Lieferung der 16 Einsitzer und zweier Doppelsitzer auf »knots« und »feet« um. 1995 wurden nachträglich westliche Avionik wie ILS, TACAN und ein VOR-DME-Navigationssystem eingebaut. Außerdem erhielten die Flugzeuge ein Flugbetankungssystem. 1997 wurde nochmals eine Modifikation durchgeführt, so dass jetzt mit den R-77- (AA-12) Luft-Luft-Lenkwaffen zwei Ziele gleichzeitig bekämpft werden können.
Am 25. April 1986 nahm die MiG-29M (Produkt 9.15) die Flugerprobung auf. Insgesamt baute man sechs Prototypen. Diese Ausführung kann weitgehend als Neukonstruktion angesehen werden. Bei der MiG-29M kommt erstmals ein Fly-by-wire-Steuersystem zur Anwendung. Für den Antrieb sind zwei Klimow-RD-33K-Triebwerke vorgesehen, die mit Nachbrenner eine Leistung von je 86,3 kN haben. Mangels staatlicher Mittel musste die Erprobung kurz vor ihrem Ende abgebrochen werden.
Auch eine Modifizierung von rund 300 älteren MiG-29 der russischen Luftwaffe ist geplant. Diese Variante wird bei MAPO Produkt 9-17 genannt, dabei handelt es sich um die MiG-29SMT. Zu den Umbauten gehören ein verbessertes N-019MP-Topaz-Radar mit einem zusätzlichen Modus für die Erzeugung von Radarkarten und die leichtere Erfassung von Schiffen und Hubschraubern. Die Reichweite beträgt je nach Ziel bis zu 80 km. Auch im Cockpit änderte sich einiges. So wurden ein verbessertes Head-Up Display und zwei große farbige Flüssigkristall-Bildschirme (15x20 cm) eingebaut sowie neue Geräte für die elektronische Kampfführung, Kommunikation und Navigation, wobei beim Letzteren der Laserkreisel mit einem GPS-Empfänger kombiniert wurde. Auf den Bildschirmen werden auch die Radar- und TV-Bilder dargestellt. Außerdem baute man das Cockpit nach dem HOTAS-Konzept auf, das heißt, dass alle wichtigen Schalter am Steuerknüppel oder am Schubhebel platziert sind.
Den Erstflug mit einer teilweise auf den neuen Standard umgerüsteten Maschine (Kennung 331) unternahm Marat Aljukow am 29. November 1997. Anschließend erhielt dasselbe Flugzeug einen zusätzlichen Kraftstofftank im vergrößerten Rumpfrücken. Diese Ausführung (neue Kennung 405) startete zum ersten Mal am 22. April 1998 mit Wladimir Gorbunow im Cockpit. Seit dem 14. Juli 1998 fliegt auch ein Prototyp mit der Kennung 917. Voraussichtlich wird die Mehrzweckversion der MiG-29 bei der russischen Luftwaffe bis etwa 2020 im Dienst bleiben.
Von der MiG-29SMT gibt es auch einen Doppelsitzer, die MiG-29UBT. Dabei handelt es sich nicht nur um ein auf den neuesten technischen Stand gebrachtes Schulflugzeug. Durch Umbau eignet sich die MiG-29UBT auch dazu, Kampfeinsätze zu fliegen. Durch den Einbau zweier zusätzlicher Kraftstofftanks auf dem Rumpfrücken können 4750 kg interner Kraftstoff mitgeführt werden, so dass die Maschine eine Reichweite von 2200 km hat. Wie bei der MiG-29SMT erhielten beide Cockpits farbige Flüssigkristall-Bildschirme. Im vorderen Cockpit wurden zwei und im hinteren drei Bildschirme eingebaut und nach dem HOTAS-Konzept umgerüstet.
Die MiG-29UBT ist mit sieben Außenlaststationen bestückt: sechs unter den Tragflächen und eine unter dem Rumpf. An diesen Stationen kann eine Waffenlast von bis zu 5000 kg mitgeführt werden.

MiG-29A

Verwendungszweck: Mehrzweck-Kampfflugzeug
Besatzung: 1
Triebwerk: zwei Mantelstromtriebwerke (Klimow/ Leningrad RD-33) mit je 49,42 kN (5030 kp) Standschub ohne und 81,39 kN (8283 kp) mit Nachbrenner
Länge mit Staurohr: 17,32 m
Höhe: 4,73 m
Spannweiter: 11,36 m
Flügelfläche: 38,00 m²
Spannweite des Höhenleitwerks: 7,82 m
Radstand: 3,67 m
Spurweite: 3,10 m
Rüstmasse: 10.900 kg
Tankinhalt: 3200 kg
Maximale Waffenlast: 3000 kg
Normale Startmasse: 15.240 kg
Maximale Startmasse: 18.500 kg
Steiggeschwindigkeit: 330 m/s
Dienstgipfelhöhe: 17.000 m
Höchstgeschwindigkeit in Meereshöhe: 1500 km/h
Höchstgeschwindigkeit in 11.000 m Höhe: 2445 km/h
Reichweite: 1500 km
Überführungsreichweite: 2100 km
Startrollstrecke: 250 m
Landerollstrecke: 600 m
G-Belastung: +9
Bewaffnung: eine 23- mm-Nudelmann-Kalaschnikow (GSc-23L), vier bis sechs AA-10/IR-AA-11 oder AA-8/9

Mikojan-Gurewitsch MiG-31
(NATO-Codename FOXHOUND)

Die MiG-31 bei ihrem Debut im Westen.

Die MiG-31 wurde aus der MiG-25 entwickelt. Der Erstflug fand am 16. September 1975 statt. Seit 1979 steht die Maschine im Werk Gorki in der Produktion. Sie verfügt über ein Zwei-Mann-Cockpit für Pilot und Waffensystemoffizier. Im Bug befindet sich eine leistungsfähige Zaslon-Radaranlage mit »Look-down/ shoot-down«-Fähigkeit.
Die Serienausführung verfügt über nach vorn gerichtete Infrarotsensoren. Bis zu zehn gegnerische Flugzeuge können gleichzeitig verfolgt und vier Flugzeuge simultan bekämpft werden. Vermutlich wurden rund 160 Flugzeuge gefertigt.
Die MiG-31M (FOXHOUND-B) verfügt über Elektronikbehälter an den Flügelspitzen und eine einteilige Frontscheibe. Sie soll Raketen mitführen können, die gegen Satelliten eingesetzt werden.
Inoffiziell verlautete, dass der Iran und die Volksrepublik China jeweils 24 MiG-31 bestellten.

MiG-31

Verwendungszweck: Allwetter-Abfangjäger
Antrieb: zwei Strahltriebwerke (Solovyow D-30F) mit je 142,9 kN (14.506 kp) Standschub und Nachbrenner
Besatzung: 2
Spannweite: 13,70 m
Länge: 22,70 m
Höhe: 6,40 m
Flügelfläche: 63,60 m²
Leermasse: 21.820 kg
Maximale Startmasse: 41.150 kg
Höchstgeschwindigkeit: 3000 km/h
Reisegeschwindigkeit: 1500 km/h
Dienstgipfelhöhe: 18.701 m
Reichweite: 4000 km
Bewaffnung: acht Luft-Luft-Raketen der Typen R-23 (AA-7) oder K-13 (AA-2), R-60 (AA-8), AA-9, AA-10, eine 30-mm-GSh-301-Kanone

Mil Mi-2

(NATO-Codename HOPLITE)

Die Mi-2 des Hubschrauberkonstrukteurs Michail Leontjewitsch Mil ist eine Weiterentwicklung der Mi-1 und wird anstelle des Kolbenmotors von zwei Wellenturbinen angetrieben. Im September 1961 hob der Prototyp zu seinem Erstflug ab. Nach Abschluss der Entwicklung wurden die Unterlagen der Firma WSK in Polen übergeben, wo die Serienfertigung des Hubschraubers anlief. Die erste in Polen montierte Mi-2 flog am 26. August 1965, die erste in Polen gebaute Mi-2 am 4. November 1965. Die NVA übernahm 44 Maschinen, die ab 1972 eingesetzt wurden. Die »386« der NVA erhielt eine Sonderausrüstung für funkelektronische Aufgaben.

■ **Mil Mi-2 in rot-grauer Bemalung anlässlich ihrer Außerdienststellung.**

Mil Mi-2

Verwendungszweck: Mehrzweckhubschrauber
Antrieb: zwei Wellenturbinen (Isotow GTD-350) mit je 294 kW (450 WPS)
Besatzung: 2 + 8 Passagiere
Länge (Rumpf): 11,94 m
Länge über alles: 17,42 m
Höhe: 3,75 m
Rotordurchmesser: 14,56 m
Leermasse: 2365 kg
Maximale Startmasse: 3700 kg
Höchstgeschwindigkeit: 250 km/h
Steiggeschwindigkeit: 4,5 m/s
Dienstgipfelhöhe: 4000 m
Reichweite: 250 km
Bewaffnung: vier 7,62-mm-PKT-MGs paarweise seitlich und ein PKT-MG in der Türöffnung, ungelenkte Raketen und zwei 100-kg-Bomben

Mil Mi-8

(NATO-Codename HIP)

■ **Die Mil Mi-8 flog noch einige Zeit nach ihrer Übernahme durch die Bundeswehr bei den Lufttransportverbänden.**

Während der Luftparade in Tuschino am 9. Juli 1961 wurde der mit einer Turbine ausgerüstete Versuchshubschrauber W-8 öffentlich vorgeführt. Die Mi-8 flog erstmals am 17. September 1962 und hatte jetzt zwei Triebwerke.
Im März 1965 wurde die Entwicklung abgeschlossen und Ende 1965 begann die Serienproduktion. Mehr als 7000 Hubschrauber wurden an 42 Luftwaffen geliefert. Die NVA setzte die Version Mi-8T in einer Stückzahl von 52 Exemplaren als bewaffneten Transporthubschrauber und 39 Mi-8TB (HIP-E) als Kampfhubschrauber ein. Von der Salonvariante Mi-8S wurden 26 Hubschrauber beschafft, die an den eckigen Fenstern erkennbar sind.
Die fliegende Kommandozentrale Mi-9 (HIP-G) ist äußerlich an zusätzlichen Antennen im Heckbereich erkennbar. Acht Mi-9 gehörten ebenfalls zum Bestand der NVA.
Die ECM-Versionen führen die NATO-Bezeichnungen HIP-D, HIP-J und HIP-K, wobei die HIP-K durch die Antennenreihen auf beiden Seiten des Rumpfes besonders auffällt.

Mil Mi-8T

Verwendungszweck: bewaffneter Transporthubschrauber
Antrieb: zwei Wellenturbinen (Isotow TW-2-117A) mit je 1104 kW (1490 WPS) Startleistung
Besatzung: 3 + 22 Passagiere
Länge (Rumpf): 18,31 m
Länge über alles: 25,28 m
Höhe: 5,65 m
Rotordurchmesser: 21,29 m
Leermasse: 7160 kg
Maximale Startmasse: 12.000 kg
Höchstgeschwindigkeit: 250 km/h
Steiggeschwindigkeit: 4,5 m/s
Dienstgipfelhöhe: 4500 m
Reichweite: 930 km
Bewaffnung: vier Behälter mit je 16 ungelenkten Raketen des Typs S-5

Mil Mi-14
(NATO-Codename HAZE)

■ **Mil Mi-14 als Rettungshubschrauber der polnischen Marine.**

Die Mi-14 ist die Marineversion der Mi-8 mit einem Bootsrumpf und Stützschwimmer. An der Buguntерseite ist ein Radargerät und im Heckausleger eine Sonarboje installiert. Das Fahrwerk ist voll einziehbar. Drei Versionen der Mi-14 sind bekannt: der U-Boot-Jäger Mi-14PL (HAZE-A), der Minenabwehrhubschrauber Mi-14BT (HAZE-B) und der Seenot-Rettungs-Hubschrauber Mi-14PS (HAZE-C). Die Mi-14BT unterscheidet sich äußerlich durch zusätzliche Heckfenster, das fehlende Magnetortungsgerät und eine längliche Verkleidung an der rechten Rumpfseite über den beiden vorderen Fenstern.
Der Erstflug des Prototyps erfolgte 1973, die erste Serienmaschine hob 1976 ab.

Mil Mi-14BT

Verwendungszweck: Minenabwehrhubschrauber
Antrieb: zwei Wellenturbinen (Isotow TW-3-117M) mit je 1336 kW (1792 WPS)
Besatzung: 4
Länge (Rumpf): 18,37 m
Länge über alles: 25,32 m
Höhe: 6,94 m
Rotordurchmesser: 21,29 m
Leermasse: 8800 kg
Maximale Startmasse: 14.000 kg
Höchstgeschwindigkeit: 200 km/h
Steiggeschwindigkeit: 7,85 m/s
Dienstgipfelhöhe: 4000 m
Reichweite: 1100 km

Mil Mi-17

(NATO-Codename HIP-H)

Die Mi-17 ist eine Mi-8, die mit dem neuen Triebwerk des Typs Isotow TV-3-17MT (1417 kp Leistung) der Mi-14 ausgerüstet wurde. Die Erprobung erfolgte 1976 unter der Bezeichnung Mi-18. Auf dem Aéro-Salon 1981 in Le Bourget wurde sie als Mi-17 erstmals im Westen vorgestellt. Äußerliches Unterscheidungsmerkmal zur Mi-8 sind die geänderten Triebwerksverkleidungen und der – in Flugrichtung gesehen – nach links verlegte Heckrotor.

■ Mil Mi-17 der russischen Streitkräfte.

Mil Mi-17

Verwendungszweck: Mehrzweckhubschrauber
Antrieb: zwei Isotow TV-3-117A Wellenturbinen mit je 1417 kW (1900 WPS) Startleistung
Besatzung: 3 + 32 Passagiere
Länge (Rumpf): 18,42 m
Höhe mit Rotorkopf : 4,75 m
Rotordurchmesser: 21,29 m
Leermasse: 7100 kg
Maximale Startmasse: 11.000 kg
Höchstgeschwindigkeit: 250 km/h
Reisegeschwindigkeit: 220 km/h
Dienstgipfelhöhe: 6000 m
Reichweite: 500 km

Mil Mi-24

(NATO-Codename HIND)

Mil Mi-24

Verwendungszweck: Kampfhubschrauber
Antrieb: zwei Wellenturbinen (Isotow TW-3-117 der III-Serie) mit je 1545 kW (2072 WPS)
Besatzung: 2-3 + 8 Soldaten
Länge (Rumpf): 17,51 m
Länge über alles: 19,79 m
Höhe: 4,44 m
Rotordurchmesser: 17,30 m
Leermasse: 8500 kg
Maximale Startmasse: 11.500 kg
Höchstgeschwindigkeit: 330 km/h
Steiggeschwindigkeit: 9,6-12,5 m/s
Dienstgipfelhöhe: 4500 m
Reichweite: 750 km
Bewaffnung: ein Vierlings-MG des Typs JakB-12,7; vier Panzerabwehrlenkraketen und 128 57-mm-Luft-Boden-Raketen oder 1000-kg-Bomben

■ Mil Mi-24V einer »Tiger«-Einheit aus Tschechien.

Die Mi-24 wurde ab 1971 entwickelt, der Erstflug des Prototyps fand etwa ein Jahr später statt. In den Jahren 1973/74 wurden die ersten Mi-24 in Dienst gestellt. Zunächst stationierte man 1974 eine große Anzahl dieser Hubschrauber auf dem Gebiet der DDR. Eine erhebliche Stückzahl exportierte das Herstellerwerk nach Afghanistan, Algerien, Libyen, Kuba, in die Tschechoslowakei, den Irak und den Südjemen.
Hauptversion ist die Mi-24D mit separatem Cockpit für Pilot und Waffensystemoffizier. Die NVA stellte ab August 1978 42 Mi-24D und ab Dezember 1989 zwölf Mi-24P in Dienst. Die Mi-24P ist mit einer Zwillingskanone des Typs GSch-30-II und bis zu 250 Granaten ausgerüstet. International machte die Mi-24 von sich reden, als eine mit Mil A-10 bezeichnete Maschine 1975 mehrere Rekorde aufstellte. Die Maschine hatte eine weibliche Besatzung und erflog unter anderem einen Geschwindigkeitsweltrekord über eine Distanz von 15/25 km 341,35 km/h.

Mil Mi-28

(NATO-Codename HAVOC)

Als Nachfolgemuster für die Mi-24 entwickelte Mil die Mi-28, die am 10. November 1982 ihren Erstflug absolvierte. Für die Besatzung wurde eine verstärkte Panzerung eingebaut. Hinter dem Cockpit können im Notfall noch drei Soldaten mitgenommen werden. Über einen Einsatz bei den Frontfliegerverbänden der russischen Heeresflieger ist nichts bekannt. Ebenfalls unbekannt sind die bis jetzt gefertigten Stückzahlen dieses Hubschraubers.

Ab 1995 sollte die Nachtkampfversion Mi-28N mit Mastvisier und Millimeterwellenradar für die russische Armee gefertigt werden.

Mil Mi-28 auf dem Aéro Salon in Le Bourget.

Mil Mi-28

Verwendungszweck: Kampfhubschrauber
Antrieb: zwei Wellenturbinen (Isotow TW-3-117) mit je 1640 kW (2200 WPS)
Besatzung: 2
Länge (Rumpf): 16,85 m
Höhe: 4,81 m
Rotordurchmesser: 17,20 m
Leermasse: 7000 kg
Maximale Startmasse: 10.400 kg
Höchstgeschwindigkeit: 300 km/h
Reisegeschwindigkeit: 270 km/h
Dienstgipfelhöhe: 4800 m
Reichweite: 3600 km
Bewaffnung: eine 30-mm-ZA42-Bugkanone und verschiedene Lenkflugkörper

Suchoi Su-7
(NATO-Codename FITTER)

Die Entwicklungsarbeiten für die Suchoi Su-7 begannen 1955 und führten über die Prototypen S-1, ein mit einem 62 Grad gepfeilten Tragflügel versehenes Flugzeug und die S-2 zum Vorserienflugzeug S-22. Daraus entstand dann die Su-7, deren Produktion 1958 begann. Die Su-7 bildete für lange Jahre die Standardausrüstung der sowjetischen Jagdbomberstaffeln und die ihrer befreundeten Nationen. Ab 1962 kam die Su-7BKL, die besonders für den Einsatz von unbefestigten Flugplätzen aus gedacht war, zur Auslieferung. Für diesen Zweck war sie mit Niederdruckreifen und Stahlkufen neben den Haupträdern sowie Starthilfsraketen versehen. Die Su-7BM erhielt ein leistungsstärkeres Triebwerk, eine Verkleidung der Lufteintrittsöffnung am Rumpf, Starthilfsraketen, Zero-Zero-Schleudersitz und einen doppelten Bremsschirm. Bei der Su-7BMK flossen alle Modifikationen der Su-7KL und Su-7BM in die Produktion ein. Die zweisitzigen Schulversionen Su-7U, UM und UMK bekamen den NATO-Codenamen MOUJIK. Die mehr als 3000 gefertigten Su-7 flogen in Luftwaffen von 19 Ländern.

■ **Diese Su-7 flog früher bei den polnischen Luftstreitkräften.**

Suchoi Su-7 BMK

Verwendungszweck: Jagdbomber
Antrieb: ein Strahltriebwerk (Ljulka AI-7F-1) mit 98,1 kN (10.000 kp) Schub und Nachbrenner
Besatzung: 1
Spannweite: 8,93 m
Länge: 17,37 m
Höhe: 4,57 m
Flügelfläche: 27,60 m²
Leermasse: 8620 kg
Maximale Startmasse: 13.500 kg
Höchstgeschwindigkeit: 1700 km/h
Dienstgipfelhöhe: 15.150 m
Reichweite: 386 km
Bewaffnung: zwei 30-mm-NR-30-Kanonen, vier Flügelstationen für zwei 750-kg- und zwei 500-kg-Bomben, Raketen

Suchoi Su-22
(NATO-Codename FITTER)

■ **Die WTD 61 in Manching nutzte einige Su-22M-4 als Erprobungsträger.**

Die Su-17 ist eine Weiterentwicklung der Su-7B mit variabler Flügelgeometrie. Diese Technik testete man an der Su-7IG, die ab dem 2. August 1966 erprobt wurde und deren äußere Flügelsektionen auf einer Länge von 3,96 m beweglich gestaltet waren. Vorgestellt wurde die Maschine bei der Luftparade in Domodedowo im Juli 1967. Als der Serienbau dieses Flugzeuges unter der Bezeichnung Su-17 begann, installierte man auch ein neues Triebwerk (AL-21F-3), eine neue Kabinenabdeckung sowie eine neue Avionik. Gegenüber der Su-7 wies die Su-17 eine doppelte Nutzlast und eine um 30 Prozent größere Reichweite auf. Die Su-17 wurde 1971 in Dienst gestellt und in mehreren Versionen gefertigt. Bei der Su-17 (FITTER-C) handelte es sich um die erste Serienversion für die sowjetischen Streitkräfte. Ihr folgte die Su-17M (FITTER-D) mit verlängertem Rumpf zur Aufnahme eines Terrainfolgeradars und eines Laser-Zielsuchgeräts. Die Schulversion wird als Su-17UM (FITTER-E) bezeichnet, verfügt aber nur über eine Kanone auf der rechten Seite. Die Su-20 ist die Exportversion der Su-17 mit einer einfacheren Ausrüstung. Nächste Entwicklung ist die Su-22M2 (FITTER-J), erkennbar an dem schlankeren und eckigen Seitenleitwerk und dem verdickten Rumpfwulst. Letzte Variante ist die Su 22M4, von der die LSK der NVA zwischen 1984 und 1987 48 Flugzeuge in Dienst stellten.

Einige dieser Maschinen flogen bis 1998 bei der WTD 61. Zwei Maschinen, die »380« und »724«, wurden am 27. März 1991 der USAF übergeben. Gleichzeitig mit der Su-22M4 übernahmen die LSK acht Schulflugzeuge Su-22UM3K.

Suchoi Su-22M4

Verwendungszweck: Jagdbomber
Antrieb: ein Strahltriebwerk (Ljulka Al-21-F3) mit 76,5 kN (7800 kp) Schub und mit Nachbrenner 110,0 kN (11.203 kp) Schub
Besatzung: 1
Spannweite bei 63 Grad Pfeilung: 10,03 m
Spannweite bei 30 Grad Pfeilung: 13,68 m
Länge: 19,03 m
Höhe: 5,13 m
Flügelfläche bei 63 Grad Pfeilung: 34,45 m²
Flügelfläche bei 30 Grad Pfeilung: 38,49 m²
Leermasse: 10.667 kg
Maximale Startmasse: 15.230 kg
Höchstgeschwindigkeit: 1850 km/h
Reisegeschwindigkeit: 1200 km/h
Dienstgipfelhöhe: 15.200 m
Reichweite: 2500 km
Startstrecke: 500 m
Landestrecke: 1000 m
Bewaffnung: zwei 30-mm-NR-30-Kanonen, Bomben, Raketen

Suchoi Su-24

(NATO-Codename FENCER)

■ **Das Gegenstück zur F-111 der USAF war bei den russischen Luftstreitkräften die Suchoi Su-24.**

Bei der Su-24 handelt es sich um ein kampfstarkes Flugzeug, das seit 1974 bei den Frontfliegerstaffeln der ehemals sowjetischen Luftstreitkräfte im Einsatz steht. Die Su-24 entwickelte man speziell für die Bekämpfung von Bodenzielen und legte sie für Langstrecken-Angriffseinsätze aus. Die neuste Version verfügt über eine Luftbetankungseinrichtung. Bis heute stellte man sechs Varianten der Su-24 fest, die in ungefähr 900 Exemplaren gebaut wurden. Seit 1983 steht die Su-24MK (FENCER-D) im Einsatz. Die Su-24MR (FENCER-E) wurde 1985 in Dienst gestellt und dient der konventionellen und elektronischen Aufklärung. Die ECM-Version Su-24MP (FENCER-F) wurde 1987 übernommen. Die Luftwaffen der GUS-Staaten haben rund 800 Maschinen im Einsatz, die Marine 60 Exemplare. Außerdem bestellten Irak, Iran, Libyen und Syrien die Su-24.

Suchoi Su-24

Verwendungszweck: Allwetter-Kampfflugzeug
Antrieb: zwei Strahltriebwerke (Ljulka AL-21F-3) mit je 110 kN (11.203 kp) Schub und Nachbrenner
Besatzung: 2
Spannweite bei 70 Grad Pfeilung: 10,20 m
Spannweite bei 16 Grad Pfeilung: 17,50 m
Länge: 21,29 m
Höhe: 6,0 m
Flügelfläche bei 16 Grad Pfeilung: 46,4 m²
Leermasse: 19.000 kg
Maximale Startmasse: 39.500 kg
Höchstgeschwindigkeit: 2316 km/h
Dienstgipfelhöhe: 17.500 m
Reichweite: 1795 km
Bewaffnung: eine sechsläufige 30-mm-Revolver-Kanone und bis zu 11.000 kg externe Waffenlasten

Suchoi Su-25
(NATO-Codename FROGFOOT)

■ **Für den Einsatz gegen gepanzerte Ziele wurde die Su-25 entwickelt. Ihre Feuertaufe erlebte sie in Afghanistan.**

Die Entwicklung der Su-25 begann Ende der 60er-Jahre. Ihr eigentlicher Ursprung ist in der Iljuschin Il-2 Stormowik zu suchen. Die sowjetische Luftwaffe hatte kein Interesse an der Entwicklung eines Erdkampfflugzeugs. Pawel Ossipowitsch Suchoi aber war aufgrund der Erfahrungen aus dem Zweiten Weltkrieg von der Notwendigkeit einer solchen Maschine überzeugt. Er entwarf immer wieder ein Flugzeug, das zur Unterstützung der Infantrie und zur Panzerbekämpfung eingesetzt werden konnte. Als jedoch die USAF 1966 eine Ausschreibung für ein AX-Flugzeug – die spätere Fairchild A-10 Thunderbolt – herausgab, wurden auch die Verantwortlichen der Roten Armee aufmerksam. 1972 konnte Suchoi die Entwicklung offiziell aufnehmen. Der daraus resultierende Prototyp erhielt die Bezeichnung T-8-1. Diese Maschine absolvierte am 22. Februar 1975 in Schukowski mit Wladimir Iljuschin im Cockpit seinen Erstflug. Die zweite Maschine, die T-8-2, erhielt einige Verbesserungen und war mit einem mit Titan gepanzerten Cockpit gegen Bodenbeschuss ausgestattet. Beide Flugzeuge verfügten über einen SPPU-22-01-Kanonenbehälter. Die Kanone hatte ein Kaliber von 23 mm. Für den Antrieb sorgten zwei Tumanski RD-9A mit einem Schub von 25,5 kN (2600 kp). Diese Triebwerke waren zu diesem Zeitpunkt allerdings schon veraltetet. Auch stellte sich heraus, dass ihre Leistung nicht ausreichte. Die T-8-2 wurde im März 1976 auf das schubstärkere R-95Sh-Triebwerk umgerüstet. Das Besondere an dem Triebwerk war, dass jeder zur Verfügung stehende Treibstoff verwendet werden konnte. Die Serienflugzeuge erhielten die Bezeichnung Su-25.

Die ersten Kampfeinsätze flog die Su-25 in Afghanistan. Zur Erprobung verlegte man den ersten und den dritten Prototyp in dieses Land. Der Einsatz dauerte vom 16. April bis zum 5. Juni 1980, wobei 70 Kampfeinsätze geflogen wurden. Dabei zeigte sich auch, dass das neue Triebwerk mit einer Startleistung von 39,2 kN (4000 kp) in den heißen und hoch gelegenen Regionen zu schwach war. Am 4. Februar 1981 wurde die 200. unabhängige Kampfstaffel aufgestellt und ab April zunächst mit zwölf Su-25 ausgerüstet. Am 18. Juni 1981 verlegte die Einheit nach Afghanistan. Die Su-25 war in großer Zahl in Afghanistan im Einsatz. Mit ihr wurden über 60.000 Kampfeinsätze geflogen, wobei 23 Flugzeuge verloren gingen.

Die Exportversion wird als Su-25K bezeichnet. Erster Kunde war die damalige Tschechoslowakei, die 36 Flugzeuge erhielt.

Einige Su-25 wurden zu Zielschleppern umgebaut und erhielten die Bezeichnung Su-25BM. Bei diesen Maschinen wurden Kanone und Lasereinrichtung ausgebaut, dafür erhielten sie eine TO-70-Schleppzielwinde und Kometa-Zielflugkörper.

Ab 1987 kam in der Serienfertigung das neue R-195-Triebwerk zum Einbau. Nach 330 produzierten Exemplaren der Su-25 FROGFOOT-A stellte man 1989 in Tiflis (Tbilissi) die Produktion ein. Zwei noch nicht fertig gestellte Su-25 wurden zu Doppelsitzern (T-8-UB) umgebaut, die 1985 zum ersten Mal flogen. Die Serienfertigung der Su-25UB FROGFOOT-B begann 1987 und lief bis 1991. Sie ist mit zwei K-36D-Schleudersitzen in Tandem-Anordnung ausgerüstet, wobei das hintere Cockpit des Fluglehrers erhöht eingebaut wurde. Die Seitenflosse wurde auf 5,20 m verlängert. Als Antrieb dienen zwei R-195-Triebwerke.

Eine weitere Version des Schulflugzeugs ist die Su-25UT, die um 17 cm kürzer ist und von zwei R-95Sh angetrieben wird. Sie sollte der Nachfolger der Aero L-29 und L-39 bei der Luftwaffe und den Reservestreitkräften DOSAAF werden. Der Erstflug erfolgte am 6. August 1985. Später wurde sie in Su-28 umbenannt.

Für den Einsatz auf Flugzeugträgern entwickelte man die Su-25UTG, die mit einem Katapultbeschlag und Fanghaken ausgerüstet wurde. Die Maschine entstand aus einer Su-25 und startete 1987 zu ihrem Erstflug. Zehn Vorserienflugzeuge sollen bestellt worden sein.

Die letzte Version war die Su-25T, die für die Panzerbekämpfung vorgesehen war. Die Entwicklungsarbeiten begannen 1984, wobei alle Erkenntnisse aus Afghanistan mit einflossen. Die Su-25T, die die Werksbezeichnung T-8M hat, wurde aus einer Su-25UB gebaut. Sie verfügt nur noch über ein Cockpit, wobei die Position des hinteren Cockpits beibehalten wurde. Insgesamt wurden drei Prototypen aus Su-25UB umgebaut. Der erste flog am 17. August 1984. Zehn Vorserienflugzeuge mit unterschiedlicher Ausrüstung wurden hergestellt.

Bei der Su-25T wurde hinter dem Cockpit ein vergrößerter Tank installiert, der die interne Treibstoffkapazität auf 3840 kg erhöht. Auf der rechten vorderen Rumpfunterseite ist eine GSh-30/II-Kanone eingebaut. An weiteren Waffen können an den Außenstationen zwei SPPU-22-01-Behälter mit je einer GSh-23-Kanone mit 260 Schuss, bis zu 16 Panzerabwehrraketen, lasergelenkte Kh-25ML-Raketen, Luft-Boden-Raketen des Typs Kh-29L und Kh-58-Anti-Radar-Raketen mitgeführt werden. Im Bug befinden sich ein TV sowie ein Laser- und ein optisches Zielgerät. Zielverfolgung und Waffenauslösung erfolgen automatisch. In einem Behälter können ein nach vorn gerichtetes Infrarot-Gerät und ein Restlicht-TV mitgeführt werden, was der Su-25T erlaubt, auch Nacht- und Schlechtwettereinsätze zu fliegen. Zur Navigation wird das Doppler-Trägheitsnavigationssystem KN-23 verwendet.

Für den Einsatz auf Flugzeugträgern wurde die Su-25TP entworfen und vermutlich ein Versuchsmuster gebaut. Sie basiert auf der Su-25UTG und soll die Waffensysteme der Su-25T erhalten.

Suchoi Su-25A

Verwendungszweck: Erdkampfflugzeug
Besatzung: 1
Triebwerk: zwei Strahltriebwerke (MNPK Sojus Tumansky R-195) mit je 44,13 kN (4500 kp) Standschub
Länge: 15,53 m
Höhe: 4,80 m
Spannweite: 14,36 m
Flügelfläche: 30,10 m²
Rüstmasse: 9800 kg
Tankinhalt: 5000 kg
Maximale Waffenlast: 4000 kg
Normale Startmasse: 14.600 kg
Maximale Startmasse: 18.600 kg
Höchstgeschwindigkeit ohne Außenlasten auf Meereshöhe: 950 km/h
Dienstgipfelhöhe: 7000 m
Einsatzradius mit 4000 kg Waffenlast und zwei Zusatztanks high-low-high: 495 km
Einsatzradius mit 2000 kg Waffenlast im Tiefflug: 400 km
Startrollstrecke auf einer befestigter Startbahn: 600 m
Startrollstrecke auf einer unbefestigten Startbahn: 1200 m
Landerollstrecke ohne Bremsschirm: 600 m
Landerollstrecke mit Bremsschirm: 400 m
Bewaffnung: eine AO-17A-Kanone mit 250 Schuss; an acht Außenlaststationen können folgende Waffen mitgeführt werden: R-60- (AA-8 Aphid) Luft-Luft-Lenkwaffen, ungelenkte Raketen von 57 mm bis 330 mm, Kh-23- (AS-7 Kerry), Kh-25- (AS-10 Karen) und Kh-29- (AS-14 Kedge) Luft-Boden-Flugkörper

Suchoi Su-27
(NATO-Codename FLANKER)

Die Arbeiten an der Su-27 begannen bereits 1969, als man im OKB von Suchoi anfing, ein neues Jagdflugzeug zu entwickeln. Der erste Prototyp, die Suchoi T-10-1, startete am 20. Mai 1977 im Testzentrum Schukowski mit Wladimir Iljuschin im Cockpit zu seinem Erstflug. Angetrieben wurde die Maschine von zwei AL-21F-3-Mantelstromtriebwerken. Es folgten weitere acht Prototypen. Ab der T-10-3 waren sie mit den neuen Ljulka-AL-31F-Triebwerken ausgerüstet. Bei der Erprobung der Flugzeuge stellten sich zahlreiche Mängel heraus, so dass man die Auslegung vollständig überarbeitete. Die T-10-7 wurde als erste Maschine mit geänderter Konstruktion fertig gestellt und erhielt die Bezeichnung T-10S-1. Sie absolvierte ihren Erstflug am 20. April 1981. Die Produktion der Su-27 FLANKER-B begann 1982 und ab Mitte der 80er-Jahre wurden die ersten Su-27 FLANKER-B an die Frontstaffeln der sowjetischen Luftwaffe ausgeliefert. Nach dem Zerfall der UdSSR übernahmen Russland, Weißrussland und die Ukraine die Flugzeuge. Erster Exportkunde war China. China erhielt in drei Lieferlosen rund 50 Flugzeuge, unter denen sich auch neuere Versionen wie die Su-30 befinden sollen.

Auf Basis der Su-27 FLANKER-B wurde ein Doppelsitzer entwickelt. Der Prototyp hatte die Bezeichnung T-10U-1 und startete am 7. März 1985 zu seinem Erstflug. Pilot war Nikolai Sadownikow. Die Serienversion heißt Su-27UB FLANKER-C. Ihre Fertigung begann 1986, ein Jahr später folgte die Auslieferung. Die Su-27UB unterscheidet sich äußerlich von der Su-27 durch den verlängerten Vorderrumpf mit dem zweiten in der Höhe versetzten Cockpit.

Als Jagdbomber entwickelte das OKB Suchoi die Su-27IB. Verwirrung sorgten hier die unterschiedlichen Bezeichnungen Su-34, Su-27KU und Su-32FN, wobei es sich bei den beiden letzten um die Bezeichnung für schiffgestützte Trainer handeln soll. Die erste Su-27IB wurde aus der Zelle einer Su-27UB gebaut. Allerdings sitzt jetzt die Besatzung nicht mehr hintereinander, sondern nebeneinander. Auch das Fahrwerk wurde grundlegend geändert und verstärkt. Das Bugrad wurde mit einer Doppelbereifung ausgerüstet, ebenfalls das Hauptfahrwerk, hier jedoch in Tandemanordnung. Als weiteres äußeres

■ **Suchoi Su-27 des russischen Kunstflugteams.**

Merkmal verfügt sie über Canards. Das Cockpit ist gepanzert, und der Heckausleger wurde für die Aufnahme des N-012-Radars mit einer Reichweite von 30 bis 50 km vergrößert. Den Erstflug führte Anatoli Iwanow am 13. April 1990 in Schukowski mit der »42« durch. Die Su-27IB soll die Su-24 FENCER und Su-25 FROGFOOT bei den Einsatzverbänden ablösen. Es folgten drei Vorserienmuster, die »43« (Erstflug 18. September 1993), die »44« (Erstflug 26. Dezember 1996) und die »45« (Erstflug 28. Dezember 1994/Su-32FN). Die Serienproduktion lief 1996 an. Angeblich wurden bis jetzt zehn Serienflugzeuge fertig gestellt. Als Antrieb kommen zwei Saturn AL-35F mit einem Nachbrennerschub von 137 kN (14.000 kp) zum Einbau. Fest eingebaut sind zwei 30-mm-Kanonen. Außerdem kann die Su-27IB bis zu 8200 kg als Außenlasten mitführen, dazu gehören R-73- und R-77-Luft-Luft-Lenkwaffen, die Kh-31P-Anti-Radar-Lenkwaffe, die Kh-31A- und Kh-35-Anti-Schiffs-Lenkwaffen sowie die Luft-Boden-Lenkwaffen AS-10 Karen, AS-14 Kedge und AS-11 Kilter.

Für den Einsatz auf Flugzeugträgern entwickelte Suchoi die Su-27K, die auch als Su-33 bezeichnet wird. Äußeres Merkmal sind ebenfalls die Canards, die hochklappbaren äußeren Tragflächen und der Fanghaken. Diese Version absolvierte mit Victor Pugatschow ihren Erstflug am 17. August 1987. Die erste Landung auf dem Flugzeugträger *Kusnetsow* führte Victor Pugatschow am 1. November 1989 durch. Die maximale Außenlast beträgt 6500 kg.

Als Su-27M (früher als Su-35 bezeichnet) fliegt seit dem 28. Juni 1988 ein Luftüberlegenheitsjäger. Es wurden sechs Prototypen gebaut. Die Su-27M verfügt über ein neues N-011-Mehrfunktionsradar sowie ein digitales Fly-by-wire-System und ein Cockpit mit vier farbigen Flüssigkristallbildschirmen von Sextant Avionique und über ein Head-Up Display. Das N-011-Radar verfügt über eine Antenne mit elektronischer Strahlschwenkung. Die Reichweite liegt bei 140 bis 160 km. Es können gleichzeitig 20 Ziele verfolgt und acht davon bekämpft werden. Außer dem neuen Radar kommen noch ein Laser-Entfernungsmesser und ein Infrarotsensor zum Einbau. Die Su-27M besitzt ebenfalls Canards zur Erhöhung der Wendigkeit sowie in die Seitenleitwerke eingebaute Kraftstofftanks.

Als doppelsitziger Langstreckenjäger erschien die Weiterentwicklung Su-30 mit einer Reichweite von ungefähr 3000 km. Mit Luft-Luft-Betankung kann die Reichweite auf 5800 km gesteigert werden. Die Su-30 basiert auf der Su-27UB. Sie ist mit einem einziehbare Luftbetankungsstutzen und verbesserter Avionik ausgerüstet. Der Erstflug fand am 30. Dezember 1989 statt. Die Su-30 kann auch als Jägerleitflugzeug eingesetzt werden. In diesem Fall wird im hinteren Cockpit eine zusätzliche Ausrüstung eingebaut. Für die Selbstverteidigung ist sie dann nur mit Luft-Luft-Lenkwaffen ausgerüstet.

Su-30MK ist die Exportversion und als Mehrzweck-Kampfflugzeug ausgelegt, das in der Lage ist, eine Vielzahl von Luft-Boden-Waffen einzusetzen. Dazu wurden zwei zusätzliche Außenlaststationen geschaffen. Für den Einsatz der unterschiedlichen Waffen rüstete man die Su-30MK mit einem Laser-Zielerfassungsgerät und Infrarotsensoren aus. Für die Navigation steht eine kombinierte Trägheitsplattform mit GPS zur Verfügung.

Indien hat 40 Suchoi Su-30MKI bestellt. Vier Maschinen wurden zunächst mit der Bezeichnung Su-30PK im März 1997 geliefert.

Einer der Prototypen der Su-27M/Su-35 erhielt 1995 zwei neue Saturn-AL-37FU-Triebwerke mit Schubvektorsteuerung. Diese Maschine bekam die neue Bezeichnung Su-37. Die Su-37 gehört zu den Kampfflugzeugen der vierten Generation. Der Erstflug erfolgte am 2. April 1996 unter Führung von Jevgeni Frolow.

Suchoi Su-27 (FLANKER-B)

Verwendungszweck: Abfangjagdflugzeug
Besatzung: 1
Triebwerk: zwei Mantelstromtriebwerke (NPO Saturn, Ljulka AL-31F) mit je 79,43 kN (8100 kp) Standschub ohne und 122,58 kN (12.500 kp) mit Nachbrenner
Länge ohne Staurohr: 21,90 m
Höhe: 5,90 m
Spannweite: 14,70 m
Flügelfläche: 63,20 m²
Spannweite des Höhenleitwerks: 9,90 m
Radstand: 5,88 m
Spurweite: 4,33 m
Rüstmasse: 17.700 kg
Normaler Tankinhalt: 5270 kg
Maximaler Tankinhalt: 9400 kg
Maximale Waffenlast: 6000 kg
Normale Startmasse: 23.250 kg
Maximale Startmasse: 33.000 kg
Höchstgeschwindigkeit in Meereshöhe: 1370 km/h
Höchstgeschwindigkeit in 11.000 m Höhe: 2280 km/h
Steiggeschwindigkeit: 330 m/s
Dienstgipfelhöhe: 17.700 m
Reichweite in großer Höhe: 3680 km
Reichweite in niedriger Höhe: 1370 km
Startstrecke mit maximaler Startmasse: 450 m
Landestrecke: 700 m
Bewaffnung: eine 30-mm-GSh-30-1-Revolverkanone mit 150 Schuss; an zehn Außenlaststationen können sechs R-27- (AA-10 Alamo) und vier AA-11-Archer-Luft-Luft-Lenkwaffen mitgeführt werden

Tupolew Tu-95
(NATO-Codename BEAR)

■ **Die Tupolew Tu-95 kann auf eine lange Einsatzzeit bei den russischen Luftstreitkäften zurückblicken.**

Die Tu-95 steht heute, 45 Jahre nach ihrem Erstflug im Sommer 1954, immer noch im aktiven Truppeneinsatz. Im Juli 1955 stellte man den zweiten Prototyp, nachdem der erste bereits abgestürzt war, auf der Luftparade in Tuschino der Öffentlichkeit vor. Noch im selben Jahr wurde unter der Typenbezeichnung Tu-20 der Truppendienst bei den Fernfliegerkräften und den Marinefliegern aufgenommen. Die BEAR-B erhielt ein größeres Bugradar und war mit der Luft-Boden-Rakete AS-3 (Kangaroo) ausgerüstet. Diese Version wurde erstmals 1961 bekannt. Eine weitere Variante als Seeaufklärer wurde 1964 in Dienst gestellt. Sie führt offiziell die Bezeichnung Tu-95. Nachdem man die Tu-20 durch modernere Flugzeuge abgelöst hatte, wurden diese auf den Stand der Tu-95 gebracht. Eine weitere Version ist die Tu-142 (BEAR-F). Sie verfügt über eine moderne ASW-Ausrüstung, Sonarbojen sowie größere Tanks und kommt in der U-Boot-Abwehr zum Einsatz. Die Anzahl der gebauten Flugzeuge liegt zwischen 250 und 300 Stück.

Tupolew Tu-95MS

Verwendungszweck: Langstreckenbomber
Antrieb: vier Propellerturbinen (Kusnezow NK-12M) mit je 11.030 kW (14.295 WPS)
Besatzung: 10
Spannweite: 50,05 m
Länge: 43,13 m
Höhe: 13,3 m
Flügelfläche: 300,0 m²
Maximale Startmasse: 185.000 kg
Höchstgeschwindigkeit: 925 km/h
Dienstgipfelhöhe: 12.500 m
Reichweite: 11.000 km
Bewaffnung: sechs 23-mm-NR-23-Kanonen in drei Drehtürmen und bis zu 11.340 kg Bomben

Tupolew Tu-134
(NATO-Codename CRUSTY)

Ein Erbstück aus NVA-Zeiten für die Flugbereitschaft: die Tu-134A

Die Entwicklung beruht auf der Tu-104 und hatte zuerst die Bezeichnung Tu-124 A. Nachdem aber größere technische Änderungen – wie die Verlegung der Triebwerke ans Heck und der Anbau eines T-Leitwerks – die Auslegung grundlegend beeinflusste, wurde die Bezeichnung in Tu-134 geändert. Diese Maschine nahm am 9. September 1967 ihren Streckendienst auf. Die Tu-134 hatte einen um 2,10 m verlängerten Rumpf. Sie wurde 1970 vorgestellt und konnte bis zu 84 Passagiere aufnehmen. Weitere Varianten sind die Tu-134B, B-1 und B-3.

Von der Tu 134 wurden 650 Flugzeuge gebaut. Sie ist weit verbreitet und steht noch heute im Einsatz. Bei einigen Luftwaffen kam sie als VIP-Transporter und Regierungsflugzeug zum Einsatz. Die NVA setzte bei der Regierungsstaffel von 1969 bis 1974 vier Tu 134 ein, die noch über eine verglaste Bugkanzel verfügten. Ab 1971 kamen weitere 21 Tu-134A bei der NVA zum Einsatz. Diese wurden bis 1978 ebenfalls mit einer verglasten Bugspitze ausgeliefert, ab 1978 erhielten die Tu-134A eine Radarnase.

Tupolew Tu-134 A

Verwendungszweck: Mittelstrecken-Verkehrsflugzeug
Antrieb: zwei Mantelstromtriebwerke (Solowjow D-30-II) mit je 66,69 kN (6800 kp) Schub
Besatzung: 4 + 96 Passagiere
Spannweite: 29,0 m
Länge: 27,05 m
Höhe: 9,14 m
Flügelfläche: 127,3 m²
Leermasse: 29.050 kg
Maximale Startmasse: 47.000 kg
Höchstgeschwindigkeit: 900 km/h
Reisegeschwindigkeit: 800 km/h
Steiggeschwindigkeit: 14,5 m/s
Dienstgipfelhöhe: 11.890 m
Reichweite: 1890 km

Tupolew Tu-154
(NATO-Codename CARELESS)

■ **Auch zwei Tu-154M gingen in den Bestand der Flugbereitschaft über.**

Am 8. Februar 1972 setzte die Aeroflot die Tu-154 zum ersten Mal im Liniendienst ein. Weiterentwicklungen sind die Tu-154A und B, die über bessere Leistungen verfügen, da stärkere Triebwerke und größere Tanks eingebaut wurden. Die Tu-154B-2 erhielt eine moderne Cockpitausrüstung. 1982 machte eine neue Version, die Tu-154M, teilweise auch als Tu-164 bezeichnet, ihren Erstflug. Durch den Einbau neuer Triebwerke konnte der Treibstoffverbrauch um 20 Prozent gesenkt werden, die Reichweite erhöhte sich um 1000 km. Triebwerksverkleidung und Schubumkehr wurden von der IL-62M übernommen. Außerdem erhielt das Cockpit eine neue Avionikausrüstung. Die ersten beiden Serienflugzeuge gingen am 27. Dezember 1984 an die Aeroflot. Die NVA setzte beim TG 44 ab 1989 zwei Tu-154M ein, die anschließend bei der Bundesluftwaffe Verwendung fanden.

Tupolew Tu-154M

Verwendungszweck: Mittel- und Langstrecken-Verkehrsflugzeug
Antrieb: drei Mantelstromtriebwerke (Solowjow D-30KU-154) mit je 105 kN (10.706 kp) Schub
Besatzung: 3 + 105 Passagiere
Spannweite: 37,55 m
Länge: 48,0 m
Höhe: 11,4 m
Flügelfläche: 201,45 m²
Leermasse: 55.800 kg
Maximale Startmasse: 100.000 kg
Höchstgeschwindigkeit: 950 km/h
Reisegeschwindigkeit: 850 km/h
Steiggeschwindigkeit: 15 m/s
Dienstgipfelhöhe: 12.000 m
Reichweite: 6300 km
Startstrecke: 2500 m
Landestrecke: 2500 m

Tupolew Tu-160
(NATO-Codename BLACKJACK)

Die Tu-160 BLACKJACK in ungewohnt weißem Anstrich.

Der genaue Zeitraum, in dem die Entwicklung ablief, ist ebenso wenig bekannt, wie das Datum des Erstfluges. Die Tu-160 soll in erster Linie die Tu-95 und Tu-142 ersetzen beziehungsweise ergänzen. Die Serienproduktion begann 1984/85. Mitte 1988 nahm die erste mit Tu-160 ausgerüstete Einheit ihren Dienst auf. Vermutlich beläuft sich die Gesamtzahl der gebauten Flugzeuge auf nur 25 bis 30 Maschinen.

Tupolew Tu-160

Verwendungszweck: Langstreckenbomber
Antrieb: vier Mantelstromtriebwerke (Samera/ Trud NK-321) mit je 245,14 kN (25.000 kp) Standschub und Nachbrenner
Besatzung: 4
Spannweite bei 20 Grad Pfeilung: 55,70 m
Spannweite bei 65 Grad Pfeilung: 35,60 m
Länge: 54,10 m
Höhe: 13,10 m
Leermasse: 115.800 kg
Maximale Startmasse: 275.000 kg
Höchstgeschwindigkeit: 2020 km/h
Reisegeschwindigkeit: 850 km/h
Dienstgipfelhöhe: 18.300 m
Reichweite: 7300 km
Bewaffnung: 24 As-16-Luft-Boden-Raketen oder zwölf As-15-Marschflugkörper oder bis zu 16.330 kg Bomb

Saab 35 Draken

Saab J35 Draken mit vier Rb28-Luft-Luft-Lenkflugkörpern bestückt.

Als ein Nachfolger für die Saab J29 gesucht wurde, begann bei Saab Ende der 40er-Jahre die Entwicklung eines Mehrzweck-Kampfflugzeugs, das – wenn auch nur in Österreich – noch immer im aktiven Truppendienst steht. Einsatzbereiche für das neue Flugzeug sollten die Abfangjagd, die Luftraumverteidigung und die Unterstützung der Bodentruppen sein.
Um Daten für die Auslegung zu erhalten, wurde nach dreijähriger Planung zuerst ein Erprobungsträger im Maßstab 1:2 gebaut, der am 21. Februar 1952 zu seinem Erstflug vom Boden abhob. Die Erprobung der Saab 210 war von entscheidender Bedeutung für das gesamte Projekt Draken (Drache).
Der Entwurf für das neue Kampfflugzeug wies einen Doppeldeltaflügel auf, der – zumindest in der Theorie – viele Vorteile versprach, die sich dann aber auch in der Praxis bestätigten: Bei Überschallgeschwindigkeit bot der stark gepfeilte Innenflügel den geringsten Widerstand, die schwächer gepfeilten Außenflügel verbesserten die Flugeigenschaften im Unterschallbereich.
Im August 1953 bestellte die schwedische Luftwaffe drei Prototypen der Saab 35. Die erste Maschine startete erstmals am 25. Oktober 1955 in Linköping. Geflogen wurde sie von Bengt R. Olow. Die Flugerprobung musste man aufgrund schlechter Wetterverhältnisse bis Anfang 1956 aussetzten. Während eines Testflugs am 26. Januar 1956 beschleunigte die Saab 35 auf Überschallgeschwindigkeit. Ab Sommer 1956 waren auch die beiden anderen Prototypen in die Flugerprobung miteinbezogen. Die Prototypen der Saab 35 trieben in England beschaffte Rolls-Royce-Avon-Strahltriebwerke an, die jeweils eine Leistung von 47,16 kN (4800 kp) ohne und 68,84 kN (6600 kp) mit Nachbrenner hatten.
Den Prototypen folgten drei Vorserienflugzeuge, von denen das erste am 15. Februar 1958 flog. Die Vorserienflugzeuge hatten anstelle des Rolls-Royce Avon bereits ein in Schweden unter Lizenz gefertigtes Flygmotor RM6B-Triebwerk mit dem in Schweden entwickelten leistungsfähigeren Nachbrenner SFA 65. Die Serienfertigung der J35A Draken wurde im August 1956 aufgenommen. Als erster Verband erhielt die in Norrköping stationierte Flygflottilj 13 (F13) ab 8. März 1960 die J35A. Der Verband setzte seine Flugzeuge in der Luftverteidigungsrolle ein. Die Umrüstung konnte innerhalb eines Jahres abgeschlossen werden.
Nächste Variante war die J35B. Ihren Erstflug absolvierte sie am 29. November 1959, noch bevor die J35A den aktiven Truppendienst aufnahm. Gegenüber der J35A wurde das Rumpfheck der J35B zur Aufnahme eines einziehbaren Zwillingsrads verlängert. Dadurch konnten Landungen mit größerem Anstellwinkel durchgeführt werden. Später wurden auch viele J35A mit diesem Heckrad ausgerüstet. Bei der J35B kam das von Saab entwickelte Feuerleitsystem S7 zum Einbau. Es war hauptsächlich für die Bekämpfung von Luftzielen ausgelegt. Die F16 in Uppsala rüstete als erster Verband 1961 von J35A auf J35B um.
Für die Ausbildung der Piloten entwickelte Saab 1959 den Doppelsitzer Sk35C. 25 Maschinen entstanden durch den Umbau von J35A. Die Sk35C hatte keine Bewaffnung. Der hintere Sitz für den Fluglehrer wurde erhöht und verfügte zur Verbesserung der Sichtverhältnisse über ein Periskop. Der erste Trainer flog nach der Umrüstung am 30. Dezember 1959. Der Prototyp der Sk35C verblieb bei Saab, die restlichen 24 übernahm in den Jahren 1960/1961 die F16.
Die mit dem leistungsstärkeren RM6C-Triebwerk und SFA-67-Nachbrenner ausgerüstete Version hieß J35D. Der Serienbau wurde im Herbst 1962 aufgenommen. Diese Variante wurde mit dem automatischen Flugsteuerungssystem FH 5 und einem Zero-Zero-Schleudersitz ausgerüstet. Ansonsten entsprach sie der J35B. Als Erprobungsträger wurde eine J35A umgebaut, der am 27. Dezember 1960 zum Erstflug startete. Erster Einsatzverband, der Anfang 1964 mit der J35D ausgerüstet wurde, war die F13.
Für den Einsatz als taktischer Aufklärer entwickelte Saab aus der J35D in den Jahren 1960/61 die S35E. Äußerlich unterschied sich diese Version durch die Rumpfspitze, die jetzt an-

stelle des Radars eine Kameraausrüstung trug. Letztere bestand aus fünf französischen Omera-Kameras. Die beiden im Innenflügel installierten 30-mm-Kanonen wurden durch zwei SKa-24-600-Kameras ersetzt. Außerdem stand noch ein Kamerabehälter mit drei 70-mm-Vinten-Kameras und einem elektronischen Blitzlichtgerät für Allwetter-Aufklärung im Tiefflug zur Verfügung, der unter dem Rumpf aufgehängt wurde. Der erste Aufklärer hob zum ersten Mal am 27. Juni 1963 von der Startbahn ab. Ausgerüstet mit der S35E wurden die F11 in Nyköping und die F21 in Luleå.

Als Abfangjagdflugzeug leitete Saab 1965 die J35F aus der J35D ab. Als Bewaffnung erhielt diese Version in schwedischer Lizenz gefertigte Luft-Luft-Lenkwaffen. Dies waren vier Rb 27 (Hughes AIM-4 Falcon) mit halb aktivem Radar-Zielsuchkopf oder vier Rb 28 (Hughes AIM-4D Falcon) mit Infrarot-Zielsuchkopf. Für den Einsatz der Luft-Luft-Lenkwaffen musste man auch die Avionik verbessern. An der Unterseite des Rumpfvorderteils wurde ein Infrarot-Sensor angebaut. Ebenso entfiel auf der linken Seite die Kanone, an deren Stelle zusätzliche elektronische Ausrüstung installiert wurde.

1985 modifizierte Saab 60 J35F und übergab sie als J35J wieder in den Truppendienst. Die Flugzeuge wurden für zusätzliche Luft-Luft-Lenkwaffen umgerüstet und mit neuer Avionik versehen. Diese Maschinen wurden 1999 als letzte Draken außer Dienst gestellt.

Für den Export leitete Saab 1967 aus der J35F die S35X ab. Die von den verschiedenen Luftwaffen bestellten S35X passte man den jeweiligen Kundenwünschen an.

Dänemark entschied sich 1969 für die Beschaffung von 51 Saab 35XD. Der Auftrag teilte sich in zwanzig Jagdbomber F-35, zwanzig RF-35 Aufklärer und elf TF-35-Waffentrainer (Sk35XD). Die RF-35 war mit zwei 30-mm-Kanonen und die TF-35 mit einer 30-mm-Kanone ausgerüstet, so dass beide Versionen auch für Kampfeinsätze verwendet werden konnten. Die erste dänische Saab 35XD, eine F-35, startete am 29. Januar 1970 zu ihrem Jungfernflug. Ab Sommer 1970 begann die Auslieferung an die 725. Staffel in Karup. Mitte 1980 erhielten die dänischen Saab 35 eine Aufwertung ihrer Ausrüstung. Sie umfasste den Einbau eines Navigations- und Angriffs-Computers von Lear-Siegler, eine Trägheitsplattform von Singer-Kearfott, ein Head-Up Display der Serie 900 von Marconi und einen Laser-Entfernungsmesser und ein Zielsuchgerät von Feranti, das im neu gestalteten Bug eingebaut wurde. Die 725. Staffel wurde am 1. Januar 1992 aufgelöst. Ein Teil der Flugzeuge übernahm die 729. Staffel, die man als letzte Draken-Einheit in Dänemark am 31. Dezember 1993 auflöste.

Zweiter ausländischer Kunde für die Saab Draken war Finnland, das sich im Juni 1970 für die mit J35XS bezeichnete Version entschied, deren Endmontage bei Valmet OY in Finnland erfolgte. Die J35XS entsprach in etwa der J35F. Die Bestellung umfasste zwölf Flugzeuge. Für das Pilotentraining wurden 1972 sechs J35B aus schwedischen Beständen gemietet. Die erste finnische J35XS startete am 12. März 1974 in Linköping zum Erstflug und wurde Ende April 1974 den finnischen Luftstreitkräften übergeben. Die sechs gemieteten J35B, in J35BS umbenannt, wurden 1976 zusammen mit sechs J35F und drei Sk35C von der schwedischen Luftwaffe erworben. Als erste Einheit übernahm die in Rovaniemi stationierte HLeLV 11 die J35XS. Insgesamt verfügte Finnland über sechs J35BS, zwölf J35XS, sechs J35FS und drei J35CS.

Letzter Kunde wurde Österreich, das im Mai 1985 einen Vertrag über 24 J35D, die man auf J35F-Standard brachte, unterzeichnete. Die Auslieferung begann im Herbst 1987. Die Flugzeuge werden neu als J35Oe bezeichnet.

Saab J35J

Verwendungszweck: Mehrzweck-Kampfflugzeug
Besatzung: 1
Triebwerk: ein Strahltriebwerk (Volvo Flygmotor RM6C) mit 56,64 kN (5765 kp) Standschub ohne und 76,93 kN (7830 kp) mit Nachbrenner
Länge: 15,35 m
Höhe: 3,89 m
Spannweite: 9,40 m
Flügelfläche: 49,20 m²
Spurweite: 2,70 m
Rüstmasse: 8250 kg
Tankinhalt: 4000 Liter
Zusatztanks: 5000 Liter
Maximale Waffenlast: 6393 kg
Normale Startmasse: 11.400 kg
Maximale Startmasse als Abfangjagdflugzeug: 12.270 kg
Maximale Startmasse als Erdkampfflugzeug: 15.000 kg
Höchstgeschwindigkeit in 90 m Höhe: 1469 km/h
Höchstgeschwindigkeit in 10.975 m Höhe: 2126 km/h
Steiggeschwindigkeit mit Nachbrenner: 175 m/s
Dienstgipfelhöhe: 19.995 m
Einsatzradius high-low-high: 564 km
Überführungsreichweite: 2840 km
Startrollstrecke mit Nachbrenner: 650 m
Startstrecke auf 15 m Höhe mit Nachbrenner: 960 m
Startstrecke mit maximaler Startmasse mit Nachbrenner: 1550 m
Landestrecke: 530 m
Bewaffnung: zwei 30-mm-Kanonen des Typs Aden M55 sowie Luft-Luft-Lenkwaffen, Raketenbehälter und Bomben, verteilt auf sechs Aufhängepositionen unter den Tragflächen und drei unter dem Rumpf

Saab 37 Viggen

■ **Die Saab JA37 wird als Abfangjäger eingesetzt.**

Die Saab 37 Viggen (Donnerkeil) wurde als Nachfolger der Saab 32 Lansen entworfen. Die Arbeiten an diesem Projekt begannen Anfang der 60er-Jahre. Zurzeit ist die Saab 37 das Rückgrat der schwedischen Luftwaffe. Im April 1962 wurde Saab mit der endgültigen Entwicklung beauftragt. Nach einigen Änderungen legte Saab sich im Mai 1963 auf die Auslegung des Flugzeugs fest. Als Triebwerk wurde das JT8D-22 von Pratt & Whitney ausgewählt, das später Svenska Flygmotor unter der Bezeichnung RM8 in Lizenz fertigte. Die Leistung lag bei 65,7 kN.

Mit der Fertigung des Prototyps 37-1 begann man im September 1964. Die Montage konnte im Oktober 1966 abgeschlossen werden. Insgesamt entstanden sieben Prototypen. Bereits ab Februar 1965 erfolgte die Erprobung der vorgesehenen Avionik in einer Saab 32 Lansen.

Die erste Saab 37 absolvierte ihren Erstflug mit Eric Dahlström im Cockpit am 8. Februar 1967. Ein halbes Jahr später, am 21. September 1967, flog auch der zweite Prototyp. Der dritte Prototyp folgte am 29. März 1968, der vierte am 28. Mai 1968 und der fünfte am 17. Mai 1969. Die Saab 37-1 diente der Erprobung der Flugeigenschaften; für die Erprobung des Triebwerks wurde die Saab 37-4 verwendet und mit der Saab 37-5 führte man die Einsatzerprobung durch. Der siebte und letzte Prototyp war ein Doppelsitzer Sk37, dessen Entwicklung parallel verlief. Ihren 70-minütigen Erstflug absolvierte die Sk37 am 2. Juli 1970, geflogen wurde sie von Per Pelleberg. Platz für das zweite Cockpit wurde durch den Ausbau des vorderen Tanks im Rumpfmittelteil geschaffen. Aus Stabilitätsgründen wurde die Seitenflosse nach oben vergrößert. Die Sk37 kann in ihrer zweiten Rolle für Tiefangriffe eingesetzt werden und bis zu 6000 kg Waffen mitführen.

Im Sommer 1967 lief die Serienfertigung des inzwischen mit Viggen bezeichneten Flugzeugs an. Am 5. April 1968 bestellte die schwedische Luftwaffe von der Version AJ37 (Kampfflugzeug) 150 Einheiten und von der Sk37 (Schulflugzeug) 25 Flugzeuge. Die erste AJ37 aus der Serie flog am 23. Februar 1971, sie wurde am 21. Juni 1971 an die Flygflottilj 7 (F7) in Satenäs übergeben und löste dort die A32A Lansen ab.

Als nächste Version wurde ab Dezember 1970 der taktische Aufklärer SF37 als Nachfolgemuster für die S35E Draken entwickelt. Der Erstflug erfolgte am 21. Mai 1973, und die Auslieferung begann 1977. Die letzte von 28 SF37 wurde am 7. Februar 1980 an die F21 in Lulea übergeben. Die SF37 ist ein Allwetter-Aufklärer und für Einsätze bei Tag und Nacht geeignet.

Außer Luft-Luft-Lenkwaffen des Typs Rb74 (AIM-9L Sidewinder) für die Selbstverteidigung konnte sie keine Waffen mitführen.

Die Kameraausrüstung besteht aus einer im Bug eingebauten VKA702-Infrarotkamera, zwei senkrecht eingebauten 70-mm-Kameras für Aufnahmen aus großen Flughöhen und vier Kameras für den Einsatz in geringer Höhe. Außerdem ist sie noch mit dem Red-Baron-Infrarot-Zeilenabtaster und mit ECM-Behälter ausgerüstet.

Eine weitere Aufklärervariante ist die SH37, die für die Hochseeaufklärung eingesetzt wird. Die SH37 wurde aus der AJ37 entwickelt. Der erste Prototyp flog am 10. Dezember 1973. Äußerlich unterscheidet sie sich von der SF37 durch ihren Radom, in den ein modifiziertes Ericsson-PS-37-Radar eingebaut ist.

Für die Aufklärung führt sie in einem Kamerabehälter an der Rumpfstation eine SKA24D-Kamera großer Reichweite mit, deren Objektiv eine Brennweite von 600 mm hat. An den Flügelstationen können noch ECM-Behälter, drei Infrarot-Kameras und Luft-Luft-Lenkwaffen zur Selbstverteidigung mitgeführt werden. Im linken Rumpfbehälter ist noch ein Beleuchtungssystem für die Nachtaufklärung untergebracht. Im Gegensatz zur SF37 kann die SH37 für Kampfaufgaben über See eingesetzt werden. Als erster Verband übernahm die F13 in Norrköping im Oktober 1976 die SH37. Zwischen 1977 und 1979 entstanden 27 SH37.

Von der Viggen gibt es auch eine Version für den Einsatz als Abfangjäger. Die Entwicklung der mit JA37 bezeichneten Maschine begann 1968. Die schwedische Luftwaffe griff den Vorschlag 1972 auf. Für die Erprobung wurden vier AJ37 umgebaut. Der erste Prototyp startete am 4. Juni 1974. Als Antrieb wurde das schubstärkere RM8B-Triebwerk von Volvo Flygmotor vorgesehen. Für seine Erprobung kam der zweite Prototyp zum Einsatz, der am 27. September 1974 seinen Erstflug absolvierte. Gleichzeitig wurde mit dieser Maschine auch die neue Bewaffnung getestet, die an der Rumpfunterseite halb versenkt eingebaut wurde und aus der 30-mm-Kanone KCA von Oerlikon mit 150 Schuss bestand. Die Kanone hat eine Schussfolge von 1350 Schuss/min. Die Avionik der JA37 wurde mit dem dritten und vierten Prototyp getestet. Beide Maschinen starteten am 22. November 1974 und am 30. Mai 1975 zum Erstflug. Eine fünfte Maschine, die dem Vorserienstandard entsprach und neu gebaut worden war, flog am 19. Dezember 1975, die erste Serienmaschine am 4. November 1977. Die Avionik wurde grundlegend geändert, was auch der Grund für zwei weitere Erprobungsträger war. Als Radar kommt das Multifunktions-Doppler-Radar PS-46/A von Ericsson zum Einbau. Des weiteren sind das Trägheits-Navigationssystem KT-70L und der Zentralrechner SKC-2037, beide von Singer-Kearfott, neu. Außerdem besteht die Ausrüstung aus dem Head-Up Display ED 102B von Svenska Radio und der digitalen Flugführungsanlage SA07 von Saab und Honeywell.

Bei der JA37 wurde auch die vergrößerte Seitenflosse des Trainers Sk37 angebaut. Neben der Kanone kann die JA37 noch die Luft-Luft-Lenkwaffen Rb72 mit Infrarot-Suchkopf und die Rb71 mitführen. Anfang Oktober 1974 bestellte die schwedische Luftwaffe 30 JA37, es folgte eine weiter Bestellung über 60 Flugzeuge und im März 1980 nochmals über 59 Einheiten.

Im Juni 1992 fiel die Entscheidung, 115 Saab AJ37, SF37 und SH37 zur neuen Mehrzweckversion AJS37 zu modifizieren. Die Flugzeuge können somit für den Erdkampfeinsatz, als Jagdflugzeug oder als Aufklärer eingesetzt werden. Sie erhalten neue Rechner und Prozessoren. Außerdem können die Waffensysteme der JAS39 Gripen eingebaut werden, so etwa die Anti-Schiffs-Rakete Saab Rb15F, die BK/DWS-Werfer, verschiedene Luft-Luft-Lenkwaffen sowie ECM- und Aufklärungsbehälter. Die ersten umgerüsteten Flugzeuge wurden 1993 an vier Einsatzverbände ausgeliefert.

Saab JA 37 Viggen

Verwendungszweck: Allwetter-Abfangjagdflugzeug
Besatzung: 1
Triebwerk: ein Mantelstromtriebwerk (Volvo Flygmotor RM8B) mit 72,06 kN (7334 kp) Standschub ohne und 125,04 kN (12.726 kp) mit Nachbrenner
Länge mit Staurohr: 16,40 m
Länge ohne Staurohr: 15,45 m
Höhe: 5,90 m
Spannweite: 10,60 m
Flügelfläche: 52,70 m²
Radstand: 5,69 m
Spurweite: 4,76 m
Rüstmasse: 8130 kg
Normale Startmasse: 15.000 kg
Maximale Startmasse: 17.000 kg
Höchstgeschwindigkeit in 10.975 m Höhe: 2126 km/h
Höchstgeschwindigkeit in 300 m Höhe: 1410 km/h
Steiggeschwindigkeit: 101,6 m/s
Steigzeit auf 10.000 m Höhe: 100 s
Dienstgipfelhöhe: 18.290 m
Einsatzradius: 1126 km
Startstrecke: 400 m
Landestrecke: 500 m
Bewaffnung: eine 30-mm-Revolverkanone des Typs Oerlikon KCA mit 150 Schuss sowie an den Flügelstationen vier Luft-Luft-Lenkflugkörper der Typen BAeD Rb71 Sky Flash, Rb74 (AIM-9L) Sidewinder, sechs 13,5-cm-Bofors-Luft-Boden-Raketen und Zusatztanks.

Saab 39 Gripen

Der zweite Prototyp der Saab JAS 39 Gripen erhielt für verschiedene Flugtests einen matt schwarzen Anstrich.

Wie die Bezeichnung JAS schon aussagt, wurde die Gripen als Mehrzweckflugzeug ausgelegt, das sowohl als Jagdflugzeug, als Jagdbomber oder als Aufklärer eingesetzt werden kann. Es sind keine Spezialversionen mehr notwendig, da die entsprechende Software im Bordcomputer gespeichert ist und nur noch nach Bedarf aufgerufen werden muss. Die dazugehörige Ausrüstung ist in Modulen aufgebaut und kann schnell ausgewechselt werden. Das Flugzeug erkennt selbst, welche Waffen an den Außenlaststationen hängen. Für einen Jagdeinsatz kann die Gripen in zehn Minuten aufgetankt und bewaffnet werden.

Neben dem Einsitzer JAS39 wurde für Schulungszwecke noch der Doppelsitzer JAS39B entwickelt. Bestellt sind zurzeit – in drei Serien – 176 JAS39 und 28 JAS39B.

Für die Entwicklung und Fertigung der Gripen wurde Ende 1980 von Saab-Scania, Volvo Flygmotor, Ericsson-Radarelektronik und FFV Aerotech die JAS-Industriegruppe gegründet. Der erste Entwurf wurde 1981 dem schwedischen Beschaffungsamt vorgelegt.

Ausgelegt wurde die JAS39 mit Deltaflügel und Canards und mit nur einem Triebwerk. Das Triebwerk ist eine Weiterentwicklung des F404J von General Electric, die Saab zusammen mit Volvo Flygmotor durchführte und in Schweden unter der Bezeichnung RM12 hergestellt wird. Es hat einen Standschub von 54 kN (5510 kp) ohne und 80,5 kN (8210 kp) mit Nachbrenner.

Wichtige Voraussetzung bei der Entwicklung war der Einsatz von V90-Schnellstraßen aus, die in Schweden zum Teil als Kriegsflugplätze dienen. Diese Straßen sind asphaltiert, aber die zur Verfügung stehende Startstrecke beträgt nur rund 880 m. Ein weiterer wichtiger Punkt war die Voraussetzung, dass die Flugzeuge im Winter von Zeitsoldaten mit Pelzhandschuhen gewartet werden können.

Für die Erprobung wurden fünf Prototypen bestellt. Der erste, die 39-1, hatte am 26. April 1987 ihren Roll-out. Der Erstflug mit einer Dauer von 51 Minuten erfolgte allerdings erst am 9. Dezember 1988 mit Stig Holmstrom im Cockpit. Die lange Zeit zwischen Roll-out und Erstflug ist in der Entwicklung der komplexen Bordsysteme und der Software für die Rechner begründet. Trotz dieser langen Entwicklungszeit stürzte die 39-1 bei ihrem sechsten Testflug am 2. Februar 1989 wegen eines Softwarefehlers im Landeanflug ab. Dabei wurde sie so schwer beschädigt, dass sich eine Reparatur nicht mehr lohnte. Die Überarbeitung der Software, die Calsan in den USA vornahm, dauerte 15 Monate, so dass der Erstflug des zweiten Prototyps erst am 4. Mai 1990 erfolgte. Die integrierte Flugsteuerung erprobte man mit der 39-2. Als nächste Maschine flogen am 20. Dezember 1990 die 39-4 mit der kompletten Avionikausrüstung und am 25. März 1991 die 39-3 ebenfalls mit der kompletten Avionikausrüstung sowie zusätzlich mit dem PS-05/A-Mehrzweckradar von Ericsson/GEC Ferranti. Der letzte Prototyp, die 39-5, hob zum ersten Mal am 23. Oktober 1991 ab. Am 21. April 1993 fand der 1000. Testflug statt. Das erste Serienflugzeug, die 39-101, nahm am 4. März 1993 die Flugerprobung auf. Pilot war an diesem Tag Lars Rådeström. Am 18. August 1993 ging die zweite Gripen verloren: Während einer Flugvorführung in Stockholm verlor Lars Rådeström infolge harter Steuerausschläge die Kontrolle über die erste Serienmaschine (39-101) und musste mit dem Schleudersitz aussteigen. Genau 1877 der geplanten 2400 Testflüge wurden bis September 1995 absolviert und dabei 95 Prozent der vertraglich fixierten Leistungsnachweise erbracht.

Die 39-102 wurde am 8. Juni 1993 an die F7 der schwedische Luftwaffe in Satenäs übergeben. Somit war die Gripen das erste Flugzeuge der vierten Generation, das in den aktiven Truppendienst ging. Die volle Einsatzbereitschaft der Gripen wurden nach verschiedenen Übungen am 30. Oktober 1997 offiziell bestätigt.

Der erste Doppelsitzer hatte am 29. September 1995 seinen Roll-out. Für die Beschaffung der JAS 39B entschied sich die schwedische Luftwaffe erst 1992. Wie sich schon aus der Typenbezeichnung schließen lässt, handelt es sich bei der JAS39B um ein voll einsatztaugliches Kampfflugzeug mit Doppelsteuerung für die taktische Ausbildung. Um Platz für das zweite Cockpit zu gewinnen, wurde der Rumpf um 65 cm verlängert. Auf den Einbau der 27-mm-Kanone von Mauser wurde verzichtet. Alle anderen Waffen können jedoch mitgeführt werden. Die Waffen können auch vom hinteren Cockpit aus eingesetzt werden. Allerdings besitzt dieses kein Head-Up Display, ist aber sonst mit dem vorderen Cockpit identisch. Die 39-800 absolvierte am 29. April 1996 in Linköping ihren Erstflug. Beim dritten Serienlos, in dem 64 Flugzeuge gefertigt werden, kommt das Ericsson-PS-05/A-Radar mit erheblich gesteigerter Rechnerleistung zum Einbau. Dadurch wird das System gegen gegnerische Störmaßnahmen unempfindlicher, und die Zuverlässigkeit erhöht sich um fast 50 Prozent. Im Cockpit werden die drei Schwarz-weiß-Bildschirme baldmöglichst durch größere farbige Multifunktionsbildschirme (15x20 cm) ersetzt, die kompatibel zu Nachtsichtbrillen sind. Außerdem wird eine FADEC-Triebwerkssteuerung eingebaut; außerdem können die Maschinen mit einer Luftbetankungssonde ausgerüstet werden.

Für die Gripen gibt es viele Interessenten. Für den Verkauf der Gripen im Ausland haben sich Saab und British Aerospace zusammengeschlossen. Erster Kunde, der gewonnen werden konnte, ist Südafrika. Im Rahmen eines umfangreichen Modernisierungsprogramms für die südafrikanischen Streitkräfte bestellte das Land 28 JAS 39 Gripen sowie 24 BAe Hawk in der LIFT-Version (Lead in Fighter Trainer).

Weitere Interessenten sind Brasilien mit etwa 50 Flugzeugen, Chile mit zunächst 16 bis 24 Flugzeugen (die Anzahl kann sich aber auf 80 Einheiten erhöhen), Österreich mit 30 Maschinen, die Philippinen mit 24 Flugzeugen, Polen mit 50 bis 100 Einheiten, Ungarn mit 30 Flugzeugen und Tschechien mit 36. British Aerospace und Saab sehen die Chance, in den nächsten 20 Jahren rund 250 Flugzeuge zu verkaufen.

Saab JAS 39A Gripen

Verwendungszweck: Mehrzweck-Kampfflugzeug
Besatzung: 1
Triebwerk: ein Mantelstromtriebwerk (Volvo RM12) mit 54 kN (5496 kp) Standschub ohne und 80,5 kN (8193 kp) mit Nachbrenner
Länge: 14,10 m
Höhe: 4,50 m
Spannweite: 8,40 m
Radstand: 5,30 m
Spurweite: 2,60 m
Rüstmasse: 6622 kg
Tankinhalt: 2270 kg
Maximale Waffenlast: 4200 kg
Normale Startmasse: 8700 kg
Maximale Startmasse: 12.473 kg
Höchstgeschwindigkeit in Meereshöhe: 1470 km/h
Höchstgeschwindigkeit in 11.000 m Höhe: 2555 km/h
Steigzeit auf 14.000 m: 3 min
Dienstgipfelhöhe: 20.000 m
Einsatzradius als Abfangjäger mit zwei Rb24 (Sidewinder) und Rb72 (Sky Flash): 400 km
Überführungsreichweite: 3000 km
Startstrecke: 400 m
Landestrecke: 500 m
G-Belastung: +9
Bewaffnung: eine 27-mm-Kanone des Typs Mauser BK27; an sieben Außenstationen können folgende Waffen mitgeführt werden: zwei Rb24 (AIM-9 Sidewinder) an den Flügelspitzen, vier Luft-Luft-Lenkwaffen Rb72 (Sky Flash), vier AIM-120 AMRAAM, vier Rb75 (Maverick), zwei Saab-RBS-15F-Anti-Schiffs-Lenkwaffen, zwei Dasa DWS 39, vier Bofors-Raketenbehälter, konventionelle Bomben sowie EloKa- und Aufklärungsbehälter

Saab 105

Ende der 50er-Jahre suchten die schwedischen Luftstreitkräfte ein Mehrzweckflugzeug mit Strahlantrieb als Schulflugzeug, Aufklärer und leichtes Kampfflugzeug. Saab entwickelte daraufhin das Modell 105, allerdings ohne offiziellen Auftrag. Zwei Prototypen entstanden, von denen der erste am 29. Juni 1963 flog. Da sich der Prototyp bewährte, bestellte die schwedische Luftwaffe 150 Flugzeuge, die in den Versionen Sk60A (Schul- und Verbindungsflugzeug), Sk60B (leichter Jagdbomber) und Sk60C (Aufklärer) zum Einsatz kamen. Neben Schweden setzt nur noch Österreich die Saab 105 ein. Die 40 Saab 105Oe wurden ab Juli 1970 ausgeliefert.

■ Die Saab 105 wird als Schul- und Erdkampfflugzeug eingesetzt.

Saab 105Oe

Verwendungszweck: Trainer, leichtes Mehrzweck-Kampfflugzeug
Antrieb: zwei Strahltriebwerke (General Electric J85-17B) mit je 12,68 kN (1293 kp) Schub
Besatzung: 2
Spannweite: 9,50 m
Länge: 10,50 m
Höhe: 2,70 m
Leermasse: 2550 kg
Maximale Startmasse: 6500 kg
Höchstgeschwindigkeit: 970 km/h
Reichweite: 2400 km
Bewaffnung: sechs Flügelstationen für bis zu 2000 kg externe Waffenlasten

Saab 340 AEW+C

Als Regionalverkehrsflugzeug entwickelt, flog der erste Saab-340-Prototyp erstmals am 25. Januar 1983. Im Jahr 1989 wurde die Produktion auf die verbesserte Saab 340B (Erstflug 21. April 1989) umgestellt. Aus diesem Flugzeug entwickelt Saab ein leichtes Frühwarn- und Überwachungsflugzeug. Diese Maschinen sind mit dem Eri-Eye-Radar, einer schwedischen Entwicklung, ausgerüstet. Zurzeit werden sechs Saab 340B mit diesem System ausgerüstet. Der Erstflug erfolgte am 17. Januar 1994. Die schwedischen Luftstreitkräfte übernahmen ab 1995 das Flugzeug unter der Bezeichnung S100B Argus. Für VIP-Transporte wird eine Tp100 (Saab 340B) eingesetzt.

Saab 340 AEW+C

Verwendungszweck: Frühwarn- und Überwachungsflugzeug
Antrieb: zwei Propellerturbinen (General Electric CT7-9B) mit je 1305 kW (1750 WPS)
Besatzung: 3
Spannweite: 21,44 m
Länge: 19,73 m
Höhe: 6,78 m
Leermasse: 8140 kg
Maximale Startmasse: 12.927 kg
Höchstgeschwindigkeit: 520 km
Dienstgipfelhöhe:7600 m

■ Als Frühwarnflugzeug für weniger finanzkräftige Luftwaffen bietet Saab die 340 AEW&C an.

Saab MFI-15 Safari/MFI-17 Supporter

Die MFI-17 dient in mehreren Luftwaffen als Verbindungs- und Beobachtungsflugzeug.

Die bei Malmö Flygindustrie (MFI) AB entwickelte Maschine war als Ersatz für die Piper L-21B des schwedischen Heeres gedacht. Die MFI-15 flog erstmals am 11. Juli 1969. Die schwedischen Streitkräfte entschieden sich jedoch nicht für die MFI-15. Die Weiterentwicklung Saab MFI-17 erhielt das leistungsstärkere Lycoming-IO-360-A1B6-Triebwerk mit 149 kW (200 PS). Außerdem kann die MFI-17 an sechs Aufhängepunkten unter den Tragflächen externe Ausrüstung mit sich führen. Als erstes Land bestellte Sierra Leone vier MFI-15. 1974 bestellte Pakistan 38 Flugzeuge und baute eine größere Anzahl als »Mushshaq« unter Lizenz. Dänemark erhielt ab 1975 unter der Bezeichnung T-17 32 MFI-17 und Norwegen (1981) 19 Flugzeuge. Insgesamt wurden über 300 MFI-15/17 gebaut. In Deutschland erfolgte die Fertigung bei Bölkow als Bo 208 Junior.

Saab MFI-15

Verwendungszweck: Mehrzweckflugzeug
Antrieb: ein Vierzylinder-Boxermotor (Avco-Lycoming IO-320B) mit 119 kW (160 PS)
Besatzung: 2
Spannweite: 8,85 m
Länge: 7,00 m
Höhe: 2,60 m
Flügelfläche: 11,90 m²

Leermasse: 646 kg
Maximale Startmasse: 1200 kg
Höchstgeschwindigkeit: 236 km/h
Reisegeschwindigkeit: 208 km/h
Steiggeschwindigkeit: 5,5 m/s
Dienstgipfelhöhe: 4100 m
Reichweite: 1050 km

Pilatus PC-6 Turbo Porter

■ **Pilatus PC-6/B2H2 als »blaue Elise« der 4. Flächenstaffel.**

Die PC-6 ist ein sowohl im zivilen wie auch militärischen Bereich überaus erfolgreiches Flugzeug. Der Erstflug erfolgte am 4. Mai 1959. Die ersten Serienflugzeuge besaßen einen Sechszylinder-Boxermotor des Typs Avco Lycoming GS0-480-B1A6 von 254 kW (340 PS). Ab September 1962 kam der leistungsstärkere IGO-540-A1A mit 261 kW (350 PS) zum Einbau. Die PC-6 kann mit normalem Fahrwerk, Ski-Fahrwerk und Schwimmern ausgerüstet werden. Neben den Kolbenmotoren wird die PC-6 auch mit Propellerturbinen angeboten. Die erste mit einer Turboméca Astazou IIE von 390 kW (525 WPS) ausgestattete Turbo Porter flog am 2. Mai 1961. Viele Porter wurden anschließend auf die Propellerturbine umgebaut.
Bei der US Army stehen zwei PC-6 mit der Bezeichnung UV-20A Chiricahua im Einsatz. Fairchild entwickelte aus der PC-6 ein COIN-Flugzeug (COIN = Counter Insurgency = Aufstandsbekämpfung), von dem 15 Flugzeuge von der USAF als AU-23A Peacemaker übernommen wurden. Auch die thailändische Luftwaffe erwarb eine Anzahl AU-23A.

Pilatus PC-6/B2-H2

Verwendungszweck: Mehrzweckflugzeug
Antrieb: eine Propellerturbine (Pratt & Whitney Canada PT-6A-27) mit 410 kW (550 WPS)
Besatzung: 2 + 6 Passagiere
Spannweite: 15,13 m
Länge: 10,90 m
Höhe: 3,20 m
Flügelfläche: 28,80 m²
Leermasse: 1218 kg
Maximale Startmasse: 2770 kg
Reisegeschwindigkeit: 260 km/h
Dienstgipfelhöhe: 8535 m
Reichweite: 1050 km

Pilatus PC-7

■ **Diese Pilatus PC-7 wurde an die Flugschule der chilenischen Marine geliefert.**

Die PC-7 entstand durch Umbau der Pilatus P-3.01 (HB-HON), mit dem 1966 begonnen wurde. Der Erstflug fand bereits am 7. April 1966 statt. Allerdings wurde das Flugzeug damals noch mit P-3B oder P-3.06 bezeichnet, erst 1967 erhielt es die Bezeichnung PC-7. Am 9. September 1970 machte die HB-HON eine Bauchlandung und wurde nicht mehr instand gesetzt. Das Projekt ruhte bis 1974. Im Jahr 1975 stellte die Flugwaffe die P-3.05 »A-871« zum Umbau zur Verfügung. Das Flugzeug wurde mit einer Pratt-&-Whitney-PT6A-Turbine ausgerüstet und startete am 13. Mai 1975 als HB-HOZ zum Erstflug. Bei der folgenden Erprobung machte man einige Änderungen. Ein Jahr nach dem Erstflug, am 13. Mai 1976, wurde der Serienbau freigegeben. Die erste Serienmaschine, HB-HAO, flog dann am 19. August 1978 zu ersten Mal. Die PC-7 wurde ein voller Erfolg, und viele Luftstreitkräfte beschafften das Flugzeug für ihre Pilotenausbildung. 1992 kam die Weiterentwicklung PC-7 Mk.II auf den Markt, die am 25. September 1992 zum Erstflug startete. Zwei Prototypen wurden gebaut. Die Mk.II unterscheidet sich von der PC-7 äußerlich vor allem in der Leitwerksform und der Cockpithaube. Strukturell entspricht sie weitgehend der PC-9. Die PC-7 Mk.II verfügt über zwei Martin-Baker-Mk.CH11A-Schleudersitze. Südafrika hat als Ersatz für die T-6 Havard 60 PC-7Mk.II bestellt, die ab 1994 ausgeliefert wurden.

Pilatus PC-7 Mk.II

Verwendungszweck: Schulflugzeug
Antrieb: eine Propellerturbine (Pratt & Whitney Canada PT-6A-25C) mit 522 kW (700 WPS)
Besatzung: 2
Spannweite: 10,12 m
Länge: 10,13 m
Höhe: 3,26 m
Flügelfläche: 16,29 m²
Leermasse: 1670 kg
Maximale Startmasse: 2250 kg
Reisegeschwindigkeit: 466 km/h
Steiggeschwindigkeit: 13,7 m/s
Reichweite: 1700 km
Startstrecke: 260 m
Landestrecke: 365 m

Pilatus PC-9

■ **Pilatus PC-9 Advanced in den Farben der Luftwaffe Saudi-Arabiens.**

Die PC-9 gleicht äußerlich der PC-7, hat mit dieser jedoch nur rund 10 Prozent gemeinsam. Neben einem bedeutend stärkeren Triebwerk hat die PC-9 ein in der Höhe versetztes hinteres Cockpit und ein neues Flügelprofil. Die erste Maschine HB-HPA flog am 7. Mai 1984, die zweite HB-HPB am 20. Juli 1984. Erster Kunde war Burma, das 1985 vier Flugzeuge beschaffte. Australien übernahm 67 PC-9, von denen 65 in Australien unter Lizenz gebaut wurden. Die erste australische PC-9/A »A-23-003« flog am 14. November 1987. Als Ersatz für die Zielschleppflugzeuge C-3605 erprobte die Schweizer Flugwaffe ab 1987 die PC-9, die dafür mit einer neuen Schleppvorrichtung ausgerüstet wurde. Die Schweizer Flugwaffe beschaffte insgesamt zwölf Zielschlepper. Als Ersatz für die OV-10 Bronco stehen in Deutschland seit 1990 zehn PC-9 in der Zielschlepperversion im Einsatz.
Für die IPATS-Ausschreibung der USAF/US Navy entwickelte Pilatus zusammen mit Raytheon/Beech die PC-9 Mk.II. Diese unterscheidet sich von der PC-9 durch eine verstärkte Rumpfstruktur, eine neue Cockpithaube, Druckkabine, Zero-Zero-Schleudersitze und eine neue digitale Elektrik. Der Erstflug fand Ende 1992 statt. Im Juli 1995 fiel die Entscheidung für das IPATS zugunsten von der Pilatus/Beech PC-9 Mk.II. Insgesamt 711 Flugzeuge sollen beschafft werden. Die Fertigung erfolgt bei Raytheon.

Pilatus PC-9Mk.II

Verwendungszweck: Schul- und Zielschleppflugzeug
Antrieb: eine Propellerturbine (Pratt & Whitney Canada PT-6A-62) mit 708 kW (950 WPS)
Besatzung: 2
Spannweite: 10,12 m
Länge: 10,13 m
Höhe: 3,26 m
Flügelfläche: 16,29 m²
Leermasse: 1685 kg
Maximale Startmasse: 3200 kg
Reisegeschwindigkeit: 593 km/h
Steiggeschwindigkeit: 20,8 m/s
Reichweite: 1642 km
Startstrecke: 227 m
Landestrecke: 417 m

CASA C.101 Aviojet

Fluglehrer der Ala 79 stellen auch das spanische Kunstflugteam »Aguila«.

Als ein Nachfolgemuster für die Lockheed T-33A und die Hispano HA-200 als Schulflugzeug und leichtes Erdkampfflugzeug gesucht wurde, begannen bei CASA im August 1974 die Entwicklungsarbeiten an der C.101 Aviojet. Unterstützt wurde CASA bei der Ausführung von Northrop und MBB. Northrop entwickelte die Lufteinläufe und Teile des Flügels, MBB den hinteren Rumpfabschnitt mit dem Heck. Die Windkanalversuche wurden in Lille in Frankreich und Bedford in Großbritannien durchgeführt.

Der Ganzmetallrumpf wird in Halbschalenbauweise hergestellt und setzt sich aus drei Modulen zusammen. Das Cockpit mit Druckausgleich ist in Tandemanordnung ausgelegt und mit zwei Martin-Baker-Mk.10L-Zero-Zero-Schleudersitzen ausgestattet. Das hintere Cockpit ist um 32,5 cm höher angeordnet, damit der Fluglehrer eine bessere Sicht hat. Die getrennten Cockpithauben werden nach rechts geöffnet. Unter dem hinteren Cockpit befindet sich ein Waffenschacht zur Aufnahme von ECM-Geräten und weiterer Ausrüstung.

Für den Antrieb wurde das aus der Zivilluftfahrt bekannte Turbofan-Triebwerk Garrett AiResearch TFE731 ausgewählt. Die Lufteinläufe befinden sich über den Flügelwurzeln der mit 1 Grad 53 Minuten gepfeilten Tragflächen. Die Tragflächen mit Integraltanks haben eine V-Stellung von 5 Grad und besitzen eine relative Profildicke von 15 Prozent. Der Tank im Mittelflügel fasst 575 Liter, die beiden äußeren Flügeltanks je 342 Liter. Der Rumpftank hat ein Fassungsvermögen von 1155 Liter.

Das Leitwerk ist konventionell aufgebaut. Seiten- und Höhenruder werden manuell betätigt. Die Avionikgrundausrüstung der in Spanien eingesetzten Flugzeuge besteht aus VHF/UHF-Sender und Empfänger, einem Bendix-ARN-127-Empfänger für VOR- und ILS-Funkfeuer, einem TACAN ARN-118 von Collins und einem Teledyne-APX-101-System.

Der Auftrag für die Entwicklung und den Bau von vier Prototypen und zwei statischen Bruchzellen wurde am 16. September 1975 erteilt. Der erste Prototyp mit der Bezeichnung XE.25-01 startete am 27. Juni 1977 zu seinem Erstflug, der vierte und letzte am 17. April 1978. Alle vier Maschinen wurden Ende 1978 zur Erprobung der spanischen Luftwaffe übergeben.

Die spanische Luftwaffe (Ejército del Aire) plante zunächst, 120 Maschinen zu beschaffen. Die Bestellung umfasste dann aber nur 88 Flugzeuge, die in zwei Losen zu 60 und 28 Flugzeugen gefertigt wurden. Die Bezeichnung bei CASA lautete C.101EB-01, bei der spanischen Luftwaffe heißt das Flugzeug E.25 Mirlo. Die Maschinen führen die Seriennummern E-25-1 bis E-88. Die letzte E.25 wurde 1984 ausgeliefert.

Die Academia del Aire (Ala 79) in San Javier erhielt am 17. März 1980 die ersten vier Maschinen, die dort für die Fortgeschrittenenausbildung eingesetzt werden. Fluglehrer der Schule bilden auch das spanische Kunstflugteam »Team Aguila«. Eine weitere Einheit, die die C.101 einsetzt, ist die 744. Escuadrón der Grupo de Escuelas de Macatan. Zwei Maschinen fliegen bei der Grupo 54, der Erprobungseinheit der spanischen Luftwaffe.

Neben Spanien kommt die C.101 noch in Chile, Honduras und Jordanien zum Einsatz. Chile bestellte 1980 zwölf C.101BB-02, die ebenfalls in der Fortgeschrittenenschulung eingesetzt werden und die Cessna T-37 ersetzen. Vier der Maschinen lieferte CASA direkt und acht montierte ENAER. In Chile wird die C.101 als T-36 Halcón bezeichnet. Eine weitere Bestellung über fünf Maschinen erfolgte 1984; ihre Endmontage führte ENAER durch.

Für das Waffentraining wurde 1980 ein Auftrag über vier C.101CC-02 erteilt, dem 1984 weitere 16 folgten. Die erste Maschine lieferte CASA wieder direkt, die restlichen montierte erneut ENAER. Diese Version heißt in Chile A-36 Halcón.

1983 bestellte Honduras vier C.101BB-03. Die erste Maschine flog im Oktober 1983, und die Auslieferung aller vier Flugzeuge erfolgte Anfang 1984. Im Jahr 1985 bestellte Jordanien für seine Luftwaffe 16 C.101CC-04. Diese Flugzeuge wurden 1987 ausgeliefert und von der No. 6 Squadron beim King Hussein Air College in Mafrag übernommen.

Die C.101BB ist die bewaffnete Exportversion und wird neben der Schulung auch als Jagdbomber und für Erdkampfunterstützung eingesetzt. Sie ist mit einem TFE731-3-1J-Triebwerk mit 16,5 kN ausgerüstet. Das Flugzeug verfügt über sechs externe Aufhängestationen zur Aufnahme der unterschiedlichsten Bewaffnung. Dazu gehören LAU-3-Raketenbehälter, BR125-Bomben und ein Behälter mit einem Browning-Zwillings-MG mit einer Schussfolge von 2400 Schuss pro Minute oder alternativ ein Behälter mit einer 30-mm-DEFA-Kanone unter dem Rumpf. Auch ein Aufklärungsbehälter kann mitgeführt werden. Der Störung von gegnerischen Feuerleitradars dient ein ELT-555-Behälter.

Als Angriffsflugzeug wurde die C.101CC entwickelt. Der Erstflug wurde am 16. November 1983 absolviert. Sie ist mit einem TFE731-5-1J-Triebwerk ausgerüstet, das einen Standschub von 19,16 kN erzeugt. Die Bewaffnung entspricht der der C.101BB. Zusätzlich stehen noch LAU-10-Behälter mit je vier 127-mm-Raketen zur Verfügung. Die externe Waffenlast beträgt 2250 kg. Das RGS.2-Visier wird von Saab hergestellt und eignet sich für den Einsatz von Kanonen, Luft-Luft- und Luft-Boden-Raketen sowie Bomben. In Chile flog 1985 versuchsweise eine als A-36M bezeichnete C.101CC mit Anti-Schiffs-Raketen des Typs British Aerospace Sea Eagle. Über Bestellungen dieser Version wurde nichts bekannt.

Letzte bisher vorgestellte Variante ist die C.101DD. Sie startete am 25. Mai 1985 zum Erstflug. Ausgerüstet ist sie mit dem gleichen Triebwerk wie die C.101CC. In erster Linie wurde bei ihr die Avionik überarbeitet. Durch die neuen Navigations- und Angriffssysteme stieg die Flugmasse um 75 kg an. Dazu gehören ein GECAV/AD-6601-12-Doppler-Geschwindigkeitssensor, ein FD4503 Head-Up Display und ein FIN 1100 AHNS sowie ein Ferranti-FASTAC-System. Auch das Cockpit wurde auf den neuesten Stand gebracht und verfügt über eine HOTAS-Steuerung. Zur Selbstverteidigung stehen der Radarwarnempfänger AN/ALR-66 und ein Vinten-VICON-Düppel- und Fackelwerfer zur Verfügung. Zusätzlich zur Bewaffnung der C.101CC können noch zwei Luft-Boden-Lenkwaffen des Typs Hughes AGM-65 Maverick mitgeführt werden.

CASA C.101CC

Verwendungszweck: Fortgeschrittenen-Schulflugzeug
Triebwerk: ein Turbofan-Triebwerk (Garrett AiResearch TEE731-5-1J) ohne Nachbrenner mit 19,16 kN (1950 kp) Standschub, Höchstleistung für 5 Minuten 20,95 kN (2132 kp)
Länge: 12,50 m
Höhe: 4,25 m
Spannweite: 10,60 m
Flügelfläche: 20,00 m²
Spannweite des Höhenleitwerks: 4,32 m
Radstand: 4,77 m
Spurweite: 3,18 m
Rüstmasse: 3340 kg
Maximale Startmasse als Schulflugzeug: 4850 kg
Maximale Startmasse in der Kampfversion: 6300 kg
Maximale Außenlast: 2250 kg
Tankinhalt: 1847 kg
Höchstgeschwindigkeit in Meereshöhe: 769 km/h
Höchstgeschwindigkeit in 4570 m: 834 km/h
Anfangssteiggeschwindigkeit: 26,92 m/s
Dienstgipfelhöhe: 12.800 m
Maximale Reichweite: 3706 km
Kampfradius bei Lo-Lo-Lo-Einsatz: 370 km
Kampfradius mit Kanone und 1000 kg Bomben: 519 km
Einsatzradius als Aufklärer: 964 km
Startstrecke: 750 m
G-Belastung: +7,5/-3,9
Bewaffnung: eine 30-mm-DEFA-Kanonengondel oder zwei 12,7-mm-MGs im Waffenschacht; an sechs Flügelstationen können bis zu 500 kg Bomben und andere Waffenlasten mitgeführt werden

Aero L-29 Delfin
(NATO-Codename MAYA)

■ **Als Jagdbomber setzt die tschechische Luftwaffe die Aero L-39ZA ein, im Hintergrund eine L-29 im Tigerlook.**

Der als XL-29 bezeichnete Prototyp flog erstmals am 5. April 1959 und wurde von einem Bristol-Siddeley-Viper-Strahltriebwerk angetrieben. Nach einem Vergleichsfliegen zwischen der polnischen PZL TS-11 Iskra und der sowjetischen Jak-30 wurde die L-29 im Jahr 1961 als Standardschulflugzeug für die Staaten des Warschauer Pakts ausgewählt. Die Serienmaschinen erhielten eine tschechische M701-Strahlturbine. Die Serienproduktion begann 1963. In den folgenden elf Jahren wurden mehr als 3600 Flugzeuge gefertigt, von denen die sowjetische Luftwaffe rund 2000 Exemplare übernahm. Die NVA setzte zwischen 1963 und 1981 50 L-29 bei den Fliegerausbildungsgeschwadern 15 und 25 ein. Neben der Schulversion gab es noch Aufklärungs-, Erdkampf- und Kunstflugversionen, die aber nur als Prototypen oder in sehr geringer Stückzahl gebaut wurden.

Aero L-29

Verwendungszweck: Schulflugzeug
Antrieb: eine Strahlturbine (Motorlet M701-VC-150) mit 8,73 kN (856 kp) Schub
Besatzung: 2
Spannweite: 10,29 m
Länge: 10,81 m
Höhe: 3,13 m
Flügelfläche: 19,85 m²
Leermasse: 2364 kg
Maximale Startmasse: 3540 kg
Reisegeschwindigkeit: 655 km/h
Steiggeschwindigkeit: 14 m/s
Dienstgipfelhöhe: 11.000 m
Reichweite: 894 km
Startstrecke: 550 m
Landestrecke: 440 m

Aero L-39 Albatros

Die in der Tschechoslowakei entwickelte und gebaute Aero L-39 Albatros war das Standardschulflugzeug in den ehemaligen Warschauer-Pakt-Staaten. Sie löste die Aero L-29 Delfin ab. Ihre Zuverlässigkeit machte sie zu einem gern geflogenen Fortgeschrittenentrainer und leichten Angriffsflugzeug, das in verschiedenen Versionen gebaut wurde und noch heute im Einsatz ist. In der Zwischenzeit wurde die Maschine unter den Bezeichnungen L-59, L-139 und L-159 weiterentwickelt und ausgeliefert.

Für die Entwicklung der L-39 waren Jan Vlcek und sein Team verantwortlich. Die Maschine verfügt über zwei Zero-Zero-VS-1-BRI-Schleudersitze mit Raketentreibsätzen in Tandem-Anordnung, wobei der hintere Sitz des Ausbilders leicht höher angeordnet wurde. Die Schleudersitze gewährleisten einen sicheren Rettungsausschuss in Höhe null bei einer Mindestgeschwindigkeit von 150 km/h. Beide Cockpits sind mit Doppelsteuer ausgerüstet, verfügen über Druckausgleich und bieten eine ausgezeichnete Rundumsicht. Das Kabinen-

■ **Mit der L-39 konnte Aero einige Exporterfolge verbuchen – hier eine L-39ZA der algerischen Luftwaffe.**

dach ist zweiteilig ausführt und wird nach rechts geöffnet. Der Aufbau der Flugzeugzelle ist in Modulbauweise ausgeführt und besteht aus drei Gruppen: dem Rumpf, den Tragflächen und dem Leitwerk. Das Heckteil ist abnehmbar und gestattet dadurch einen leichten Zugang zum Triebwerk. Dadurch werden Wartung und Instandsetzung wesentlich erleichtert.
Der Entwurf wurde Mitte der 60er-Jahre fertig gestellt; anschließend entstanden drei Prototypen: Der erste und der dritte dienten statischen Versuchen, während der zweite Prototyp für die Flugerprobung eingesetzt wurde. Er flog zum ersten Mal am 4. November 1968 (OK-32) mit Rudolf Duchon am Steuer.
Als Antrieb diente ein Iwtschenko-AI-25-Turbofan-Triebwerk aus der Sowjetunion. Die Entwicklung verzögerte sich bis Ende 1970, da bei der Luftversorgung des Triebwerks Probleme auftraten. Die fünf Prototypen erhielten immer wieder unterschiedliche Lufteinlässe. Nach einer 1971 gebauten Vorserie von zehn Flugzeugen begann Ende 1972 die Serienfertigung. Die Truppenerprobung erfolgte 1973 gleichzeitig in der Tschechoslowakei und in der Sowjetunion. Ab 1974 gab man die ersten Flugzeuge an die Einsatzverbände ab.
Insgesamt verließen über 2900 L-39, L-59 und L-139 die Fertigung; sie wurden an 18 Luftwaffen geliefert. Dabei produzierte man verschiedene Versionen:
Das zweisitzige Standardschulflugzeug L-39C für die Anfänger- und Fortgeschrittenenausbildung mit zwei Außenlastträgern für 500-kg-Übungswaffen.
Das Zielschleppflugzeug L-39V erschien 1972; Hauptmerkmal ist die Ausrüstung mit einer Schleppwinde, womit KT-04-Schleppziele an einem 1700 m langen Seil für Schießübungen der Artillerie geschleppt werden.
Als Waffentrainer, aber auch für leichte Angriffsaufgaben, kommt die L-39ZO zum Einsatz. Der Prototyp absolvierte am 25. August 1973 seinen Erstflug. Die Zusatzbuchstaben ZO stehen für zbrojni (bewaffnet). Die Tragflügel dieser Version verstärkte man, so dass insgesamt vier Waffenstationen eingerichtet werden konnten. Die äußeren Stationen sind zur Beladung mit Luft-Luft-Raketen verkabelt, die inneren für die Aufnahme von 350-Liter-Abwurftanks ausgerüstet. Insgesamt kann die Maschine eine Außenlast von bis zu 1100 kg mitführen. Den hinteren Sitz entfernte man, wodurch Platz für zusätzliche Elektronik oder einen weiteren Tank geschaffen wurde.
Das leichte Angriffs- und Aufklärungsflugzeug L-39ZA ist am Kanonenbehälter mit der 23-mm-GSh-23L-Zwillingskanone mit 150 Schuss unter dem vorderen Cockpit zu erkennen. Zwei L-39ZA-Prototypen flogen 1975/76. Die L-39ZA verfügt ebenfalls über vier Unterflügelstationen für eine Zuladung von bis zu 1100 kg, verstärkte Tragflächen und ein verstärktes Fahrwerk. Die Maschine wird einsitzig geflogen. Der Aufklärungsbehälter mit fünf Kameras für die Aufklärung bei Tage wird an dem inneren Backbordpylon befestigt.
Die L-39ZE stellten die Tschechen für Thailand her. Sie verfügt über eine Avionikausrüstung von Elbit.
Letzte Version war die L-39MS mit der erhöhten Schubleistung von 2400 kp, verbessertem Flugwerk und neuer Avionikausrüstung. Das Flugzeug weist eine höhere Leistung bei unveränderter Waffenzuladung auf. Der Erstflug erfolgte am 30. September 1986. Insgesamt baute man drei Prototypen. Die Bezeichnung wurde später in L-59 geändert. Die erste L-59 aus der Produktion flog am 1. Oktober 1989. Erster Kunde war Ägypten, das 48 L-59E erhielt. Die Maschinen erhielten amerikanische Avionik. Die Auslieferung begann am 29. Januar 1993. Die L-139 erhielt ein amerikanisches Garrett-TFE731-4-Triebwerk.

Aero L-39C

Verwendungszweck: Grund- und Fortgeschrittenen-Schulflugzeug
Besatzung: 2
Triebwerk: ein Turbofan-Triebwerk (Iwtschenko AI-25TL) ohne Nachbrenner mit 16,9 kN (1720 kp) Standschub
Länge: 12,13 m
Höhe: 4,77 m
Spannweite: 9,46 m
Flügelfläche: 18,80 m²
Spannweite des Höhenleitwerks: 4,40 m
Radstand: 4,39 m
Spurweite: 2,44 m
Rüstmasse: 3459 kg
Maximale Startmasse: 4700 kg
Maximale Außenlast: 500 kg
Tankinhalt: 980 kg
Höchstgeschwindigkeit in Meereshöhe: 700 km/h
Höchstgeschwindigkeit in 5000 m Höhe: 750 km/h
Steiggeschwindigkeit: 22 m/s
Dienstgipfelhöhe: 11.500 m
maximale Reichweite in 5000 m Höhe: 1000 km
maximale Reichweite mit zwei Abwurftanks: 1600 km
Überführungsreichweite: 1750 km
Startstrecke: 480 m
G-Belastung: +8/-4
Bewaffnung: 500-kg-Übungswaffen an zwei Unterflügelstationen

Aero L-159 Albatros

■ **Die tschechische Luftwaffe hat 72 L-159 als Mehrzweck-Kampfflugzeug in Auftrag gegeben.**

1994 begann die Entwicklung der L-159. Hierbei handelt es sich um ein leichtes Erdkampfflugzeug, das als Einsitzer (L-159A) und als Doppelsitzer (L-159B) geliefert wird. Der erste Prototyp der L-159B nahm die Flugerprobung am 2. August 1997 auf. Die L-159A folgte am 18. August 1998.
Die L-159 wurde aus der L-39/L-59 abgeleitet, trotzdem handelt es sich größtenteils um eine Neuentwicklung. Als Antrieb wählte man das AlliedSignal/ ITEC-F124-GA-100-Mantelstromtriebwerk mit einer Leistung von 28 kN (2850 kp) aus, das die Flugleistungen deutlich steigerte. Der Frontbereich des verlängerten Rumpfs wurde komplett überarbeitet, so dass ein modernes Avionik-System von Rockwell-Collins mit dem Mehrzweck-Dopplerradar FIAR Grifo-L mit MIL-Std-1553B-Databus eingebaut werden kann. Von Honeywell kommt ein H-764G-Navigationssystem, in dem die Trägheitsplattform und der GPS-Empfänger integriert sind. Das Cockpit ist an den wichtigsten Stellen gepanzert und verfügt über ein Head-Up Display, Flüssigkristallanzeigen von AlliedSignal und ein FV-3000-Blickfelddarstellungsgerät von Flight Visions. GEC-Marconi liefert den Radarwarnempfänger und Vinten die Düppelwerfer. Der Einbau vorhandener westliche Systeme soll die spätere Integration in die NATO erleichtern. Aero spart sich dadurch aber auch hohe Entwicklungskosten.
Die tschechische Luftwaffe hat zur Modernisierung der Luftstreitkräfte 72 Flugzeuge bestellt. Es wird allerdings noch bis 2002 dauern, bis diese Flugzeuge wegen finanzieller und technischer Probleme an die tschechischen Luftstreitkräfte ausgeliefert werden. Die L-159 wird in den nächsten Jahren das Rückgrat der Luftstreitkräfte in Tschechien sein. Aufgaben wie Luftnahunterstützung, taktische Aufklärung, Grenzkontrolle oder Luftverteidigung von wichtigen Objekten übernehmen dann die L-159.

Aero L-159A

Verwendungszweck: leichtes Erdkampfflugzeug
Besatzung: 1
Triebwerk: ein Mantelstromtriebwerk (AlliedSignal/ITEC F124-GA-100) mit 28 kN (2850 kp) Standschub
Länge: 12,73 m
Höhe: 4,78 m
Spannweite mit Tiptanks: 9,54 m
Flügelfläche: 18,80 m²
Rüstmasse: 4160 kg
Maximale Startmasse: 8000 kg
Höchstgeschwindigkeit in Meereshöhe: 936 km/h
Steiggeschwindigkeit: 47 m/s
Dienstgipfelhöhe: 13.200 m
Maximale Reichweite ohne Zusatztanks: 1570 km
Maximale Reichweite mit zwei Zusatztanks: 2530 km
Bewaffnung: an einer Rumpfstation und sechs Aufhängepunkten unter der Tragflügel können bis zu 2340 kg externe Lasten mitgeführt werden

LET L-410 Turbolet

LET L-410FG als Beobachtungsflugzeug mit verglastem Bug.

Die L-410 wird in den LET-Werken in Uherske gebaut. Der Prototyp (OK-YKE) flog erstmalig am 16. April 1968. Anschließend fertigte man noch drei Vorserienflugzeuge. Diese und die folgenden 27 Flugzeuge der Version L-410A, AB, AF, AS sowie AG waren mit kanadischen PT6A-27-Propellerturbinen ausgerüstet. Ab 1973 baute LET die L-410M, die von zwei Walter-M601A-Triebwerken angetrieben wurde. Hauptversion ist die L-410UVP mit einem um 80 cm verlängerten Rumpf mit Kurzstart- und Kurzlande-Eigenschaften. Die erste Maschine dieser Version startete am 1. November 1977. Die L-410UVP flog sowohl bei der NVA (zwölf Stück) als auch bei der Interflug (sechs Stück). Ab 1984 baute LET die L-410 UVPE, die von neuen 5-Blatt-Luftschrauben mit einem Durchmesser von 2,3 m und zwei Walter-M601E-Triebwerken mit je 560 kW Leistung angetrieben wurden.

LET L-410 UVP

Verwendungszweck: leichter Mehrzwecktransporter
Antrieb: zwei Propellerturbinen (Walter M-601B) mit je 544 kW (730 WPS)
Besatzung: 2 + 15 Passagiere
Spannweite: 19,48 m
Länge: 14,47 m
Höhe: 5,38 m
Flügelfläche: 35,20 m²
Leermasse: 3700 kg
Maximale Startmasse: 5800 kg
Höchstgeschwindigkeit: 368 km/h
Reisegeschwindigkeit: 310 km/h
Steiggeschwindigkeit: 7,8 m/s
Dienstgipfelhöhe: 6000 m
Reichweite: 400 km
Startstrecke: 550 m
Landestrecke: 450 m

LET L-610

■ **Die L-610 fliegt bei der tschechischen Luftwaffe als leichtes Transportflugzeug.**

Die L-610 entwickelte man für den Einsatz über eine Entfernung von 400 bis 600 km. Der Erstflug der mit Motorlet-M602-Triebwerken ausgerüsteten L-610M erfolgte am 28. Dezember 1988. LET fertigte neun L-610M, die die tschechische Luftwaffe alle übernahm. Die L-610G erhielt General-Electric-Triebwerke und flog erstmals am 18. Dezember 1992.

LET L-610G

Verwendungszweck: Regionalverkehrsflugzeug
Antrieb: zwei Propellerturbinen (General Electric CT7-9D) mit je 1305 kW (1750 WPS)
Besatzung: 2 + 40 Passagiere
Spannweite: 25,60 m
Länge: 21,42 m
Höhe: 7,61 m
Flügelfläche: 56,00 m²
Leermasse: 8730 kg
Maximale Startmasse: 14.500 kg
Höchstgeschwindigkeit: 466 km/h
Reisegeschwindigkeit: 408 km/h
Steiggeschwindigkeit: 8,4 m/s
Dienstgipfelhöhe: 8050 m
Reichweite: 2470 km

Antonow An-24
(NATO-Codename COKE)

■ **Von der Antonow An-24 wurden 1100 Einheiten gebaut.**

Die An-24 entstand als Nachfolger für die Iljuschin Il-14, die die Aeroflot auf Kurz- und Mittelstrecken einsetzte. Die Konstruktionsarbeiten begannen 1957, der Erstflug erfolgte am 20. Dezember 1959. Die Grundversion führte die Bezeichnung An-24V. Die An-24RV erhielt eine zusätzliche Turbine in der rechten Motorgondel, die eine Leistung von 882 kN (900 kp) erbrachte. Bei der An-24 beziehungsweise der An-24RT (mit APU) handelt es sich um die Frachtversion mit einer nach oben zu öffnenden Ladetür und zwei schmalen Flossen unter dem Rumpfheck. Bis zum Auslaufen der Fertigung 1978 verließen 1100 Maschinen die Fertigungsstraße. In der Volksrepublik China wird die An-24 als Xian Y-7 in den Versionen Y-7-100 und Y-7-200 noch immer gefertigt.

Antonow An-24 V

Verwendungszweck: Kurzstreckentransporter
Antrieb: zwei Propellerturbinen (Iochenko AI-24A) mit je 1902 kW (2550 WPS)
Spannweite: 29,20 m
Länge: 23,53 m
Höhe: 8,32 m
Flügelfläche: 74,98 m²
Leermasse: 13.300 kg
Maximale Startmasse: 21.000 kg
Reisegeschwindigkeit: 450 km/h
Dienstgipfelhöhe: 8400 m
Reichweite: 2440 km

Antonow An-26
(NATO-Codename CURL)

■ **Bei der Antonow An-26 »52+09« handelt es sich um eine Maschine mit Messeinrichtungen zur Kalibrierung von Flugsicherungsanlagen. Sie kam kurze Zeit bei der 3./JaboG 32 in Lechfeld zum Einsatz.**

Obwohl aus der An-24 abgeleitet, handelt es sich bei der An-26 um eine neue Konstruktion. Wie die An-24RV verfügt die An-26 über eine zusätzliche Turbine im hinteren Teil der rechten Triebwerksverkleidung. Diese Turbine macht das Flugzeug von Bodengeräten unabhängig und dient zur Leistungserhöhung beim Start. Die An-26 wurde der Öffentlichkeit erstmals 1969 vorgestellt. Neben dem Einsatz als taktischer Transporter baute man die An-26 mit der NATO-Bezeichnung CURL B für Elint/Signit- und Electronic-Warfare-Einsätze. In China wurde die An-26 als Xian Y-7H hergestellt.

Antonow An-26

Verwendungszweck: taktisches Transportflugzeug
Antrieb: zwei Propellerturbinen (Iochenko AI-24T) mit je 2103 kW (2820 WPS)
Spannweite: 29,20 m
Länge: 23,80 m
Höhe: 8,57 m
Flügelfläche: 74,98 m²
Leermasse: 15.020 kg
Maximale Startmasse: 24.000 kg
Reisegeschwindigkeit: 435 km/h
Steiggeschwindigkeit: 8 m/s
Dienstgipfelhöhe: 8100 m
Reichweite: 900 km

Antonow An-72
(NATO-Codename COALER)

Die Antonow An-74 ist eine Weiterentwicklung der An-72; beide Flugzeuge unterscheiden sich allerdings nur geringfügig.

Die An-72 wird in mehreren Versionen als Kurz- und Mittelstrecken-Patrouillenflugzeug An-72P und als militärisches und ziviles Transportflugzeug An-72A angeboten. Für den Einsatz im Polargebiet entstand die An-74 (COALER-B). Der erste von zwei Prototypen startete am 31. August 1977 in Gostoml zum Erstflug. Eine verbesserte Version, die COALER-C, fliegt seit 1985. Als Such- und Rettungsflugzeug entstand die An-72PS. Das Marine-Patrouillenflugzeug An-72P wurde gemeinsam mit Israel Aircraft Industries entwickelt. Sie ist mit dem Elta-EL/M 2022A-Seeüberwachungssystem und dem Elop-Langstrecken-Tag-und-Nachtbeobachtungssystem ausgerüstet. Am rechten Fahrwerkswulst befindet sich ein UPK-23-250-Waffenbehälter mit einer 23-mm-Maschinenkanone des Typs GSch-23. Des Weiteren kann sie an Aufhängepunkten unter den Tragflächen zwei 500-kg-Bomben mitführen. Russland hat 38 An-72P bestellt.

Antonow An-72A

Verwendungszweck: Transportflugzeug
Antrieb: zwei Strahltriebwerke (ZMDB Progress D-36) mit je 63,74 kN (6499 kp) Schub
Besatzung: 5 + 68 Passagiere
Spannweite: 31,89 m
Länge: 28,07 m
Höhe: 8,65 m
Flügelfläche: 98,62 m²
Leermasse: 19.050 kg
Maximale Startmasse: 34.500 kg
Höchstgeschwindigkeit: 705 km/h
Reisegeschwindigkeit: 550 km/h
Dienstgipfelhöhe: 11.800 m
Reichweite: 4800 km
Startstrecke: 1170 m
Landestrecke: 465 m

Beech Modell 99 Airliner

Um sich am Markt der Regionalverkehrsflugzeuge zu beteiligen, entwickelte Beech das Modell 99, das erstmals im Juli 1966 flog. Die Maschine ist sowohl als Passagier- wie auch als Frachtflugzeug im Einsatz. Nach 164 gebauten Einheiten lief die Produktion 1977 aus. Drei Länder erwarben die Beech 99 für ihre jeweilige Luftwaffe: Chile, Peru und Thailand, wobei Chile die größte Flotte besitzt. Sie kommen als Transporter, Schulflugzeuge und bei der elektronischen Aufklärung (ELINT) zum Einsatz

■ **Die Beech 99 wird auch als leichtes Transportflugzeug eingesetzt.**

Beech B99

Verwendungszweck: Regionalverkehrsflugzeug
Antrieb: zwei Propellerturbinen (Pratt & Whitney Canada PT6A-28) mit je 507 kW (680 WPS)
Besatzung: 2 + 15 Passagiere
Spannweite: 13,96 m
Länge: 13,58 m
Höhe: 4,37 m
Flügelfläche: 25,98 m²
Leermasse: 2620 kg
Maximale Startmasse: 4944 kg
Höchstgeschwindigkeit: 452 km/h
Steiggeschwindigkeit: 10,6 m/s
Dienstgipfelhöhe: 8020 m
Reichweite: 1887 km
Startstrecke: 506 m
Landestrecke: 851 m

Beech Super King Air 200

■ **Die King Air 200 fliegt bei den amerikanischen Streitkräften unter der Bezeichnung C-12.**

Die Super King Air 200 wurde aus der King Air 100 entwickelt und unterscheidet sich von dieser durch eine größere Spannweite und das T-Leitwerk. Außerdem kamen leistungsstärkere Propellerturbinen zum Einbau. Der Jungfernflug des neuen Modells fand am 27. Oktober 1972 statt. Wie das Modell 99 kommt auch die Super King Air bei einigen Luftwaffen als Verbindungsflugzeug zum Einsatz. 22 Nationen setzen die Super King Air 200 ein. Auch US Army, USAF und US Navy sowie das US Marine Corps haben dieses Flugzeug in mehreren Varianten unter der Bezeichnung C-12 Huron im Einsatz. Einige Maschinen mit der Bezeichnung RC-12 verfügen über eine spezielle elektronische Ausrüstung und werden zur elektronischen Kriegsführung und Aufklärung eingesetzt. Äußerlich sind die RC-12 an der Vielzahl von Antennen am Rumpf und teilweise auch auf den Tragflächen sowie am Heck erkennbar.

Beech Super King Air 200

Verwendungszweck: Leichtes Geschäftsreise- und Verbindungsflugzeug
Antrieb: zwei Propellerturbinen (Pratt & Whitney Canada PT6A-42) mit je 634 kW (850 WPS)
Besatzung: 2 + 8 Passagiere
Spannweite: 16,61 m
Länge: 13,34 m
Höhe: 4,57 m
Flügelfläche: 28,15 m²
Leermasse: 3419 kg
Maximale Startmasse: 5670 kg
Höchstgeschwindigkeit: 545 km/h
Reisegeschwindigkeit: 523 km/h
Dienstgipfelhöhe: 10.670 m
Reichweite: 3756 km

Bell Modell 205 / UH-1 Iroquois

■ **Die Bell UH-1D ist ein überaus erfolgreicher leichter Transporthubschrauber.**

Aus der Bell 204 entwickelte Bell das Modell 205, was äußerlich durch den verlängerten Rumpf deutlich wird. Unter der Bezeichnung YUH-1D bestellte die US Army sieben Hubschrauber für die Erprobung. Der Prototyp flog am 16. August 1961. Über 2000 UH-1D wurden gebaut. In der Produktion löste die UH-1H die UH-1D ab. Von dieser Grundversion gibt es viele Untervarianten, so zum Beispiel die EH-1H für ECM/Elint-Aufgaben oder auch die UH-1V für Rettungseinsätze und Krankentransporte. In Kanada führt die UH-1H die Bezeichnung CH-118. Das Modell 205 (UH-1D/H) steht bei über 45 Streitkräften im Einsatz. In Italien baute Agusta sie als AB.205, Dornier fertigte 352 UH-1D für die Bundeswehr, AIDI in Taiwan 118 UH-1H für die nationalchinesischen Streitkräfte. In Japan stellte Fuji die UH-1 in Lizenz her. Insgesamt verließen über 10.000 Exemplare die Fertigungsstraßen.

Bell UH-1D Huey

Verwendungszweck: Leichter Transport- und SAR-Hubschrauber
Antrieb: eine Wellenturbine (Lycoming T-53-L-11) mit 1030 kW (1400 WPS)
Besatzung: 2-3
Länge: 12,77 m
Höhe: 4,82 m
Rotordurchmesser: 14,63 m
Heckrotordurchmesser: 2,59 m
Leermasse: 2242 kg
Maximale Startmasse: 4310 kg
Höchstgeschwindigkeit: 234 km/h
Reisegeschwindigkeit: 201 km/h
Steiggeschwindigkeit: 8 m/s
Dienstgipfelhöhe: 3840 m
Reichweite: 510 km

Bell Modell 206 Jet Ranger / OH-58 Kiowa

■ **Die kanadischen Streitkräfte setzen 13 CH-139 JetRanger für die Ausbildung von Hubschrauber-Piloten ein.**

Die Bell 206 Jet Ranger entstand aufgrund einer Ausschreibung der US Army für einen leichten Mehrzweckhubschrauber. Bell verlor diese Ausschreibung mit seinem Modell HO-4. Daraufhin wurde der Hubschrauber zur Zivilversion Jet Ranger weiterentwickelt und flog erstmals am 10. Januar 1966. Bei einer zweiten Ausschreibung 1968 konnte sich Bell durchsetzen und gewann den Wettbewerb mit der OH-58 Kiowa. Die Auslieferung begann am 23. Mai 1969. Im Jahr 1971 erhielten die kanadischen Streitkräfte 74 COH-58A, die man später in CH-136 umbenannte. Zwölf OH-58A wurden 1976 an die österreichischen Fliegerkräfte geliefert. Die OH-58C entstand aus der OH-58A; ab 1978 wurden 435 OH-58A auf den Standard der OH-58C gebracht. Letzte Version der Kiowa ist das Modell 406/OH-58D Kiowa Warrior, deren erster Prototyp am 6. Oktober 1983 flog. 315 OH-58A sollen den technischen Stand der OH-58D erhalten. Taiwan bestellte zwölf OH-58D zur Lieferung ab Juni 1993. Bei der US Navy kam das Modell 206 als TH-57 Sea Ranger für die Hubschrauberschulung zum Einsatz. Im März 1993 wählte die US Army wiederum den Jet Ranger III als New Training Helicopter (NTH) aus. Er erhielt die Bezeichnung TH-67 Creek.

Bell OH-58A Kiowa

Verwendungszweck: Beobachtungshubschrauber
Antrieb: eine Wellenturbine (Allison T63-A-700) mit 237 kW (317 WPS)
Besatzung: 2
Länge (über alles): 12,49 m
Höhe: 2,91 m
Rotordurchmesser: 10,77 m
Heckrotordurchmesser: 1,57 m
Leermasse: 718 kg
Maximale Startmasse: 1361 kg
Höchstgeschwindigkeit: 241 km/h
Reisegeschwindigkeit: 188 km/h
Steiggeschwindigkeit: 9,05 m/s
Dienstgipfelhöhe: 4190 m
Reichweite: 491 km

Bell Modell 209/ AH-1 Huey Cobra

USA

Die Bell AH-1 war einer der ersten Kampfhubschrauber, die zum Einsatz kamen.

Der Erstflug des Modells 209 erfolgte am 7. September 1965. Erste Serienversion war die AH-1G, die ab Juni 1967 ausgeliefert wurde. Aus diesem Fertigungslos übernahm das US Marine Corps 49 Einheiten als AH-1J Sea Cobra, die allerdings mit zwei Pratt-&-Whitney-Canada-T400-Wellenturbinen ausgerüstet waren. Weitere Versionen sind die AH-1Q, AH-1S, AH-1F, AH-1P und AH-1E. Neben der US Army und dem US Marine Corps werden diese Hubschrauber von Israel (30 AH-1F) Japan (88 AH-1F), Jordanien (24 AH-1F), Pakistan (20 AH-1F), Südkorea, Thailand und der Türkei eingesetzt. Als Weiterentwicklung der AH-1T Sea Cobra flog die zunächst als AH-1+ bezeichnete AH-1W Super Cobra erstmals am 16. November 1983. Diese Hubschrauber werden als Begleithubschrauber eingesetzt. Alle noch im Einsatz stehenden AH-1T werden ebenfalls auf AH-1W-Standard gebracht. Eine verbesserte Version mit GEC-Elektronik wurde der Royal Army als Cobra Venom angeboten.

Bell AH-1F Huey Cobra

Verwendungszweck: Kampfhubschrauber
Antrieb: eine Wellenturbine (Lycoming T53-L-703) mit 1342 kW (1800 WPS)
Besatzung: 2
Länge (Rumpf): 13,59 m
Höhe: 4,09 m
Rotordurchmesser: 13,41 m
Heckrotordurchmesser: 2,59 m
Leermasse: 2993 kg
Maximale Startmasse: 4536 kg
Höchstgeschwindigkeit: 315 km/h
Steiggeschwindigkeit: 8,2 m/s
Dienstgipfelhöhe: 3720 m
Reichweite: 507 km
Bewaffnung: eine dreiläufige 20-mm-Kanone des Typs M-197 im Kinnturm, Raketen

Bell Modell 212 / UH-1N

Bell CH-135 als SAR-Hubschrauber der kanadischen Streitkräfte.

Das Modell 212 ist die zweimotorige Ausführung des Modells 205. Die USAF übernahm 1970 insgesamt 79 UH-1N, die für Spezialeinsätze verwendet werden. Das US Marine Corps erhielt 221 UH-1N und VH-1N, die US Navy fliegt den Hubschrauber als HH-1N. Die kanadischen Streitkräfte bestellten 50 CUH-1N, deren erste am 3. Mai 1971 übergeben wurde. Zwischenzeitlich wurden die kanadischen Maschinen in CH-135 Twin Huey umbenannt. Über 20 Nationen setzen das Modell 212 bei ihren Streitkräften ein, wobei der italienische Lizenzbau Agusta-Bell AB.212 einen größeren Anteil hat.

Bell UH-1N

Verwendungszweck: Mehrzweckhubschrauber
Antrieb: zwei Wellenturbinen (Pratt & Whitney Canada T400-CP-400) mit je 962 kW (1290 WPS)
Besatzung: 2 + 10 Passagiere
Länge (Rumpf): 12,92 m
Höhe: 4,53 m
Rotordurchmesser: 14,69 m
Heckrotordurchmesser: 2,59 m
Leermasse: 2787 kg
Maximale Startmasse: 5080 kg
Höchstgeschwindigkeit: 259 km/h
Reisegeschwindigkeit: 185 km/h
Steiggeschwindigkeit: 6,7 m/s
Dienstgipfelhöhe: 4330 m
Reichweite: 420 km

Boeing (MDD) AV-8B Harrier II

Bei der AV-8B Harrier II handelt es sich um eine Weiterentwicklung der British Aerospace Harrier GR.Mk.3 und der AV-8A durch ein Entwicklungsteam von McDonnell Douglas. Als Triebwerk wurde das verbesserte Rolls-Royce Pegasus Mk.105 (US-Bezeichnung F402-RR-406) ausgewählt, das sich durch einen höheren Standschub, größere Lebensdauer und Wartungsfreundlichkeit auszeichnete. Einziger Interessent für die Weiterentwicklung war das U.S. Marine Corps. Geplant war die Beschaffung von 342 AV-8B Harrier II. Aufgrund von Einsparungen wurde die Anzahl der zu liefernden AV-8B auf 280 Maschinen gekürzt. Infolge der Verluste während der Operation Desert Storm bestellte man jedoch sechs Flugzeuge zusätzlich, so dass sich die Anzahl der beschafften AV-8B auf 286 Einheiten erhöhte.

Eine grundlegende Änderung in der Auslegung betraf die komplette Neukonstruktion des Tragflügels. Dieser wies ein superkritisches Profil auf und bestand aus einer Kunstharzverbindung. Die Flügelfläche wurde um 14,5 Prozent von 20,07 m^2 bei der AV-8A auf 22,15 m^2 erhöht, wodurch sich die Treibstoffkapazität ebenfalls erhöhte. Auch Teile des Rumpfes wurden aus Kunstharzverbindung hergestellt, was zu einer erheblichen Reduzierung des Gewichts führte. Auffälliges Merkmal sind auch die vergrößerten Lufteinläufe.

Als Prototypen dienten zwei umgebaute AV-8A, die nun die Bezeichnung YAV-8B (BuNo.158394 und 158395) führten. Der erste der beiden Prototypen startete am 9. November 1978 zu seinem Erstflug. Während der Erprobung stürzte der zweite Prototyp nach einem Triebwerksausfall am 16. November 1979 ab. Im März 1979 erfolgte die Bestellung von vier Vorserienflugzeugen, deren erstes am 5. November 1981 in St. Louis zu seinem Erstflug startete. Die erste Serienmaschine flog am 29. August 1983.

Bis zur Auslieferung der ersten Flugzeuge dauerte es bis zum 12. Januar 1984. An diesem Tag erhielt die VMAT-203 in MCAS Cherry Point ihre AV-8B, die zur Umschulung der Piloten eingesetzt wurden. Als erste Einsatzstaffel übernahm die VMA-331 im Oktober 1984 die AV-8B.

Am 21. Oktober 1986 hob die Trainerversion TAV-8B Harrier II zum ersten Mal vom Boden ab. 29 Exemplare wurden gebaut, davon gingen 26 an die VMAT-203, zwei an die italienische Marine und eine an die spanische Marine, die ihr Flugzeug 1992 bestellte. Das USMC erhielt die erste TAV-8B im März 1987. Die TAV-8B unterscheidet sich von der AV-8B durch einen um 1,2 m verlängerten Bug für das zweite Cockpit und ein um 0,43 m höheres Leitwerk.

Ab der 167. AV-8B (BuNo. 163853) können die Flugzeuge auch nachts eingesetzt werden. Die Maschinen werden teilweise auch als Night Attack AV-8B oder Night Attack Harrier II bezeichnet. Das erste Flugzeug dieser Variante wurde am 15. September 1989 an die VMA-214 ausgeliefert. Diese Flugzeuge verfügen im Cockpit über einen digitalen, farbigen Kartenbildschirm, eine dem Nachtsichtgerät der Piloten angepasste Instrumentenbeleuchtung, ein moderneres Head-Up Display und nach vorne gerichtete Infrarotsensoren.

Ab der 205. Maschine (BuNo. 164129) wurden weitere Verbesserungen eingeführt. Dazu gehört ein Hughes-APG-65-Multi-Mode-Radar, vergrößerte LERX (Leading-Edge Root Extensions) zur Verbesserung der Wendigkeit, eine eingebaute ECM-Ausrüstung und das leistungsstärkere Pegasus-11-61-Triebwerk. Vor dem Cockpit wurde ein FLIR-Nachtsichtgerät (Forward Looking Infrared) eingebaut. Das damit gewonnene Bild lässt sich wahlweise auf das Head-Up Display oder auf einen der beiden Farbbildschirme im Cockpit projizieren. Zur Aufnahme des APG-65-Radars musste der Bug um 0,43 m verlängert werden. Diese Version wird als AV-8B Harrier II Plus bezeichnet. Die AV-8B Harrier II Plus startete am 22. September 1992 zum Jungfernflug. Ausgeliefert wurde die erste Harrier II Plus (BuNo. 164542) im Frühjahr 1993. Die letzten 27 Maschinen aus dem Auftrag des USMC werden mit diesem Standard produziert. Von diesen Flugzeugen erhielt Italien drei Exemplare. 73 der Night Attack AV-8B werden auf Harrier-II-Plus-Standard umgerüstet.

In der Erprobung befindet sich zurzeit eine modifizierte AV-8B Harrier II. Zur Aufnahme von Sidewinder-Luft-Luft-Lenkwaf-

AV-8B Harrier II landet in einer Waldlichtung.

fen wurden die Flügelspitzen neu gestaltet und zur Erhöhung des Wirkungsgrades des Triebwerks zusätzliche Leitbleche unter dem Rumpf angebaut.
Für den Einsatz auf dem neuen Flugzeugträger *Principe de Asturias*, der am 13. Mai 1988 in Dienst gestellt wurde, bestellte Spanien zwölf EAV-8B (spanische Bezeichnung: VA.2 Matador II). Die Auslieferung der ersten drei Flugzeuge erfolgte am 6. Oktober 1987. Die EAV-8B werden zusammen mit den AV-8A(S) eingesetzt. Von der AV-8B Harrier II Plus bestellte Spanien im November 1992 zusätzlich acht Maschinen, die 1995 ausgeliefert wurden. Die EAV-8B sollen auf Harrier-II-Plus-Standard gebracht werden. Zur Ergänzung der beiden TAV-8A(S) erfolgte im März ein Auftrag über eine TAV-8B.
Nach einer 1988 erfolgten Gesetzesänderung erhielt die italienische Marine die Genehmigung, erstmals seit 1920 wieder Flugzeuge von Schiffen aus einzusetzen. Daraufhin erteilte Italien im Mai 1989 einen Auftrag über zwei TAV-8B zur Ausbildung der zukünftigen Harrier-Piloten. Diese Flugzeuge konnten im August 1991 übernommen werden. Die TAV-8B verblieben zunächst in den USA, da die Ausbildung dort durchgeführt wurde. Im Juli 1991 erfolgte die Bestellung der ersten drei AV-8B Harrier II Plus. Im November 1992 gab Italien weitere 13 Einheiten in Auftrag, die in der Zwischenzeit alle ausgeliefert sind. Für den Einsatz der Flugzeuge wurde der Hubschrauberträger ITS *Guiseppe Garibaldi* mit einer Ski-Jump-Rampe ausgerüstet.

Boeing (MDD) AV-8B Harrier II Plus

Verwendungszweck: V/STOL-Erdkampfflugzeug
Besatzung: 1
Triebwerk: ein Mantelstromtriebwerk mit Schwenkdüsen (Rolls-Royce Pegasus 11-61 F402-RR-408) mit 105,87 kN (10.795 kp) Standschub
Länge: 15,32 m
Höhe: 4,08 m
Spannweite: 9,24 m
Flügelfläche: 22,15 m²
Rüstmasse: 6740 kg
Maximale Startmasse für Kurzstart: 14.090 kg
Höchstgeschwindigkeit auf Meereshöhe: 1065 km/h
Höchstgeschwindigkeit in Reiseflughöhe: 1200 km/h
Anfangssteiggeschwindigkeit: 66 m/s
Dienstgipfelhöhe: 13.700 m
Einsatzradius mit je zwei Harpoon- und Sidewinder-Lenkwaffen sowie einem 1136-Liter-Zusatztank: 1128 km
Überführungsreichweite mit zwei 1136-Liter-Zusatztanks: 2650 km
Bewaffnung: eine fünfläufige 25-mm-Revolverkanone des Typs General Electric GAU-12/U unter dem Rumpf und acht Flügelstationen für die Lenkwaffen AMRAAM, Sparrow, AIM-9L Sidewinder und AGM-65E Maverick sowie bis zu zwölf BL-755-Bomben; maximale Waffenlast 6000 kg

Boeing (Rockwell) B-1B Lancer

Genau genommen begann die Geschichte der B-1 schon 1962, als die Kosten bei der Entwicklung des Überschallbombers B-70 so zunahmen, dass die USAF deshalb von der Beschaffung dieses Bombers absah. Außerdem hatten sich die Ansichten der Militärplaner und auch die Einsatzsituation geändert. Nicht mehr überschallschnelle und hochfliegende Bomber waren gefragt, sondern Flugzeuge, die im Tiefstflug in das Zielgebiet eindringen konnten und somit erst spät von der gegnerischen Luftabwehr erkannt wurden.
In einer Studie, die ab 1965 für einen neuen Bomber, das AMSA-Projekt (Advanced Manned Strategic Aircraft = modernes bemanntes strategisches Flugzeug), durchgeführt wurde, hatte man schon das Konzept für den neuen Bomber in den wichtigsten Punkten festgelegt. In den Studien wurde als Ersatz für die B-52 ein Bomber vorgeschlagen, der in Baumwipfelhöhe in den gegnerischen Luftraum eindringen konnte und trotz des dadurch sehr hohen Kraftstoffverbrauchs noch über eine entsprechende Reichweite verfügen musste. 1968 wurde beschlossen, dass der zukünftige Bomber in großen Höhen zweifache Schallgeschwindigkeit erreichen sollte und im Tiefflug hohe Unterschallgeschwindigkeit. Dies hatte unter anderem zur Folge, dass das Flugzeug über schwenkbare Tragflächen verfügen musste, die bei Start und Landung nach vorn geschwenkt wurden und beim Angriff im Tiefstflug mit Überschallgeschwindigkeit nach hinten, sodass die Tragflächen eine möglichst kleine Fläche bildeten. Beim Antrieb entschied sich Rockwell für Mantelstromtriebwerke mit Nachbrennern. Außerdem wurde die Forderung gestellt, dass das Flugzeug für die Rettung der Besatzung über eine absprengbare Kapsel verfügen sollte.

■ **B-1B Lancer der 319th Bomber Wing (Bombergeschwader) aus Grand Forks.**

Die Ausschreibung der USAF wurde am 3. November 1969 veröffentlicht, die Entscheidung fiel am 5. Juni 1970. Für die Entwicklung und den Bau des Flugzeuges wurde North American Rockwell ausgewählt und für die Triebwerke General Electric. Zunächst wurden fünf Prototypen und zwei Bruchzellen für statische Belastungsversuche des jetzt mit B-1A bezeichneten Bombers bestellt. General Electric erhielt einen Auftrag über 40 F101-Triebwerke. Bedingt durch Sparmaßnahmen im Verteidigungshaushalt wurden die Bestellungen im Januar 1971 auf drei Prototypen, eine Bruchzelle und 27 Triebwerke reduziert.
Die Montage der B-1 erfolgte in Palmdale im Werk 42 der USAF. Dort hatte auch die erste B-1 (s/n 74-0158) am 26. Oktober 1974 ihr Roll-out. Den Erstflug unternahm Charles Bock am 23. Dezember 1974; er führte zur Erprobungsstelle auf der Edward Air Force Base. Jetzt wurde auch die Anzahl der Prototypen wieder auf vier erhöht. Der vierte Prototyp hatte die Seriennummer 76-0174. Das SAC (Strategic Air Command) plante die Übernahme von 250 B-1 als Ersatz für die B-52. Am 30. Juni 1977 verfügte Präsident Carter, dass keine B-1 beschafft werden sollten. Allerdings konnten Entwicklung und Erprobung fortgesetzt werden. Am 5. Oktober 1978 erreichte der zweite Prototyp Mach 2,25. Ab dem 14. Februar 1979 nahm der vierte Prototyp die Erprobung auf. Er diente als Erprobungsträger für die Abwehrelektronik OAS (Offensive Avionic System), die von Boeing entwickelt wurde. Im Verlauf der Erprobung erfolgte eine Überarbeitung der Triebwerksgondeln, die neue Lufteinläufe erhielten. Die Rettungskapsel für die Besatzung wurde durch vier Weber-Ace-II-Schleudersitze ersetzt.
Mit dem Flug des vierten Prototyps am 29. April 1981 endete die Flugerprobung der B-1A. Danach stellte man die vier Prototypen in Edwards AFB ab. Im September 1981 fiel endlich die Entscheidung zugunsten der B-1: Es wurde die Beschaffung von 100 weiterentwickelten B-1B für das SAC beschlossen. Im Januar 1982 erging der Fertigungsauftrag. Die Flugzeuge sollten in den Jahren 1982 bis 1986 ausgeliefert werden. Den zweiten und den vierten Prototyp passte man dem B-1B-Standard an. Die s/n 74-0159 diente der Waffenerprobung und die s/n 76-0174 der Erprobung der Avionik. Die s/n 74-0160 wird in McConnell AFB zur Ausbildung des Bodenpersonals eingesetzt. Am 29. August 1984 stürzte der zweite Prototyp ab. Unfallursache war eine falsche Kraftstoffentnahme aus den vorderen und hinteren Tanks, die für eine Schwerpunktverlagerung sorgte und schließlich zum Absturz führte.
Der Jungfernflug der ersten B-1B (s/n 82-0001) erfolgte am 18. Oktober 1984. Neun Flugzeuge brachte man zur Einsatzerprobung nach Edwards AFB. Die Übergabe an das SAC erfolgte am 27. Juli 1985. Die ersten 29 B-1B erhielt die 96th Bomb Wing in Dyess AFB. Im April 1988 wurde die letzte B-1B ausgeliefert.
Die B-1B verfügt über keine Abwehrbewaffnung: Die Besatzungen müssen sich vollständig auf die elektronische Abwehr verlassen. Das Avioniksystem für den Angriff besteht aus dem Multi-Mode-Radar AN/APQ-164 von Westinghouse, das aus

Boeing B-1B Lancer

Verwendungszweck: strategischer Bomber
Besatzung: 4
Triebwerk: vier Mantelstromtriebwerke (General Electric F101-GE-102) mit je 64,94 kN (6609 kp) Standschub ohne und 136,92 kN (13.935 kp) mit Nachbrenner
Länge: 44,81 m
Höhe: 10,36 m
Spannweite: 15 Grad geschwenkt: 41,67 m
Spannweite: 67,5 Grad geschwenkt: 23,84 m
Flügelfläche: 181,16 m²
Spannweite des Höhenleitwerks: 13,37 m
Spurweite: 4,42 m
Rüstmasse: 87.091 kg
Tankinhalt: 88.450 kg
Maximale Waffenlast innen: 34.020 kg
Maximale Waffenlast außen: 26.762 kg
Maximale Startmasse: 216.635 kg
Höchstgeschwindigkeit in großer Höhe: 1324 km/h
Geschwindigkeit in 61 m Höhe: 965 km/h
Dienstgipfelhöhe: 15.240 m
Reichweite ohne Luftbetankung: 1965 km
Bewaffnung: in drei Bombenschächten können B-61- und B-83-Atombomben mitgeführt werden oder bis zu 24 AGM-69A, zwölf B-28- oder 28 B-61-Bomben; außerdem besteht die Möglichkeit, AGN-86B, AGM-129, AGM-137, bis zu 84 Mk.82-Bomben oder Mk.36-Minen zu laden; an den sechs äußeren Rumpfstationen können zwölf ALCM (Air Launched Cruise Missiles) aufgenommen werden

dem AN/APQ-66 der F-16 entwickelt wurde. Außerdem stehen der Radarhöhenmesser ASN-121 von Honeywell, das Frequenzüberwachungssystem AN/ALQ-161A mit einem Untersystem für elektronische Gegenmaßnahmen und Störsendern sowie der Heckwarnempfänger AN/ASQ-184 zur Verfügung. Behälter für Düppel und IR-Täuschkörper sind im Rumpfrücken eingebaut.
Gegenüber der B-1A wurde der Bombenschacht der B-1B völlig überarbeitet. Insgesamt verfügt die B-1B über drei Bombenschächte: einen Doppelschacht mit einer Länge von 9,53 m vor der Tragfläche und einen 4,57 m langen Bombenschacht hinter der Tragfläche. Die Verschlussklappen werden hydraulisch betätigt. Im vorderen Bombenschacht können bis zu acht AGM-86B Marschflugkörper an festen Trägern oder in einem rotierenden Startgerät mitgeführt werden.
Die B-1B Lancer steht heute bei der 7th Bomb Wing in Dyess AFB/Texas, der 28th Wing in Ellsworth AFB/South Dakota, der 366th Wing in Mountain Home AFB/Idaho, beim Air Force Flight Test Centre und der 127th Bomb Squadron der Air National Guard in McConnell AFB/Kansas sowie der 128th BS der Air National Guard in Robins AFB/Georgia im Einsatz.

Boeing B-52 Stratofortress

Die B-52 wurde als Strahlbomber für die weltweiten Einsätze des SAC (Strategic Air Command) der USAF entwickelt. Erste Entwürfe der XB-52 stellte Boeing bereits am 21. Oktober 1948 der USAF vor. Allerdings handelte es sich damals noch um einen Bomber mit T35-Propellerturbinen mit einer Leistung von 8900 PS. Die USAF wünschte sich allerdings einen Bomber mit den JT3-Strahltriebwerken (militärische Bezeichnung J57),die Pratt & Whitney gerade entwickelte. Boeing modifizierte kurzfristig seinen Entwurf zu einem mit acht Strahltriebwerken ausgerüsteten Langstreckenbomber. Es wurde ein Auftrag über zwei Prototypen – eine XB-52 (s/n 49-0230) und eine YB-52 (s/n 49-0231) – erteilt.

■ **B-52G – Landklappen und Fahrwerk ausgefahren – im Überflug.**

Die XB-52 hatte am 29. November 1951 unter größter Geheimhaltung ihren Roll-out und führte einige Rollversuche durch. Am 15. März 1952 folgte die YB-52, die am 15. April 1952 ihren Jungfernflug mit A.M. »Tex« Johnston und Oberstleutnant Guy M. Townsend im Cockpit unternahm. Nach mehreren Verbesserungen startete die XB-52 am 2. Oktober 1952 zu ihrem Erstflug.
Neben den beiden Prototypen setzte man noch drei B-52A zur Erprobung ein. Bei den nächsten zehn Flugzeugen handelte es sich bereits um B-52B aus der Produktion. Die erste B-52A absolvierte am 5. August 1954 ihren Erstflug. Zunächst wurden zehn B-52A und 40 B-52B geordert. 27 Maschinen der B-52B stellte Boeing als RB-52B fertig. Sie kamen als Aufklärer zum Einsatz, wurden jedoch bereits Ende 1956 wieder ausgemustert. Als erster Einsatzverband erhielt das 93. Bombergeschwader in Castle AFB die B-52.
Als nächste Version folgte die B-52C. Bei ihr wurde die maximale Startmasse auf 203.850 kg erhöht. Ausgerüstet wurde die B-52C mit dem ASQ-48(V). Es bestand aus dem Zielradar ASB-15 unter dem Bug und dem nach vorne gerichteten Navigationsradar. Der Waffenstand im Heck verfügte über vier 12,7-mm-MGs. Von dieser Version wurden 35 Flugzeuge gebaut.
Die B-52D war die Langstreckenversion der B-52C. Die Produktion umfasste 170 Flugzeuge.
Der Erstflug der B-52E erfolgte am 3. Oktober 1957. Auch bei ihr wurde hauptsächlich die Elektronik auf den neusten Stand gebracht. Neben dem Navigations- und Zielradar ASQ-38(V) gehörten zur Ausrüstung noch ein ASB-4A-Radar, ein APN-89-Doppler, eine Radarkamera von General Electric und ein Kollsman-Astro-Kompass. 100 B-52E verließen die Produktionshallen.
Die neuen J57-F-43WB-Strahltriebwerke mit einen Standschub von 6230 kp trieben die B-52F an. Dadurch mussten auch neue Triebwerkgondeln angebaut werden. Die B-52F, von der

Boeing 89 Exemplare lieferte, flog erstmals am 6. Mai 1958. Die einzige äußerliche Änderung bei der B-52G war das kürzere Seitenleitwerk, obwohl sie ein fast neues Flugzeug war. Das Seitenleitwerk wurde um 2,50 m verkürzt, die Seiten- und Höhenruder wurden hydraulisch betätigt. Die Zelle war vollständig neu überarbeitet und die meisten Teile waren verstärkt worden. Die Maschine verfügte über die größten Integraltanks, die bis zu diesem Zeitpunkt in Serie gefertigt wurden. Dadurch erhöhte sich die Treibstoffkapazität von 134.379 Liter auf 176.054 Liter. Bei der B-52G entfielen an der Flächenhinterkante die Querruder. Der gewonnene Raum diente jetzt zur Aufnahme von ALE-27-Düppelabwurfgeräten. Die Heckwaffe wurde über eine Zielverfolgungsantenne ferngesteuert, so dass der Platz des Bordschützen ins Cockpit verlegt werden konnte. Im Heck befanden sich der Radarwarnempfänger APR-25 und der Störsender ALQ-117. Der Einbau dieser Anlage machte eine Verlängerung des Hecks um 1,02 m notwendig. Auch der Bug wurde um 30 cm verlängert. Somit erreichte die B-52G eine Gesamtlänge von 49,04 m. Ab der G-Version baute man außerdem verbesserte Schleudersitze ein. An zwei Außenlastenträgern unter den inneren Tragflächen bestand nun die Möglichkeit, zwei Luft-Boden-Lenkflugkörper des Typs AGM-28 Hound Dog von North American mitzuführen. Zur Selbstverteidigung verfügte die B-52G über Luftverteidigungs-Lenkflugkörper des Typs McDonnell ADM-20 Quail. Es konnten je zwei ADM-20 im vorderen oder hinteren Bombenschacht untergebracht werden. 30 B-52G rüstete man für die Mitnahme von Harpoon-Anti-Schiff-Lenkwaffen aus. Ihren Jungfernflug unternahm die B-52G am 27. Oktober 1958. Ab Februar 1959 erfolgte die Auslieferung an das SAC, die im Januar 1961 abgeschlossen wurde. Die B-52G war mit 193 Einheiten die am meisten gebaute Version der B-52.

Eine der ersten B-52G (s/n 57-6471) wurde auf Pratt-&-Whitney-TF33-P-1-Triebwerke umgerüstet und flog erstmals im Juli 1960. Diese Triebwerke waren als Antrieb für die B-52H vorgesehen. Der Erstflug der B-52H (s/n 60-0006) fand am 6. März 1961 statt. Die H-Version wurde unter anderem für den Einsatz der luftgestützten ballistischen Rakete (ALBM) von Douglas, die GAM-87A Skybolt, entwickelt. Anfang 1963 wurde dieses Programm jedoch gestrichen. Bei der letzten gebauten B-52 handelte es sich um eine B-52H, die am 22. Juni 1962 aus der Halle rollte. Anstelle der vier MGs im Heck kam bei der B-52H eine 20-mm-Vulcan-Revolverkanone mit 1200 Schuss zum Einbau.

Im Juli 1962 flog eine B-52H von Seymour Johnson AFB nonstop über die Bermudas, Grönland, Alaska, Kalifornien und Florida zurück zum Heimatstützpunkt. Die dabei zurückgelegte Entfernung betrug 18.140 km. Dieser Rekord wurde 25 Jahre lang nicht überboten.

Die B-52H werden ständig mit den neuesten elektronischen Geräten modifiziert und auch bei der Bewaffnung immer auf dem neuesten Stand der Technologie gehalten. Mitte der 70er-Jahre wurden strukturelle Verstärkungen durchgeführt, und die Flugzeuge erhielten eine verbesserte Avionik. Für Tiefflugeinsätze bei Nacht und schlechtem Wetter kam das elektro-optische Sichtsystem ALQ-151 zum Einbau. Die Maschinen bekamen ebenfalls Geräte für elektronische Gegenmaßnahmen (ECM). Seit den 80er-Jahren können 20 AGM-86B-Marschflugkörper mitgeführt werden. Mitte der 80er-Jahre begann der Einbau von drehbaren CSRL-Werfern im Waffenschacht (CSRL = Common Strategic Rotary Launcher). Die erste mit CSRL ausgerüstete B-52H flog im September 1985. Die Umrüstung wurde im August 1993 abgeschlossen. Seit 1991 besteht auch die Möglichkeit, die Stealth-Version der AGM-86 – die AGM-129A – einzusetzen. Von den 102 gebauten B-52H fliegen heute noch immer 94 Einheiten.

Insgesamt verließen 744 B-52 die Fertigung bei Boeing. Niemand hätte beim Erstflug der YB-52 geglaubt, dass die B-52 sich 50 Jahre später noch immer im Einsatz bei der USAF befinden würde und nach heutiger Planung bis zum Jahr 2044 noch 62 B-52H bei den Einsatzgeschwadern verbleiben werden.

Boeing B-52G

Verwendungszweck: strategischer Bomber
Besatzung: 6
Triebwerk: acht Zweiwellen-Turbofantriebwerke (Pratt & Whitney J57-43WB) mit je 61,1 kN (6230 kp) Standschub und Wassereinspritzung
Länge: 49,05 m
Höhe: 12,40 m
Spannweite: 56,39 m
Flügelfläche: 371,60 m²
Rüstmasse: 84.000 kg
Maximale Startmasse: 221.357 kg
Tankinhalt: 141.612 kg
Höchstgeschwindigkeit im Tiefflug: 676 km/h
Höchstgeschwindigkeit in großer Höhe: 957 km/h
Dienstgipfelhöhe: 12.190 m
Reichweite ohne Luftbetankung: 12.070 km
Startrollstrecke: 2900 m
Landestrecke mit Bremsschirm: 900 m
Landestrecke ohne Bremsschirm: 2970 m
Bewaffnung: 20 Marschflugkörper des Typs AGM-86, zwei 20-mm-Revolverkanonen des Typs M.61A-1 mit 1200 Schuss als Defensivbewaffnung im ferngesteuerten Heckstand

Boeing (MDD) C-9 Nightingale/Skytrain II

Die C-9A entstand aus dem Verkehrsflugzeug DC-9-30, als die USAF ein Sanitätsflugzeug suchte. Der erste Auftrag belief sich auf zwölf C-9A, von denen die erste Maschine am 10. August 1968 an die 375th Aeronautical Airlift Wing in Scott AFB ausgeliefert wurde. Später bestellte man weitere neun Flugzeuge, so dass sich der gesamte Lieferumfang auf 21 C-9A Nightingale erhöhte. Zum Einsatz bei der 89th Military Airlift Wing beschafften die USA noch drei VC-9C, die als VIP-Flugzeuge Verwendung finden. Für die Versorgung ihrer Flotte bestellten die US Navy 19 und das US Marine Corps zwei C-9B Skytrain II. Diese Flugzeuge entsprechen der DC-9-30 und der DC-9-40.

Boeing (MDD) C-9A

Verwendungszweck: Transportflugzeug
Antrieb: zwei Mantelstromtriebwerke (Pratt & Whitney JT8D-9) mit je 64,5 kN (6350 kp) Schub
Spannweite: 28,47 m
Länge: 36,37 m
Höhe: 8,38 m
Flügelfläche: 92,97 m²
Leermasse: 25.940 kg
Maximale Startmasse: 54.885 kg
Höchstgeschwindigkeit: 995 km/h
Reisegeschwindigkeit: 907 km/h
Steiggeschwindigkeit: 14,75 m/s
Dienstgipfelhöhe: 11.280 m
Reichweite: 3095 km
Startstrecke: 2256 m
Landestrecke: 1439 m

■ Die C-9A der USAF tragen den Namen »Nightingale«, was auf ihren Einsatzzweck hinweist – den Verwundetentransport.

Boeing (MDD) KC-10 Extender

Bei der Suche nach einem strategischen Tank- und Transportflugzeug fiel die Wahl auf die DC-10-30. Der erste Auftrag umfasste 44 KC-10A, wurde später aber auf 60 Flugzeuge erhöht. Der Erstflug erfolgte am 12. Juli 1980. Die letzte Maschine übernahm die USAF am 29. November 1988.
Die Zelle der KC-10A entspricht der der DC-10-30. Im Unterflurraum wurden sieben Kraftstofftanks installiert, die 68.240 Liter fassen. Das gesamte Tankvolumen beträgt 132.331 Liter. Außerdem kann die KC-10A bis zu 27 Frachtpaletten im oberen Laderaum befördern.

■ Aus der DC-10 von McDonnell Douglas entstand das Tankflugzeug KC-10A.

Boeing (MDD) KC-10A

Verwendungszweck: Tank- und Transportflugzeug
Antrieb: drei Mantelstromtriebwerke (General Electric F103) mit je 233,56 kN (23.814 kp) Schub
Spannweite: 47,34 m
Länge: 55,35 m
Höhe: 17,70 m
Flügelfläche: 367,70 m²
Leermasse: 108.874 kg
Maximale Startmasse: 267.620 kg
Höchstgeschwindigkeit: 982 km/h
Reisegeschwindigkeit: 908 km/h
Steiggeschwindigkeit: 14,7 m/s
Dienstgipfelhöhe: 10.180 m
Reichweite: 11.112 km
Startstrecke: 3170 m
Landestrecke: 1868 m

Boeing (MDD) C-17 Globemaster III

Der modernste Transporter der USAF, die C-17A Globemaster III.

Aus dem Wettbewerb für ein C-X Flugzeug ging die C-17 als Sieger hervor. Bei der Auslegung der Maschine konnte McDonnell Douglas auf Erfahrungen mit der YC-15 zurückgreifen, die als Prototyp für einen taktischen Transporter entstand. Der Prototyp der C-17, das Testflugzeug T-1, flog erstmals am 15. September 1991. Ihm folgte die erste Produktionsmaschine P-1 am 18. Mai 1992, die P-2 am 23. Juni 1992 und die P-3 am 7. September 1992. Neben verschiedenen anderen Problemen wurde am meisten die Stabilität der Tragflächen bemängelt. Bei den Flugzeugen P-1 bis P-10 verstärkte daraufhin American Airlines die Tragflächen im Auftrag von McDonnell Douglas. Ab der P-13 kam ein verstärktes Tragwerk zum Einbau; ab der P-32 fand ein neu konstruierter Tragflügel Verwendung. Die USAF hatte einen Bedarf von 120 C-17 angemeldet. Die erste Bestellung umfasste allerdings nur 40 Flugzeuge. Im November 1995 fiel die Entscheidung, weitere 80 C-17 zu beschaffen. Als erste Staffel begann im August 1993 die 17th AS/437th AW in Charleston AFB mit der Umrüstung.

Boeing (MDD) C-17A

Verwendungszweck: Transportflugzeug
Antrieb: vier Mantelstromtriebwerke (Pratt & Whitney F117-PW-100) mit je 185,5 kN (18.915 kp) Schub
Besatzung: 3
Spannweite: 50,29 m
Länge: 53,04 m
Höhe: 16,79 m
Flügelfläche: 353,0 m²
Leermasse: 122.000 kg
Maximale Startmasse: 263.083 kg
Reisegeschwindigkeit: 648 km/h
Dienstgipfelhöhe: 13.715 m
Reichweite: 4450 km
Startstrecke: 2316 m
Landestrecke: 915 m

Boeing KC-97 Stratofreighter

Am 15. November 1944 startete der erste von drei Prototypen der XC-97 (Modell 367) zu seinem Erstflug. Die C-97 entstand aus der B-29, von der Tragflächen, Triebwerke und Heck übernommen wurden. Auch der untere Teil des Rumpfes war mit dem der B-29 weitgehend identisch. Als Vorserie wurden 1945 zehn Flugzeuge bestellt, sechs Frachter YC-97, drei Truppentransporter YC-97A und eine in der Passagierversion YC-97B. Meistgebaute Variante war das Tankflugzeug KC-97G, von dem 592 Exemplare die Werkhallen verließen. Bis zur Produktionseinstellung im Juli 1956 wurden 888 C-97 gebaut, davon 811 Tankflugzeuge. Später rüstete man für den Einsatz bei der Air National Guard eine Anzahl von Flugzeugen mit zwei General-Electric-J47-GE-23-Strahltriebwerken mit je 2359 kp Schub aus. Diese Maschinen führten die Bezeichnung KC-97L. Drei KC-97L übernahm die spanische Luftwaffe als TK-1. Auch die israelische Luftwaffe setzte die C-97 sowie die KC-97 ein.

Zu den ersten Tankflugzeugen, die zum Einsatz kamen, gehörte die Boeing KC-97.

Boeing KC-97G

Verwendungszweck: Tank- und Transportflugzeug
Antrieb: vier Sternmotoren (Pratt & Whitney R-4360-59B) mit je 2610 kW (3500 PS)
Besatzung: 5
Spannweite: 43,05 m
Länge: 33,63 m
Höhe: 11,66 m
Flügelfläche: 164,34 m^2
Leermasse: 37.421 kg
Maximale Startmasse: 79.379 kg
Höchstgeschwindigkeit: 604 km/h
Reisegeschwindigkeit: 483 km/h
Dienstgipfelhöhe: 9025 m
Reichweite: 6920 km

Boeing KC-135 Stratotanker

Die C-135 entstand in einer Vielzahl von Varianten, die fast nicht mehr zu überblicken ist. Insgesamt verließen 820 Flugzeuge der verschiedenen Baureihen die Werkhallen. Prototyp für die KC-135 war die Boeing 707-80, die am 15. Juli 1954 zum ersten Mal flog. Die erste KC-135A absolvierte ihren Jungfernflug am 31. August 1956. Die KC-135 unterscheidet sich von der Boeing 707 in erster Linie durch einen kleineren Rumpfdurchmesser, fehlende Kabinenfenster und eine geringere Abmessung. Im Frachtdeck finden auf Klappsitzen bis zu 80 Soldaten Platz. Mit der Ausnahme von zwölf für die französische Armée de l'Air bestimmten Maschinen (C-135F) übernahm die USAF alle Flugzeuge. Für reine Transportaufgaben wurden 15 C-135A (Erstflug 19. Mai 1961) und 30 C-135B beschafft. Die C-135A kann 39.509 kg oder 126 Passagiere befördern. Die C-135B erhielt TF33-Zweikreisstrahltriebwerke, während die C-135A über J57-Triebwerke verfügte. Der mit TF33-Triebwerken nachgerüsteten C-135A gab man die Bezeichnung C-135E.
56 Flugzeuge wurden auf KC-135Q-Standard gebracht; sie waren speziell für den Einsatz zur Unterstützung der SR-71 vorgesehen. 1980 begann Boeing mit der Umrüstung von 306 KC-135 auf CFM-F108-CF-100-Mantelstromtriebwerke mit einer Leistung von 97,86 kN (9980 kp). Diese Flugzeuge erhielten die Bezeichnung KC-135R.
Als fliegende Kommandozentrale wurde die EC-135 entwickelt, die ebenfalls in den verschiedensten Versionen eingesetzt wird.
Für die Überwachung von Atomwaffentests wurden drei KC-135 zu NC-135A umgerüstet, zwei weitere Maschinen fliegen

bei der Fleet Electronic Warfare Support Group der US Navy als NKC-135A. Drei Flugzeuge werden zur Überwachung des »Open Skies«-Abkommens als OC-135B eingesetzt. Für Vermessungs- und Kartografieaufgaben wurden vier KC-135A zu RC-135A umgerüstet. Weitere zehn Versionen der RC-135-Serie dienen als elektronische Aufklärungsflugzeuge. Elf C-135B versah man mit einer Spezialeinrichtung für den VIP-Transport. Sie führen die Bezeichnung VC-135B. Nach dem Umbau zu Wetterbeobachtungsflugzeugen erhielten zehn C-135B die Bezeichnung WC-135B.

■ **Die C-135 wird für viele Aufgaben eingesetzt. Hier die Version KC-135A beim Betanken einer YF-22.**

Boeing KC-135A

Verwendungszweck: Tank- und Transportflugzeug
Antrieb: vier Strahltriebwerke (Pratt & Whitney J57-59W) mit je 6237 kp (61,16 kN) Schub
Besatzung: 4
Spannweite: 39,88 m
Länge: 40,99 m
Höhe: 12,69 m
Flügelfläche: 226,0 m²
Leermasse: 44.664 kg
Maximale Startmasse: 143.338 kg
Höchstgeschwindigkeit: 933 km/h
Reisegeschwindigkeit: 856 km/h
Steiggeschwindigkeit: 6,55 m/s
Dienstgipfelhöhe: 13.715 m
Reichweite: 5560 km
Startstrecke: 3261 m

Boeing E-3 Sentry

Das Frühwarnsystem E-3 baut auf der Boeing 707-320B auf. Kernstück der E-3 ist das Westinghouse-AN/APY-2-Radar. Äußerlich fällt das Flugzeug durch die auf dem Rumpf montierten Radarantennen mit einem Durchmesser von 9,14 m auf. Der Prototyp führte die Bezeichnung EC-137D und flog am 5. Februar 1972 zum ersten Mal. Der Jungfernflug der ersten E-3A aus der Serie erfolgte am 31. Oktober 1975.
Die USAF erhielt 34 E-3A einschließlich der beiden auf Serienstandard gebrachten EC-137D. 24 E-3A erhielten störsichere Übermittlungssysteme und schnellere Computer. Die erste Ma-

■ **Start eines Frühwarnflugzeugs des Typs Boeing E-3A Sentry.**

schine, nach der Umrüstung als E-3B bezeichnet, wurde im Juli 1984 ausgeliefert. Weitere zehn E-3A wurden ebenfalls 1984 zu E-3C umgebaut. Die NATO übernahm 18 E-3A; sie sind in Geilenkirchen bei Aachen stationiert. Ein weiterer Betreiber der Sentry ist Saudi Arabien, das fünf E-3A und acht KE-3A erhielt. Die Royal Air Force bestellte sieben E-3D Sentry AEW Mk.1, deren erste am 11. September 1989 flog; Frankreich bekam vier E-3F SDA geliefert (Erstflug 27. Juni 1990).

Boeing E-3A

Verwendungszweck: Frühwarnflugzeug
Antrieb: vier Mantelstromtriebwerke (Pratt & Whitney TF33-PW-100A) mit je 93,4 kN (9525 kp) Schub
Besatzung: 20
Spannweite: 44,42 m
Länge: 46,61 m
Höhe: 12,73 m
Flügelfläche: 268,67 m²
Leermasse: 77.238 kg
Maximale Startmasse: 147.420 kg
Höchstgeschwindigkeit: 853 km/h
Reisegeschwindigkeit: 605 km/h
Dienstgipfelhöhe: 8840 m
Reichweite: 8100 km

Boeing/Grumman E-8 Joint-STARS

Wie bei der E-3A dient auch bei der E-8 die Boeing 707-320 als Basisflugzeug. Der Umbau von zwei Prototypen erfolgte bei Grumman. Die Flugerprobung begann im Dezember 1988. Seine Feuertaufe erlebte dieser Flugzeugtyp ab Januar 1991, als beide E-8A nach Riad verlegten, um an der Operation Desert Storm teilzunehmen. Die Flugzeuge unterstanden der neu aufgestellten 4411th Joint Stars Squadron und flogen in 49 Einsätzen 535 Stunden. Die erste Serienmaschine, die E-8C, fliegt seit dem 25. März 1995. Sie verfügt über 18 Arbeitsplätze – gegenüber den zehn Plätzen in der E-8A. Mit dem unter dem Rumpf montierten AN/APY-3-Radar ist es möglich, alle Fahrzeuge und Hubschrauber, die sich innerhalb des Geschwindigkeitsbereiches von 4 bis 80 km/h bewegen, zu erfassen. Außerdem können Bilder von Objekten ab einer Größe von 3x3 m geliefert werden. Aus einer Höhe von 9000 bis 12.000 m ist das System in der Lage, Bewegungen am Boden in einer Entfernung von 175 km zu erfassen. Sämtliche Daten werden in Echtzeit an Bodenstationen übermittelt. US Army und US Air Force planen, 19 E-8C in Dienst zu stellen.

■ **Die E-8 wird für elektronische Aufklärung und Bodenüberwachung eingesetzt.**

Boeing/Grumman E-8A

Verwendungszweck: Überwachungsflugzeug
Antrieb: vier Mantelstromtriebwerke (Pratt & Whitney JT3D-7) mit je 84,52 kN (8618 kp) Schub
Besatzung: 21
Spannweite: 44,42 m
Länge: 46,61 m
Höhe: 12,93 m
Flügelfläche: 283,35 m²
Maximale Startmasse: 15.1315 kg
Höchstgeschwindigkeit: 973 km/h
Reisegeschwindigkeit: 860 km/h
Steiggeschwindigkeit: 20,3 m/s
Dienstgipfelhöhe: 11.890 m
Reichweite: 9266 km

Boeing (MDD) F-15A/B Eagle

Das Programm für die F-15 geht auf das Jahr 1965 zurück, als die USAF die FX-Ausschreibung veröffentlichte. Primäre Einsatzaufgabe des neuen Jagdflugzeuges sollte die Erringung und Sicherung der Luftüberlegenheit sein. Außerdem wurde erwartet, dass das neue Flugzeug noch im begrenzten Umfang für Schlechtwettereinsätze zur Verfügung stand.
Der Entwurf von McDonnell sah einen Einsitzer mit Deltatragwerk, Höhenflossen und zwei Seitenflossen vor. Die Ausschreibung wurde von McDonnell gewonnen und die endgültigen Form des Entwurfs von der USAF am 23. Dezember 1969 angenommen. McDonnell erhielt für die Erprobung den Auftrag über zehn F-15A, zwei Doppelsitzer TF-15A und acht Vorserienflugzeuge. Hinzu kamen noch drei Bruchzellen für statische und dynamische Versuche.
Von der technischen Auslegung her ist die F-15 ein konventionelles Flugzeug. Die Zelle besteht zu 35,8 Prozent aus Leichtmetall. In Bereichen höherer Ermüdungs- und Temperaturbeanspruchungen kommen Titan (26,9 Prozent) und Verbundwerkstoffe (37,3 Prozent) zur Anwendung.
Das Cockpit ist mit einem Douglas-Escapac-II-C Zero-Zero-Schleudersitz ausgestattet. Die Cockpithaube öffnet sich nach hinten oben und bietet dem Piloten ausgezeichnete Sicht.
Die Lufteinläufe sind zu beiden Seiten des Rumpfes angeordnet und verfügen über veränderliche Eintrittsquerschnitte, so dass in den Einlaufkanälen immer optimale Strömungsverhältnisse herrschen. Für den Antrieb wurde das F100-PW-100 von Pratt & Whitney ausgewählt.
Zur Ausrüstung der F-15 gehört unter anderem ein AN/APG-63-Mehrzweck-Pulsdopplerradar von Hughes mit einer Reichweite von 160 km. Ferner das AN/ASN-109-Trägheits-Navigationssystem von Litton, ein Head-Up Display und ein digitaler Zentralrechner von IBM.
F-15A wie F-15B sind mit einer 20-mm-M.61A-1-Vulcan-Revolverkanone mit 940 Schuss ausgerüstet. Außerdem können noch AIM-9E/L Sidewinder und AIM-7F Sparrow III mitgeführt werden.
Die erste F-15A (s/n 71-0280) hatte am 26. Juni 1972 ihr Rollout in St. Louis. Gleichzeitig taufte man das mit einem neuen hellblauen Air-Superiority-Sichtschutz versehene Flugzeug auf den Namen »Eagle «.
Der 50-minütige Erstflug erfolgte in Edwards AFB am 27. Juli 1972 mit Irving L. Burrows im Cockpit. Die zweite F-15A flog am 26. September und die dritte am 4. November 1972. Die ersten 30 Serienmaschinen (F-15A/B) wurden am 1. März 1973 bestellt. Die erste F-15A mit einer 20-mm-M.61A-1-Vulcan-Kanone war der fünfte Prototyp (s/n 71-0284). Der achte Prototyp (s/n 71-0287) unternahm dagegen ausschließlich Langsamflug- und Trudelversuche. Am 7. Juli 1973 startete die erste TF-15A (s/n 71-0290) zu ihrem Jungfernflug. Die zehnte und letzte F-15A des Erprobungsloses hob am 16. Januar 1974 zum Erstflug ab.
Die ersten zwölf Flugzeuge gehörten zum Erprobungsprogramm, das unter der Leitung von Irving Burrows stand. Die zuletzt gebauten acht F-15A standen für die Truppenerprobung zur Verfügung. Diese Flugzeuge wurden von Piloten der USAF unter dem Kommando von Colonel Wendell Shawler geflogen.
Das Erprobungprogramm umfasste über 3300 Flüge, bei denen man mehrere Weltrekorde aufstellte: Am 29. Oktober 1973 wurden beim 1000. Testflug eine Geschwindigkeit von Mach 2,3 und eine Höhe von 18.000 m erreicht. Am 16. Januar und am 1. Februar 1975 bewies die F-15A (s/n 72-0119) erneut die

■ Zu Besuch beim AG 51 »I« in Bremgarten: eine F-15B der 33rd TFW.

Flugleistungen des Flugzeugs. An diesen beiden Tagen stellte man in Grand Forks AFB, North Dakota, acht neue Steiggeschwindigkeits-Weltrekorde auf. Piloten der Rekordflüge waren Major Roger Smith, Major Willard Mac Farlane und Major David Peterson. Allerdings handelte es sich dabei nicht um eine Einsatzmaschine: Das Gewicht war erheblich reduziert worden. Der Ausbau der kompletten Bewaffnung und des Feuerleitradars brachte eine Gewichtsersparnis von fast 2000 kg. Entscheidend für diese Erfolge waren das Schub/Gewichtsverhältnis von mehr als 1:1 und die niedrige Flächenbelastung.
In Europa wurde die F-15 erstmals im September 1974 in Farnborough vorgeführt. Dabei handelte es sich um die zweite TF-15A (s/n 71-0291). Die 4900 km lange Strecke von der Loring AFB in Maine nach RAF Bentwaters in England legte die Maschine nonstop und ohne Luftbetankung in 5,3 Stunden zurück. Neben ihren normalen drei 2271-Liter-Zusatztanks war die TF-15A noch mit zwei neuen FAST Packs (Fuel and Sensor Tactical) ausgerüstet. Diese waren unter den Tragflächen am Übergangsbereichs zwischen Flügel und Rumpf beidseitig befestigt. Die Behälter sind fast zehn Meter lang und können neben einer Kraftstoffmenge von 2268 Litern noch zahlreiche Aufklärungs- und ECM-Sensoren aufnehmen.
Die erste Maschine, die die USAF erhielt, war eine F-15B (s/n 73-0108), wie die TF-15A jetzt hieß. Die Übergabe erfolgte am 14. November 1974 an die 58th TFTW auf der Luke AFB in Arizona. Eingesetzt wurden die Flugzeuge bei der 555th TFTS, die zunächst für die Ausbildung der Piloten verantwortlich war.
Als erster Einsatzverband erhielt die 1st TFW am 9. Januar 1976 in Langley AFB die F-15A. Mitte des Jahres hatten bereits alle drei Staffeln der 1st TFW ihre insgesamt 72 Flugzeuge übernommen.
Der zweite Einsatzverband, der auf die F-15A umrüstete, war die 36th TFW der USAFE in Bitburg. Die beiden ersten Maschinen (s/n 75-0049 und -0050) trafen am 5. Januar 1977 dort ein, weitere 20 Flugzeuge folgten am 27. April 1977. Zugeteilt wurden die Flugzeuge der 525th TFS. Es folgten die 53rd und 22nd TFS, und im Herbst desselben Jahren war die 36th TFW einsatzbereit.
Die F-15B mit der s/n 71-0291 wurde das Vorführflugzeug von McDonnell Douglas und als solches allen interessierten Luftwaffen vorgestellt.
Als erste ausländische Luftwaffe erwarb Israel vier F-15A, die am 10. Dezember 1976 übergeben wurden. Dabei handelte es sich um Maschinen aus dem Erprobungsprogramm. Weitere 19 F-15A und zwei F-15B folgten. Nach dem Golf-Krieg erhielt Israel 1981 nochmals zehn F-15A. Erstmals zum Kriegseinsatz kamen F-15A am 27. Juni 1979 in Israel. An diesem Tag schossen israelische Piloten fünf syrische MiG-21 ab.
Nach der Produktion von 330 F-15A und 57 F-15B lösten die F-15C und F-15D diese Serien in der Fertigung ab. Inzwischen hat die Ausmusterung der F-15A/B begonnen: Die Flugzeuge werden auf der Davis-Monthan AFB in Arizona eingemottet. Zur Aufwertung der F-15A/B begann 1990 das Kampfwertsteigerungsprogramm MSIP (Multi Stage Improvement Program), das alle Flugzeuge ab 1976 betrifft. Im Rahmen dieser Modifizierung kommt das neue AN/APG-70-Radar zum Einbau. Des Weiteren wird die Avionik dem neuesten Stand angepasst, dazu gehören ein neuer Multifunktionsbildschirm, ein neuer Zentralrechner sowie eine neue Waffenkontrolleinheit. Es besteht nun auch die Möglichkeit, AIM-120-AMRAAM-Luft-Luft-Lenkwaffen mitzuführen. Hinter der vorderen Fahrwerksklappe werden Chaff/Flare-Abschussbehälter eingebaut.

Boeing (MDD) F-15A Eagle

Verwendungszweck: Abfangjagdflugzeug
Besatzung: 1
Triebwerk: zwei Mantelstromtriebwerke (Pratt & Whitney F-100-PW-100) mit je 65,26 kN (6654 kp) Standschub und 106,6 kN (10.869 kp) mit Nachbrenner
Länge: 19,43 m
Höhe: 5,63 m
Spannweite: 13,05 m
Flügelfläche: 56,48 m²
Rüstmasse: 12 .973 kg
Normale Startmasse: 18.894 kg
Startmasse mit drei 2271-Liter-Zusatztanks: 24.675 kg
Maximale Startmasse: 25.401 kg
Interner Kraftstoffvorrat: 5260 kg
Externer Kraftstoffvorrat in drei 2271-Liter-Zusatztanks: 5395 kg
Maximale Waffenlast: 7257 kg
Höchstgeschwindigkeit auf 10.975 m: 2655 km/h
Reisegeschwindigkeit: 917 km/h
Steiggeschwindigkeit: 254 m/s
Dienstgipfelhöhe: 18.290 m
Einsatzradius: 1800 km
Startstrecke mit Luftbremse: 840 m
Landestrecke ohne Luftbremse: 1067 m
Landestrecke mit Luftbremse: 762 m
Überführungsreichweite mit Zusatztanks: 4631 km
Bewaffnung: eine sechsläufige 20-mm-Revolverkanone des Typs M.61A-1 Vulcan mit 940 Schuss und vier Luft-Luft-Lenkwaffen des Typs AIM-9L Sidewinder und vier AIM-7F Sparrow, ein Aufhängepunkt unter dem Rumpf und vier unter den Flügeln sowie vier Startschienen in Vertiefungen an der Rumpfunterseite

Boeing (MDD) F-15C/D Eagle

■ **F-15C Eagle der 1st TFW. Die dritte Maschine wird vom Geschwaderkommodore geflogen, die drei anderen von den Staffelkapitänen der 94th, 71st und 27th TFS.**

Die F-15C/D löste ab Juni 1979 die F-15A/B in der Fertigung ab. Äußerlich ist kein Unterschied festzustellen. Ein programmierbarer Signal Processor (PSP) ergänzte das APG-63-Radar; die Kraftstofftanks wurden so vergrößert, dass 908 kg mehr zugeladen werden konnten. Ebenfalls können die mit der F-15B erprobten FAST Packs mitgeführt werden. Diese werden jetzt aber als CFT (Conformal Fuel Tanks) bezeichnet und können 5678 Liter Kraftstoff aufnehmen. Außerdem kann man unter den CFTs bis zu zwölf 450-kg-oder vier 900-kg-Bomben sowie verschiedene Aufklärungs- und Waffensensoren mitführen. Um die erhöhte Startmasse von 30.845 kg tragen zu können, mussten auch am Fahrwerk Änderungen vorgenommen werden. Seit 1985 kommt das weiterentwickelte und leistungsgesteigerte F100-PW-220, das nach einer Erprobungszeit von 4000 Stunden serienreif war, zum Einbau. Ab 1988 ersetzten die Luft-Luft-Raketen AIM-120 AMRAAM die AIM-7 Sparrow.
Der Erstflug der F-15C fand am 26. Februar 1979 in St. Louis statt, der der F-15D am 19. Juni 1979. Die Ausbildung für die F-15C/D absolvieren die Piloten beim 325th TTW in Tyndall AFB in Florida.

Die auf dem Stützpunkt Kadena in Japan stationierte 18th TFW erhielt als erster Verband die F-15C/D zugeteilt. Die ersten Flugzeuge trafen im September 1979 ein und bis April 1980 war die Umrüstung abgeschlossen. Anschließend löste die F-15C/D die F-15A/B der 1st TFW, 33rd TFW, 36th TFW und der 32nd FS in Soesterberg in den Niederlanden ab. Die in Keflavik AB auf Island stationierte 57th FIS »Black Knights« rüstete 1985 von der F-4E Phantom II auf die F-15 C/D um.
Im Rahmen des Modernisierungsprogramms MSIP wurden die F-15C/D wie die F-15A/B ab 1990 kampfwertgesteigert. Das Programm umfasste eine modernisierte Avionikausrüstung sowie verbesserte Feuerleit-, ELOKA-, Kommando-, Kontroll- und Kommunikationsgeräte. So wurde unter anderem das APG-63 durch das APG-70 mit einer höheren Rechnerkapazität ersetzt. Weiterhin kam ein Farbbildschirm von Honeywell zum Einbau. Hinter der Bugradklappe wurden AN/ALE-45-Düppelwerfer montiert.
Nach Abschluss des Programms gab die 32nd FS 1991 ihre F-15C/D wieder ab und stellte dafür die modernisierten F-15A/B MSIP in Dienst.

Im Rahmen der Operation Desert Shield verlegte die 1st TFW mit 48 F-15C/D am 6. August 1990 von Langley AFB nach Dhahran in Saudi-Arabien. Das war die größte Verlegung von Jagdflugzeugen, die es bis dahin gegeben hatte. Die Flugzeuge flogen nonstop und waren zwischen 14 und 17 Stunden in der Luft, wo sie sechsmal betankt wurden. Im September 1990 verlegten noch Teile der 33rd TFW und der 36th TFW nach Tabuk, ebenfalls in Saudi Arabien. Weitere Maschinen der 36th TFW flogen zusammen mit F-15C der 32nd TFS von der Inçirlik AB in der Türkei. Mit Beginn des Golfkriegs befanden sich fünf F-15C Staffeln im Kriegsgebiet. Während der Kampfhandlungen errangen die Piloten der 58th TFS/33rd TFW 17 Luftsiege. Insgesamt wurden 32 Luftsiege durch F-15C Eagle erzielt, zwei davon von einem Piloten der Luftwaffe Saudi-Arabiens. In dieser Zeit wurden über 2200 Kampfeinsätze geflogen, wobei die Piloten 7700 Stunden in der Luft waren.

In St. Louis arbeitete man an weiteren Projekten, um die Leistungsfähigkeit der Maschine auf dem neuesten Stand zu halten. Im Oktober 1994 erteilte McDonnell Douglas den Auftrag, das APG-63-Radar der F-15A/B/C/D zu verbessern: Die Zuverlässigkeit des Radars sollte durch die Verwendung neuer Hardware verzehnfacht werden. Dabei griff Hughes auf bewährte Komponenten des APG-73 zurück und verwendete außerdem teilweise die Software des APG-70 der F-15E. Die Flugerprobung des APG-63(V)1-Radars wurde am 18. Juli 1997 aufgenommen, und die Fertigung von Umrüstsätzen begann Anfang 1999. Die Anzahl der für die USAF gebauten Flugzeuge liegt bei 408 F-15C und 62 F-15D.

Wiederum gehörte Israel zu den ersten Nationen, die die neue F-15C/D übernahmen. Dabei handelte es sich um 18 F-15C und acht F-15D, die 1981 und 1982 die Werkhallen verließen. Fünf weitere F-15D wurden 1988 bestellt und 1992 ausgeliefert.

Auch Japan wollte bereits frühzeitig die F-15A/B ordern. Aus finanziellen Gründen kam der Auftrag aber nicht zustande. Mitsubishi schloss mit McDonnell Douglas einen Lizenzvertrag über den Bau von 123 F-15J, die auf der F-15C basierte. Allerdings verfügten diese Flugzeuge nicht über eine ECM-Ausrüstung, wie sie in Flugzeugen der USAF zu finden war. So wurde das AN/ALQ-135 gegen das J/ALQ-8 und das AN/ALR-56 RHAWS gegen das J/APR-4 ausgetauscht. McDonnell Douglas baute die ersten beiden F-15J für die japanische Luftwaffe und lieferte Bausätze für acht weitere F-15DJ, die bei Mitsubishi montiert wurden. Die erste F-15J flog in St. Louis am 4. Juni 1980. Als erste Einheit erhielt die Rinii F-15 Hikotai im Dezember 1981 die F-15 für die Umschulung der Piloten. 1991 erhöhte man die Bestellung um elf Flugzeuge und 1992 um weitere sieben. Zwölf Trainer F-15DJ wurden bei McDonnell Douglas gebaut. Das erste mit F-15J und F-15DJ ausgerüstete Geschwader wurde 1983 aufgestellt. Insgesamt verfügt Japan heute über 22 Staffeln, die mit F-15J und DJ ausgerüstet sind.

Ab Januar 1981 erhielt Saudi-Arabien 46 F-15C und 16 F-15D. Nach dem Golfkrieg lieferte man weitere 24 F-15C/D aus Beständen der USAFE. Nach langen Verhandlungen konnte Saudi-Arabien 1984 für diese Flugzeuge noch die CFT- und MER-200-Bombenrüstsätze erwerben. Bei Grenzstreitigkeiten zwischen dem Iran und Saudi-Arabien kamen erstmals F-15C zum Kampfeinsatz und schossen am 5. Juni 1984 zwei iranische F-4E Phantom II ab. Eine zusätzliche Lieferung von neun F-15C und drei F-15D an Saudi-Arabien erfolgte Mitte 1991.

Boeing (MDD) F-15C Eagle

Verwendungszweck: Abfangjagdflugzeug
Besatzung: 1
Triebwerk: zwei Mantelstromtriebwerke (Pratt & Whitney F-100-PW-220) mit je 65,26 kN (6654 kp) Standschub und 106,6 kN (10.869 kp) mit Nachbrenner
Länge: 19,43 m
Höhe: 5,63 m
Spannweite: 13,05 m
Flügelfläche: 56,48 m²
Rüstmasse: 12.793 kg
Normale Startmasse: 20.244 kg
Maximale Startmasse mit zwei FAST Packs: 30.844 kg
Interner Kraftstoffvorrat: 6103 kg
Externer Kraftstoffvorrat in zwei FAST Packs: 4423 kg
Externer Kraftstoffvorrat in drei 2271-Liter-Zusatztanks: 5395 kg
Maximale Waffenlast ohne FAST Packs: 7257 kg
Maximale Waffenlast mit FAST Packs: 10.705 kg
Höchstgeschwindigkeit auf 10.975 m: 2655 km/h
Reisegeschwindigkeit: 917 km/h
Steiggeschwindigkeit: 254 m/s
Dienstgipfelhöhe: 18.290 m
Einsatzradius: 1967 km
Startstrecke mit Luftbremse: 840 m
Landestrecke ohne Luftbremse: 1067 m
Landestrecke mit Luftbremse: 762 m
Überführungsreichweite mit Zusatztanks und ohne FAST Packs: 4631 km
Überführungsreichweite mit Zusatztanks und mit FAST Packs: 5560 km
Bewaffnung: eine sechsläufige 20-mm-Revolverkanone des Typs M.61A-1 Vulcan mit 940 Schuss, vier Luft-Luft-Lenkwaffen der Typen AIM-9L Sidewinder und vier AIM-7F Sparrow oder AIM-120 AMRAAM, ein Aufhängepunkt unter dem Rumpf und vier unter den Flügeln sowie vier Startschienen in den Rumpfvertiefungen

Boeing (MDD) F-15E Eagle

■ **F-15E beim Abwurf einer Bombe.**

Mit der F-15E wird deutlich, welche Möglichkeiten in diesem Flugzeug stecken: Als reines Luftüberlegenheits-Jagdflugzeug entwickelt, wandelte es sich in dieser Version zu einem Mehrzweck-Kampfflugzeug.
1970 gab es bei der USAF erste Überlegungen für einen Nachfolger der General Dynamics F-111D/E und F sowie FB-111A. Die Auswahl für den neuen Langstreckenjagdbomber, der bei schlechtem Wetter und in der Nacht Einsätze im Tiefflug durchführen sollte, lief unter der Bezeichnung ETF (Enhanced Tactical Fighter). So entschloss sich McDonnell Douglas, die F-15 in Richtung Jagdbomber weiterzuentwickeln.
Die F-15E legte man von Anfang an zweisitzig aus. Dem zweiten Mann im Cockpit wurde die Aufgabe des WSO (Waffen-System-Offizier) übertragen. McDonnell Douglas baute die zweite F-15B (s/n 71-0291) zum Kampfflugzeug um, aber immer noch mit der Option, Jagdeinsätze fliegen zu können. Das Flugzeug wurde damals bekannt unter dem Namen »Strike Eagle«, der sich aber nicht durchsetzen konnte. Die Erprobung der einzelnen Komponenten begann im Oktober 1980 und dauerte bis 1983. In den USA stand die F-15E im Wettbewerb mit der F-16XL von General Dynamics. Am 24. Februar 1984 fiel dann die Entscheidung zugunsten der F-15E.

Bedingt durch die höhere Abflugmasse musste die Struktur umfassend verstärkt werden. Rund 60 Prozent aller Bauteile wurden neu konstruiert. Die ersten 134 F-15E erhielten das auch bei der F-15C/D eingebaute Pratt & Whitney F100-PW-200, das seit 1985 verfügbar ist. Ab der 135. Maschine kommt die neue und stark verbesserte Version F100-PW-229 zum Einbau.
Ausgerüstet ist die F-15E mit dem AN/APG-70-Radar von Hughes, das eine relativ hohe Auflösung des Radarbildes SAR (Synthetic Aperture Radar) aufweist, ferner mit dem LANTIRN- (Low Altitude Navigation and Targeting Infra-Red for Night) AN/AAQ-13-Navigationssystem von Lockheed Martin-Marietta in einem Behälter unter dem rechten Lufteinlaufschacht und dem Zielerfassungsgerät AN/AAQ-14 in einem Behälter unter dem linken Lufteinlaufschacht.
Durch diese Geräte werden alle Informationen auf das Weitwinkel-HUD (Head-Up Display) des Piloten und das CCRT (Color Cathode Ray Tube = Farbbildschirm) des WSO übertragen. Im Navigationsbehälter befindet sich auch das Terrainfolgeradar, welches auf den dreifach redundanten Flugregler von Lear Astronics aufgeschaltet werden kann, so dass ein automatischer Geländefolgeflug in einer Höhe von weniger als 50 m möglich ist. Im Behälter mit dem Zielerfassungsgerät befindet sich noch ein zweiter nach vorn gerichteten IR-Sensor, der mit einem Laser-Zielbeleuchter und -entfernungsmesser parallel läuft. Dadurch besteht die Möglichkeit, lasergelenkte GBU-10 und GBU-24 einzusetzen. Zur Bewaffnung gehört standardmäßig eine 20-mm-M.61A-1-Vulcan-Revolverkanone mit 512 Schuss sowie Luft-Luft-Lenkwaffen der Typen AIM-9L Sidewinder und AIM-120 AMRAAM. Insgesamt verfügt die F-15 über 13 Waffenstationen, an denen verschiedene Waffensysteme mitgeführt werden können. Durch das integrierte Kontroll- und Anzeigesystem ist die Besatzung in der Lage, gegnerische Flugzeuge zu erkennen und die richtige Waffenwahl zur Bekämpfung zu treffen.

Ebenfalls standardmäßig sind zwei CFT beidseitig am Rumpf angebaut, in denen zusätzlicher Kraftstoff sowie Aufklärungssensoren und eine ECM-Ausrüstung mitgeführt werden können.
Am 11. Dezember 1986 absolvierte die F-15E von Lambert Field in St. Louis aus ihren Erstflug. Die USAF meldete einen Bedarf von 392 Flugzeugen an, der Kongress genehmigte aber nur 209 Flugzeuge.
Die 405th Tactical Training Wing in Luke AFB übernahm am 11. April 1988 die ersten F-15E: Diesem Verband untersteht die Ausbildung der F-15E-Piloten. Als erstes Einsatzgeschwader erhielt die 4th TFW in Seymour Johnson AFB am 29. Dezember 1988 die F-15E. Die 336th TFS der 4th TFW meldete sich im Oktober 1989 einsatzklar. Weitere Flugzeuge gingen an die 48th FW in RAF Lakenheath und die 90th FS der 3rd Wing.
1996 entschloss sich das Pentagon, weitere zwölf F-15E zu erwerben. Diese Flugzeuge wurden ab November 1998 ausgeliefert. Sollten keine weiteren Aufträge mehr eingehen, wird die Produktion der F-15 im August 1999 nach 1551 gebauten Flugzeugen eingestellt.
Die US Air Force testete auch den Einsatz der General-Electric-F110-GE-129-Triebwerke. Zwei F-15E der Test and Evaluation Squadron in Nellis AFB wurden für ein 500-Stunden-Flugprogramm entsprechend umgerüstet. Sie fliegen seit April beziehungsweise Ende August 1997. Eine entsprechende Entscheidung fiel aber bis jetzt nicht. Auch über die geplante Umrüstung von bis zu 100 F-15E für Anti-Radar-Einsätze mit AGM-88-HARM-Lenkwaffen wurde nichts weiter bekannt.

Für Israel entstand eine weitere Version der F-15, die F-15I. Diese Maschine ist mit der F-15E weitgehend identisch. Es handelt sich dabei ebenfalls um einen Doppelsitzer mit Hughes-APG-70-Radar und Pratt-&-Whitney-F-100-PW-229-Triebwerken. Die Ausrüstung kommt teilweise aus Israel. So wird in der F-15I das DASH-Helmvisier von Elbit eingesetzt. Die wichtigsten Geräte für die elektronische Kampfführung liefern Elisra und Rokar.
Am 12. Mai 1994 wurde zunächst ein Auftrag über 21 Flugzeuge erteilt und im November 1995 auf 25 Einheiten erhöht. Ihren Erstflug unternahm die F-15I am 12. September 1997 mit Boeing-Testpilot Joe Felock und Major Rick Junkin von der USAF. Dabei erreichte sie eine Höhe von 12.190 m und eine Geschwindigkeit von Mach 2. Offiziell vorgestellt wurde die F-15I am 6. November 1997 bei McDonnell Aircraft and Missile Systems in St. Louis. Das Testprogramm absolvierte die Maschine auf der Edwards AFB. Die ersten F-15I gingen im Januar 1998 nach Israel, die Auslieferung endete 1998.
Eine weitere Variante ist die F-15S, von der Saudi-Arabien im Mai 1993 insgesamt 72 Einheiten bestellte. Zunächst bezeichnete man diese Version auch als F-15XP. Die Leistungen der Avioniksysteme wurden jedoch gegenüber der F-15E eingeschränkt. So hat das APG-70-Radar von Hughes eine reduzierte Auflösung und am LANTIRN-Behälter werden keine Waffenstationen mehr vorhanden sein. Der einstündige Erstflug der F-15S fand am 19. Juni 1995 statt, die offizielle Vorstellung allerdings erst am 12. September 1995. Die Lieferungen begannen im November 1995 und bis August 1999 waren alle F-15S ausgeliefert.

Boeing (MDD) F-15E Eagle

Verwendungszweck: Erdkampf- und Abfangjagdflugzeug
Besatzung: 2
Triebwerk: zwei Mantelstromtriebwerke (Pratt & Whitney F-100-PW-229) mit je 79,2 kN (8073 kp) Standschub und 129,4 kN (13.200 kp) mit Nachbrenner
Länge: 19,43 m
Höhe: 5,63 m
Spannweite: 13,05 m
Flügelfläche: 56,48 m²
Rüstmasse: 14.379 kg
Maximale Startmasse: 36.741 kg
Interner Kraftstoffvorrat: 5952 kg
Externer Kraftstoffvorrat in zwei CFT und drei 2309-Liter-Zusatztanks: 9818 kg
Maximale Waffenlast: 11.113 kg
Höchstgeschwindigkeit in 12.190 m Höhe: 2655 km/h
Höchstgeschwindigkeit im Tiefstflug mit maximaler Bombenzuladung: 908 km/h
Reisegeschwindigkeit: 917 km/h
Steiggeschwindigkeit: 254 m/s
Dienstgipfelhöhe: 18.290 m
Einsatzradius: 1270 km
Überführungsreichweite mit zwei CFT und Zusatztanks: 5745 km
Überführungsreichweite mit Zusatztanks: 4445 km
Startstrecke: 2440 m
Landestrecke ohne Luftbremse: 1067 m
Bewaffnung: eine sechsläufige 20-mm-Revolverkanone des Typs M.61A-1 Vulcan mit 512 Schuss, vier Luft-Luft-Lenkwaffen der Typen AIM-7M Sparrow oder acht AIM-120 AMRAAM, ein Aufhängepunkt unter dem Rumpf und zwei unter den Flügeln sowie zwölf Aufhängepunkte an den CFT für 26 Mk.82-Bomben oder sieben Mk.84-Bomben oder sieben GBU-10- oder 15 GBU-12- oder zwei GBU-15-Lenkwaffen; weiterhin können bis zu sechs AGM-65-Maverick-Luft-Boden-Raketen, AGM-88A-HARM-Anti-Radar-Flugkörper und bis zu fünf B57- oder B61-Atombomben mitgeführt werden

Boeing (MDD) F/A-18A/B Hornet

Diese Aufnahme zeigt eine F/A-18C der VMFA-323 mit Centerline-Tank, zwei AIM-7 Sidewinder und acht Bomben.

An der Ausschreibung für ein leichtes Kampfflugzeug der USAF beteiligten sich Northrop mit der YF-17 und General Dynamics mit der YF-16. Sieger der Ausschreibung wurde General Dynamics. Zur gleichen Zeit suchte auch die US Navy ein neues Mehrzweckflugzeug und entschied sich für eine Weiterentwicklung der YF-17 mit einer verstärkten Struktur und dem F404-Mantelstromtriebwerk von General Electric. Das neue Flugzeug mit der Bezeichnung F-18 sollte die F-4 Phantom II und die A-7 Corsair II bei der US Navy und den US Marines ablösen.

Da Northrop keine Erfahrung mit der Konstruktion von Marineflugzeugen hatte, entschloss sich der Hersteller zu einer Zusammenarbeit mit McDonnell Douglas. Zuerst war geplant, zwei separate Maschinen zu bauen: die F-18 als Jagdflugzeug und die A-18 als Angriffsflugzeug. Die Entscheidung fiel jedoch zugunsten nur einer Version, der F/A-18, die beide Aufgaben erfüllen konnte. Zwischen beiden Firmen sollte die Fertigung so aufgeteilt werden, dass die bordgestützten Flugzeuge bei McDonnell Douglas und die landgestützte Version F/A-18L bei Northrop entwickelt werden sollte. Die Fertigung teilten sich beide Firmen gleichmäßig auf.

Ausgerüstet ist die F/A-18 mit einem APG-65-Mehrzweck-Radar von Hughes. Mit diesem Radargerät kann der Pilot bis zu zehn Ziele verfolgen, acht davon auf dem Bildschirm darstellen und trotzdem die Suche nach anderen Bedrohungen fortsetzen.

Im Cockpit sind drei Multifunktions-Farbbildschirme (CRT) installiert, ein Head-Up Display sowie eine HOTAS-Ausrüstung (HOTAS = Hands on Throttle and Stick Controls). Das bedeutet, dass alle wichtigen Bedienungselemente sich an Steuerknüppel und Schubhebel befinden. Ferner verfügt die Maschine über ein LST/SCAM ASQ-173 von Martin-Marietta, ein AN/AAS-38 FLIR von Ford mit einem Laserentfernungsmessgerät von Ferranti, ein AN/AAR-50 TINS von Hughes und den Radarwarnempfänger ALR-67 .

Für den Luftkampf stehen zwei AIM-9L Sidewinder an den Flügelspitzen und AIM-7F Sparrow unter dem Rumpf sowie eine 20-mm-M.61A-1-Vulcan-Revolverkanone von General Electric mit 570 Schuss zur Verfügung. An neun externen Waffenstationen unter dem Rumpf und unter den Tragflächen können Zusatztanks, AGM-65, AGM-88 HARM, ungelenkte Raketen und bis zu 27 Mk.82-Bomben mitgeführt werden.

Zur Flugerprobung bestellte man elf Flugzeuge, wobei es sich um neun Einsitzer F/A-18A und zwei Doppelsitzer TF-18A (später mit F/A-18B bezeichnet) handelte. Der erste Prototyp absolvierte seinen Jungfernflug am 18. November 1978. Die restlichen Flugzeuge nahmen bis März 1980 ebenfalls die Erprobung auf. Im Laufe der Tests mussten einige Änderungen vorgenommen werden. Diese betrafen Struktur, Flugsteuerungsprogramme und Triebwerke.

Geplant war die Beschaffung von 1366 Flugzeugen. Diese Zahl wurde jedoch aufgrund der stark gestiegenen Programmkosten auf 371 Flugzeuge reduziert. Die ersten Maschinen lieferten die Hersteller bereits im Mai 1980 an die Erprobungseinheit der US Navy aus. Der erste Einsatzverband, der die F/A-18A im August 1982 übernahm, war die VMFA-314 der US Marines. Sie meldete sich am 7. Januar 1983 einsatzbereit. Die US Navy erhielt ihre ersten Einsatzmaschinen im August 1983; sie wurden der VFA-113 zugeteilt. Fast gleichzeitig erhielt auch die VFA-25 die F/A-18A. Die VFA-113 verlegte erstmals als Teil der Carrier Air Group 1985 an Bord der USS *Constellation*. Den ersten Kampfeinsatz flogen Hornet im April 1986 gegen Ziele in Libyen. Dies waren je zwei Staffeln der US Navy und des US Marine Corps, die von Bord der USS *Coral Sea* starteten. Auch beim Golf-Krieg 1991 kamen F/A-18 zum Einsatz, wobei die US Navy neun Staffeln und das Marine Corps sieben Staffeln einsetzte. Von der F/A-18B wurden nur 40 Einheiten gebaut, die meisten davon stehen bei der VFA-106 im Einsatz.

Auch die Verwendung als Aufklärer war vorgesehen. Als Musterflugzeug zog man den ersten Prototyp der F/A-18A heran. Später wurde die F/A-18A (BuNo. 161214) zur RF-18 umgebaut und startete am 15. August 1984 zum Erstflug. Ausgerüstet war die Maschine mit einer Fairchild-Weston-KA-99-Panoramakamera und einem Honeywell-AN/AAD-5-Linearabtastgerät. Zum Serienbau kam es jedoch nicht.

Für die F-18L gingen keine Bestellungen ein. Diese Version hatte keine einklappbaren Tragflächen, jedoch zwei zusätzliche externe Waffenstationen und ein leichteres Fahrwerk für die Landung auf normalen Pisten.

Auch im Ausland fand die F/A-18A/B Hornet starkes Interesse. Bestellt wurde sie von Australien, Kanada und Spanien.

Die Royal Australian Air Force (RAAF) bestellte 1981 als Ersatz für die Mirage IIIO insgesamt 57 F/A-18A und 18 F/A-18B. Die Endmontage der Maschinen erfolgte in Australien; die Auslieferung fand zwischen 1985 und 1990 statt. Die F/A-18A wurden in der Zwischenzeit auf F/A-18C-Standard gebracht. Von diesen Flugzeugen können AGM-85- und AGM-88-Lenkwaffen sowie lasergelenkte Paveway-II-Bomben eingesetzt werden.

Kanada war der erste ausländische Kunde, der die Hornet bestellte. Bei McDonnell Douglas wird das Flugzeug als CF-18A beziehungsweise CF-18B bezeichnet, bei der kanadischen Luftwaffe als CF-188A/CF-188B. Die Bestellung umfasste 138 Maschinen, 98 Einsitzer und 40 Doppelsitzer. Die Auslieferung erfolgte zwischen Oktober 1982 und September 1988. Die kanadischen Flugzeuge sind auf der linken Seite mit einem Suchscheinwerfer ausgerüstet, um bei Nacht abgefangene Flugzeuge zu identifizieren. Außerdem verfügen sie über ein neues ILS und können LAU-5003-Raketenbehälter mitführen.

In Spanien fiel die Entscheidung für die F/A-18 bereits 1982, die Bestellung wurde aber erst im Juni 1983 bestätigt. Die Bestellung lautete über 60 EF-18A und zwölf EF-18B. In der spanischen Luftwaffe führen sie die Bezeichnung C.15 und CE.15. Die Auslieferung begann 1986 und endete 1990. Auch die spanischen EF-18A wurden modifiziert und entsprechen dem F/A-18C-Standard.

Boeing (MDD) F/A-18A Hornet

Verwendungszweck: Mehrzweck-Kampfflugzeug
Besatzung: 1
Triebwerk: zwei Mantelstromtriebwerke (General Electric F404-GE-400) mit je 47,2 kN (4810 kp) Standschub und 70,3 kN (7167 kp) mit Nachbrenner
Länge: 17,07 m
Höhe: 4,66 m
Spannweite ohne Lenkflugkörper: 11,43 m
Spannweite mit Lenkflugkörper: 12,31 m
Flügelfläche: 37,16 m²
Rüstmasse: 10.455 kg
Maximale Startmasse: 22.328 kg
Maximale Waffenlast: 7711 kg
Interner Kraftstoffvorrat: 6140 Liter
Höchstgeschwindigkeit in 12.190 m: 1912 km/h
Anfangssteiggeschwindigkeit: 228,6 m/s
Dienstgipfelhöhe: 15.240 m
Einsatzradius bei Begleitschutzeinsätzen: 740 km
Einsatzradius bei Kampfeinsätzen: 1065 km
Startstrecke: 427 m
Bewaffnung: eine sechsläufige 20-mm-Revolverkanone des Typs M.61A-1 Vulcan sowie AIM-9-Sidewinder- und AIM-7-Sparrow-Luft-Luft-Lenkwaffen, ein Aufhängepunkt unter dem Rumpf und vier unter den Flügeln sowie zwei Waffenstationen an den Flügelspitzen

Boeing (MDD) F/A-18E/F Super Hornet

Die Entwicklung der Super Hornet begann 1991, als die US Navy und das US Marine Corps einen Ersatz für das nicht realisierte Projekt A-12 Avenger suchten. Der Entwicklungsauftrag für das Flugzeug wurde im Juni 1992 an McDonnell Douglas vergeben.
Die F/A-18E/F ist eine in vielen Bereichen weiterentwickelte und leistungsgesteigerte Version der F/A-18C/D. Die Spannweite erhöhte sich von 11,43 m auf 12,76 m und die Flügelfläche von 37,16 m² auf 46,45 m², was den Anbau von zwei zusätzliche Außenlaststationen unter den Flächen erlaubte. Der Rumpf wurde durch eine zusätzliche Sektion um 0,86 m verlängert. Als Werkstoff kamen verstärkt Verbundwerkstoffe zu Anwendung. Der Anteil der benötigten Einzelteile lag um 30 Prozent niedriger als bei der F/A-18C/D. Dies erreichte man dadurch, dass Metallteile aus dem Vollen herausgefräst wurden. Die Lufteinläufe gestaltete man rechteckig, um einen höheren Luftdurchsatz für die neuen Triebwerke zu ermöglichen. Die gesamte Außenkontur des Flugzeuges wurde überarbeitet, so dass sich eine möglichst geringe Radarsignatur ergibt. Insgesamt wurde die F/A-18E/F rund 25 Prozent größer als ihr Vorgängermuster. Die Kraftstoffkapazität konnte um rund 30 Prozent gesteigert werden.
Als Antrieb dient das Mantelstromtriebwerk F-414-GE-400 von General Electric. Es besitzt mit Nachbrenner eine Leistung von 97,86 kN. Das sind 35 Prozent mehr als beim F-404-GE-402 der F/A-18C/D. Daraus ergeben sich wesentlich bessere Flugleistungen. Das gesamte Triebwerk ist auf eine Lebensdauer von 4000 Stunden ausgelegt, das Kerntriebwerk auf 2000 Stunden. Avionik und Cockpitausrüstung unterscheiden sich nur geringfügig von der F/A-18C/D. Auch das Radargerät AN/APG-73 von Hughes wird weiterhin verwendet.
Gegenüber der F/A-18C/D kann die Super Hornet eine dreimal so hohe Nutzlast mit zurückbringen: Mit 1815 kg Reservekraftstoff ist die F/A-18E/F noch in der Lage, mit 2270 kg Außenlasten wieder auf einem Flugzeugträger zu landen. Damit entfällt die Notwendigkeit, nicht benutzte teure Präzisionswaffen vor der Landung abzuwerfen. Möglich wurde dies durch die gute Steuerbarkeit des Flugzeugs und die niedrigere Anfluggeschwindigkeit.
Die Super Hornet wird hauptsächlich die heutigen Aufgaben der F/A-18C/D übernehmen. Zusätzliche Aufgaben, die durch die höhere Leistung möglich werden, sind der Abfangjägereinsatz zum Schutz der Flugzeugträgergruppe, Präzisionsangriffe bei Tag und Nacht als Jagdbomber, Aufklärungseinsätze, die Unterdrückung der gegnerischen Luftverteidigung, die Gefechtsfeldunterstützung eigener oder verbündeter Bodentruppen und der Einsatz im Bereich Forward Air Control (fliegender Gefechtsstand zur Einweisung eigener Jagdbomber auf feindliche Bodenziele).
Zur Flugerprobung entstanden sieben Prototypen: fünf Ein- und zwei Doppelsitzer. Der erste flog am 29. November 1995 und der siebte am 1. Februar 1997. Außerdem fertigte man drei Bruchzellen.
Für das Entwicklungs- und Erprobungsprogramm setzten die Verantwortlichen einen Zeitraum von siebeneinhalb Jahren an. Die Flugtests finden beim Naval Air Warfare Center in NAS Patuxent River in Maryland statt. Je fünf Testpiloten von McDonnell Douglas und der US Navy sind in das Programm einbezogen.
Die F/A-18E (E-1) dient Flatterversuchen und der Ermittlung des Flugbereichs, die

Eine F/A-18F wird zum Start von einem Flugzeugträger vorbereitet.

F/A-18E (E-2) wird zur Triebwerkserprobung und Ermittlung der Leistungsdaten eingesetzt. Sie absolvierte ihren Erstflug am 26. Dezember 1995. Als nächste Maschine flog am 1. April 1996 der erste Doppelsitzer F/A-18F (F-1). Mit ihr werden die Tests auf See und die Versuche für den Flugzeugträgereinsatz durchgeführt, außerdem dient sie der Waffenerprobung. Mit der F/A-18E (E-4), die am 2. Juli 1996 zum Jungfernflug startete, unternimmt man Flüge mit hohen Anstellwinkeln und Trudelversuche. Dieses Flugzeug verfügt über einen Stabilisierungsfallschirm, der auf dem Rumpfrücken montiert ist. Für die Abwurferprobung der Außenlasten wird die F/A-18E (E-5) verwendet. Dabei müssen an den elf Aufhängepunkten rund 30 verschiedene Bewaffnungskombinationen erprobt werden. Die E-5 flog zum ersten Mal am 27. August 1996. Ebenfalls für die Waffenerprobung sowie für Avionikversuche wird die F/A-18F (F-2) verwendet, die ihren Erstflug am 11. Oktober 1996 absolvierte. Als letzter Prototyp startete die F/A-18E (E-3) erstmals am 1. Februar 1997. Diese Maschine wird für Lasttests der Struktur eingesetzt.

Die ersten Tests mit der F/A-18F (F1) Super Hornet an Bord des Flugzeugträgers CVN-74 USS *John C. Stennis* erfolgten ab dem 18. Januar 1997. Sechs Tage dauerte die Erprobung an Bord. Beim Überführungsflug von NAS Patuxent River zur *John C. Stennis* wurde die Maschine von Lt Frank Morley geflogen. Am selben Tag noch absolvierte Cdr Tom Gurney den ersten Katapultstart. Insgesamt wurden an diesem Tag noch sechs weitere Starts und Landungen gemacht. Bei diesen Flügen wurden nur zwei AIM-9 Sidewinder an den Flügelspitzen mitgeführt. Insgesamt wurden 64 Starts und Landungen sowie weitere 54 Durchstartmanöver bis zum 23. Januar 1997 durchgeführt.

Bei 390 Flügen bis zum 1. Februar 1997 absolvierten die sieben Prototypen 630 Flugstunden. Dabei wurden eine Höchstgeschwindigkeit von Mach 1,54 und eine Höhe von 15.090 m erreicht. Bis zum 31. Oktober 1998 waren es über 3700 Flugstunden.

Die Tests mit den drei Bruchzellen finden bei Boeing in St. Louis statt. Die erste Zelle (ST-50) dient statischen Tests, die zweite (DT-50) Fall- und die dritte (FT-50) Ermüdungstests.

Dave Desmond startete am 9. November 1998 mit der ersten F/A-18E aus der Vorserie in St. Louis zum Erstflug. Zunächst werden drei F/A-18E und vier F/A-18F aus der Serie an die US Navy übergeben. Die Einsatzerprobung begann im Mai 1999, wobei man ungefähr 800 Flüge unternahm.

Die neue Hornet soll nach dem Jahr 2000 das Rückgrat der fliegenden Verbände der US Navy und des US Marine Corps bilden. Die ersten beiden Einheiten, die auf die Super Hornet umrüsten, sind die VFA-131 »Wildcats« und die VMFA-142 »Ghostriders« in NAS Cecil Field in Florida. Beide Staffeln sollen bis zum Jahr 2001 einsatzbereit sein.

Zurzeit hat Boeing Aufträge für 62 Super Hornets in drei Fertigungslosen vorliegen. Geplant sind bis zum Jahr 2015 ungefähr 700 Einsitzer F/A-18E und 300 Doppelsitzer F/A-18F zu beschaffen. Die Fertigungsrate für die Super Hornet liegt zunächst bei zwölf Flugzeugen pro Jahr, soll aber später auf 36 Flugzeuge hochgefahren werden.

Zwei weitere Versionen sind bereits in der Planung. Northrop Grumman führt auf eigene Kosten Untersuchungen über die Verwendung der F/A-18F als Ersatz für die EA-6B Prowler im Bereich der elektronischen Kampfführung durch. Die Maschine wird zurzeit als F/A-18C2W (Electronic Command and Control Warfare) bezeichnet. Bei der zweiten Variante handelt es sich um die KF/A-18E/F, die mit fünf 1817-Liter-Zusatztanks als Tankflugzeug eingesetzt werden soll. Ob es zu einer Bestellung zumindest einer der beiden Versionen kommt, bleibt abzuwarten.

Boeing (MDD) F/A-18F Super Hornet

Verwendungszweck: Mehrzweck-Kampf- und Elektronikflugzeug
Besatzung: 2
Triebwerk: zwei Mantelstromtriebwerke (General Electric F414-GE-400) mit je 97,86 kN (9978 kp) Standschub mit Nachbrenner
Länge: 18,40 m
Höhe: 4,88 m
Spannweite ohne Lenkflugkörper: 12,76 m
Spannweite mit Lenkflugkörper: 13,70 m
Spannweite gefaltet: 9,32 m
Flügelfläche: 46,45 m²
Rüstmasse: 13.880 kg
Normale Startmasse: 23.541 kg
Maximale Startmasse: 25.401 kg
Interner Kraftstoffvorrat: 6531 kg
Externer Kraftstoffvorrat in drei 1818-Liter-Zusatztanks: 4436 kg
Maximale Waffenlast: 8051 kg
Höchstgeschwindigkeit mit vier Luft-Luft-Lenkwaffen in 12.150 m: 1915 km/h
Anfangssteiggeschwindigkeit: 304,6 m/s
Dienstgipfelhöhe: 15.240 m
Einsatzradius mit je zwei AIM-9 und AIM-120: 760 km
Einsatzradius mit zwei 900 kg Bomben: 1265 km
Bewaffnung: eine sechsläufige 20-mm-Revolverkanone des Typs M.61A-1 Vulcan sowie AIM-9-Sidewinder- und AIM-120-AMRAAM-Luft-Luft-Lenkwaffen sowie weitere Waffen für den Erdkampfeinsatz

Boeing (MDD) T-45 Goshawk

Als Ersatz für die TA-4 Skyhawk und die T-2 Buckeye wählte die US Navy 1981 die Hawk von British Aerospace aus. In Zusammenarbeit mit McDonnell Douglas wurde die Hawk für den Einsatz auf Flugzeugträgern modifiziert. Dazu gehörte eine Verstärkung der Zelle und des Fahrwerks, das außerdem noch ein Zwillingsbugrad erhielt. Des weiteren kamen ein Fanghaken und eine Flosse unter dem Heck hinzu. Im Laufe der Erprobung mussten die Luftbremsen verlegt und das Klappensystem geändert sowie ein stärkeres Triebwerk eingebaut werden. Die erste T-45A flog am 16. April 1988, die erste bei McDonnell Douglas gebaute Maschine am 16. Dezember 1991. Zuvor machte jedoch noch einer der beiden Prototypen am 4. Dezember 1991 die erste Trägerlandung auf der *John F. Kennedy*. Bestellt sind derzeit 280 Flugzeuge.

Boeing (MDD) T-45A

Verwendungszweck: Schulflugzeug
Antrieb: ein Mantelstromtriebwerk (Rolls Royce F405-RR-400 L) mit 24,24 kN (2585 kp) Standschub
Besatzung: 2
Spannweite: 9,39 m
Länge: 11,37 m
Höhe: 4,09 m
Flügelfläche: 16,69 m²
Leermasse: 4261 kg
Maximale Startmasse: 5787 kg
Höchstgeschwindigkeit: 997 km/h
Steiggeschwindigkeit: 35,5 m/s
Dienstgipfelhöhe: 12.875 m
Reichweite: 1850 km
Startstrecke: 792 m
Landestrecke: 1189 m
Bewaffnung: zwei Aufhängepunkte unter den Tragflächen

■ Der neue Trainer der US Navy, die Boeing T-45A. Die Aufnahme zeigt eine Maschine der TW 2.

Boeing-Vertol H-46 Sea Knight

Unter der Bezeichnung Vertol Modell 107 flog dieser Hubschrauber erstmals am 22. April 1958. Kurz darauf bestellte die US Army zehn YHC-1A (Erstflug 27. August 1959). Diese Bestellung wurde später aber auf drei Maschinen reduziert. Das US Marine Corps orderte 1961 jedoch eine verbesserte Version, die HRB-1 (die Bezeichnung wurde 1962 in CH-46A geändert), die am 16. Oktober 1962 ihren Erstflug absolvierte und im Juni 1964 in Dienst gestellt wurde. Es wurden 160 CH-46A für das USMC und 14 UH-46A für die US Navy gebaut. Diese Version

■ Boeing-Vertol CH-46F bei einem Manöver in Norwegen.

wurde in der Fertigung von der CH-46D (266 Stück) und UH-46D (10 Stück) abgelöst. Als letzte Variante wurde die CH-46F (174 Stück) hergestellt, von der man die letzte 1971 auslieferte. In einem Modernisierungsprogramm wurde die CH-46D zur CH-46E umgebaut. Für den SAR-Einsatz entstand die HH-46D. Neben dem USMC und der US Navy setzen noch Schweden 13 Hubschrauber unter der Bezeichnung HKP-4 und Kanada sechs CH-113 Labrador und zwölf CH-113A Voyageur ein. In Japan wird der Hubschrauber als KV-107/II in Lizenz gefertigt. Die erste Maschine flog dort 1962.

Boeing-Vertol UH-46A

Verwendungszweck: Mehrzweck-Hubschrauber
Antrieb: zwei Wellenturbinen (General Electric T58-GE-8B) mit je 932 kW (1250 WPS)
Besatzung: 2 + 25 Soldaten
Länge (Rumpf): 13,66 m
Höhe: 5,09 m
Rotordurchmesser: 15,24 m
Leermasse: 5627 kg
Maximale Startmasse: 9706 kg
Höchstgeschwindigkeit: 256 km/h
Reisegeschwindigkeit: 131 km/h
Steiggeschwindigkeit: 7,3 m/s
Dienstgipfelhöhe: 2865 m
Reichweite: 1112 km

Boeing-Vertol CH-47 Chinook

Als Sieger einer Ausschreibung für einen Gefechtsfeldhubschrauber für die US Army ging im März 1959 das Modell 114 hervor. Fünf Prototypen YHC-1B wurden bestellt. Der Erstflug fand am 21. September 1961 statt. Nach der Fertigung von 439 CH-47A wurden 108 CH-47B (Erstflug Oktober 1966) gebaut, gefolgt von 270 CH-47C (Erstflug 14. Oktober 1967). Auch im Export konnte die Chinook gute Erfolge verzeichnen. Größter Betreiber außerhalb der USA sind die RAF mit 33 Chinook HC.Mk.1 und Italien mit 38 CH-47C im Einsatz. Die HC.Mk.1 der RAF wurden in den 90er-Jahren auf HC.Mk.2 Standard gebracht. Die italienischen Hubschrauber fertigte Agusta (Elicotteri Meridionali) in Lizenz.
Auch die US Army ließ insgesamt 472 CH-47 auf CH-47D-Standard bringen. Die erste CH-47D flog am 11. Mai 1979. Die Umrüstung wurde 1993 abgeschlossen. Für den Einsatz von Spezialtruppen übernahm die US Army 51 MH-47E. Zurzeit bietet Boeing eine neue Version an: die CH-47E. Sie verfügt über leistungsstärkere Triebwerke und Vierblattrotoren. Neben Italien baut auch Kawasaki die Chinook als CH-47J unter Lizenz. Bis jetzt wurden rund 1050 CH-47 hergestellt.

■ **Die Boeing-Vertol CH-47 Chinook steht bei vielen Streitkräften im Dienst, hier eine Maschine der RAF.**

Boeing-Vertol CH-47C

Verwendungszweck: Transporthubschrauber
Antrieb: zwei Wellenturbinen (Lycoming T55-712) mit je 2796 kW (3750 WPS)
Besatzung: 2-4 + 44 Passagiere
Länge (über alles): 30,18 m
Höhe: 5,68 m
Rotordurchmesser: 18,29 m
Leermasse: 9736 kg
Maximale Startmasse: 17.463 kg
Höchstgeschwindigkeit: 286 km/h
Reisegeschwindigkeit: 257 km/h
Dienstgipfelhöhe: 3290 m
Reichweite (Einsatz): 185 km

Cessna 150

Bei der Cessna 150 handelt es sich um ein zweisitziges Sport- und Schulflugzeug, das in geringen Stückzahlen bei verschiedenen kleineren Streitkräften zum Einsatz kommt. Der Erstflug erfolgte am 15. September 1957. Die Cessna 150 wurde über viele Jahre in verschiedenen Versionen gefertigt. Reims Aviation baute sie als F150F und F150M unter Lizenz in Frankreich.

■ **In Sri Lanka wird die Cessna 150 als Verbindungsflugzeug eingesetzt.**

Cessna 150

Verwendungszweck: Schulflugzeug
Antrieb: ein Kolbenmotor (Continental O-200A) mit 74,5 kW (100 PS)
Besatzung: 2
Spannweite: 9,97 m
Länge: 7,29 m
Höhe: 2,59 m
Flügelfläche: 14,59 m²
Leermasse: 454 kg
Maximale Startmasse: 726 kg
Höchstgeschwindigkeit: 201 km/h
Reisegeschwindigkeit: 196 km/h
Steiggeschwindigkeit: 3,4 m/s
Dienstgipfelhöhe: 4265 m
Reichweite: 1361 km
Startstrecke: 422 m
Landestrecke: 328 m

Cessna 172

Die Cessna 172 ist eines der erfolgreichsten Modelle, die Cessna über lange Jahre und in vielen Varianten baute. Im November 1955 löste das Modell 172 die Cessna 170 in der Fertigung ab. Allein im ersten Jahr wurden 1100 Flugzeuge ausgeliefert. Ab 1964 setzte auch die USAF für die Auswahlschulung die Cessna 172 als T-41 Mescalero ein. Die Lizenzfertigung erfolgte ebenfalls bei Reims als FR172.

■ **Für die Auswahlschulung erwarb die USAF 204 Cessna 172; sie erhielten die Bezeichnung T-41A Mescalero.**

Cessna 172F

Verwendungszweck: Schulflugzeug
Antrieb: ein Kolbenmotor (Teledyne Continental O-300C) mit 108 kW (145 PS)
Spannweite: 10,86 m
Länge: 8,20 m
Höhe: 2,68 m
Flügelfläche: 16,16 m²
Leermasse: 565 kg
Maximale Startmasse: 1043 kg
Höchstgeschwindigkeit: 224 km/h
Reisegeschwindigkeit: 211 km/h
Steiggeschwindigkeit: 3,27 m/s
Dienstgipfelhöhe: 3995 m
Reichweite: 990 km
Startstrecke: 264 m
Landestrecke: 158 m

Cessna 337 / O-2 / Reims 337

Der Prototyp der Cessna 336 Skymaster flog am 28. Februar 1961 zum ersten Mal. Das Modell 336 wurde durch die Cessna 337 Super Skymaster (Erstflug 30. März 1964) in der Produktion abgelöst. In Frankreich erfolgte der Lizenzbau bei Reims ab 1969. Reims entwickelte eine spezielle STOL-Ausführung, die als FTB-337 bezeichnet wurde. Die USAF setzte das Modell 337 mit der Bezeichnung O-2 ein, wo es sich besonders in Vietnam bei der vorgeschobenen Luftraumbeobachtung bewährte. Die USAF stellte 501 O-2A und 31 O-2B (Spezialversion mit Lautsprechern für die psychologische Kriegsführung) in Dienst. Cessna baute 2678 Modelle 337 und O-2 bis zur Produktionseinstellung 1980. Bei Reims verließen 154 Flugzeuge die Montagehallen. Die Produktion endete 1981.

■ **Die Cessna 337 wurde bei Reims unter der Bezeichnung FTB 337G gebaut. Portugals Luftwaffe erhielt 32 Maschinen.**

Cessna 337M

Verwendungszweck: Verbindungsflugzeug
Antrieb: zwei Kolbenmotoren (Continental IO-360-C) mit je 157 kW (210 PS)
Besatzung: 2 + 4 Passagiere
Spannweite: 11,58 m
Länge: 9,07 m
Höhe: 2,84 m
Flügelfläche: 18,81 m²
Leermasse: 1292 kg
Maximale Startmasse: 2449 kg
Höchstgeschwindigkeit: 320 km/h
Reisegeschwindigkeit: 232 km/h
Steiggeschwindigkeit: 6 m/s
Dienstgipfelhöhe: 5835 m
Reichweite: 1076 km
Startstrecke: 471 m
Landestrecke: 503 m

USA

Cessna A-37 Dragonfly

Die A-37 ist eine Ableitung aus dem Schulflugzeug T-37 und flog als YAT-37D zum ersten Mal am 22. Oktober 1963. Die zuerst gebauten 39 A-37A entstanden aus dem Umbau von T-37B. Bei den ab Mai 1969 ausgelieferten 577 A-37B handelte es sich um Neubauten. Die Auslieferung endete 1975. Insgesamt 130 Flugzeuge baute man zu OA-37B um, die als vorgeschobene Fliegerleitposten eingesetzt wurden. Die USAF stellte ihre letzten Flugzeuge 1992 außer Dienst. Viele A-37 stehen heute noch in den südamerikanischen Staaten, Thailand und Südkorea im Einsatz.

■ Die A-37 ist die Erdkampfversion der T-37.

Cessna A-37B

Verwendungszweck: leichtes Kampfflugzeug
Antrieb: zwei Strahltriebwerke (General Electric J85-GE-17A) mit je 12,68 kN (1293 kp) Schub
Besatzung: 2
Spannweite: 10,93 m
Länge: 8,62 m
Höhe: 2,71 m
Flügelfläche: 17,98 m²
Leermasse: 2817 kg
Maximale Startmasse: 6350 kg
Höchstgeschwindigkeit: 834 km/h
Reisegeschwindigkeit: 787 km/h
Steiggeschwindigkeit: 35,5 m/s
Dienstgipfelhöhe: 12.730 m
Reichweite: 1629 km
Startstrecke: 531 m
Bewaffnung: ein 7,62-mm-MG des Typs GAU-2B/A7 und bis zu 2574 kg an acht Flügelstationen

Cessna 305 / O-1 Bird Dog

Mit dem Modell 305 gewann Cessna eine Ausschreibung für ein leichtes Verbindungs- und Beobachtungsflugzeug. Die erste Maschine flog im November 1950, und in den nächsten vier Jahren wurden 2486 L-19 gebaut. Letzte Serienversion war die L-19E. Insgesamt fertigte Cessna 3431 Flugzeuge dieses Typs. 1962 wurde die L-19 in O-1 umbenannt. Für das US Marine Corps wurde 1955 eine Weiterentwicklung, die O-1C (Modell 321), gefertigt, die über die Tragflächen der Cessna 180 und einen leistungsstärkeren Motor mit 198 kW (265 PS) verfügte.

Cessna O-1E

Verwendungszweck: Verbindungs- und Beobachtungsflugzeug
Antrieb: ein Kolbenmotor (Continental O-470-11) mit 159 kW (213 PS)
Besatzung: 2
Spannweite: 10,97 m
Länge: 7,85 m
Höhe: 2,22 m
Flügelfläche: 16,16 m²
Leermasse: 732 kg
Maximale Startmasse: 1089 kg
Höchstgeschwindigkeit: 209 km/h
Reisegeschwindigkeit: 167 km/h
Steiggeschwindigkeit: 5,85 m/s
Dienstgipfelhöhe: 5640 m
Reichweite: 853 km

■ 307 TO-1D wurden mit Doppelsteuer ausgeliefert.

Cessna T-37

Die Entwicklung der T-37 begann 1952. Zwei XT-37 Prototypen wurden bestellt, von denen der erste am 12. Oktober 1954 flog. Vom Grundmuster T-37A (Erstflug 27. September 1955) wurden 534 Exemplare gebaut. Von der Weiterentwicklung T-37B lieferte Cessna 466 Flugzeuge aus. 47 T-37B setzt die Bundesluftwaffe in den USA zur Pilotenausbildung ein. Diese Flugzeuge führen allerdings aus Versicherungsgründen amerikanische Hoheitsabzeichen und Registriernummern. Die exportierten Modelle tragen die Bezeichnung T-37C. Von dieser Version wurden 269 Flugzeuge hergestellt.

■ Ein bewährtes Schulflugzeug: Cessna T-37.

Cessna T-37B

Verwendungszweck: Schulflugzeug
Antrieb: zwei Strahltriebwerke (Continental J69-T-25) mit je 4,56 kN (465 kp) Schub
Besatzung: 2
Spannweite: 10,30 m
Länge: 8,92 m
Höhe: 2,80 m
Flügelfläche: 17,09 m²
Leermasse: 1755 kg
Maximale Startmasse: 2993 kg
Höchstgeschwindigkeit: 684 km/h
Reisegeschwindigkeit: 612 km/h
Steiggeschwindigkeit: 17,28 m/s
Dienstgipfelhöhe: 11.950 m
Reichweite: 1500 km
Startstrecke: 610 m
Landestrecke: 776 m

Convair C-131 Samaritan

■ Die C-131 wurde in vielen Versionen von USAF und US Navy eingesetzt.

Von den militärischen Versionen der Modellreihen 240/340/ 440 baute Convair 508 Flugzeuge mit den Bezeichnungen C-131A (26 Stück), C-131B (36), C-131D/VC-131D (33), C-131E (15) und T-29A/B/C/D (365) für die USAF. Als RC-131F, RC-131G und VC-131H wurden einige Umbauten bezeichnet. Die US Navy betrieb 36 C-131F (früher R4Y-1), eine VC-131F (R4Y-1Z) und zwei C-131G (R4Y-2). Außerdem kamen noch einige T-29B der USAF bei der Navy zum Einsatz. Die erste Militärversion war eine T-29A, die ihren Erstflug am 22. September 1949 absolvierte.
Vier VC-131H wurden auf Allison-501D-13-Turboproptriebwerke umge-

rüstet. Diese Maschinen standen bis 1980 bei Air National Guard (ANG) und US Navy Reserve im Einsatz.

Die kanadischen Streitkräfte übernahmen acht CC-109 Cosmopolitan, die zum Teil noch im Einsatz stehen.

Convair C-131B

Verwendungszweck: Transportflugzeug
Antrieb: zwei Sternmotoren (Pratt & Whitney R-2800-99W) mit je 1854 kW (2500 PS)
Besatzung: 4 + 37 Passagiere
Spannweite: 32,10 m
Länge: 24,13 m
Höhe: 8,59 m
Flügelfläche: 85,47 m²
Leermasse: 15.111 kg
Maximale Startmasse: 21.320 kg
Höchstgeschwindigkeit: 472 km/h
Reisegeschwindigkeit: 465 km/h
Dienstgipfelhöhe: 7590 m
Reichweite: 724 km

Convair F-106 Delta Dart

Die zuerst als F-102B entwickelte Delta Dart wurde am 17. Juni 1956 offiziell in F-106 umbenannt. Zwei Prototypen YF-106 entstanden und flogen am 26. Dezember sowie am 26. Februar 1957 zum ersten Mal. Die Trainerversion F-106B startete am 9. April 1958 zum Erstflug. Die geplante Beschaffung von 1000 Flugzeugen wurde auf 277 F-106A und 63 F-106B reduziert. Die Serienfertigung endete 1960. Als erste Einheit übernahm die 498th FIS im Oktober 1959 die F-106. Die letzte F-106 der New Jersey ANG wurde 1989 aus dem aktiven Dienst genommen. Seit 1991 ersetzt die QF-106 die QF-100 Super Sabre als Zielflugzeug. Die QF-106 wird von der 475th Weapon Evaluation Group auf der Tyndall AFB und der Holloman AFB eingesetzt.

Der Luftverteidigung der Vereinigten Staaten diente die F-106.

Convair F-106A

Verwendungszweck: Abfangjagdflugzeug
Antrieb: ein Strahltriebwerk (Pratt & Whitney J75P-17) mit 108,98 kN (11.113 kp) Schub
Besatzung: 1
Spannweite: 11,67 m
Länge: 21,56 m
Höhe: 6,18 m
Flügelfläche: 58,65 m²
Leermasse: 10.957 kg
Maximale Startmasse: 18.974 kg
Höchstgeschwindigkeit: 2413 km/h
Steiggeschwindigkeit: 202,2 m/s
Dienstgipfelhöhe: 17.678 m
Reichweite: 1850 km
Bewaffnung: eine Douglas-AIR-2A-Genie- oder AIR-2B-Super-Genie-Rakete und vier Hughes-AIM-4F- oder AIM-4G-Falcon-Luft-Luft-Lenkwaffen

Douglas A-3 Skywarrior

Zum Zeitpunkt ihrer Entwicklung war die A-3 das größte für den Einsatz von einem Flugzeugträger vorgesehene Flugzeug. Der Prototyp startete am 28. Oktober 1952 als XA3D-1 zu seinem Erstflug. Die erste Serienmaschine A3D-1 flog am 16. September 1953. Ab dem 31. März 1956 begann die Auslieferung an die VAH-1 der US Navy. 1962 wurden alle A3D-1 in A-3A umbenannt. Für elektronische Gegenmaßnahmen baute man fünf A-3A zu EA-3A um. Ab 1957 kam die E-3B zum Einsatz, die mit leistungsstärkeren Triebwerken ausgerüstet war. Die Aufklärerversion RA-3B, von der 30 Maschinen hergestellt wurden, flog zum ersten Mal am 22. Juli 1958. Auch von einer Trainerversion der Skywarrior, die TA-3B (Erstflug 29. August 1959), entstanden zwölf Exemplare. Als Tankflugzeuge flogen die KA-3B, die zusammen mit der EKA-3B die letzten Skywarrior waren, die im Einsatz waren.

Douglas A-3B

Verwendungszweck: Bomber
Antrieb: zwei Strahltriebwerke (Pratt & Whitney J57-P-10) mit je 46,71 kN (4763 kp) Schub
Besatzung: 3
Spannweite: 22,10 m
Länge: 23,27 m
Höhe: 6,95 m
Flügelfläche: 75,43 m²
Leermasse: 17.876 kg
Maximale Startmasse: 37.195 kg
Höchstgeschwindigkeit: 982 km/h
Dienstgipfelhöhe: 12.495 m
Reichweite: 1690 km
Bewaffnung: zwei 20-mm-Kanonen in einem radargesteuerten Heckstand und bis zu 5443 kg Waffenzuladung im internen Waffenschacht

■ **Diese TA-3B diente der Ausbildung von Besatzungen der VAQ-33.**

Douglas DC-3/C-47 Skytrain

Die DC-3 in ihren zivilen und militärischen Versionen ist eines der bekanntesten Flugzeuge, die jemals gebaut wurden. Es gibt kaum eine Fluggesellschaft oder Luftwaffe, die dieses bewährte Muster nicht einsetzte. Vorläufer waren DC-1, DC-2 und Douglas DST (Erstflug 17. Dezember 1935). Die in der Literatur angegebene Anzahl aller produzierten DC-3/C-47 schwankt zwischen 10.655 und 10.926. In der Sowjetunion stellte Lisunow über 2000 Li-2 (PS-84) her, und auch in Japan erreichte die Fertigung insgesamt 485 Exemplare. Das US Army Air Corps – Vorläufer der US Air Force, die erst 1948 eigene Teilstreitkraft wurde – stellte die ersten militärischen Modelle im Oktober 1938 in Dienst. Die C-47 Skytrain wurde 1940 bestellt, die Auslieferung begann im Februar 1942. Die militärischen Hauptversionen der DC-3 waren die C-41 (Stabstransportflugzeug) und die C-47 (Grundversion). Bei den Varianten C-48 bis C-52 handelt es sich um zivile DC-3, die von den Fluggesellschaften übernommen beziehungsweise beschlagnahmt wurden. C-53 Skytrooper (Transporter), C-68 und C-84 (beschlagnahmte Flugzeuge), C-117 (Mannschaftstransporter), XCG-17 (Experimentalflugzeug als Lastensegler) waren weitere Varianten. Bei der US Navy und dem US Marine Corps führte das Flugzeug die Bezeichnung R4D und bei der Royal Air Force »Dakota«. Als YC-47F (YC-129) wurde eine Super DC-3 getestet.

Auch heute steht die C-47 noch im Einsatz. Einige davon wurden mit zwei Propellerturbinen des Typs Pratt & Whitney Canada PT6A-67R ausgerüstet, die jeweils einen Fünf-Blatt-Hartzell-Propeller antreiben. Der Rumpf vor den Tragflächen musste um 1,02 Meter verlängert werden, um den Schwerpunkt beizubehalten. Diese auch mit Turbo-67 bezeichneten Flugzeuge erhielten 1990 unter anderem Bolivien und Guatemala. Die südafrikanische Luftwaffe beabsichtigt, 40 Dakotas umrüsten zu lassen. Sie führen dann die Bezeichnung C-47TP Super-Dakota. Die erste Maschine übernahm 1992 die No. 35 Squadron in Kapstadt.

■ **Eines der meistgebauten Flugzeuge der Welt: die Douglas C-47.**

Douglas C-47

Verwendungszweck: Transportflugzeug
Antrieb: zwei Kolbenmotoren (Pratt & Whitney R-1830-90C) mit je 888 kW (1200 PS)
Spannweite: 28,96 m
Länge: 19,66 m
Höhe: 5,16 m
Flügelfläche: 91,69 m²
Leermasse: 8038 kg
Maximale Startmasse: 12.701 kg
Höchstgeschwindigkeit: 381 km/h
Reisegeschwindigkeit: 312 km/h
Steiggeschwindigkeit: 5,43 m/s
Dienstgipfelhöhe: 6675 m
Reichweite: 2430 km

Douglas DC-4/C-54 Skymaster

■ **Während der Blockade Berlins flog auch die C-54 viele Transporteinsätze.**

Obwohl als Langstrecken-Verkehrsflugzeug entwickelt, wurden nur wenige Maschinen als Verkehrsflugzeug gebaut. Bedingt durch den Kriegsausbruch erfolgte die Fertigungsstellung der im Bau befindlichen Flugzeuge als Transporter C-54 Skymaster für die US Army Air Force. Ihren Erstflug absolvierte die Maschine am 14. Februar 1942.
Bei der US Navy wurde die C-54 mit R5D bezeichnet. Die RAF erhielt 23 Skymaster Mk.I. Insgesamt umfasste die Fertigung 1242 C-54 und DC-4, von denen heute nur noch wenige fliegen.

Douglas C-54A Skymaster

Verwendungszweck: Transportflugzeug
Antrieb: vier Kolbenmotoren (Pratt & Whitney R-2000-25D-13G Twin Wasp) mit je 1081 kW (1450 PS)
Spannweite: 35,82 m
Länge: 28,60 m
Höhe: 8,41 m
Flügelfläche: 135,82 m²
Leermasse: 19.641 kg
Maximale Startmasse: 33.113 kg
Höchstgeschwindigkeit: 426 km/h
Reisegeschwindigkeit: 333 km/h
Dienstgipfelhöhe: 6800 m
Reichweite: 3510 km

Fairchild A-10 Thunderbolt II

A-10A mit Langstrecken-Überführungstank an der Schwerpunktstation.

Die Fairchild A-10 wurde aufgrund der Erfahrungen in Vietnam zur Luftnahunterstützung (Close Air Support) gegen gepanzerte Ziele entwickelt. Dort hatte sich nämlich gezeigt, dass überschallschnelle Kampfflugzeuge für diese Aufgabe nicht geeignet sind.

Die A-10A ist ein freitragenden Tiefdecker mit doppeltem Seitenleitwerk. Das Cockpit ist relativ hoch angeordnet, so dass die Piloten gute Sicht nach allen Seiten haben. Die einteilige Cockpithaube wird nach hinten oben geöffnet. Der Pilot wird von einer 38 mm dicken Titanpanzerung geschützt, die von 23-mm-Geschossen nicht durchschlagen werden kann. Das Flügelmittelstück weist eine konstante Profiltiefe und -dicke auf. Ab den beiden in die Flügel eingelassenen Verkleidungen für das Hauptfahrwerk haben die Außenflügel eine positive V-Stellung von sieben Grad. Die Flügelspitzen sind nach unten abgewinkelt, was dem Flugzeug eine bessere Stabilität beim Langsamflug gibt. Das Hauptfahrwerk wird nicht ganz in die Verkleidungen eingefahren und schützt so die Zelle bei Notlandungen.

Die Position der beiden Triebwerke ist ungewöhnlich. Sie sind beidseitig oben am Rumpf zwischen Tragflächen und Leitwerk angeordnet. Dadurch werden die Triebwerke gegen das Ansaugen von Fremdkörpern beim Start von unbefestigten Plätzen aus geschützt. Beide Triebwerke sind untereinander austauschbar.

Das herausragendste Merkmal ist von außen kaum zu erkennen. Es handelt sich hierbei um die siebenläufige 30-mm-Kanone des Typs GAU-8/A Avenger von General Electric. Diese Kanone hat eine Schussfolge von 4000 Schuss/min. In erster Linie werden panzerbrechende Hartkerngranaten verwendet. Es handelt sich hierbei um PGU-13/B-Geschosse, die gegen leicht gepanzerte Ziele eingesetzt werden, und PGU-14/B-Geschosse gegen stark gepanzerte Ziele. Das Einbaugewicht der Kanone beträgt 1725 kg. Daneben verfügt die A-10A noch über elf externe Waffenstationen unter Rumpf und Tragflächen. An diesen Aufhängepunkten können Luft-Boden-Lenkwaffen der Typen Hughes AGM-65B und AGM-65D Maverick mitgeführt werden: Bei der AGM-65B handelt es sich um eine ferngesteuerte Lenkwaffe, während die AGM-65D mit einem Infrarot-Suchkopf ausgerüstet ist. Außerdem gehören zur möglichen Waffenlast noch Mk.82- und Mk.84-Sprengbomben sowie CBU-87-, CBU-52/71-Streubomben und BL-755-Bomben. Für Langstreckenflüge können bis zu drei 2270-Liter-Zusatztanks, einer unter dem Rumpf und zwei unter den Tragflächen, mitgeführt werden. Auch die ECM-Ausrüstung ALQ-119 wird an einem externen Aufhängepunkt untergebracht. Auf der rechten Seite des Rumpfvorderteils wurde das Laser-Zielsuchgerät AN/AAS-35 Pave Penny von Westinghouse zur Erfassung von boden- oder luftgestützten Luftraumüberwachungsposten eingebaut. Für die Selbstverteidigung verfügt die A-10A über den Düppel- und Leuchtkörperwerfer ALE-40.

Die USAF arbeitete 1966 eine Spezifikationen für ein AX-Flugzeug (Attack-Experimental) aus, das wendig und gegen Beschuss vom Boden unempfindlich war, keinen großen Wartungsaufwand erforderte und eine große Waffenlast mitführen konnte. Zu ersten Mal wurde die Ausschreibung im März 1967 veröffentlich. Nach Überarbeitung der Anforderungen wurden diese neben anderen Zellenherstellern am 7. Mai 1970 auch an Fairchild und Northrop übergeben, die sich mit der YA-10A und der YA-9A an diesem Wettbewerb beteiligten. Der Auftrag für je zwei Erprobungsflugzeuge wurde am 18. Dezember 1970 erteilt. Die erste YA-10A (s/n 71-1369) absolvierte ihren Erstflug am 10. Mai 1972 in Edwards AFB, Pilot war Howard W. Nelson. Die zweite YA-10A (s/n 71-1370) flog am 21. Juli 1972. Beide Maschinen wurden im Oktober 1972 der USAF für die Einsatzerprobung übergeben. Nach Abschluss der Tests erhielt Fairchild am 18. Januar 1973 den Zuschlag für zunächst zehn Vorserienflugzeuge. Diese Bestellung wurde später auf sechs Maschinen gekürzt.

Für den Antrieb wurden zwei Mantelstromtriebwerke des Typs TF34-GE-100 von General Electric ausgewählt. Der erste Standlauf des neuen Triebwerks erfolgte im Juli 1973. Die Erprobung wurde 1974 abgeschlossen, so dass bereits die Vorserienflugzeuge damit ausgerüstet werden konnten.

Das erste Vorserienflugzeug (s/n 73-1664) flog erstmalig am 15. Februar 1975. Die Serienfertigung wurde von der USAF am 1. April 1975 freigegeben. Die erste Serienmaschine (s/n 75-0258) startete am 21. Oktober 1975 zu ihrem Jungfernflug, der zwei Stunden dauerte.

Für die Umschulung wurden die ersten A-10A der 355th TFTW (Tactical Fighter Training Wing) in Davis-Monthan AFB übergeben. Als erster Einsatzverband rüstete das 354th TFW aus Myrtle Beach AFB im Februar 1977 von der A-7D Corsair II auf die A-10A um. In Europa erhielt die 81st TFW, die in RAF Woodbridge und RAF Bentwaters stationiert war, die A-10A. Teile des Geschwaders waren ständig auf den Luftwaffen-Fliegerhorsten Leipheim und Nörvenich stationiert sowie auf der USAFE-Basis Sembach.

Ein Teil der A-10A löste die North American OV-10A in der vorgeschobenen Fliegerleitung und Zieleinweisung (Forward Air Control/FAC) ab; die für diese Aufgaben eingesetzten Flugzeuge werden als OA-10A bezeichnet. Einziger Unterschied in der Ausrüstung besteht in der Bewaffnung, da die OA-10A für die Selbstverteidigung AIM-9 Sidewinder und zur Zielmarkierung zwölf LAU-68-Raketenbehälter mitführen kann.

Die ersten Kampfeinsätze mit der A-10A wurden während der Operation Desert Storm im Golfkrieg geflogen. Insgesamt standen dort 144 Flugzeuge dieses Typs unter dem Kommando der 354th TFW im Einsatz.

707 Serienflugzeuge verließen die Fertigung. Die letzte A-10A wurde im April 1984 ausgeliefert.

Fairchild baute den ersten Prototyp zum zweisitzigen Trainer YA-10B um. Der ursprüngliche Auftrag über 14 A-10B wurde aber wieder storniert. Die Startmasse der A-10B erhöhte sich um 680 kg. Später wurde die A-10B zur N/AW A-10 umgerüstet. Dabei handelte es sich um eine zweisitzige Nacht- und Allwetterversion. Die Version flog am 4. Mai 1979 zum ersten Mal. Die Maschine war mit dem Terrainfolge-Radar WX-50 von Westinghouse und dem nach vorne gerichteten Infrarot-Gerät (FLIR) AN/AAR-42, dem Trägheitsnavigationssystem LN-39 von Litton und einem Laser-Entfernungsmesser von Ferranti ausgerüstet. Obwohl die Erprobung erfolgreich war, bestellte die USAF die Maschine nicht.

Fairchild A-10A Thunderbolt II

Verwendungszweck: Erdkampfflugzeug
Besatzung: 1
Triebwerk: zwei Mantelstromtriebwerke (General Electric TF34-GE-100) mit je 40,32 kN (4112 kp) Standschub
Länge: 16,03 m
Höhe: 4,41 m
Spannweite: 16,76 m
Spannweite des Leitwerks: 5,74 m
Spurweite: 5,25 m
Flügelfläche: 45,10 m²
Rüstmasse: 8522 kg
Maximale Waffenlast: 8392 kg
Interne Treibstoffkapazität: 4853 kg
Maximale Startmasse: 22.680 kg
Reisegeschwindigkeit: 555 km/h
Höchstgeschwindigkeit in Meereshöhe: 742 km/h
Steiggeschwindigkeit: 7,62m/s
Dienstgipfelhöhe: 6950 m
Einsatzradius mit 4300 kg Waffenlast: 480 km
Überführungsreichweite: 4260 km
Startrollstrecke mit maximaler Zuladung: 155 m
Landerollstrecke: 90 m
Bewaffnung: eine 30-mm-Kanone des Typs GAU-8/A und 225-kg-Bomben (Mk.82), 340 kg Bomben (Mk.117), 910 kg Bomben (Mk.84), Rockeye-II-Bomben sowie AGM-65-Maverick-Luft-Boden-Lenkwaffen

Fairchild C-119 Flying Boxcar

Die C-119 entstand 1947 aus der C-82 Packet. Der Prototyp der C-119 führte noch die Bezeichnung XC-82B. Die Fertigung umfasste 1112 C-119. Neben den verschiedenen Transporter-Versionen kamen noch einige Spezialversionen zum Einsatz wie die AC-119 mit vier sechsläufigen 7,62-mm-MGs (später zwei 20-mm-Kanonen) als »Gunship« und die EC-119J, die als Satelliten-Suchflugzeug eingesetzt wurde.

Eine der wenigen noch erhaltenen C-119 Flying Boxcar (fliegender Gepäckwaggon) auf einem Fliegerhorst der USAF.

1961 entwickelte die Steward-Davis Inc. einen Umbausatz, um die C-119 mit einem zusätzlichen Strahltriebwerk auszurüsten. Dabei wurde ein J34-WE-36-Westinghouse-Strahltriebwerk in einer Gondel auf dem Tragflächen-Mittelteil eingebaut. Die indische Luftwaffe rüstete mindestens 26 Flugzeuge damit aus. Bei der YC-119K kamen zusätzlich zu den beiden R-3350-Sternmotoren noch zwei General-Electric-J85-GE-17-Strahltriebwerke mit je 127 kN (12.953 kp) Schub unter den Tragflächen zum Einbau.

Fairchild C-119G

Verwendungszweck: Transportflugzeug
Antrieb: zwei Sternmotoren (Wright R-3350-89W Cyclone) mit je 2535 kW (3400 PS)
Besatzung: 4 + 62 Soldaten
Spannweite: 33,30 m
Länge: 26,36 m
Höhe: 8,03 m
Flügelfläche: 130,06 m²
Leermasse: 18.136 kg
Maximale Startmasse: 33.748 kg
Höchstgeschwindigkeit: 476 km/h
Reisegeschwindigkeit: 322 km/h
Steiggeschwindigkeit: 3,8 m/s
Reichweite: 3669 km

Gates Learjet C-21A

Eine große Anzahl der verschiedenen Learjet-Modelle wird auch von Luftstreitkräften eingesetzt. Neben dem Einsatz als Verbindungs- und leichtes Transportflugzeug werden die Learjet zur Luftbildvermessung, zur Aufklärung und als Zielschleppflugzeuge verwendet. Die USAF betreibt 84 C-21A, die auf vielen Stützpunkten stationiert sind.

Gates Learjet C-21A

Verwendungszweck: Verbindungsflugzeug
Antrieb: zwei Strahltriebwerke (Garret TFE 731-2-3B) mit je 15,57 kN (1588 kp) Schub
Besatzung: 2 + 8 Passagiere
Spannweite: 12,04 m
Länge: 14,83 m
Höhe: 3,73 m
Flügelfläche: 23,53 m²
Leermasse: 4462 kg
Maximale Startmasse: 8301 kg
Höchstgeschwindigkeit: 872 km/h
Reisegeschwindigkeit: 774 km/h
Steiggeschwindigkeit: 22 m/s
Dienstgipfelhöhe: 13.715 m
Reichweite: 4239 km

■ Die 80 Gates C-21 werden als Stabsreiseflugzeug bei der USAF eingesetzt.

General Dynamics F-111

Die F-111 entstand auf der Grundlage der Ausschreibung für ein neues Kampfflugzeug der USAF (TXF = Tactical Experimental Fighter). Die erste von 158 F-111A flog am 21. Dezember 1964, 17 Exemplare davon waren Vorserienflugzeuge. Parallel zur F-111A wurde für die US Navy die F-111B entwickelt. Aufgrund der großen Schwierigkeiten, die es mit dieser Version gab, stellte man nach der Erprobung von neun Flugzeugen die Fertigung ein. In der Produktion löste die F-111E, von der 94 Maschinen gebaut wurden, die F-111A ab. Die F-111E kam bei der 20th TFW in Upper Heyford zum Einsatz. Nach Auflösung dieses Geschwaders wurden 25 F-111E an die 27th TFW abgegeben. Nächste Variante war die F-111D, die leistungsstärkere Triebwerke und eine modernere Avionik erhielt (96 Flugzeuge gebaut). Letzte Produktionsvariante war die F-111F. Die ersten der 106 produzierten Flugzeuge lieferte der Hersteller ab 1972 an das in Mountain Home AFB stationierte Geschwader aus. 1977 übernahm die 48th TFW in Lakenheath die Flugzeuge, wo sie bis zur ihrer Ablösung durch die F-15E im Jahre 1992 stationiert waren. Ab diesem Zeitpunkt erhielt die 27th FW in Cannon AFB die F-111F, von denen ein Teil von Rockwell modifiziert wurde. Für das SAC baute General Dynamics 76 FB-111A als strategischen Bomber. Die FB-111A hat eine um 2,13 m größere Spannweite, größere Treibstofftanks (19.010 Liter) und TF30-P-7-Triebwerke mit je 90 kN (9185 kp) Schub. Einige FB-111A wurden zu F-111G umgebaut.
Grumman baute 42 F-111A zum taktischen ECM-Störflugzeug EF-111A Raven um. Ein aerodynamischer Prototyp flog am 15. Dezember 1975 zum ersten Mal. Die erste voll ausgerüstete Maschine startete am 10. März 1977. Der Waffenschacht wurde mit einer 4,9 m langen Störantenne bestückt, und in der Empfängerverkleidung auf der Seitenflosse befand sich das leistungsfähige elektronische Störsystem AN/ALQ-99E.
Ab 1973 erhielt Australien 24 F-111C. Großbritannien bestellte 50 F-111K, stornierte diesen Auftrag jedoch 1980 wieder. Die Gesamtproduktion der F-111 umfasste 563 Flugzeuge.

■ In RAF Upper Heyford waren die EF-111A der USAF stationiert.

General Dynamics EF-111A Raven

Verwendungszweck: ECM-Störflugzeug
Antrieb: zwei Mantelstromtriebwerke (Pratt & Whitney TF30P-3) mit je 82,3 KN (8393 kp) Schub
Besatzung: 2
Spannweite: 9,74 - 19,20 m
Länge: 23,16 m
Höhe: 6,10 m
Flügelfläche: 48,77 m²
Leermasse: 25.075 kg
Maximale Startmasse: 40.346 kg
Höchstgeschwindigkeit: 2272 km/h
Reisegeschwindigkeit: 826 km/h
Steiggeschwindigkeit: 16,76 m/s
Dienstgipfelhöhe: 13.715 m
Reichweite: 3700 km
Startstrecke: 1350 m
Landestrecke: 1775 m

Grumman HU-16 Albatross

Die Grumman Albatross wurde für den militärischen Fracht- und Personaltransport sowie für Seenot-Rettungsflüge entworfen. Die erste Albatross flog am 24. Oktober 1947. Sie wurde in vier Hauptversionen gebaut. Die HU-16A war für den Seenot-Rettungsdienst bei der USAF vorgesehen. Die HU-16B verfügte über eine vergrößerte Spannweite und verbesserte Flugleistungen. Alle HU-16A wurden auf HU-16B Standard umgerüstet. Die HU-16C stand bei der US Navy und der US Coast Guard im Einsatz. Auch die deutschen Marineflieger setzen fünf Exemplare dieser Ausführung ein. Letzte Version war die HU-16D für die US Navy, von der auch sechs Maschinen nach Japan geliefert wurden. Insgesamt fertigte Grumman 418 Flugzeuge. Griechenland war der letzte Betreiber der HU-16 Albatross.

■ Seenot-Rettungsflugzeug Grumman HU-16D in den Farben der mexikanischen Marine.

Grumman HU-16B

Verwendungszweck: Patrouillenflugboot
Antrieb: zwei Kolbenmotoren (Wright R1860-76A Cyclone) mit je 1062 kW (1425 PS)
Spannweite: 29,46 m
Länge: 19,15 m
Höhe: 7,87 m
Flügelfläche: 96,15 m²
Leermasse: 10.380 kg
Maximale Startmasse: 17.010 kg
Höchstgeschwindigkeit: 380 km/h
Reisegeschwindigkeit: 277 km/h
Steiggeschwindigkeit: 5,95 m/s
Dienstgipfelhöhe: 7165 m
Reichweite: 5578 km

Grumman OV-1 Mohawk

Zuerst als Gemeinschaftsprojekt des US Marine Corps und der US Army geplant, kam die Mohawk jedoch nur bei der US Army zum Einsatz. Der Erstflug der YAO-1A, spätere Bezeichnung YOV-1A, erfolgte am 14. April 1959. Für die Erprobung entstanden neun Flugzeuge, denen 64 OV-1A folgten. Die OV-1B (90 Stück) verfügte über ein AN/APS-94 SLAR und hatte eine um 1,83 m vergrößerte Spannweite. Von der OV-1C fertigte man 129 Flugzeuge. Sie verfügte über die leistungsstärkeren T53-3-Propellerturbinen und Infrarot-Sensoren. Die OV-1D war ein Kampfgebiet-Überwachungsflugzeug. Es wurden nur 37 OV-1D neu gebaut und 111 frühere Modelle auf diesen Standard gebracht. 36 Maschinen wurden zu RV-1D umgerüstet. Deren Ausrüstung bestand aus einem AN/ALQ-33-Elint-System und einem AN/ASN-86-Navigations-System; letzte Version war die als Eloka-Aufklärer eingesetzte EV-1E.

■ Der US Army diente die Mohawk als Aufklärer.

Auch die Heeresflieger der Bundeswehr erprobten die Mohawk. Zu einer Beschaffung kam es jedoch nicht. Außer bei der US Army kommt die OV-1 noch in Argentinien, Israel und Südkorea zum Einsatz. Bei der US Army wurde die OV-1 durch die Beech RC-12 ersetzt und 1996 außer Dienst gestellt.

Grumman OV-1D Mohawk

Verwendungszweck: Aufklärungsflugzeug
Antrieb: zwei Propellerturbinen (Avco Lycoming T53-L-701) mit je 1044 kW (1400 WPS)
Besatzung: 2
Spannweite: 14,63 m
Länge: 12,50 m
Höhe: 3,86 m
Flügelfläche: 33,44 m²
Leermasse: 5468 kg
Maximale Startmasse: 8214 kg
Höchstgeschwindigkeit: 491 km/h
Reisegeschwindigkeit: 443 km/h
Steiggeschwindigkeit: 11,9 m/s
Dienstgipfelhöhe: 9235 m
Reichweite: 1627 km
Startstrecke: 264 m
Landestrecke: 165 m

Grumman X-29A

Die X-29A ist ein Experimentalflugzeug zur Erforschung neuer Technologien für künftige Kampfflugzeuge. Die Fertigung der beiden Flugzeuge (s/n 82-0003 und 82-0049) erfolgte unter Verwendung von Teilen der F-5 (Vorderrumpf), F-16 (Fahrwerk), F/A-18 (Triebwerk) sowie der A-7 (Flugrechner). Die s/n 82-0003 absolvierte ihren Erstflug am 14. Dezember 1984. Als Besonderheit weist die X-29A einen um 33 Grad nach vorne gepfeilten Tragflügel auf. Bis jetzt wurde nur ein Flugzeugtyp – die deutsche HFB-320 Hansa – mit vorwärts gepfeilten Flügeln in Serie gebaut. Vor den Tragflügeln ist das Canardruder (vorgezogenes Höhenruder) angeordnet, das einen Ausschlag von +30 bis -60 Grad hat. Die Erprobung der beiden Flugzeuge führen das Air Force Flight Dynamics Laboratory und die NASA durch.

■ **Diese Aufnahme der X-29A zeigt deutlich die negative Pfeilung der Tragflächen.**

Grumman X-29A

Verwendungszweck: Forschungsflugzeug
Antrieb: ein Turbofan (General Electric F-404-GE-400) mit 71,2 kN (7260 kp) Nachbrennerschub
Besatzung: 1
Spannweite: 8,23 m
Länge: 14,83 m
Höhe: 4,27 m
Flügelfläche: 17,54 m²
Leermasse: 6169 kg
Maximale Startmasse: 7983 kg
Höchstgeschwindigkeit: 2019 km/h

Kaman H-2 Seasprite

■ Die Kaman H-2 steht seit über 40 Jahren als Mehrzweck-Hubschrauber bei der US Navy im Einsatz.

Die Seasprite absolvierte am 2. Juli 1959 als HU2K-1 ihren Erstflug. 1962 wurde die Bezeichnung in UH-2A geändert. Von der ersten Serienausführung UH-2A baute Kaman 88 Exemplare. Nachfolgemuster wurde die mit VFR-Ausrüstung versehene UH-2B.

Für die U-Boot-Bekämpfung entstand ab 1970 die SH-2D, die mit LAMPS (Light Airborne Multi Purpose System) ausgerüstet war. Die SH-2F mit einer modernisierten LAMPS-Version kam ab 1973 zur Auslieferung. Ein Teil der früheren Versionen wurde auf SH-2F-Standard gebracht. Letzte Version ist die SH-2G, die am 2. April 1985 zum ersten Mal flog. Sie ist mit zwei General-Electric-T700-GE-401-Wellenturbinen von je 1285 kW (1735 WPS) ausgerüstet. Die erste Serienmaschine flog im März 1990. Es ist jedoch nicht geplant, die Produktion aufzunehmen, dafür sollen etwa 90 SH-2F umgerüstet werden.

Kaman SH-2F

Verwendungszweck: Mehrzweck-Hubschrauber
Antrieb: zwei Wellenturbinen (General Electric T 58-8F) mit je 1007 kW (1350 WPS)
Besatzung: 3
Länge (Rumpf) 12,30 m
Höhe: 4,72 m
Rotordurchmesser: 13,41 m
Heckrotordurchmesser: 2,49 m
Leermasse: 3193 kg
Maximale Startmasse: 6033 kg
Höchstgeschwindigkeit: 265 km/h
Reisegeschwindigkeit: 241 km/h
Steiggeschwindigkeit: 12,9 m/s
Dienstgipfelhöhe: 6890 m
Reichweite: 679 km
Bewaffnung: Torpedos und Raketen

Lockheed C-5 Galaxy

Die C-5 ist die Gewinnerin einer Ausschreibung für ein schweres Transportflugzeug aus dem Jahre 1963. Mit dem Bau des Prototyps wurde 1966 begonnen; er startete dann am 30. Juni 1968 zu seinem Erstflug. Die erste Einsatzmaschine ging am 17. Dezember 1969 an das Military Airlift Command. Die Produktion wurde nach Auslieferung von 81 C-5A im Mai 1973 vorübergehend eingestellt. Zwischen 1981 und 1987 wurden an 77 Flugzeugen die Flügel ausgetauscht, da unerwartete Material-Ermüdungserscheinungen an den Flügelwurzeln der C-5A Startverbote und Nutzlast-Einschränkungen mit sich

■ Zur Selbstverteidigung sind die C-5 Galaxy mit Fackelwerfern ausgerüstet.

brachten. Mitte der 80er-Jahre eröffnete Lockheed die Produktionslinie wieder für die Fertigung von 50 C-5B. Die Auslieferung begann am 8. Januar 1986 und endete im April 1989. Der Erstflug der C-5B fand am 10. September 1985 statt. Die C-5B ist mit verstärkten Tragflächen und leistungsstärkeren Triebwerken ausgerüstet.

Lockheed C-5B

Verwendungszweck: Transportflugzeug
Antrieb: vier Mantelstromtriebwerke (General Electric TF39-GE-1C) mit je 191,2 kN (19 504 kp) Schub
Besatzung: 5
Spannweite: 67,88 m
Länge: 75,54 m
Höhe: 19,85 m
Flügelfläche: 576,0 m²
Leermasse: 169.643 kg
Maximale Startmasse: 379.657 kg
Höchstgeschwindigkeit: 919 km/h
Reisegeschwindigkeit: 833 km/h
Steiggeschwindigkeit: 8,75 m/s
Dienstgipfelhöhe: 10.895 m
Reichweite: 10.411 km
Startstrecke: 2530 m
Landestrecke: 725 m

Lockheed C-121

Die C-121 ist die Militärversion der Lockheed L-749 und L-1049 Constellation und wurde bei USAF und US Navy als Truppentransporter und Frühwarnflugzeug eingesetzt. Die erste Constellation war eine C-69, die am 9. Januar 1943 erstmals flog. Die USAF übernahm 22 Flugzeuge. Von der C-121 wurde eine Vielzahl von verschiedenen Modellen gebaut, von denen C-121A, VC-121A und EC-121H die bekanntesten Versionen sind. Einige VC-121 flogen auch als Präsidentenflugzeuge. Der größte Teil der C-121 kam in der Rolle als fliegende Radarfrühwarnstation (AEW = Airborne Early Warning) und als elektronisches Störflugzeug (ECM = Electronic Counter Measures) zum Einsatz. Bei der US Navy führten die Flugzeuge die Bezeichnung R7V und WV-2.

■ **Bei dieser C-121 handelt es sich um eine wieder flugfähig gemachte Maschine auf Besuch in Altenrhein in der Schweiz.**

Lockheed RC-121D

Verwendungszweck: Transport-, Aufklärungs- und Frühwarnflugzeug
Antrieb: vier Doppelsternmotoren (Pratt & Whitney R-3350-34 Cyclone) mit je 2423,5 kW (3250 PS).
Besatzung: je nach Einsatzart 3-5 und 75-106 Passagiere
Spannweite: 38,46 m
Länge: 35,41 m
Höhe: 8,23 m
Flügelfläche: 153,62 m²
Leermasse: 36.565 kg
Maximale Startmasse: 65.136 kg
Höchstgeschwindigkeit: 517 km/h
Reisegeschwindigkeit: 400 km/h
Steiggeschwindigkeit: 4,3 m/s
Dienstgipfelhöhe: 6300 m
Reichweite: 7400 km

Lockheed C-130 Hercules

Die neueste Version der Hercules, die C-130J. Das Flugzeug gehört zur 175th Wing der Maryland Air Guard.

Eines der erfolgreichsten Transportflugzeuge ist die Lockheed C-130 Hercules, von der bis jetzt über 2000 Exemplare gebaut wurden. Der erste von zwei Prototypen, die YC-130 (s/n 53-3396) flog erstmalig am 23. August 1954. Die erste Serienmaschine, die C-130A, flog dann am 7. April 1955, und ab Dezember 1956 begann die Lieferung an das Tactical Air Command. Als nächste Variante folgte die C-130B, die über größere Tanks und ein höheres Fluggewicht verfügte. Die C-130E, die am 25. August 1961 erstmals flog, hatte eine nochmals vergrößerte Treibstoffkapazität. Sie wurde von vier Allison T56-A-7-Propellerturbinen von je 3020 kW (4050 WPS) angetrieben. Nächste Hauptversion war die C-130H, die im November 1964 zum Erstflug startete. Erster Kunde war die Royal New Zealand Air Force. Die USAF übernahm die ersten Flugzeuge dieser Version erst im April 1975. Auch die US Navy und das US Marine Corps setzen die Hercules ein. Hier führen sie folgende Bezeichnungen: C-130F (ex GV-1U), die Navy-Version der C-130B; KC-130F, die Tankerversion für das US Marine Corps; LC-130F, vier mit Skifahrwerken zum Einsatz in der Antarktis gebaute Flugzeuge für die US Navy; C-130G, Transportflugzeuge für die US Navy, die man nach dem Umbau zur fliegenden Relaisstation als EC-130G bezeichnete. Die Royal Air Force erhielt 66 C-130K, die hier Hercules C.Mk.1 heißen. 25 Flugzeuge wurden mit einer Luftbetankungseinrichtung ausgerüstet (Hercules C.Mk.1P). Eine Spezialversion zur Wetterbeobachtung fliegt als Hercules W.Mk.2. Weitere 30 Hercules der RAF wurden zur Hercules C.Mk.3 beziehungsweise C.Mk.3P umgebaut, äußerlich erkennbar an dem um 4,57 m gestreckten Rumpf.

Neuste Version ist die C-130J, die auf privater Initiative von Lockheed entwickelt wurde. Die C-130J wird von vier Allison-2100-Propellerturbinen mit Sechs-Blatt-Luftschrauben angetrieben. Die Maschine hat nur noch zwei Mann Besatzung, die über vier große LCD-Anzeigen und ein Head-Up Display verfügen. Erster Kunde für die C-130J war die RAF. Die erste C-130J flog am 5. April 1996. Bedingt durch technische Schwierigkeiten verzögerte sich die Auslieferung bis 1999. Bestellt wurde die Maschine bis jetzt von Australien, England, Italien, Neuseeland und den USA. Unter den Bestellungen für die USA befinden fünf KC-130J und sieben WC-130J.

Die Hercules steht nun seit über 40 Jahren in der Produktion. In diesem Zeitraum verkaufte Lockheed über 2150 Flugzeuge dieses Typs. Von allen Hauptversionen entstand eine große Anzahl spezieller Ausführungen. Die bekanntesten davon sind die AC-130 Spectre und die EC-130H Compass Call. Die AC-130 ist eine fliegende Waffenstation, auch »Gunship« genannt. Neueste Version ist die AC-130U, von der die USAF zwölf Flugzeuge bestellt hat. Die AC-130U entsteht aus neuen C-130H, die von Rockwell mit der entsprechenden Ausrüstung versehen werden. Die erste AC-130U flog am 20. Dezember 1990. Von der EC-130H wurden zehn Exemplare gebaut, die teilweise bis zur Auflösung des 43. ECS von Sembach aus operierten.

Lockheed C-130H

Verwendungszweck: Transportflugzeug
Antrieb: vier Propellerturbinen (Allison T56-A-15) mit je 3362 kW (4508 WPS)
Besatzung: 4 + 64-128 Passagiere
Spannweite: 40,41 m
Länge: 29,79 m
Höhe: 11,66 m
Flügelfläche: 162,12 m²
Leermasse: 34.356 kg
Maximale Startmasse: 79.379 kg
Höchstgeschwindigkeit: 602 km/h
Dienstgipfelhöhe: 10.060 m
Reichweite: 4002 km

Lockheed C-140 JetStar

Die C-140 ist die militärische Variante der Lockheed 1329 JetStar. Der Prototyp startete am 4. September 1957 zu seinem Erstflug. Die USAF beschaffte 16 Flugzeuge, fünf C-140A für die Kalibrierung von Navigationsanlagen, fünf C-140B als umrüstbares Passagier-/Frachtflugzeug und sechs VC-140B als Passagierflugzeug. Zwei Flugzeuge gingen nach Saudi-Arabien, zwei nach Indonesien, zwei in den Iran und eine nach Mexiko. Die Bundesluftwaffe beschaffte für den Einsatz bei der Flugbereitschaft drei JetStar 6 (11+01 bis 11+03).

Lockheed C-140A

Verwendungszweck: Transportflugzeug
Antrieb: vier Mantelstromtriebwerke (Garrett TFE 731-3) mit je 16,47 kN (1679 kp) Schub
Spannweite: 16,59 m
Länge: 18,41 m
Höhe: 6,22 m
Flügelfläche: 50,40 m^2
Leermasse: 11.294 kg
maximale Startmasse: 20.185 kg
Höchstgeschwindigkeit: 880 km/h
Steiggeschwindigkeit: 21,33 m/s
Dienstgipfelhöhe: 13.105 m
Reichweite: 4820 km

■ Dem VIP-Transport diente die VC-140B JetStar.

Lockheed Martin F-16A/B Fighting Falcon

Im Jahr 1971 begann die Entwicklung eines Leichtbaujägers unter der Modellbezeichnung 401 bei General Dynamics in Fort Worth. Die Projektleitung hatte Lyman C. Joseph. Die USAF bestellte 1972 zwei Prototypen des nun als YF-16 bezeichneten Flugzeugs. Mit der YF-16 stand General Dynamics in Konkurrenz zur YF-17 von Northrop.
Das Roll-out der YF-16 (s/n 72-01567) fand am 13. Dezember 1973 statt. Anschließend wurde die Maschine an Bord einer C-5A Galaxy nach Edwards AFB gebracht, wo Testpilot Phil Oestricher Rollversuche durchführte. Während eines Rollversuches am 20. Januar 1974 kam es zu einem unbeabsichtigten Erstflug von 6 Minuten Dauer. Ihren offiziellen Erstflug unternahm die Maschine am 2. Februar 1974. Bereits am 11. März wurde Mach 2 erreicht. Den Erstflug des zweiten Prototyps (s/n 72-01568) führte Neil Anderson am 9. Mai 1974 durch. Beide Prototypen absolvierten in der Mustererprobung, die bis zum März 1977 dauerte, in 820 Flügen insgesamt 975 Flugstunden.
Am 15. Januar 1975 gab die USAF die F-16 offiziell als Sieger der ACF-Ausschreibung (ACF = Air Combat Fighter) bekannt und bestellte für das Testprogramm acht F-16, sechs F-16A und zwei F-16B. Im gleichen Jahr wählten auch Belgien, Dänemark, die Niederlande und Norwegen die F-16 als Nachfolger für die F-100 und F-104.
Die Produktion der F-16A begann mit den sechs Vorserienflugzeugen s/n 75-0745 bis 75-0750. Gegenüber der YF-16 nahm die Gesamtlänge des Flugzeuges um 33 cm zu, die Bordkanone M.61 wurde um 61 cm nach hinten versetzt und der Radstand um 28 cm verlängert. Auch die Flügelfläche, das Höhenleitwerk und das Seitenleitwerk vergrößerten die Konstrukteure.
Neu bei der F-16 ist, dass sie über keinen herkömmlichen Steuerknüppel in der Mitte des Cockpits verfügt, sondern einen kleinen Steuerknüppel auf der rechten Cockpitseite. Die Steuerbefehle werden durch das elektronische Fly-by-Wire-System über Servomotoren auf die Ruder übertragen. Automatische Klappensysteme sorgen dafür, dass der Flügel unter allen Flugbedingungen die jeweils für den Auftrieb günstigste Form annimmt.

An neun Außenstationen können Waffenlasten von bis zu 6910 kg mitgeführt werden. Dazu gehören neben Sprengbomben und verschiedenen Raketen auch Luft-Boden-Lenkwaffen des Typs AGM-65 Maverick und ECM-Behälter der Typen AN/ALQ-119 und 131. Die 20-mm-Kanone M.61A-1 Vulcan ist in der linken Tragflächenwurzel eingebaut. Der trommelförmige Munitionsbehälter mit 512 Schuss befindet sich im oberen Rumpfbereich.
Die Auslieferung an die USAF begann am 17. August 1978. Als erstes Geschwader erhielt das 388. TFW in Hill AFB am 6. Januar 1979 die F-16, die hier die F-4D ablöste. In Europa übernahm als erste Luftwaffe die Force Aérienne Belge im Januar 1979 die F-16. Im Mai folgte die Koninklijke Luchtmacht in den Niederlanden. Als zweites Geschwader der USAF erhielt die 56. TFW in McDill AFB die F-16. Zuerst rüstete die 61. TFS im Oktober 1979 um. Dann folgten die drei anderen Staffeln. Die letzte Maschine wurde im Oktober 1982 übernommen.
Die Kongelige Danske Flyvevabnet, die Kongelige Norske Luftforsvaret und die Heyl haí Avir erhielten ihre ersten Flugzeuge im Januar 1980. Die Flugzeuge für Israel blieben vorerst noch in den USA zur Schulung der Piloten und des Wartungspersonals. Im Juli 1980 wurden die F-16 von Pease AFB in einem elf Stunden dauernden und über 9656 km führende Flug nach Israel überführt.
Am 21. Juli 1980 gab die USAF der F-16 offiziell den Namen »Fighting Falcon« (Jagdfalke). Als Erster der außerhalb der USA stationierten Verbände der USAF, erhielt die 8. TFW auf Kunsan AB in Süd-Korea die F-16. Diese Flugzeuge trafen ab dem 26. Juni 1981 in Kunsan ein.
Als erstes Geschwader der USAFE in Deutschland rüstete die 50. TFW in Hahn AFB um. Die ersten fünf F-16A/B landeten dort im September 1981. Sie dienten der Ausbildung und kehrten im Januar und Februar 1982 wieder in die USA zurück. Kurz darauf erhielt die 313. TFS ihre eigenen F-16. Im Zuge der Rückverlegung der amerikanischen Einheiten aus Europa in die USA wurde die 50. TFW aus Hahn AB am 6. August 1991 aufgelöst. Die F-16 verteilte man auf verschiedene ANG-Einheiten.
Als zweite Einheit der USAFE gab die 401. TFW in Torrejon ihre F-4D ab und erhielt F-16. Auch das Kunstflugteam der USAF, die »Thunderbirds«, tauschten im November 1982 ihre Northrop T-38 Talon gegen die Fighting Falcon ein.
Im Juli 1983 wurde die 1000. F-16 (s/n 82-0926) ausgeliefert. Das Flugzeug ging an die 388. TFW. Als erste AFRES-Staffel rüstete die 466. TFS in Hill AFB auf die F-16 um.
Anfang 1986 hatten alle im Einsatz befindlichen F-16 bereits über eine Million Flugstunden absolviert – etwa 66 Prozent davon durch Flugzeuge der USAF. Die Einsatzbereitschaft lag dabei bei 91,3 Prozent .
Die letzte von 300 F-16A/B, die bei Fokker gebaut wurden, übernahm die niederländische Luftwaffe am 27. Februar 1992. Um den Einsatz der F-16A/B bis etwa zum Jahre 2010 gewährleisten zu können, müssen 533 Flugzeuge modernisiert werden. Am meisten betroffen davon sind Dänemark, Holland und Norwegen. Die im Rahmen des MLU-Programms (MLU = Mid-Life Update) entwickelten Umrüstsätze wurden ab 1996 eingebaut.
Das Kernstück der Modernisierungsmaßnahmen ist ein umfangreiches Avionik-Paket. Es umfasst ein APG-GGV-Radar von Westinghouse, neue Bildschirme und ein Weitwinkel-Head-Up-Display. Zur genauen Positionsbestimmung gehört zudem noch das Global Positioning System (GPS).
1991 stand die Stilllegung eines Großteils der F-16-Flotte der USAF wegen massiver Rissbildung an. Betroffen davon waren sämtliche 694 Flugzeuge der beiden Baulose Block 10 und 15. Für die Rissbildung wurde hauptsächlich das gestiegene Gewicht des Flugzeugs während seiner Einsatzdauer verantwortlich gemacht: Die gleiche Struktur, die bei der Einführung der Block-15-Serie für eine Masse von 10.190 kg ausgelegt war, musste jetzt 12.190 kg aushalten. Diese Gewichtszunahme geht im Wesentlichen auf Avionik- und Triebwerks-, aber auch auf Strukturänderungen zurück.
Als erste F-16B startete s/n 75-0751 mit Neil Anderson und Phil Oestricher im Cockpit am 8. August 1977. Der erste Flug verlief

Lockheed Martin F-16A über den Wäldern von Vermont.

so erfolgreich, dass am selben Tag noch ein zweiter Flug angesetzt wurde, bei dem bereits Mach 1,2 und eine Höhe von über 9100 m erreicht wurden. Gegenüber der F-16A verringerte sich der Tankinhalt von 3112 kg auf 2624 kg. Die zweite F-16B wurde im Juni 1978 nach Edwards AFB geliefert.
Eine weitere Entwicklung entstand 1986 mit dem Air Defense Fighter, der F-16(ADF). Diese Version verfügte über eine komplett überarbeitete Avionik, Aufhängepunkte für sechs AIM-7 Sparrow, ein verbessertes Radar und verbesserte IFF- und ECM-Ausrüstung. Außerdem wurde ein Empfänger für die Satellitennavigation (Global Positioning System) eingebaut.

Lockheed Martin F-16A Fighting Falcon

Verwendungszweck: Kampfflugzeug
Besatzung: 1
Triebwerk: ein Mantelstromtriebwerk (Pratt & Whitney F-100-P-100) mit 65,26 kN (6641 kp) Standschub ohne und 106 kN (10.788 kp) mit Nachbrenner
Länge: 15,03 m
Höhe: 5,01 m
Spannweite ohne Lenkflugkörper: 9,45 m
Spannweite mit Lenkflugkörper: 9,75 m
Flügelfläche: 28,87 m²
Flächenbelastung: 533 kg/m²
Spannweite des Höhenleitwerks: 5,49 m
Rüstmasse: 7371 kg
Maximale Waffenlast: 6910 kg
Tankinhalt: 3165 kg
Außentanks: 3069 kg
Maximale Zuladung: 9276 kg
Maximale Startmasse: 16.071 kg
Höchstgeschwindigkeit in Meereshöhe: 1472 km/h
Höchstgeschwindigkeit mit zwei AIM-9 Sidewinder in 11.000 m Höhe: 2020 km/h
Anfangssteigegeschwindigkeit: 315 m/s
Dienstgipfelhöhe: 16.000 m
Einsatzradius mit sechs Bomben Mk.82 high-low-high: 1000km
Reichweite beim Luftraumüberwachungseinsatz: 880 km
Reichweite im Tiefflug: 550 km
Überführungsreichweite: 3700 km
Startrollstrecke: 530 m
Bewaffnung: eine 20-mm-Revolverkanone des Typs M.61A-1 Vulcan mit 512 Schuss sowie bis zu 4990 kg Außenlasten, verteilt auf neun externe Aufhängepunkte: zwei an den Flügelspitzen, sechs unter den Flügeln und eine Center-Line-Station unter dem Rumpf; bei reduzierter Treibstoffzuladung können bis zu 6910 kg Außenlasten mitgeführt werden

Lockheed Martin/Boeing F-22 Raptor

Erstmals der Öffentlichkeit vorgestellt wurde die Serienausführung der Lockheed Martin/Boeing F-22 Raptor am 9. April 1997 bei Lockheed Martin in Marietta. Die F-22A ist ohne jeden Zweifel zur Zeit das modernste Kampfflugzeug: Sie ist in allen Bereichen mit modernster Technologie ausgerüstet. Es verbindet Stealth-Eigenschaften mit uneingeschränkter Wendigkeit und einfacher Wartung. Geplant ist die Beschaffung von 438 Flugzeugen bis zum Jahr 2013. Ob aber all diese Maschinen gebaut werden, ist im Hinblick auf die enormen Kosten des Programms fraglich. Erste Einsparungen wurden schon eingeleitet: So streckte man die Entwicklungsphase und stornierte vier Vorserienflugzeuge.
Wie lange heute die Entwicklung eines modernen Kampfflugzeuges dauert, ist auch bei der F-22 klar ersichtlich. Die Anforderungen für dieses Flugzeug wurden bereits Anfang der 80er-Jahre festgelegt. Die F-22 war als Nachfolger für die F-15 Eagle in der Luftüberlegenheitsrolle vorgesehen. Sie war die Antwort auf eine Ausschreibung der USAF im Jahr 1984 für ein Jagdflugzeug, das eine Geschwindigkeit von Mach 1,5 ohne Nachbrenner erreichen sollte, über gute Stealth- und Kurzstart-Eigenschaften verfügen und eine größere Reichweite als die F-15 haben sollte. Zwei Firmen beteiligten sich an der Ausschreibung für den neuen »Advanced Tactical Fighter« (ATF): Lockheed zusammen mit General Dynamics und Boeing mit der YF-22A und Northrop mit der YF-23A.
Die erste YF-22A (s/n 87-3997 / N22YF) wurde von zwei General-Electric-YF-120-Mantelstromtriebwerken angetrieben. Diese Maschine absolvierte ihren Erstflug am 29. September 1990. Der zweite Prototyp (s/n 87-3998 / N22YX) erhielt zwei Pratt-&-Whitney-YF-119-Triebwerke und startete am 30. Oktober 1990 zum Jungfernflug. Auch die zwei YF-23A wurden mit diesen Triebwerken ausgerüstet. Nach einer umfangreichen Erprobung beider Muster fiel am 23. April 1991 die Wahl auf die YF-22A. Bei den Triebwerken gewann Pratt & Whitney die Ausschreibung. Das Konzept der YF-22A wurde aufgrund der vorangegangenen Erprobung grundlegend überarbeitet und das Flugzeug in seinen äußeren Konturen zur Verbesserung der Stealth-Eigenschaften geändert. Die Gesamtlänge der Flugzeugzelle wurde um 0,63 m auf 18,87 m verkürzt und das Cockpit weiter vorne platziert. Die Spannweite erhöhte man auf 13,56 m und die Pfeilung der Tragflügelvorderkante um sechs Grad auf 42 Grad reduziert. Die Lufteinläufe für die beiden Triebwerke wurden um 0,46 m nach hinten verlegt, das Seitenleitwerk um 0,12 m gekürzt und die Fläche des Seitenleitwerks verkleinert.
Wie meistens bei neuen Flugzeugtypen gab es in der Anfangsphase bei der Fertigung von Teilen und der Montage des ersten Flugzeugs einige Probleme. Außerdem mussten aufgrund neuer Erkenntnisse bei den ersten beiden Prototypen Nacharbeiten durchgeführt werden. So ergaben Berechnun-

gen und Windkanaltests, dass im Bereich der Lufteinläufe Verstärkungen notwendig waren.
Die Zelle der F-22 wird zu 16 Prozent aus Aluminium und zu 24 Prozent aus Verbundwerkstoffen hergestellt. Den Hauptanteil hat Titan mit 39 Prozent. Aluminium und Verbundwerkstoffe werden hauptsächlich im Rumpfbug verwendet, der bei Lockheed Martin in Marietta gefertigt wird. Den Mittelrumpf baut ebenfalls Lockheed Martin, aber in Fort Worth. Die Spanten bestehen aus Titan, für andere Teile werden Aluminium und Karbonfasern eingesetzt. Für das von Boeing hergestellte Rumpfheck wird ein großer Anteil aus Titan verwendet. Die Tragfläche, deren Grundstruktur zum größten Teil ebenfalls aus Titan besteht, produziert auch Boeing. Für die Beplankung werden Kohlefaserstoffe genutzt. Aus Verbundwerkstoffen fertigt man die Höhenleitwerke, während der Grundaufbau der Seitenleitwerke aus Aluminium ist.
Bei der Endmontage, die bei Lockheed Martin in Marietta durchgeführt wird, gab es beim Zusammenbau der einzelnen Montagegruppen dank des Einsatzes einer rechnerunterstützten Konstruktion und Fertigung keine größeren Probleme: Hier werden rund 3000 Teile zusammengefügt.
Das von Pratt & Whitney entwickelte Triebwerk F119-PW-100 hat ohne Nachbrenner ungefähr den doppelten Standschub des F100-PW-100 der F-15. Beim Überschallflug mit Nachbrenner liefert das Triebwerk noch 40 Prozent mehr Leistung. Es ist das erste Mal, dass bei einem Serientriebwerk eine Rechteckdüse mit beweglichen Strahlklappen für die Schubvektorsteuerung verwendet wird.
Wie die meisten amerikanischen Flugzeuge ist auch die F-22A mit einer 20-mm-M.61-Kanone mit 480 Schuss ausgerüstet, die sich auf der rechten Rumpfseite befindet. Um die Stealth-Eigenschaften nicht zu mindern, führt die F-22 ihre Bewaffnung in internen Waffenschächten. Auf einer ausklappbaren Startschiene seitlich an jedem Lufteinlauf kann je eine AIM-9M-Sidewinder-Luft-Luft-Lenkwaffe mitgeführt werden. Auf der Unterseite des Mittelrumpfs sind zwei weitere Waffenschächte vorhanden. In diesen Schächten haben jeweils drei AIM-120C-AMRAAM-Luft-Luft-Lenkwaffen Platz. Wahlweise können auch zwei 450-kg-Bomben geladen werden. Für das Erprobungsprogramm bestellte man neun Prototypen: sieben Einsitzer F-22A und zwei Doppelsitzer F-22B.

YF-22 während der Erprobung der Manövrierfähigkeit der Maschine.

USA

Lockheed Martin/Boeing F-22 Raptor

Verwendungszweck: Luftüberlegenheits- und Mehrzweck-Kampfflugzeug
Besatzung: 1
Triebwerk: zwei Mantelstromtriebwerke (Pratt & Whitney YF119-PW-100) mit 156 kN (15.900 kp) Standschub mit Nachverbrennung mit schwenkbarem Triebwerkstrahl
Länge: 18,87 m
Höhe: 5,05 m
Spannweite: 13,56 m
Flügelfläche: 77,1 m²
Rüstmasse: 14.365 kg
Normale Startmasse: 24.950 kg
Maximale Startmasse: 27.216 kg
Höchstgeschwindigkeit in geringer Höhe: 1470 km/h
Höchstgeschwindigkeit auf 10.975 m Höhe: 1915 km/h
Maximale Dauergeschwindigkeit auf 10.975 m Höhe: 1595 km/h
Dienstgipfelhöhe: 15.240 m
Einsatzradius mit interner Treibstoffzuladung und Luft-Luft-Lenkwaffen: 1450 km
Bewaffnung: eine 20-mm-M.61A-1-Vulcan-Kanone sowie zwei Luft-Luft-Lenkwaffen des Typs AIM-9 jeweils in einem separaten Schacht seitlich am Rumpf und bis zu sechs Luft-Luft-Lenkwaffen des Typs AIM-120 im zentralen Waffenschacht; für Erdkampfeinsätze können auch 450-kg-Bomben im Waffenschacht und unter den Flügeln Lenkwaffen oder Zusatztanks an vier Aufhängungen mitgeführt werden

Die erste F-22A startete am 7. September 1997 von der Dobbins Air Base zu ihrem Erstflug. Die Maschine flog Cheftestpilot Paul Metz. Der Flug dauerte 58 Minuten, dabei erreichte das Flugzeug eine Geschwindigkeit von 460 km/h und eine Höhe von 6100 m. Den zweiten Testflug absolvierte Jon Beesley am 14. September 1997. Dieser Flug musste allerdings schon nach 35 Minuten abgebrochen werden, da die Telemetrieanlage ausfiel.
Ende 1998 nahm auch der zweite Prototyp die Flugerprobung auf. Nach einigen Änderungen wurden beide Prototypen im Frühjahr 1998 an Bord einer Lockheed C-5 zur weiteren Erprobung nach Edwards AFB gebracht. Für das gesamte Programm sind 5250 Flugstunden vorgesehen. Der vierte Prototyp wird die erste Maschine sein, die mit der kompletten Avionik ausgerüstet ist.
Die Aufnahme der Truppenerprobung mit vier Flugzeugen – zwei Prototypen und zwei Flugzeugen aus der Serienfertigung – ist für Mitte 2002 vorgesehen, die Übergabe der ersten Flugzeuge an einen Einsatzverband für November 2004.
Die Fertigungsplanung sieht den Bau von zwei F-22A für das Jahr 1999 vor, im Jahr 2000 sollen sechs, 2001 zwölf, 20 im Jahr 2002 und 30 im Jahr 2003 gebaut und anschließend an die USAF übergeben werden.

Lockheed F-104 Starfighter

■ **Eine F-104G, die zuvor bei der Bundesluftwaffe flog, in den Markierungen der türkischen Luftwaffe.**

Die ersten Studien für einen leichten Überschalljäger entsprechend den Forderungen der US Air Force nach einem Mach-2-plus-Jagdflugzeug für Einsätze bei Tag entstanden bereits ab 1952 bei der Lockheed Aircraft Corporation in Burbank. In die Entwicklung der Maschine flossen die Erfahrungen amerikanischer Kampfpiloten während des Korea-Krieges mit ein. Das Konstruktionsteam stand unter der Leitung von Chefkonstrukteur Clarence L. »Kelly« Johnson. Der Entwurf hatte in seiner äußeren Form bereits eine große Ähnlichkeit mit dem späteren Jagdflugzeug. Nach einigen kleineren Änderungen an der aerodynamischen Auslegung wurde er »eingefroren«. Im März 1953 erhielt Lockheed den Auftrag für zwei Prototypen mit der Bezeichnung XF-104. Da das General-Electric-Triebwerk noch nicht verfügbar war, griff man auf das Wright-XJ65-W-6-Triebwerk mit einem Schub von 4740 kp zurück. Nach der Fertigstellung des ersten Prototyps Anfang 1954 wurde dieser nach Edwards AFB überführt, wo man im Februar 1954 die Bodenerprobung aufnahm. Während der Rollversuche hob die erste XF-104 mit der s/n 53-7786 und A. W. Tony LeVier im Cockpit am 28. Februar 1954 zum ersten Mal ab und flog 91 m. Der richtige Erstflug erfolgte am 4. März 1954.

Die zweite XF-104 mit der s/n 53-7787 absolvierte kurze Zeit später, gesteuert von Herman R. »Fish« Salmon, ihren Jungfernflug. Die nun folgenden Testflüge verliefen größtenteils zufrieden stellend. Größere Probleme traten allerdings bei der Längsstabilität des Flugzeugs auf.

Während eines Testflugs am 23. März 1955 wurde eine Höchstgeschwindigkeit von Mach 1,79 erreicht.

Bei der Erprobung der Bordwaffen ging die zweite XF-104 drei Wochen später durch Absturz verloren. »Fish« Salmon konnte sich glücklicherweise mit dem Schleudersitz retten.

Für Truppenversuche bestellte die USAF im Oktober 1955 siebzehn YF-104A. Mehrere Verbesserungen und Änderungen unterschieden die Vorserienflugzeuge von den beiden Prototypen. Zur Standardbewaffnung gehörte die von General Electric entwickelte Revolverkanone M.61 Vulcan. An den Flügelspitzen konnten zusätzlich noch zwei Luft-Luft-Lenkwaffen des Typs AIM-9 Sidewinder 1A mitgeführt werden.

Die seitlichen Lufteinläufe wurden gegenüber den Prototypen vergrößert und erhielten jeweils einen Diffusorkegel zur Verbesserung der Strömungsverhältnisse. Weitere äußerliche Änderungen betrafen die Verlängerung des Rumpfes auf 16,69 m, damit weitere Tanks untergebracht werden konnten, sowie den Anbau einer vertikalen Stabilisierungsflosse unter dem Rumpfheck.

Bei der YF-104A baute man erstmals in Serie hergestellte Klappen ein, bei denen die Grenzschicht angeblasen wird. Bei diesem Verfahren wird vom Triebwerk abgezapfte Luft mit Überschallgeschwindigkeit durch Schlitze vor der Klappenoberfläche ausgeblasen, was ein Ablösen der Strömung verhindert und zusätzlichen Auftrieb erzeugt. Zudem baute man jetzt das leistungsstärkere Triebwerk General Electric YJ79-GE-3A ein, das mit Nachverbrennung eine Leistung von 6713 kp erbrachte.

Die erste YF-104A mit der s/n 55-2955 hatte am 23. Dezember 1955 ihr Roll-out und absolvierte am 17. Februar 1956 ihren Erstflug mit »Fish« Salmon im Cockpit. Während eines Testflugs am 27. April 1956 erreichte die Maschine eine Geschwindigkeit von über Mach 2,0. Die beiden letzten Vorserienflugzeuge waren Ausgangsmuster für die Serienversion F-104A.

Die F-104A war ein Abfangjäger mit begrenzter Allwettertauglichkeit. In der Rumpfspitze befand sich das Feuerleitradar AN/ASG-14TI. Ausrüstung und Bewaffnung hatte man den Wünschen der USAF angepasst. Eingesetzt wurden die einsitzige F-104A und die zweisitzige F-104B vom Air Defense Command (ADC). Offiziell wurde die F-104 am 17. April 1956 vorgestellt. Da die Geometrie der Lufteinläufe noch geheim war, deckte diese eine stromlinienförmige Verkleidung ab. Am gleichen Tag startete die erste F-104A außerdem zu ihrem Jungfernflug.

Am 26. Januar 1958 erreichte die F-104A Einsatzstatus. Die auf der Hamilton AFB stationierte 83rd FIS (Fighter Interceptor Squadron = Abfang-Jagdstaffel) war die erste Staffel, die auf die Lockheed F-104A Starfighter umrüstete.

Immer wieder traten Probleme mit dem Triebwerk auf, das sich als absolut unzuverlässig erwies. Aber auch andere technische Mängel mussten behoben werden. Im April 1958 erteilte die USAF Startverbot für die F-104A. Nach Umrüstung auf das verbesserte J79-GE-3B nahmen die Flugzeuge den Flugbetrieb wieder auf.

Mit der F-104A konnten verschiedene Weltrekorde aufgestellt werden. Major Howard C. Johnson erreichte mit seiner F-104A am 7. Mai 1958 eine Gipfelhöhe von 27.813 m. Captain Walt W. Irwin, erzielte nur wenige Tage später, am 17. Mai 1958, eine Höchstgeschwindigkeit von 2.259,83 km/h. Auch am 28. Dezember 1958 bewies das Flugzeug seine Leistungsfähigkeit, als auf der Naval Air Station (NAS) Point Mugu sieben Steigzeit-Weltrekorde bis 25.000 m aufgestellt wurden. Im Einzelnen waren dies: 3000 m in 41,8 Sekunden (s), 6000 m in 58,4 s, 9000 m in 81,1 s, 12.000 m in 99,9 s, 15.000 m in 131,1 s, 20.000 m in 222,9 s und 25.000 m in 266 s.

Die Probleme mit der ersten F-104-Serie waren schließlich der Grund für die Annullierung eines Auftrags über 18 taktische Aufklärer des Typs RF-104. Ebenfalls eingestellt wurden die Planungen für den zweisitzigen Trainer TF-104A. Nach Auslieferung von 153 F-104A endete die Serienfertigung.

Bereits Anfang 1960 nahm man die Flugzeuge aus der vorderen Reihe zurück und übergab sie an drei Einheiten der Air National Guard. Einige F-104A waren während der Berlin-Krise in Deutschland stationiert. Überzählige Flugzeuge erhielten befreundeten Nationen: 25 F-104A gingen an die nationalchinesischen Luftstreitkräfte, zwölf nach Pakistan und 36 nach Jordanien. Für den Einsatz als wiederverwendbare Zieldrohnen bei der USAF wurden 24 YF-104A/F-104A zu QF-104A umgebaut und 1960 ausgeliefert.

Im Juli 1963 absolvierte die NF-104A mit der s/n 56-0756 ihren Erstflug. Bei der NF-104A (teilweise auch als F-104N bezeichnet) handelte es sich um eine bei Lockheed als Astronautentrainer für die NASA modifizierte F-104A. Die Arbeiten begannen 1962. Insgesamt baute man drei Flugzeuge um. Die NF-104A verfügten über ein im Heck eingebautes regelbares Rocketdyne-LR121-NA-1-AR-2-Raketentriebwerk mit einem Maximalschub von 2720 kp.

Anfang 1956 entstand die erste zweisitzige Version des Starfighters mit der Bezeichnung F-104B. Bei der F-104B handelte es sich um ein Schulflugzeug, das sowohl für die Ausbildung wie auch für taktische Einsätze verwendbar war. Der Erstflug erfolgte am 27. Februar 1957 mit der s/n 56-3719. Insgesamt entstanden 26 F-104B. Die F-104B verfügte über ein Tandemcockpit mit einteiliger Abdeckhaube und einem vergrößerten Seitenruder, die Bewaffnung entfiel. Die Waffenzulandung konnte nur an den Flügelstationen mitgeführt werden. Außer der USAF setzten auch Jordanien und Taiwan die F-104B ein.

Die nächste Version war die F-104C, die nicht nur als Luftüberlegenheits-Jagdflugzeug vorgesehen war, sondern auch als Jagdbomber für Langstreckeneinsätze. Das TAC erhielt 77 Einheiten. Für Langstreckeneinsätze konnte sie auf der linken Rumpfseite mit einer starren, abnehmbaren Luftbetankungssonde ausgerüstet werden. Das leistungsfähigere J79-GE-7, das mit Nachverbrennung einen Schub von 7165 kp entwickelte, trieb die F-104C an. Damit erreichte die Maschine eine Höchstgeschwindigkeit von Mach 2,3. Sie war mit Flügel- und Rumpfstationen für Zusatztanks, Sidewinder-Raketen und Bomben ausgestattet. Ihren Jungfernflug absolvierte die erste F-104C mit der s/n 56-0883 am 17. Juni 1958 in Palmdale. Dem TAC wurden am 16. Oktober 1958 in Nellis AFB die ersten F-104C übergeben. Als erste Einheit erhielt die auf der George AFB stationierte 479th TFW die F-104C. Die 479th TFW verlegte im April 1965 mit 25 Maschinen nach Südostasien und kam dort zum Kampfeinsatz. Im Juni 1966 gelangten weitere acht F-104C des Geschwaders auf diesen Kriegsschauplatz. 1967 gingen bei 8200 Einsätze neun Maschinen verloren. Zuletzt standen die F-104C bei der Puerto Rico ANG im Einsatz, wo sie im Juli 1975 abgelöst wurden.

Aus der F-104C entwickelte Lockheed 1957 einen weiteren Doppelsitzer, die F-104D, von der das TAC 21 Maschinen übernahm. Als Antrieb diente ebenfalls das J79-GE-7; wie die F-104B hatte diese Version ein vergrößertes Seitenleitwerk und keine Kanone. An den fünf externen Stationen konnte die F-104D eine Vielzahl militärischer Außenlasten mit sich führen. Das Cockpit hatte zwei separate Abdeckungen, die nach der linken Seite geöffnet wurden. Der Erstflug der F-104D (s/n 57-1314) erfolgte am 15. Oktober 1958 ebenfalls in Palmdale. Mitte 1975 stellte das TAC die letzte F-104D außer Dienst. Die F-104D war die letzte Version für die USAF, die insgesamt 296 bei Lockheed gefertigte Starfighter im Einsatz hatte.

Am 24. Oktober 1958 entschied sich auch die Bundesrepublik Deutschland für die Beschaffung des Starfighters als Abfangjäger, Aufklärer und Jagdbomber. Die Verträge wurden am 18. März 1959 unterzeichnet. Zunächst bestellte Deutschland 30 unbewaffnete zweisitzige Trainer F-104F. Die F-104F basierte weitgehend auf der F-104D. Eine der wichtigsten Änderungen war aber von außen nicht ersichtlich: Der Einbau eines neuen Schleudersitzes, des Lockheed C-2, der im Gegensatz zu den früheren Varianten nach oben ausgeschossen wurde. Auch bei dieser Version fand das 60,5 kN (7165 kp) – ohne Nachbrenner maximal 44,5 kN – leistende General Electric J79-GE-7 Verwendung, womit die Maschine eine Höchstgeschwindigkeit von 2100 km/h erreichte.

Alle F-104F wurden bei Lockheed gefertigt und – in Hauptbaugruppen zerlegt – nach Deutschland gebracht. Die erste F-104F flog am 15. Januar 1960 in Palmdale und bereits im Frühjahr 1960 trafen die ersten Maschinen in Deutschland ein. Da geplant war, das JaboG 31 »Boelke« in Nörvenich als ersten Verband auf das neue Waffensystem F-104G umzurüsten, stellte man die 4. Staffel der WaSLw 10 auf und verlegte sie von Ahlhorn nach Nörvenich. Die Staffel erhielt 29 F-104F. Eine F-104F übernahm die Technische Schule der Luftwaffe 1 (TSLw 1) in Kaufbeuren.

Ein tragisches Ereignis in der Geschichte der F-104F war der Flugunfall von vier Maschinen. Am 19. Juni 1962 waren vier F-104F zu einer Vorführung in Nörvenich gestartet. Bei einem Flugmanöver durch die Wolken verkannte der amerikanische Formationsführer Captain John Speer (USAF) die Situation. Die vier F-104F kamen fast senkrecht aus den Wolken heraus und die Piloten konnten die Flugzeuge nicht mehr rechtzeitig abfangen und schlugen auf dem Boden auf.

Nach elf Jahren Einsatzzeit begann die Ausmusterung der Flugzeuge. Die letzten acht F-104F stellte die Luftwaffe im Mai 1971 außer Dienst. Nachfolgemuster war die TF-104G. Insgesamt gingen zehn F-104F verloren.

Bereits 1956 arbeitete Lockheed an einem Projekt mit der Bezeichnung F-104-7, das später als Grundlage für die F-104G diente. Die ursprüngliche Idee eines leichten Überlegenheitsjägers für Tageseinsätze gaben die Konstrukteure dabei vollkommen auf. Bei dem neuen Entwurf handelte es sich um ein schweres und leistungsfähiges Kampfflugzeug, das auch in der Lage war, taktische Kernwaffen mit sich zu führen.

Nach einer Reihe von Konstruktionsänderungen entstand die F-104G, die weitgehend den deutschen Forderungen entsprach. Die Änderungen umfassten unter anderem eine strukturelle Verstärkung der Zelle und der Tragflächen, so dass es möglich war, fast 2200 kg an Kampfmitteln mitzuführen. Die Lufteinläufe verfügten über eine elektrische Enteisung, das Seitenleitwerk wurde vergrößert und ein Seitenruder mit Hilfsmotor eingebaut. Für die Auftriebserhöhung kamen verbesserte angeblasene Klappen zum Einbau, die über eine Zwischeneinstellung die Manövrierbarkeit des Flugzeugs steigerten. Außerdem verstärkte man das Fahrwerk und versah es mit größeren Reifen.

Die F-104G erhielt das neue Feuerleit- und Mehrzweck-Radarsystem NASARR F-15A-41B sowie das Trägheits-Navigationssystem Litton LN-3. Zur Rettung des Piloten in Notfällen war die Maschine mit einem Lockheed-C-2-Schleudersitz ausgerüstet, der nach oben ausgeschossen wurde. Außerdem kam die neueste Version des J-79-Triebwerks, das J79-GE-11A, zum Einbau. Das Triebwerk hatte mit Nachverbrennung eine Leistung von 70,3 kN (7165 kp).

Zusätzlich zu den beiden Flügelend-Waffenstationen für Sidewinder-Raketen befand sich unter dem Rumpf eine weitere

Waffenstation, die ebenfalls zwei Sidewinder-Raketen aufnahm. Unter den Tragflächen konnten an mehreren Stationen verschiedene Waffenkombinationen und zwei Zusatztanks angebracht werden. Insgesamt konnten an externen Stationen 1361 kg an Waffen zugeladen werden. Die speziell der F-104G angepasste Kernwaffe hatte ein Gewicht von 907 kg und wurde an der Centerline-Station unter dem Rumpf mitgeführt.
Der Vertrag über die Lizenzfertigung der F-104G wurde von der Bundesrepublik Deutschland am 18. März 1959 unterzeichnete. Gleichzeitig bestellte man bei Lockheed eine erste Serie von 96 Starfightern. In Europa schlossen sich der deutschen Entscheidung Belgien, Holland und Italien an. Außerdem entschieden sich Kanada und Japan für den Starfighter. Der Lizenzbau in Europa erfolgte bei verschiedenen Arbeitsgemeinschaften.
Zur Arge Nord gehörten damals der Hamburger Flugzeugbau, die Weser-Flugzeugwerke (später VFW), Focke-Wulf, Fokker und Aviolanda. 350 Starfighter wurden hier gefertigt, von denen 255 für die deutsche und 95 für die niederländischen Luftwaffe bestimmt waren. Die Endmontage erfolgte ausschließlich bei Fokker. Die erste F-104G aus dieser Fertigung absolvierte am 11. November 1961 ihren Erstflug. Die Arge Süd setzte sich damals zusammen aus den Firmen Messerschmitt, Heinkel, Dornier und Siebel/ATG, die zusammen 210 Flugzeuge für die deutsche Luftwaffe bauten. Die Endmontage erfolgte bei Messerschmitt. Bei der Arge Süd flog die erste Maschine bereits am 10. August 1961. Die West-Gruppe bildeten die belgischen Hersteller Avions Fairey und SABCA, die 89 Maschinen für die deutsche Luftwaffe und 75 für die belgischen Luftstreitkräfte bauten. Daneben erfolgte noch die Montage von 30 Zellen aus der italienischen Produktion. Die erste Maschine flog hier am 4. Dezember 1961. In Italien stellten die Firmen Fiat, Aerfer, Aermacchi, SIAI-Marchetti und Piaggio insgesamt 229 F-104G her, darunter 125 für Italien, 25 für Belgien, 25 für Holland und 50 für die deutsche Luftwaffe. 195 Maschinen wurden bei Fiat endmontiert. Das erste Flugzeug hob am 9. Juni 1962 zum Jungfernflug ab.
In Kanada fertigte Canadair neben den CF-104 noch 110 dem F-104G Standard entsprechende Flugzeuge für die USAF, die im Rahmen des MAP (Military Aid Program = militärisches Unterstützungsprogramm) an befreundete Staaten geliefert wurden. In Japan bauten Mitsubishi und Kawasaki die F-104.
Damit begann die eigentliche Karriere der F-104. In Europa waren zeitweise bis zu 100.000 Personen bei 45 Unternehmen in diesem Programm beschäftigt, in dessen Rahmen zunächst 977 Flugzeuge hergestellt wurden. Zwischen 1971 und 1973 produzierte MBB 50 weitere F-104G für die deutsche Luftwaffe.
Lockheed baute 179 F-104G, darunter – wie bereits erwähnt – 96 für die Bundesrepublik Deutschland, 81 für MAP-Länder im Auftrag der US Air Force sowie je eine für Italien und Belgien. Aus amerikanischer und kanadischer Produktion erhielten Dänemark, Griechenland, Norwegen, Spanien und die Türkei einen Teil ihrer F-104G. Das Triebwerk fertigten FN, BMW/MTU und Fiat/Alfa Romeo in Lizenz.
Der Erstflug der F-104G erfolgte am 5. Oktober 1960 in Palmdale. Im April 1961 wurden die ersten Flugzeuge aus dieser Serie nach Deutschland überführt und vom JaboG 31 »Boelcke« in Nörvenich übernommen. Bei der Bundeswehr waren folgende Verbände mit dem Starfighter ausgerüstet: JaboG (Jagdbombergeschwader) 31 »B« (1961), JaboG 32 in Lechfeld (1964), JaboG 33 in Büchel (1962), JaboG 34 in Memmingen (1964) und JaboG 36 in Rheine/Hopsten (1965), außerdem noch das JG (Jagdgeschwader) 71 »R« (»Richthofen«) in Wittmund (1963) und das JG 74 »M« (»Mölders«) in Neuburg/Donau (1964) sowie das AG 51 »I« (Aufklärungsgeschwader »Immelmann«) in Manching (1963) und das AG 52 in Leck (1964). Ab Frühjahr 1963 rüsteten auch MFG das (Marinefliegergeschwader) 1 in Jagel und ab 1965 MFG 2 in Eggebeck auf die F-104G um. Eine weitere Einheit, die die F-104G und TF-104G

Lockheed F-104G Starfighter

Verwendungszweck: Jagdflugzeug und Jagdbomber
Besatzung: 1
Triebwerk: ein Strahltriebwerk (General Electric J79-11A) mit einem Schub von 4745 kp ohne und 7235 kp mit Nachverbrennung
Länge: 16,69 m
Spannweite (ohne Tanks oder Raketen): 6,68 m
Höhe: 4,11 m
Tragflügelfläche: 18,22 m²
Höchstgeschwindigkeit (ohne Außenlasten) in 12.192 m Höhe: 2092 km/h
Maximale Steiggeschwindigkeit: 254 m/s
Dienstgipfelhöhe (ohne Außenlasten): 16.764 m
Einsatzradius (Lo-Lo): 507 km
Einsatzradius mit vier externen Tanks: 1110 km
Überführungsreichweite: 3500 km
Leermasse: 6387 kg
Startmasse: 9387 kg
Höchstmasse: 13.054 kg
Startstrecke: 1400 m
Landestrecke: 990 m
Bewaffnung: eine 20-mm-M.61A-1-Vulcan-Kanone, vier Flügelpylone für eine Gesamtlast von 1814 kg; an Flügelspitzen oder Rumpfpylonen können auch je zwei Sidewinder-Luft-Luft-Raketen mitgeführt werden

einsetzte, war die 2. Deutsche Luftwaffenausbildungsstaffel (T-37/T-38) USA in Luke AFB bei Phoenix/Arizona.
Die hohe Unfallrate im Flugbetrieb mit dem Starfighter erforderte schnelle und konsequente Maßnahmen. 1966 stürzten 27 Starfighter der Bundeswehr ab. Als Ursachen für die Abstürze wurden mehrere Gründe ermittelt, die im Bereich der Technik und dem Ausbildungsstand zu suchen waren. So arbeitete die Navigationsanlage ungenau, der Schleudersitz war unzuverlässig und das Triebwerk fiel oft aus. Die Auslegung des Fahrwerks war zu schwach, da die F-104G ein wesentlich höheres Einsatzgewicht gegenüber früheren Mustern hatte. Techniker und Piloten mussten besser geschult und die Flugstundenzahl erhöht werden. Die festgestellten Mängel behob man nach und nach durch entsprechende Modifikationen mit hohem finanziellen Aufwand. Die Triebwerke wurden verbessert; ab dem 8. März 1967 wurden die Lockheed-C-2-Schleudersitze durch den britischen Martin-Baker GQ.7(A) ersetzt. Die eingeleiteten Maßnahmen zeigten die erhoffte Wirkung: Die Unfallrate ging auf ein normales Niveau zurück.
Der letzte Flug einer deutschen F-104G (98+04) erfolgte am 21. Mai 1991 in Manching: Damit endete nach 30 Jahren die Karriere des Starfighters in Deutschland. Insgesamt verlor die deutsche Luftwaffe in diesem Zeitraum 291 Starfighter: 248 F-104G, 33 TF-104G und zehn F-104F.
Einige T/F-104G gab die Bundesrepublik an Italien ab. Griechenland und die Türkei erhielten im Rahmen der Militärhilfe jeweils eine größere Anzahl Starfighter. Die Mehrzahl der Maschinen wurde jedoch nach der Ausmusterung verschrottet.
Die von der damaligen Royal Canadian Air Force (RCAF), heute Canadian Armed Forces (CAF), eingesetzten Starfighter führten die Bezeichnung CF-104 (Canadair Bezeichnung CL-90) für den Einsitzer und CF-104D für den Doppelsitzer. Canadair baute 200 CF-104 für die kanadischen Streitkräfte in Lizenz. Als Prototyp für die CF-104 wurde eine F-104A modifiziert, die am 1. September 1960 zu ihrem Erstflug startete. Die erste bei Canadair gebaute CF-104 (s/n 12701) hatte am 18. März 1961 ihr Roll-out und flog am 26. Mai 1961 mit Testpilot Ed Brown am Steuer. Im September 1963 lief die Fertigung aus, und im Januar 1964 erhielten die kanadischen Luftstreitkräfte ihre letzte CF-104. Die 38 CF-104D baute Lockheed in Palmdale, wo der erste Trainer am 14. Juni 1961 auch seinen Erstflug absolvierte. 34 CF-104/CF-104D wurden später an Dänemark und Norwegen abgegeben. Ab Oktober 1982 begannen die kanadischen Luftstreitkräfte ihre Starfighter zu ersetzen.
Wie bereits erwähnt, entschied sich auch Japan für den Starfighter. Die Entscheidung fiel im November 1959, den Kaufvertrag mit Lockheed unterzeichnete Japan am 29. Juni 1960. Dieser sah die Lizenzfertigung von 210 Abfangjägern des Typs F-104J vor. Die ersten drei Maschinen wurden bei Lockheed gebaut, von denen die erste am 30. Juni 1961 zu ihrem Erstflug startete. Die Herstellung und Erprobung der übrigen Flugzeuge fand bei Mitsubishi statt. Weiterhin am Bau beteiligt war in Japan der Hersteller Kawasaki. Die F-104J glich in ihrer Auslegung der F-104G. Die Bewaffnung bestand aus der sechsläufigen M.61-Vulcan-Kanone und vier AIM-9B-Sidewinder-Luft-Luft-Lenkwaffen. Als Antrieb diente das J79-GE-11A. Im Juni 1964 wurden die ersten F-104J in den aktiven Dienst übernommen. Insgesamt rüsteten sieben Staffeln der Japan Air Self-Defence Force auf die F-104J um.
Als Trainer beschafften die Japaner ab Sommer 1964 noch 20 F-104DJ. Gegenüber der F-104D der USAF waren die F-104DJ mit dem leistungsstärkeren J79-GE-11A ausgerüstet.
Bei der Aeronautica Militare Italiana (AMI) wurde die F-104G im März 1963 eingeführt. Zusammen mit Lockheed entwickelte Aeritalia die letzte Version des Starfighter, die F-104S, die in erster Linie als Allwetter-Abfangjäger eingesetzt wird und mit dem neuen R21G/H-Mehrzweckradar ausgerüstet ist. Zwei Musterflugzeuge wurden bei Lockheed gebaut; sie nahmen im Dezember 1966 die Erprobung auf. Die erste bei Aeritalia in Turin gebaute F-104S folgte am 30. Dezember 1968. Die Produktion in Turin lief von 1969 bis März 1979. Angetrieben wird die F-104S von einem J79-GE-19-Triebwerk mit einer Leistung von 79,24 kN. Charakteristisch für die F-104S sind die beiden Stabilisierungsflossen am Rumpfheck. Unter den Tragflächen befinden sich vier zusätzliche Außenstationen, so dass diese Version über insgesamt neun Außenstationen verfügt. An diesen können unter anderem zwei AIM-7-Sparrow-III-und zwei Sidewinder-AIM-9-Luft-Luft-Lenkwaffen oder zwei Mehrzweck-Flugkörper des Typs Aspide-1A mitgeführt werden. Die Kampfmittelzuladung beträgt insgesamt 3400 kg. Das Abfluggewicht liegt bei 14.000 kg. Aeritalia baute insgesamt 245 F-104S, von denen die türkische Luftwaffe 40 Einheiten übernahm. Ab 1969 löste die F-104S bei der AMI die F-104G ab. Ab 1982 wurden die Starfighter der AMI einem Kampfwert-Steigerungsprogramm unterzogen.
Der Starfighter stand in folgenden Ländern im Einsatz: in Belgien, Dänemark, Deutschland, Griechenland, Holland, Italien, Japan, Jordanien, Nationalchina, Norwegen, Pakistan, Spanien, in der Türkei und in den USA. Insgesamt verließen über 2700 Maschinen aller Versionen die Fertigungsstraßen.

Lockheed F-117A Nighthawk

■ **Eine F-117A der 49th FW auf ihrem Stützpunkt.**

Erste Studien über Maßnahmen, die Flugzeuge für Radar schwerer erfassbar machen, wurden auf Anregung der DARPA (Defense Advanced Research Projects Agency) 1974 durchgeführt. Aufträge für ein XST (Experimental Survivable Testbed = überlebensfähiger Erprobungsträger) vergab die DARPA im August 1975 an Lockheed und Northrop. Lockheed konnte sich mit seinem Konzept durchsetzen und erhielt im April 1976 den Auftrag, im Rahmen des Have-Blue-Demonstrationsprogramms zwei Versuchsflugzeuge zu bauen.
Das erste Have-Blue-Flugzeug wurde am 4. November 1976 fertig gestellt. In den »Skunk Works« in Burbank erfolgten die ersten Testläufe mit dem Triebwerk. Als Antrieb dienten zwei CJ610 von General Electric mit einer Leistung von je 1290 kp. Die erste Have Blue (HB1001) startete erstmals im Dezember 1977 vom geheimen Flugplatz Groom Dry Lake aus. Die Maschine flog Bill Park, einer der Testpiloten von Lockheed. Nach 36 Testflügen ging das Flugzeug am 4. Mai 1978 verloren, nachdem sich ein Fahrwerk verklemmt hatte. Die zweite Have Blue flog Norman Dyson von der USAF am 20. Juli 1978.
Unter dem Codename »Senior Trend« erteilte die USAF am 16. November 1978 Lockheed einen Auftrag für die Entwicklung eines einsatzfähigen Stealth-Flugzeuges. Dieser umfasste fünf Prototypen, zwei Zellen für statische Versuche und 20 Serienflugzeuge.
Die gesamte Auslegung war auf minimale Radarechos und Infrarotabstrahlung ausgerichtet. Die Außenkontur der F-117 wurde so konstruiert, dass die gesamte Außenhaut nur aus geraden oder ebenen Oberflächen bestand. Dies bewirkt, dass Radarstrahlen in eine andere Richtung reflektiert werden und nicht mehr zum Radargerät zurückkehren. Auf diese Weise kann die Radarcharakteristik des Flugzeugs auf einen Bruchteil gesenkt werden.
Für die Serienflugzeuge wurde das zum TL-Triebwerk umgebaute Mantelstromtriebwerk F404 von General Electric in der modifizierten Version F404-GE-F1D2 ohne Nachbrenner verwendet. Um die stark reflektierenden Triebwerke vor der Erfassung durch Radarstrahlen zu schützen, wurde der Lufteinlauf mit einem Metallgitter mit scharfkantigen, keilförmigen Segmenten versehen, die mit Radar absorbierendem Material beschichtet sind. Die Stärke der Segmente liegt mit 15 mm unter der Wellenlänge von Radargeräten, so dass diese wie eine elektromagnetische Barriere wirkten. Die heißen Abgase wer-

den hinter dem Triebwerk mit kalter Luft vermischt und somit abgekühlt. Die beiden Austrittsdüsen sind 165 cm breit und nur 13 cm hoch. Die Unterkante der Düse wurde weiter nach hinten und nach oben gezogen, so dass die austretende Luft nach oben abgleitet wird und vor entsprechenden Sensoren verborgen bleibt. Außerdem wurde ein Teil der Düse mit reflektierenden Keramikkacheln verkleidet, die eine zu hohe Erwärmung verhindern.

Die F-117A wird vor allem in der Nacht gegen Punktziele eingesetzt. Die Standardbewaffnung besteht aus lasergelenkten GBU-10-Paveway-II- oder GBU-27-Paveway-III-Bomben. Diese sind in zwei nebeneinander liegenden Bombenschächten in der Rumpfmitte untergebracht. Weitere Waffen sind noch der Luft-Boden-Lenkflugkörper AGM-65 Maverick, die Anti-Radar-Rakete AGM-88 HARM und die Luft-Luft-Lenkwaffe AIM-9 Sidewinder. Im Prinzip kann die F-117A die gesamte Palette an taktischen Waffen der USAF mitführen.

Nach einem durch eine gebrochene Hydraulikleitung verursachten Brand stürzte die zweiten Have Blue im Juli 1979 ab. Für den späteren Einsatz mit der F-117A wurde am 15. Oktober 1979 in Groom Dry Lake die 4450th Tactical Group aufgestellt. Zum Training stand der Gruppe zunächst die Vought A-7D zur Verfügung. Der erste Prototyp der F-117 absolvierte seinen Erstflug am 18. Juni 1981 mit Hal Farley im Cockpit. Ein halbes Jahr später, am 18. Dezember 1981, startete die zweite F-117 zu ihrem Jungfernflug. Am 20. April 1982 stürzte die erste F-117A aus der Serie beim Start durch einen falsch angeschlossenen Steuercomputer ab. Die 4450th Tactical Group erhielt am 23. August 1982 ihre erste F-117A. Ende 1982 verlegte die Gruppe auf ihre neue Basis, das Tonopah Test Range Airfield in Nevada. Sie erreichte ihre Einsatzbereitschaft am 28. Oktober 1983. Zwei weitere F-117A gingen am 11. Juli 1986 bei Bakersfield in Kalifornien und am 14. Oktober 1987 bei Nellis verloren. Die Existenz der F-117A bestätigte das Pentagon am 10. November 1988: Erstmals wurde ein Foto der Maschine veröffentlicht. Im Oktober 1989 wurde die 37th Tactical Fighter Wing neu aufgestellt und übernahm die Flugzeuge der 4450th TG.

Zum ersten Kampfeinsatz kam es am 19./20. Dezember 1989 in Panama. Sechs F-117A flogen nonstop mit mehreren Luftbetankungen in die Kanalzone und griffen dort die Rio-Hato-Kasernen an. Am 21. April 1990 stellte man die Night Hawk auf der Nellis AFB erstmals der Öffentlichkeit vor. Gleichzeitig wurde die 59. – und zugleich letzte – F-117A ausgeliefert. Aufgrund der Golfkrise verlegten 21 Flugzeuge der 415th TFS unter dem Kommando von Lieutenant Colonel Ralph W. Getchell am 19. August 1990 nach Kamis Mushait in Saudi-Arabien. Im Dezember folgte die 415th TFS. Im Januar 1991 eröffneten F-117A die Angriffe auf Bagdad. Insgesamt kamen 42 Maschinen zum Einsatz, die 1271 Kampfeinsätze flogen.

Im Januar 1992 wurde die 37th FW in 49th FW umbenannt. Zwischen dem 9. Mai und 7. Juli 1992 verlegte das Geschwader von Tonopah nach Holloman AFB in New Mexico. Am 4. August 1992 stürzte eine F-117A kurz nach dem Start in Holloman ab; der Pilot konnte sich mit dem Schleudersitz retten. Zur Übung »Coronet Havoc« verlegten acht F-117A im Juni/Juli 1993 nach Gilze-Rijen in den Niederlanden. In diesem Zusammenhang besuchte eine F-117A Spangdahlem AB. Ein weiteres Flugzeug stürzte am 10. Mai 1995 bei Zuni in New Mexico ab; der Pilot konnte sich nicht retten. Aufgrund eines Wartungsfehler, durch den das linke Elevon ins Flattern geriet, so dass der Flügel abbrach, verlor die USAF am 11. September 1997 bei einer Flugveranstaltung in Baltimore nochmals eine F-117; dem Piloten gelang es, sich rechtzeitig aus dem Flugzeug zu schießen.

1996 begann man die F-117A mit neuer Avionik ausrüsten; mit diesem Programm erfolgte der Einbau des »RNIP-Plus«-Navigationssystems von Honeywell: Durch die Verwendung von Laserkreiseln und eines GPS-Empfängers kann die Position des Flugzeugs viel präziser bestimmt werden. Die erste modifizierte Maschine lieferte Lockheed am 22. Januar 1997 aus. Das Navigationssystem soll noch mit zusätzlichen Schnittstellen ausgerüstet werden, so dass auch GPS-gesteuerte JDAM-Bomben und die Abstandswaffe JSOW eingesetzt werden können.

Lockheed Martin F-117A

Verwendungszweck: Stealth-Kampfflugzeug
Besatzung: 1
Triebwerk: zwei TL-Triebwerke (General Electric F404-F1D2) von je 52,57 kN (5345 kp) Standschub
Länge: 20,08 m
Höhe: 3,78 m
Spannweite: 13,20 m
Flügelfläche: 105,9 m²
Rüstmasse: 13.608 kg
Maximale Waffenlast: 2268 kg
Maximale Startmasse: 23.814 kg
Höchstgeschwindigkeit auf Meereshöhe: 1100 km/h
Höchstgeschwindigkeit auf Einsatzhöhe: 1040 km/h
Anfluggeschwindigkeit: 230 km/h
Einsatzradius ohne Luftbetankung im Hoch-Tief-Hoch-Einsatz mit 2268 kg Waffenzuladung: 1112 km
Bewaffnung: die gesamte Palette taktischer Waffen der USAF kann in internen Bombenschächten mitgeführt werden

Lockheed P-3 Orion

Die Lockheed P-3 Orion basiert auf der L-188 Electra, einem Mittelstrecken-Verkehrsflugzeug. Für die ersten Versuche wurde eine Electra (c/n 1003) umgebaut und mit einem MAD-Heckausleger ausgerüstet. Die Maschine flog am 19. August 1958 als P3V mit der zivilen Zulassung N1883 zum ersten Mal. Nach den ersten Flügen wurde sie voll ausgerüstet und erhielt die Bezeichnung YP3V-1. In dieser Ausführung flog das Flugzeug erstmals am 25. November 1959. Die US Navy übernahm die YP3V-1 am 18. September 1962 mit der BuNo.148276. Im Juli 1967 wurde die Maschine als »927« an die NASA übergeben, die sie mit der Bezeichnung NP-3A bis 1993 einsetzte. Eine Anzahl von Orions werden als EP-3 für elektronische Aufklärung und Kampfführung eingesetzt. Vier Flugzeuge wurden für die Wetterbeobachtung umgebaut und als WP-3A bezeichnet. Ab 1965 kam die P-3B zur Auslieferung. Abgelöst wurde die P-3B von der P-3C (Erstflug 18. September 1968). Im Mai 1991 erfolgte die vorübergehende Einstellung der Produktion der Orion nach 642 produzierten Flugzeugen. Nach einem Auftrag über acht P-3C für Korea wurde die Produktion wieder aufgenommen. Kanada bestellte 18 Flugzeuge mit der Bezeichnung CP-140 Aurora. Der Erstflug erfolgte am 22. März 1979, und 1981 wurde die Lieferung abgeschlossen. Zwischen 1989 und 1991 erhielt Kanada drei weitere Flugzeuge mit der Bezeichnung CP-140A Arcturus. In Japan wird die P-3C bei Kawasaki in Lizenz hergestellt. Für den US Customs Service baute Lockheed vier P-3 AEW 8C mit einem APA-Rotodom und AN/APS-138-Radar auf dem Rumpf (Erstflug 14. Juni 1984).

■ **Lockheed P-3C Orion vor dem Stone Mountain, dem größten Granitblock der Welt.**

Lockheed P-3C

Verwendungszweck: Seeüberwachungs- und U-Boot-Jagdflugzeug
Antrieb: vier Propellerturbinen (Allison T56-A-14) mit je 3661 kW (4910 WPS)
Besatzung: 10
Spannweite: 30,38 m
Länge: 35,61 m
Höhe: 10,27 m
Flügelfläche: 120,77 m²
Leermasse: 27.892 kg
Maximale Startmasse: 64.410 kg
Höchstgeschwindigkeit: 761 km/h
Reisegeschwindigkeit: 381 km/h
Dienstgipfelhöhe: 8625 m
Reichweite: 3835 km
Bewaffnung: bis zu 3290 kg im internen Waffenschacht und bis zu 5442 kg an externen Aufhängepunkten

Lockheed SR-71 Blackbird

Für schnelle und in großen Höhen durchgeführte Aufklärungsflüge entstand – auf den Erfahrungen mit der YF-12A aufbauend – die SR-71A. Vermutlich 1964 wurde die erste von 29 SR-71A der 9th SRW auf der Beale AFB in Dienst gestellt. Neben der SR-71A baute Lockheed außerdem eine Trainervariante: die SR-71B. Im Jahr 1990 stellte die USAF die Flugzeuge außer Dienst. Zwei SR-71A und eine SR-71B erhielt die NASA, die sie für Testzwecke einsetzte. Um die in der Luftaufklärung entstandene Lücke zu schließen, wurden im Mai 1995 wieder zwei SR-71A und eine SR-71B reaktiviert. Vermutlich handelt es sich dabei um die drei Flugzeuge der NASA.

■ Diese SR-71A wurde bereits einem Museum übergeben.

Lockheed SR-71A

Verwendungszweck: strategischer Aufklärer
Antrieb: zwei Strahltriebwerke (Pratt & Whitney J58-1) mit je 144,59 kN (14 742 kp) Schub
Besatzung: 2
Spannweite: 16,94 m
Länge: 32,74 m
Höhe: 5,64 m
Flügelfläche: 167,20 m²
Leermasse: 25.484 kg
Maximale Startmasse: 77.112 kg
Höchstgeschwindigkeit: Mach 3
Reichweite: 4800 km

Lockheed T-33

Die T-33A gehört zu den erfolgreichsten Schulflugzeugen, die je gebaut wurden. Im August 1951 lieferte Lockheed das letzte von 5691 produzierten Exemplaren dieses Typs aus. In Japan stellte Kawasaki 210 Flugzeuge her. 656 Maschinen fertigte Canadair in Kanada, wo sie auch als Cl-30 Silver Star bezeichnet werden. Der Erstflug der T-33A erfolgte am 22. März 1948. Die Aufklärerausführung wurde mit RT-33A bezeichnet. Die bei der US Navy eingesetzten Flugzeuge führten zuerst die Bezeichnung TV-2, ab 1962 T-33B. Für die US Navy wurde die T-33 weiterentwickelt und unterscheidet sich äußerlich durch den höher gelegten zweiten Sitz und das geänderte Leitwerk. Der Erstflug fand am 15. Dezember 1953 statt. Lockheed lieferte 271 Flugzeuge dieser mit T2V-1 bezeichneten Maschine aus. Anfang der 80er-Jahre entwickelte die Firma Skyfox eine auf dem Flugwerk der T-33 aufbauende Maschine, die eine Triebwerksanordnung ähnlich der A-10 aufwies. Der Erstflug fand im Juni 1983 statt. Das Projekt wurde jedoch nicht weiterverfolgt.

Lockheed T-33A

Verwendungszweck: Schulflugzeug
Antrieb: ein Strahltriebwerk (Allison J33-A-35) mit 24,02 kN (2450 kp) Schub
Besatzung: 2
Spannweite: 11,85 m
Länge: 11,51 m
Höhe: 3,55 m
Flügelfläche: 21,81 m²
Leermasse: 3794 kg
Maximale Startmasse: 6832 kg
Höchstgeschwindigkeit: 966 km/h
Reisegeschwindigkeit: 732 km/h
Steiggeschwindigkeit: 24,73 m/s
Dienstgipfelhöhe: 14.630 m
Reichweite: 2050 km

■ Bereits 1983 hatte diese CT-133 der CAF 10.000 Flugstunden absolviert. Sie wurde erst 1995 außer Dienst gestellt.

Lockheed TR-1/U-2R

Die Produktion einer wesentlich größeren Version der U-2 – die U-2R – nahm Lockheed 1966 wieder auf. Der Erstflug erfolgte am 28. August 1967. Zwölf Flugzeuge verließen die Werkhallen. Die U-2R diente als Ausgangsmodell für die TR-1. Die USAF bestellte 37 Flugzeuge, so dass der Hersteller die Fertigungsstraße 1979 wieder eröffnete. Von diesen 37 Flugzeugen wurden sieben Maschinen als U-2R fertig gestellt.
Kernstück der TR-1 ist das ASAR (Advanced Synethetic Aperture Radar) von Hughes, das in feinster Auflösung eine Reichweite von 55 km hat. Der Prototyp der TR-1 entstand aus einer U-2R (s/n 68-10329). Lockheed baute 25 einsitzige TR-1A, eine davon wurde als ER-2 der NASA übergeben. Ende 1991 wurden die TR-1A in U-2R umbenannt. Des weiteren erfolgte eine Bestellung über zwei TR-1B, die über ein zweites, erhöhtes Cockpit verfügten. Auch die TR-1B erhielt Ende 1991 eine neue Bezeichnung: U-2RT. Die NASA übernahm noch zwei weitere ER-2.

USA

Lockheed TR-1A

Verwendungszweck: taktischer Aufklärer
Antrieb: ein Strahltriebwerk (Pratt & Whitney J75-P-13B) mit 75,6 kN (7711 kp) Schub
Besatzung: 1
Spannweite: 31,39 m
Länge: 19,20 m
Höhe: 4,88 m
Flügelfläche: 92,90 m²
Leermasse: 7258 kg
Maximale Startmasse: 18.150 kg
Höchstgeschwindigkeit: 797 km/h
Reisegeschwindigkeit: 700 km/h
Dienstgipfelhöhe: 27.500 m
Reichweite: 4830 km

■ **Lockheed Martin U-2R der 9th RW.**

McDonnell Douglas A-4 Skyhawk

Der Prototyp XA4D-1 (BuNo.137812) startete am 22. Juni 1954 zu seinem Erstflug. Von der A4D-1 (später A-4A) baute Douglas 165 Flugzeuge. Die ersten A4D-1 gingen 1956 an die VA-72, die als Erprobungseinheit diente. Die nächste Version, die A4D-2 (A-4B) flog erstmals am 26. März 1956. Sie unterschied sich durch geändertes Seitenruder, verstärkten hinteren Rumpf und Luftbetankungseinrichtung. 542 Flugzeuge dieser Version wurden gebaut. Die A-4C erhielt ein Terrainfolgeradar und einen Autopiloten. Daneben wurde noch ein raketengestützter Schleudersitz eingebaut. Die erste von 638 A-4C startete am 21. August 1958. Ihr Nachfolgemodell wurde die A-4E (A4D-5). Für die Erprobung baute Douglas zwei A-4C um. Die A-4E erhielt das Pratt & Whitney J52-P-6A mit 37,76 kN (3850 kp) Schub. Am 12. Juli 1961 flog die erste Maschine. Bis April 1966 entstanden 499 Flugzeuge. Abgelöst wurden die A-4E von der A-4F (Erstflug 31. August 1966). Sie unterscheidet sich von den früheren Versionen durch eine stärkere Panzerung und einen Zero-Zero-Schleudersitz. Äußerlich ist die A-4F am Avionikbehälter auf dem Rumpfrücken erkennbar. Die Fertigung umfasste 215 A-4F. Ab Dezember 1969 erhielten die Reserveeinheiten der US Navy die A-4L. Dabei handelt es sich um einen Umbau der A-4C mit einem leistungsstärkeren Triebwerk und dem Avionikbehälter auf dem Rumpfrücken.
Bei der A-4M handelt es sich um eine speziell für das US Marine Corps entwickelte Version. Sie erhielt ein J52-P-408A-Strahltriebwerk, eine geänderte Cockpithaube, ein HUD und einen

Bänderbremsschirm. Zwei Prototypen wurden gebaut, von denen der Erste am 10. April 1970 erstmals flog. Insgesamt belief sich die Fertigung auf 162 A-4M.
Für das Training entstanden die Doppelsitzer TA-4E, TA-4F und TA-4L. Die erste TA-4E flog am 30. Juni 1965.
Eine größere Anzahl Skyhawks ging auch an ausländische Luftstreitkräfte. Australien erhielt die A-4G und die TA-4G, Israel die A-4H (90 Flugzeuge), TA-4A (10) und die A-4N (117). Weitere Flugzeuge erhielten Neuseeland (zehn A-4K und vier TA-4K) und Kuwait (30 A-4KU und sechs TA-4KU). Argentinien übernahm die A-4P und A-4Q, wobei es sich hier um modifizierte A-4B der US Navy handelt. Auch Singapur erhielt 40 modifizierte A-4B, die als A-4S bezeichnet werden. Sechs weitere A-4B wurden zu Trainern des Typs TA-4S umgebaut, die sich durch zwei getrennte und in der Höhe gestaffelte Cockpits unterscheiden. Die erste TA-4S flog am 21. Februar 1975.

■ **MDD A-4G Skyhawk der australischen Marine beim Air Tattoo in Greenham Common.**

McDonnell Douglas A-4M Skyhawk

Verwendungszweck: Jagdbomber
Antrieb: ein Strahltriebwerk (Pratt & Whitney J52-408A) mit 49,82 kN (5080 kp) Schub
Besatzung: 1
Spannweite: 8,38 m
Länge: 12,27 m
Höhe: 4,57 m
Flügelfläche: 24,16 m²
Leermasse: 4747 kg
Maximale Startmasse: 12.427 kg
Höchstgeschwindigkeit: 1038 km/h
Steiggeschwindigkeit: 52,3 m/s
Dienstgipfelhöhe: 11.795 m
Reichweite: 1814 km
Bewaffnung: zwei 20-mm-Kanonen und fünf Waffenstationen für maximal 4153 kg externer Lasten

McDonnell Douglas F-4 Phantom II

Die McDonnell Douglas F-4 Phantom II gehört zu den erfolgreichsten Kampfflugzeugen der westlichen Welt.
Am 15. Mai 1954 erhielt McDonnell von der US Navy den Auftrag, ein trägergestütztes Jagdflugzeug – die F3H-G – zu entwickeln. Bestellt wurden am 18. Oktober 1954 zwei Prototypen und eine Bruchzelle für statische Versuche. Das neue Flugzeug führte die Bezeichnung AH-1, da es als taktisches Kampfflugzeug sowie auch als Jagdflugzeug eingesetzt werden sollte. Die US Navy jedoch änderte am 23. Juni 1956 ihre Forderungen und wünschte nun einen zweisitzigen Abfangjäger. McDonnell änderte daraufhin seinen Entwurf von Grund auf und es entstand die F4H-1 mit zwei J79-GE-3A-Triebwerken von General Electric. Der erste Prototyp, die XF4H-1 (BuNo. 142259), startete am 27. Mai 1958 in St. Louis mit Bob Little im Cockpit zum Erstflug. Ein erste Serie von 45 F4H-1F wurde am 17. Dezember 1958 von der US Navy bestellt. Die offizielle Taufe auf dem Namen »Phantom II« fand am 3. Juli 1959 statt. Auf dem Flugzeugträger USS *Independence* wurden ab dem

■ **RF-4E »The last call« in Sonderbemalung anlässlich der Außerdienststellung des AG 51 »I« in Bremgarten.**

15. Februar 1960 die ersten Bordversuche durchgeführt. Als erste Staffel der US Navy erhielt die VF-121 in Miramar am 29. Dezember 1960 die ersten Phantom II. Ab der 48. gebauten Phantom II lautete die Bezeichnung F4H-1. Diese Maschine absolvierte ihren Erstflug am 25. März 1961.
In der Zwischenzeit hatte sich auch die USAF für die Phantom II entschieden. Bei der USAF führte die Phantom II die Typennummer F-110A. Die ersten 29 Maschinen lieh sich die USAF noch von der US Navy aus. Zwei der geborgten F-4B erprobte man ausgiebig in MacDill AFB. Die restlichen F-4B verfügten über Doppelsteuer und wurden für die Umschulung der Piloten bis zum Eintreffen der F-4C verwendet. Die Bestellung für die F-110A erhielt McDonnell von der USAF am 30. März 1962. Von der Aufklärerversion RF-110A wurden im Mai 1962 zwei Prototypen in Auftrag gegeben.
Als dritte Teilstreitkraft der USA übernahm das US Marine Corps am 29. Juni 1962 die Phantom II. Die Flugzeuge wurden der VMF(AW)-314 zugeteilt. Im September 1962 wurde ein gemeinsames Bezeichnungssystem bei der USAF und der US Navy eingeführt. Die F4H-1F erhielt jetzt die Typenbezeichnung F-4A, aus der F4H-1 wurde die F-4B, aus der F-110A die F-4C und aus der RF-110A die RF-4C.
Gegenüber den Flugzeugen der US Navy wies die F-4C einige Änderungen auf. Sie verfügte über ein Doppelsteuer und erhielt das Trägheits-Navigationssystem LN-12A/B von Litton. Für den Einsatz von unbefestigten Flugplätzen aus wurde die F-4C mit größeren Niederdruckreifen und vergrößerten Scheibenbremsen ausgerüstet. Als Antrieb kamen die leistungsstärkeren J79-GE-15 zum Einbau. Die erste F-4C (s/n 63-7407) hob am 27. Mai 1963 zu ihrem Jungfernflug ab.
Als Prototypen für die RF-4C wurden zwei F-4B umgebaut. Diese wurden mit YRF-4C bezeichnet. Die erste (s/n 62-12200) flog am 20. August 1963.
Die seit 1966 ausgelieferte F-4D unterschied sich von der F-4C durch eine verbesserte Ausrüstung. Die F-4D (s/n 64-0929) flog zum ersten Mal am 8. Dezember 1965. Wichtigste Änderung waren die neuen Triebwerke des Typs J79-GE-17 mit einem Standschub von je 79,6 kN mit Nachbrenner und das Feuerleitradar APQ-109.
Während des Vietnam-Krieges zeigte es sich, dass für die Selbstverteidigung eine Bordkanone dringend notwendig war. So entstand die mit einer sechsläufigen 20-mm-Kanone des Typs M.61-A1 Vulcan ausgerüstete F-4E.
Die von der RF-4C her bereits bekannte s/n 62-1220 wurde als Prototyp für die F-4E umgebaut und erprobt. Die erste F-4E (s/n 66-0284) aus der Serie flog am 30. Juni 1967. Zur Truppenerprobung übergab man sie der 4525th Fighter Weapons Wing in Nellis AFB. Die F-4E wurde mit einem AN/APQ-120-Feuerleitradar ausgerüstet. Außerdem verfügte sie über Vorflügel, was sich in Bezug auf die Wendigkeit deutlich bemerkbar machte. An die Verbände lieferte der Hersteller die F-4E ab 1968 aus. Später wurde sie noch mit dem in der rechten Tragflächenvorderkante montierten TV-Entfernungsmess-System TISEO von Northrop ausgerüstet. Dieses System lieferte ein präzises Bild des Zieles auf einem Cockpit-Bildschirm. 116 F-4E baute man ab Anfang 1975 zu F-4G um, die in der Wild-Weasel-Rolle eingesetzt wurden.
Eine große Anzahl Phantom wurde von verschiedenen Luftwaffen außerhalb der USA eingesetzt. So übernahm die Luftwaffe Spaniens 36 F-4C, die CASA überholte und die die spanische Bezeichnung C.12 erhielten. Von der F-4D erhielten der Iran ab 1968 insgesamt 32 Flugzeuge und Südkorea 60.
Die F-4E ging an Ägypten (32 Flugzeuge), Griechenland (48), an den Iran (177) und an Israel (140), wo viele auf den Phantom-2000-Standard umgerüstet wurden. Japan stellte 129 F-4EJ in Dienst. Die ersten beiden wurden 1971 bei McDonnell Douglas gebaut, die restlichen fertigte Mitsubishi in Lizenz. Ab August 1972 erfolgte die Übernahme durch Einsatzverbände. Außerdem werden noch 14 RF-4EJ eingesetzt.
Im November 1968 entschied sich die deutsche Luftwaffe für die Beschaffung von 88 RF-4E als Ersatz für die Lockheed RF-104G Starfighter. Die erste RF-4E absolvierte ihren Erstflug am 1. August 1970, und am 20. Januar 1971 wurde die 35+01 an das Aufklärungsgeschwader 51 »Immelmann« in Bremgarten übergeben. Auch das AG 52 in Leck erhielt RF-4E. Die Umrü-

stung wurde im Herbst 1972 abgeschlossen. Zwanzig Jahre später wurden beide Geschwader aufgelöst und ihre Flugzeuge an Griechenland und die Türkei abgegeben.
Für den Einsatz bei den beiden Jagdgeschwadern, dem JG 71 »R« und JG 74 »M« sowie bei JaboG 35 und 36 wurden 175 F-4F beschafft. Die erste Maschine (37+01) flog am 18. Mai 1973 und wurde bereits am 24. Mai 1973 an die Luftwaffe übergeben. Als erstes Geschwader rüstete das JG 71 »R« in Wittmund ab September 1973 auf das neue Einsatzmuster um. Die letzte F-4F (38+75) erhielt am 21. Juni 1976 ebenfalls des JG 71.
Zur Verbesserung der Flugeigenschaft im Luftkampf erhielt die F-4F automatische Vorflügel (Slats). Sie kann an fünf Außenstationen eine Waffenlast von über 7200 kg mitführen. Neben der M.61-Vulcan-Revolverkanone mit 639 Schuss stehen ihr noch vier AIM-9 Sidewinder zur Verfügung. Anfang der 90er-Jahre wurde ein Teil der bei den beiden Jagdgeschwadern eingesetzten F-4F kampfwertgesteigert: Im ICE-Programm (Improved Combat Efficiency) wurden sie unter anderem mit dem APG-65-Radar von Hughes ausgerüstet, dazu kamen noch eine leistungsgesteigerte IFF-Ausrüstung, der Radarwarnempfänger ALR-68(V)-2 von Litton, neue Bildschirme im Cockpit, rauchärmere Triebwerke und Abschuss-Schienen für vier AIM-120-AMRAAM-Luft-Luft-Lenkflugkörper. Der erste scharfe Schuss mit einer AIM-120 wurde am 22. November 1991 durchgeführt.

McDonnell Douglas F-4E Phantom II

Verwendungszweck: Abfangjagd- und taktisches Kampfflugzeug
Besatzung: 2
Triebwerk: zwei Strahltriebwerke (General Electric J79-GE-17A) mit je 52,8 kN (5385 kp) Standschub ohne und 79,6 kN (8120 kp) mit Nachbrenner
Länge: 19,20 m
Höhe: 5,02 m
Spannweite: 11,71 m
Flügelfläche: 49,24 m²
Spannweite des Höhenleitwerks: 5,47 m
Radstand: 7,12 m
Spurweite: 5,30 m
Rüstmasse: 13.757 kg
Tankinhalt: 5575 kg
Zusatztanks: 4005 kg
Maximale Waffenlast: 7258 kg
Normale Startmasse: 24.950 kg
Startmasse mit vier AIM-7 Sparrow: 21.500 kg
Startmasse mit acht Lenkwaffen und Zusatztanks: 26.300 kg
Maximale Startmasse: 28.030 kg
Höchstgeschwindigkeit in 10.975 m Höhe: 2390 km/h
Reisegeschwindigkeit: 919 km/h
Steiggeschwindigkeit: 312 m/s
Dienstgipfelhöhe: 19.975 m
Einsatzradius im Abfangeinsatz: 1145 km
Einsatzradius im Kampfeinsatz: 797 km
Überführungsreichweite: 3184 km
Startrollstrecke: 1338 m
Landerollstrecke: 1152 m
Bewaffnung: eine 20-mm-M.61A-1-Vulcan-Revolverkanone mit 640 Schuss sowie vier Luft-Luft-Lenkwaffen der Typen AIM-9 Sidewinder und vier bis sechs AIM-7 Sparrow, AGM-65 Maverick und lasergelenkte Bomben

North American F-86 Sabre

Von der F-86 entstanden drei Prototypen (XP-86A), von denen der erste am 1. Oktober 1947 flog. Die Serienmaschine F-86A startete am 20. Mai 1948 zu ihrem Erstflug und wurde ab 1949 in den aktiven Truppendienst übernommen. North American produzierte insgesamt 554 Flugzeuge. Weitere Versionen waren die F-86D, ein Allwetterjäger, von dem 2504 Flugzeuge hergestellt wurden. In der Fertigungsfolge vor der F-86D lagen die F-86E und die F-86F, von der zwei Exemplare zur TF-86F umgebaut wurden. Die F-86H war ein Jagdbomber. 473 Exemplare erhielt die USAF. Die F-86K war eine vereinfachte Version der F-86D und kam in der italienischen Luftwaffe und der Bundesluftwaffe zum Einsatz. 981 F-86D erhielten eine modernere Ausrüstung und wurden in F-86L umbenannt. In Kanada und in Australien erfolgte die Lizenzfertigung der F-86E.
Heute steht noch eine Anzahl von Sperry zu QF-86F-Drohnen umgebauter Maschinen aus Beständen der japanischen Luftwaffe für die US Navy im Einsatz.

■ Heute werden F-86 Sabre nur noch zur Zieldarstellung verwendet.

North American F-86D Sabre

Verwendungszweck: Jagdflugzeug
Antrieb: ein Strahltriebwerk (General Electric J47-GE-17B) mit 29,83 kN (3402 kp) Schub
Besatzung: 1
Spannweite: 11,30 m
Länge: 12,29 m
Höhe: 4,57 m
Flügelfläche: 27,76 m²
Leermasse: 5656 kg
Maximale Startmasse: 7756 kg
Höchstgeschwindigkeit: 1187 km/h
Dienstgipfelhöhe: 16.640 m
Reichweite: 1344 km
Bewaffnung: 24 Luft-Luft-Flugkörper

North American F-100 Super Sabre

Zwei Prototypen YF-100A (s/n 52-5754 und 52-5755) baute der Hersteller. Die s/n 52-5754 flog erstmals am 25. Mai 1953, die 52-5755 am 14. Oktober 1953. Die Super Sabre war die erste Serienmaschine der USAF, die Überschallgeschwindigkeit erreichte. Am 29. September 1954 erhielt die 479th Fighter Day Wing auf dem Luftwaffenstützpunkt George die ersten F-100A. Bis zum April 1955 baute North American 203 F-100A. Nächste Serienversion war die F-100C, die am 17. Januar 1955 zum Erstflug startete. Von dieser Version stellte man 476 Exemplare her. Ein Jahr später folgte die F-100D (s/n 54-2121; Erstflug 26. Januar 1956). Die F-100D war mit 1274 Flugzeugen die meistgebaute Version. Den Abschluss bildete der Doppelsitzer F-100F. Die erste Maschine von 339 F-100F mit der s/n 56-3725 flog am 7. März 1957. Einige QF-100 werden heute als Zieldarsteller von der USAF und von Flight Systems eingesetzt.

■ Der erste Flugzeugtyp der berühmten »100er-Serie« war die North American F-100 Super Sabre.

North American F-100D

Verwendungszweck: Jagdbomber
Antrieb: ein Strahltriebwerk (Pratt & Whitney J57-P-21A) mit 45,41 kN (4630 kp) ohne – und 71,1 kN (7250 kp) mit Nachbrenner
Besatzung: 1
Spannweite: 11,83 m
Länge: 15,04 m
Höhe: 4,94 m
Flügelfläche: 37,16 m²
Leermasse: 9348 kg
Maximale Startmasse: 15.425 kg
Höchstgeschwindigkeit: 1456 km/h
Reisegeschwindigkeit: 946 km/h
Steiggeschwindigkeit: 96,5 m/s
Dienstgipfelhöhe: 14.640 m
Reichweite: 3192 km
Bewaffnung: vier 20-mm-M.39E-Kanonen und bis zu 1820 kg externe Waffenlast

North American T-6 Texan/Harvard

Die T-6 gehört mit zu den meistgebauten Flugzeugen der Welt. Allein North American fertigte ungefähr 17.000 Flugzeuge. Hinzu kommt noch eine Anzahl unter Lizenz produzierter Flugzeuge. Das Ausgangsmuster NA-16 flog zum ersten Mal im April 1935. Die ersten Serienflugzeuge führten die Bezeichnung BT-9; sie wurden in mehreren Versionen hergestellt. Nachfolger war die verbesserte BT-14, die einen metallbeplankten Rumpf hatte. Als Kampftrainer kam die BC-1 zur Auslieferung. Die AT-6 Texan unterschied sich kaum von der BC-1 und wurde in sechs verschiedenen Versionen gebaut. Nach 1949 modifizierte North American 2068 T-6, die die Bezeichnung T-6G erhielten. Diese Flugzeuge verfügten über einen leistungsstärkeren Motor, einen größeren Tank, ein steuerbares Heckrad und eine überarbeitete Cockpitausrüstung. Für den Einsatz im Korea-Krieg erfolgte der Umbau von 97 Maschinen zu LT-6G für die Gefechtsfeldüberwachung.

Die US Navy setzte die AT-6 unter den Bezeichnungen SNJ-1 bis SNJ-6 ein. Die an Großbritannien und die Commonwealth-Staaten gelieferten Flugzeuge führten die Bezeichnung Harvard. Noorduyn in Montreal baute 2610 AT-6 als Harvard Mk.II B.

North American T-6G Texan

Verwendungszweck: Schulflugzeug
Antrieb: ein Sternmotor (Pratt & Whitney R-1340-AN-1) mit 410 kW (550 PS)
Besatzung: 2
Spannweite: 12,81 m
Länge: 8,99 m
Höhe: 3,58 m
Flügelfläche: 23,57 m²
Leermasse: 1886 kg
Maximale Startmasse: 2404 kg
Höchstgeschwindigkeit: 330 km/h
Reisegeschwindigkeit: 272 km/h
Steiggeschwindigkeit: 6,85 m/s
Dienstgipfelhöhe: 6555 m
Reichweite: 1207 km

Viele Piloten erhielten ab den 40er-Jahren ihre Ausbildung auf T-6.

Northrop B-2A Spirit

Drei Jahre dauerten die ersten Planungen, dann erhielt Northrop im Oktober 1981 den Auftrag, einen Prototypen des Stealth-Bombers B-2 zu bauen. Der Entwicklung der B-2 liegen die neuesten Erkenntnisse im Bereich der Stealth-Technologie zugrunde. Sie ist für Angriffe im Tiefflug oder aus großer Höhe ausgelegt und ist von Radar- und Infrarotgeräten nur schwer zu erfassen.

Die Flugzeugzelle der B-2A wird hauptsächlich aus Karbonfaser- und kevlarverstärkten Kunststoffen hergestellt. Es werden rund 900 neue Werkstoffe eingesetzt, über deren Zusammensetzung nur wenig bekannt ist. Die Flügelvorderkante wurde mit einem Radarstrahlen absorbierenden Material überzogen. Als Antrieb wählte man vier General-Electric-F118-GE-100-Mantelstromtriebwerke aus, die paarweise auf der Flügeloberseite angeordnet sind. Die Leistung je Triebwerk beträgt 84,5 kN. Die heißen Abgase werden wie bei der F-117A mit kalter Luft vermischt, so dass die Austrittstemperatur gesenkt wird.

Die Tanks mit einem Fassungsvermögen von 90.720 Litern befinden sich in den Außenflügeln. Hinter dem Cockpit ist auf

der Rumpfoberseite ein Stutzen für die Luftbetankung angeordnet. Das Fahrwerk übernahm man mit nur wenigen Änderungen von der Boeing 767.
Die B-2A ist mit einem modernen AN/APQ-181-Radar von Hughes ausgerüstet. Als Radarwarnempfänger dient das AN/APR-50 (ZSR-63) von IBM. Über die restliche Avionik-Ausrüstung ist nichts bekannt.
Im Cockpit sind für die beiden Piloten je vier EFIS-Bildschirme eingebaut.
Die beiden Bombenschächte befinden sich im Rumpf hinter dem Cockpit. Für die Aufhängung der Waffen wurde in jedem Bombenschacht ein drehbarer Werfer installiert. An jedem Werfer besteht die Möglichkeit, bis zu acht AGM-129-Luft-Boden-Lenkwaffen, achtzig 225-kg-Bomben, sechzehn 900-kg-Bomben oder acht frei fallende Atombomben unterzubringen. Insgesamt kann eine Waffenlast von bis zu 34.020 kg mitgeführt werden. Die B-2A ist noch nicht für den Abwurf aller Waffensysteme freigegeben, darunter fallen auch die atomaren Lenkwaffen.
Eine eigene Defensivbewaffnung wurde nicht vorgesehen. Es ist aber anzunehmen, dass die B-2A Spirit mit einer großen Anzahl von Systemen zur elektronischen Kampfführung ausgerüstet ist.
Die Entwicklung und Erprobung sollte mit sechs Flugzeugen durchgeführt werden. Anschließend sollten 126 Einsatzflugzeuge beschafft werden. Doch es kam anders: Aufgrund der dramatisch gestiegenen Kosten reduzierte man bereits 1991 die Anzahl der zu beschaffenden Flugzeuge drastisch auf 75. Als es dann endlich so weit war, übernahm die USAF nur noch 21 Flugzeuge einschließlich des Prototypen.
Ständig verzögerten unvorhersehbare technische Probleme die Entwicklung. Teilweise musste man sogar den Abbruch des Projekts befürchten. Auch die Änderungen in der Politik und bei den Anforderungen der USAF wirkten sich negativ auf die gesamte Planung aus. Am 17. Juli 1989 konnte dann der erste Prototyp (s/n 82-1066) in Palmdale zum Erstflug starten. Nach 81 Testflügen, in denen 353 Flugstunden absolviert und die zum großen Teil für die aerodynamische Erprobung aufgewendet wurden, legte man die Maschine im März 1993 still. Das Flugzeug wurde auf Block-30-Standard gebracht und 1999 der USAF übergeben. Die zweite B-2A (s/n 82-1067) startete am 19. Oktober 1990 zu ihrem Jungfernflug. Nach der Erprobung wurde sie ebenfalls auf Block-30-Standard gebracht und im Juli 1997 ausgeliefert. Die dritte Maschine (s/n 82-1068) flog am 18. Juni 1991, die vierte (s/n 82-1069) am 17. April 1992. Das fünfte Erprobungsflugzeug (s/n 82-1070) startete am 5. Oktober 1992, das sechste und letzte (s/n 82-1071) am 2. Februar 1993. Auch diese Maschine wurde auf Block-30-Standard gebracht und im Januar 1998 der USAF übergeben.
Jeder der fünf Erprobungsmaschinen, die im Testzentrum Edwards AFB stationiert sind, ist ein bestimmter Bereich bei der Erprobung der umfangreichen Avionik- und Waffensysteme

■ **Deutlich ist hier die Silhouette einer B-2A zu sehen.**

zugeteilt. Bis zum Sommer 1996 waren die Flugzeuge bei rund 600 Flügen 2700 Stunden in der Luft.
Die B-2A mit der s/n 88-0329 erhielt die USAF am 17. Dezember 1993. Damit verfügte die 393rd Bomb Squadron der 509th Bomb Wing in Whiteman AFB über acht Einsatzflugzeuge. Eine der Maschinen setzte Northrop allerdings zeitweise für elektromagnetische Tests ein.
Die erste Maschine, die dem Block-10-Standard entsprach, war die s/n 88-0328 mit dem Namen »Spirit of Texas«. Sie wurde am 29. August 1994 an die USAF übergeben und wurde später auf Block-30-Standard nachgerüstet. Ab der 10. B-2A erhielten die Bomber eine verbesserte Avionik und GPS. Die 17. B-2A (s/n 92-0700 »Spirit of Florida«) war die erste Maschine, die dem Block-20-entsprach. Die Übergabe an die USAF erfolgte am 29. März 1996. Die 509th BW in Whiteman AFB übernahm dieses Flugzeug am 3. Juli 1996. Die letzten beiden Maschinen, s/n 93-1087 und s/n 93-1087, baute man entsprechend dem Block-30-Standard. Dies ist der Fertigungsstand, der bislang erreicht wurde. Ein großer Teil der Mängel – insbesondere die Radarsignatur der B-2A betreffend – konnte mit Einführung des Block-30-Standards weitgehend behoben werden.
Im Frühjahr 1997 waren die B-2A Spirit einsatzbereit. Seit dem Erstflug vor rund acht Jahren absolvierten die bis dahin im Ein-

satz stehenden Flugzeuge über 9000 Flugstunden. Die in Whiteman AFB stationierte 509th Bomb Wing flog seit Übernahme der s/n 88-0329 »Spirit of Missouri« am 17. Dezember 1993 bis zum Frühjahr 1997 bei über tausend Übungseinsätze mehr als 5000 Stunden. Sie beteiligte sich unter anderem im Sommer 1995 an einer Red-Flag-Übung auf der Nellis AFB. Durchschnittlich werden 30 Flüge mit einer Dauer von jeweils rund vier Stunden pro Woche durchgeführt.

Northrop B-2A Spirit

Verwendungszweck: strategischer Stealth-Bomber
Besatzung: 2
Triebwerk: vier Mantelstromtriebwerke (General Electric F118-GE-110) von je 84,5 kN (8620 kp) Standschub
Länge: 21,03 m
Höhe: 5,18 m
Spannweite: 52,43 m
Flügelfläche: 464,50 m²
Rüstmasse: 56.700 kg
Tankinhalt: 90.720 Liter
Maximale Waffenlast: 34.020 kg
Normal Startmasse: 152.653 kg
Maximale Startmasse: 168.422 kg
Höchstgeschwindigkeit: 764 km/h
Anfluggeschwindigkeit: 260 km/h
Dienstgipfelhöhe: 15.240 m
Maximale Reichweite ohne Luftbetankung: 12.955 km
Reichweite mit einer Luftbetankung: 18.532 km
Reichweite mit acht SRAM-Lenkwaffen und acht B83-Bomben high-high-high: 11.675 km, high-low-high: 8154 km
Bewaffnung: maximale Waffenlast 34.020 kg in zwei Waffenschächten mit je acht SRAM (Short-Range Attack Missiles) der Typen AGM-69 oder AGM-129A an einem rotierenden Träger; B61- und B63-Nuklearwaffen, 454-kg-, 340-kg-, 227-kg-Bomben oder Seeminen vom Typ Mk.36; bei Nuklearwaffen ist die Waffenlast auf 9072 kg begrenzt

Northrop F-5A/B Freedom Fighter

Aufgrund der Erfahrungen in Korea regte die UASF 1954 an, ein leichtes taktisches Kampfflugzeug für den Einsatz in Europa und Südostasien zu entwickeln: Das Flugzeug sollte befreundeten Nationen im Rahmen des Military Assistance Program (MAP) überlassen werden. Bei Northrop entstand ein zweistrahliges, mit J85-Triebwerken von General Electric ausgerüstetes Überschall-Jagdflugzeug mit der Bezeichnung N-156. Die Entwicklungsarbeiten wurden bei Northrop auf eigenes Risiko durchgeführt. Den Entwurf erhielt die USAF erstmals im Januar 1955. Er umfasste ein einsitziges Jagdflugzeug, die N-156F, und den zweisitzigen Trainer N-156T.

Am Jagdflugzeug bestand zunächst kein Interesse, jedoch an der N-156T, die nach einer Überarbeitung des Entwurfs den Forderungen der USAF nach einem modernen Überschalltrainer als Nachfolger der Lockheed T-33 entsprach. Am 15. Juni 1956 bestellte die USAF zwei Prototypen (YT-38, s/n 58-1191 und 1192) sowie eine Zelle für statische Bruchversuche (s/n 58-1193). Die Attrappe konnte im Oktober 1956 besichtigt werden. Der neue Trainer erhielt die Bezeichnung T-38A Talon. Der Erstflug wurde am 10. April 1959 in Edwards AFB durchgeführt. Testpilot war Lew Nelson. Ausgerüstet war die Maschine mit zwei YJ-85-GE-1-Triebwerken. Am 14. April 1959 erreichte sie – bereits bei ihrem dritten Flug – Überschallgeschwindigkeit. Die zweite YT-38 flog am 12. Juni 1959. Nach 2000 Testflügen endete die Mustererprobung im Februar 1961. Die Serienflugzeuge erhielten zwei J85-GE-5-Triebwerke mit einer Leistung von 17,2 kN mit Nachbrenner. Das Air Training Command übernahm am 17. März 1961 die erste T-38A Talon. Insgesamt verließen 1139 T-38 die Fertigungsstraße.

Aufgrund der positiven Entwicklung bei der T-38 entschloss sich Northrop 1958, auf eigene Rechnung einen Prototyp der N-156F zu bauen. Die Kosten übernahm aber im Mai 1958 doch die USAF, die auch zwei weitere Prototypen und eine Bruchzelle bestellte. Die drei Prototypen erhielten die Serien-Nummern 59-4987 bis 59-4989. Da die N-156F in vielen Bereichen mit der T-38A identisch war, konnte die erste Maschine mit Lew Nelson im Cockpit bereits am 30. Juli 1959 in Edwards AFB zum Erstflug starten. In der Zwischenzeit interessierte sich sogar die US Army für die N-156F als Erdkampfflugzeug und erprobte das Flugzeug Mitte 1961 in Pensacola/Florida. Die Versuche mussten aber auf Anweisung des Verteidigungsministeriums eingestellt werden, obwohl die Ergebnisse sehr positiv ausfielen.

Im Mai 1962 entschied man, die N-156F als Jagdbomber in das MAP-Programm aufzunehmen. Im Oktober 1962 wurden 71 F-5A und 15 F-5B bestellt. Der dritte Prototyp der N-156F wurde entsprechend modifiziert und führte als YF-5A am 31. Juli 1963 in Edwards AFB seinen Erstflug durch. Pilot war Hank Chouteau. Zunächst waren noch zwei J85-GE-1 ohne Nachbrenner eingebaut. Diese Triebwerke wurden aber nach 32 Flügen durch zwei J85-GE-5 mit Nachbrennern ersetzt.
Zur Erprobung wurden drei YF-5A sowie fünf F-5A eingesetzt. Besondere Aufmerksamkeit galt Versuchen mit verschiedenen Waffen.
Der erste Doppelsitzer, die F-5B mit der s/n 63-8438, flog am 24. Februar 1964 in Edwards AFB.
Die ersten F-5B wurden am 30. April 1964 an die 4441st Combat Crew Training Squadron in Williams AFB übergeben. Die erste F-5A folgte im August 1965.
Zur Einsatzerprobung verlegten zunächst zwölf, später 18 F-5A vom Oktober 1965 bis März 1966 nach Südostasien. Die Erprobung lief unter dem Namen »Skoshi Tiger«. Die Flugzeuge waren an der linken Rumpfseite mit einer festen Flugbetankungssonde ausgerüstet. Da sie für Tiefangriffe gegen Bodenziele eingesetzt wurden, erhielten sie an der Rumpfunterseite eine zusätzliche Panzerung gegen Bodenbeschuss. Unterstellt waren die F-5 der 10th Fighter Command Squadron.
Neben der F-5A und F-5B wurde noch der taktische Aufklärer RF-5A gebaut. Die erste RF-5A hatte die Serien-Nummer 67-21219. Die RF-5A unterscheidet sich von der F-5A nur durch die neu gestaltete Rumpfspitze, in der vier vollautomatische 70-mm-KS-92A-Kameras untergebracht werden können. Die Rumpfspitze gibt es auch als Rüstsatz mit vier 70-mm-Vinten-547-Kameras. Dieser Rüstsatz kann jederzeit gegen den normalen Bug einer F-5A ausgetauscht werden. Die Bewaffnung der RF-5A ist mit der der F-5A identisch, das heißt, sie kann jederzeit zu Kampfeinsätzen herangezogen werden. Die Abschlusserprobung der RF-5A wurde im Sommer 1968 durchgeführt. Von der RF-5A baute Northrop insgesamt 89 Flugzeuge.
Außer in den USA wurde die F-5 noch in Kanada bei Canadair in Lizenz für die kanadische und die niederländische Luftwaffe gefertigt. Diese Maschine wurde zunächst als F-5-15 bezeichnet. Bei der kanadischen Luftwaffe erhielt die F-5 die Bezeichnung CF-116. Die Einsitzer wurden bei Canadair als CF-5A (89 Maschinen) und die Doppelsitzer als CF-5B (46 Flugzeuge) gebaut. Für einen Teil der CF-5A war ein Rüstsatz mit vier 70-mm-Vinten-Kameras vorhanden. Die damit ausgerüsteten Flugzeuge hießen CF-5A(R). Die Flugzeuge der niederländischen Luftwaffe wurden als NF-5A (75 Flugzeuge) und als NF-5B (30 Flugzeuge) bezeichnet. Die bei Canadair gebauten Maschinen erhielten leistungsstärkere Triebwerke, elektrisch betätigte Luftklappen und einen Fanghaken. Teilweise verfügten sie auch über eine Flugbetankungssonde. Außerdem wurde das Fahrwerk mit einer neuen Bugeinheit ausgerüstet. Diese konnte man in der Höhe um 254 mm verstellen, so dass sich der Anstellwinkel des Flugzeugs um 3 Grad erhöhte. Dadurch konnte die Startrollstrecke um rund 24 Prozent verkürzt werden. Die Flugerprobung der F-5-15 begann bei Northrop im Mai 1965. Auch zwei CF-5A erprobte man zunächst ab dem 3. Mai 1968 in Edwards AFB. Der erste Doppelsitzer CF-5D flog am 27. August 1968 in Cartierville und wurde anschließend ebenfalls in das Erprobungsprogramm mit eingebunden.
Norwegen entschied sich bereits Anfang 1964 für die F-5. Diese Maschinen wurden ebenfalls mit einem Fanghaken ausgerüstet. Ab März 1966 wurden 95 F-5A/RF-5A(G) und 14 F-5B ausgeliefert

Northrop F-5A

Verwendungszweck: Kampfflugzeug
Besatzung: 1
Triebwerk: zwei Strahltriebwerke (General Electric J85-GE-13) mit je 12,1 kN (1231 kp) Standschub ohne und 18,15 kN (1847 kp) mit Nachbrenner
Länge: 14,38 m
Höhe: 4,01 m
Spannweite ohne Flügelendtanks: 7,70 m
Spannweite mit Flügelendtanks: 7,87 m
Flügelfläche: 15,79 m²
Spannweite des Höhenleitwerk: 4,28 m
Radstand: 4,67 m
Spurweite: 3,35 m
Rüstmasse: 3667 kg
Tankinhalt: 2207 Liter
Flügelendtanks: 379 Liter
Maximale Waffenlast: 1996 kg
Maximale Startmasse: 9379 kg
Höchstgeschwindigkeit auf 10.975 m Höhe: 1487 km/h
Reisegeschwindigkeit auf 10.975 m Höhe: 1030 km/h
Steiggeschwindigkeit: 145,8 m/s
Dienstgipfelhöhe: 15.390 m
Einsatzradius: 989 km
Einsatzradius mit zwei 240 kg Bomben high-low-high: 315 km
Überführungsreichweite: 2594 km
Startstrecke über 15 m Höhe: 1113 m
Landestrecke aus 15 m Höhe: 1189 m
Bewaffnung: zwei 20-mm-M.39-Kanonen mit je 280 Schuss, zwei AIM-9-Sidewinder-Lenkflugkörper an den Flügelspitzen sowie Waffen an fünf weiteren Stationen: einer unter dem Rumpf und vier unter den Tragflächen

Für die spanische Luftwaffe wurden im Februar 1965 siebzig F-5 bestellt. Der Auftrag umfasste 18 Jagdbomber SF-5A (spanische Bezeichnung: C.9), 18 Aufklärer SRF-5A (CR.9) und 34 Doppelsitzern SF-5B (CE.9). Die Flugzeuge wurden bei CASA endmontiert. Die erste SF-5B startete am 22. Mai 1968 in Getafe.

Am 9. Dezember 1976 lieferte das Northrop-Werk in Hawthorne die 3000. F-5 aus. Bis zur Produktionseinstellung baute das Unternehmen insgesamt 1199 Maschinen, 906 F-5A und 293 F-5B.

Northrop F-5E/F Tiger II

■ **Zwölf F-5F Tiger II stehen der Schweizer Luftwaffe zur Verfügung.**

Bereits im April 1968 begann Northrop mit der Weiterentwicklung der F-5A/B. Eine F-5B wurde mit den neuen J85-GE-21 von General Electric ausgerüstet. Außerdem erhielt die Maschine das höhenverstellbare Bugrad und die Luftklappen der CF-5. Durch Vergrößerung der Flügelwurzel erhöhte sich die Flügelfläche auf 17,29 m². Mit John Fritz im Cockpit startete die jetzt mit F-5B-21 bezeichnete Maschine am 28. März 1969 zu ihrem Erstflug. Die Erprobung umfasste 130 Flugstunden.

Auf Anfrage der USAF nach einem »International Fighter Aircraft« stellte Northrop 1969 die F-5B-21 vor und erhielt am 20. November 1970 den Zuschlag für das neue Flugzeug. Im Rahmen der Entwicklung wurde das Feuerleitsystem AN/APQ-153 von Emerson eingebaut und die Treibstoffkapazität auf 2562 Liter erhöht. Im Januar 1971 änderte man die Typenbezeichnung in F-5E/F. Später wurde ihr noch der offizielle Name Tiger II zugeteilt.

Die F-5E Tiger II (s/n 71-1417) absolvierte am 11. August 1972 in Edwards AFB ihren Erstflug. Geflogen wurde sie von Hank Chouteau.

Die F-5E ist mit zwei 20-mm-M.39A-2-Kanonen mit je 280 Schuss und zwei AIM-9 Sidewinder an den Flügelspitzen bewaffnet. An den Aufhängepunkten können bis zu 3175 kg Waffenlast mitgeführt werden. Anfang 1973 wurden der 425th TFS in Williams AFB zwanzig Maschinen für Trainingszwecke übergeben.

Süd-Vietnam sollte 71 F-5E übernehmen, doch nach dem militärischen Zusammenbruch des Landes wurden die Flugzeuge nicht mehr ausgeliefert. Dafür übernahm diese Maschinen die 527th Tactical Fighter Training Aggressor Squadron der 57th TTW in Nellis AFB, die sie für Schulungszwecke einsetzte: Dies vor allem, um die Piloten auf die Kampftaktiken östlicher Luftwaffen einzustellen, denn die F-5E entsprach in ihren Flugleistungen weitgehend der MiG-21. Auch den Tarnanstrich der Flugzeuge passte man dem der MiG-21 an. Ende der 80er Jahre stellte die USAF die F-5E außer Dienst.

Neben der USAF setzte auch die US Navy in ihrer Top Gun Aggressor Squadron in NAS Miramar 17 F-5E und sechs F-5F ein. Der Doppelsitzer F-5F (s/n 70-0889) flog am 25. September 1973. Diesmal war der Testpilot Dick Thomas. Die F-5F entsprach der F-5E. Einziger Unterschied war das um 1,02 m verlängerte Rumpfvorderteil zur Aufnahme des zweiten Cockpits. Außerdem war sie mit nur einer Kanone ausgerüstet.

Für Aufklärungsaufgaben baute man die RF-5E Tigereye, die

mit vier 70-mm-Kameras des Typs KS-121A ausgerüstet war. Das Rumpfvorderteil wurde für die Aufnahme der Kameras um 20,3 cm verlängert. Der Prototyp der RF-5E (s/n 78-11420) absolvierte seinen Erstflug im Januar 1979, die erste Serienmaschine im Dezember 1982. Die ersten beiden RF-5E wurde an die Royal Malaysian Air Force ausgeliefert. Zehn weitere erhielt Saudi-Arabien. Singapore Aerospace baute sechs F-5E der Singapore Air Force zu RF-5E um.

Zur Zeit werden viele Modernisierungsprogramme für die F-5 angeboten. Israel Aircraft Industries (IAI) führte ein Programm unter dem Namen F-5E Plus Tiger III durch. Für Chile modifizierte man zwölf F-5E und zwei F-5F. Zwei F-5E rüstete IAI zu F-5E Plus Tiger III um – die erste Maschine flog am 8. Juli 1993, die restlichen werden bei ENAER in Chile mit israelischer Unterstützung umgebaut. Die neue Ausrüstung umfasst ein HOTAS-Cockpit, ein El-Op Head-Up Display, ein neues Trägheitsnavigationssystem (INS) und das Mehrfunktionsradar Elta EL/M-2032B mit einer Reichweite von 33 km. Der Selbstverteidigung dienen der Radarwarnempfänger ENAER Caiquen III sowie Düppel- und Leuchtkörperwerfer. Neben zwei AIM-9P-Sidewinder-Luft-Luft-Lenkwaffen können an zwei Aufhängepunkten unter den Tragflächen noch zwei israelische infrarotgesteuerte Rafael-Python-3-Raketen mitgeführt werden.

Ein Teil der brasilianischen F-5E wurden mit einer Luftbetankungssonde nachgerüstet.

In Taiwan erhalten die umgerüsteten F-5E die Bezeichnung F-5E-SX. Diese Maschinen werden mit einem J101-Triebwerk und einem Sky-Dragon-Radar ausgerüstet. Außerdem können sie AIM-120-Luft-Luft-Lenkwaffen mitführen.

Northrop selber bietet ein Modifizierungsprogramm mit dem Namen Tiger IV an. Die F-5E/F wurde unter Lizenz in Korea bei Korean Airlines, in der Schweiz bei den Eidgenössischen Flugzeugwerken (EFW) und in Taiwan bei Aero Industry Development Centre (AIDC) gefertigt.

1971 bestellte Saudi-Arabien 30 F-5E. Weitere 40 F-5E und 20 F-5F wurden 1974 geliefert. 1976 kamen nochmals vier F-5F hinzu. Alle Maschinen sind mit einer Luftbetankungssonde ausgerüstet. Im Unterschied zu anderen F-5F verfügen die saudischen F-5 über das Litton LN-33 Navigationssystem. Außerdem gehört zu ihrer Ausrüstung noch der Radarwarnempfänger AN/ALE-46, AN/ALQ-101,119 und 171 sowie ECM-Behälter. Als zusätzliche Bewaffnung stehen AGM-65-Maverick- und AGM-45-Shrike-Luft-Boden-Lenkwaffen sowie GBU-10-, GBU-12-Bomben und Mk.20-Streubombenbehälter zur Verfügung. 1985 wurden noch zehn RF-5E bestellt und zum Ausgleich für Verluste vier F-5E und eine F-5F.

Die Schweizer Luftwaffe übernahm in zwei Fertigungslosen 98 F-5E und zwölf F-5F. 66 F-5E und sechs F-5F wurden 1978 im Rahmen des Peace Alps Programm geliefert. Die ersten 13 F-5E und alle F-5F fertigte Northrop. Die F-5E »J-3001« flog mit Hank Chouteau im Cockpit am 9. Dezember 1977 in Palmdale. Das zweite Fertigungslos mit 32 F-5E und nochmals sechs F-5F bestellte man 1981 und lieferte die Maschinen ab 1985 aus. Alle Flugzeuge sind mit einem Dalmo-Victor-Radarwarnempfänger ausgerüstet.

Tunesien erhielt 1981 vier F-5F und in den Jahren 1984/1985 acht F-5E, die man 1989 um fünf weitere F-5E aus den Beständen der USAF ergänzte.

Insgesamt wurden 1166 F-5E, 241 F-5F und zwölf RF-5E gebaut und an zwanzig Luftwaffen ausgeliefert.

Northrop F-5E Tiger II

Verwendungszweck: Kampfflugzeug
Besatzung: 1
Triebwerk: zwei Strahltriebwerke (General Electric J85-GE-21B) mit je 15,5 kN (1578 kp) Standschub ohne und 22,2 kN (2259 kp) mit Nachbrenner
Länge mit Staurohr: 14,45 m
Höhe: 4,08 m
Spannweite ohne Lenkflugkörper: 8,13 m
Spannweite mit Lenkflugkörper: 8,53 m
Flügelfläche: 17,28 m²
Spannweite des Höhenleitwerks: 4,31 m
Radstand: 5,17 m
Spurweite: 3,80 m
Rüstmasse: 4349 kg
Tankinhalt: 2563 Liter
Zusatztanks: 3120 Liter
Maximale Waffenlast: 3175 kg
Maximale Startmasse: 11.187 kg
Höchstgeschwindigkeit in 10.975 m Höhe: 1700 km/h
Reisegeschwindigkeit in 10.975 m Höhe: 1041 km/h
Steiggeschwindigkeit: 174 m/s
Dienstgipfelhöhe: 15.590 m
Einsatzradius: 1045 km
Überführungsreichweite: 3720 km
Startstrecke über 15 m Höhe: 853 m
Landestrecke aus 15 m Höhe: 1189 m
Landestrecke mit Bremsschirm: 747 m
Bewaffnung: zwei 20-mm-M.39A-2-Kanonen, zwei AIM-9-Sidewinder-Lenkflugkörper an den Flügelspitzen sowie Waffen an fünf weiteren Stationen: einer unter dem Rumpf und vier unter der Tragflächen

Northrop Grumman F-14 Tomcat

■ Verbandsflug zweier F-14A. An den Flugzeugen sind keinerlei Kennungen und Hoheitsabzeichen sichtbar.

Die F-14 Tomcat wurde als Nachfolger der F-4 Phantom in der Luftverteidigungsrolle entwickelt und sollte den Gegner schon weit vor dem Trägerverband abfangen. Diese Aufgabe war eigentlich zuerst der F-111B zugedacht, einer Gemeinschaftsentwicklung von General Dynamics und Grumman, die im November 1962 den TFX-Wettbewerb (Tactical Fighter Experimental) gewann. General Dynamics sollte die für die USAF vorgesehenen Versionen und Grumman die für die US Navy bauen. Im Gegensatz zu den USAF-Flugzeugen kam die F-111B über das Erprobungsstadium nicht hinaus. Diese Entwicklung endete Mitte 1968 mit einem Fertigungsstop.

Grummans Model 303, das im Oktober 1967 vorgeschlagen wurde, war ein Alternativentwurf, der ebenfalls mit Schwenkflügeln ausgestattet war und die Hauptsysteme der F-111B enthielt. Auf dieses Modell erteilte die US Navy Grumman im Februar 1969 einen Entwicklungsauftrag, der zwölf Vorserienflugzeuge umfasste. Die offizielle Bezeichnung für die zwölf Vorserienflugzeuge lautete dann YF-14A.

Bei der F-14A handelt es sich um einen zweisitzigen und zweistrahligen Schulterdecker mit einem Tragwerk variabler Pfeilung und doppeltem Seitenleitwerk. Bei der Fertigung verwendete man hauptsächlich Leichtmetalllegierungen. An besonders beanspruchten Teilen wie im Bereich der Schwenkflügel wurde Titan eingesetzt. Der feststehende Flügelkasten im Tragflächenmittelteil ist eine einteilige, aus Titan gefertigte Struktur, die auch als Kraftstofftank dient. Die Tragflächen können im Flug von 20 bis 68 Grad geschwenkt werden. Am Boden lassen sie sich auf 75 Grad zurückschwenken, so dass beim Abstellen auf Flugzeugträgern ein möglichst geringer Platzbedarf besteht. Im Übergangsbereich zwischen Rumpf und Tragflächen befindet sich an der Vorderkante auf jeder Seite eine kleine dreieckige Fläche, die bei hohen Geschwindigkeiten ausgefahren werden kann, um die Flugstabilität der Maschine zu gewährleisten. Die Lufteinläufe der F-14 sind auf vier verschiedene Querschnitte einstellbar. Das Cockpit ist mit zwei Martin-Baker-GRU-7A-Zero-Zero-Schleudersitzen ausgerüstet. Die Cockpithaube ist einteilig und wird nach hinten oben geöffnet.

Die erste Maschine (BuNo.157980) startete am 21. Dezember 1970 in Calverton auf Long Island zu ihrem Jungfernflug. Sie war mit zwei TF30-P-412A-Mantelstromtriebwerken von Pratt & Whitney ausgerüstet. Bereits beim zweiten Flug am 30. Dezember 1970 erreichte das Flugzeug Überschallgeschwindigkeit. Durch einen Fehler im Hydrauliksystem stürzte der Prototyp im Landeanflug ab, die beiden Piloten – William H. Miller und Robert K. Smyth – konnten sich mit dem Schleudersitz retten. Die zweite YF-14A (BuNo.157981), die für die Untersuchung unterschiedlicher Flugzustände vorgesehen war, startete am 24. Mai 1971 zu ihrem Erstflug. Auf der NAS Point Mugu erprobte Hughes mit der dritten und vierten YF-14A die Luft-Luft-Lenkwaffe AIM-54 Phoenix und das Feuerleitsystem AN/AWG-9.

Da es mit den Pratt-&-Whitney-TF30-P-412A-Triebwerken Probleme gab, wurde bereits 1973/1974 die siebte YF-14A (BuNo.157986) mit zwei Pratt & Whitney F401-PW-400 mit einer Leistung von je 124,8 kN mit Nachbrenner erprobt. Nach Umrüstung auf die neuen Triebwerke bezeichnete man die Maschine als F-14B. Das Flugzeug nahm am 12. September 1973 die Erprobung auf. Neben technischen Problemen traten dann aber auch Schwierigkeiten mit der Finanzierung des Programms auf, so dass die Tests eingestellt und die F-14B eingelagert wurde.

Die US Navy erhielt ihre ersten F-14A ab Oktober 1972. Diese wurden an die VF-124 »Gun Fighters« in NAS Miramar für das Einsatztraining der zukünftigen Tomcat-Besatzungen übergeben. Die beiden nächsten Staffeln waren die VF-1 »Wolf Pack« und VF-2 »Bounty Hunters«. Sie erreichten ihre volle Einsatzbereitschaft im September 1974, als sie an Bord des Flugzeugträgers USS *Enterprise* (CVN-65) stationiert wurden. Jeweils eine Staffel einer Carrier Air Wing verfügt über drei F-14A, die mit dem Aufklärungsbehälter TARPS ausgerüstet werden können und somit dem Trägerverband zur Planung der Verteidigung die entsprechende Aufklärung ermöglichen.

Bereits im Januar 1974 entschied sich der Iran für die Beschaffung von achtzig F-14A Tomcat – in erster Linie, um die ständigen Überflüge des Landes durch sowjetische Aufklärer des Typs MiG-25 zu stoppen. Ab Januar 1976 übernahm der Iran 79 F-14A, die alle mit den modernen Hughes AIM-54 Phoenix und dem Feuerleitsystem AN/AWG-9 ausgerüstet waren. Die erste für den Iran vorgesehene F-14A flog am 5. Dezember 1975 in Calverton. Die Flugzeuge wurden von Besatzungen der US Navy mit einer Zwischenlandung in Torrejon/Spanien überführt. Die ersten beiden landeten am 30. Dezember 1975 auf dem iranischen Luftwaffenstützpunkt Khatami. Im Krieg gegen den Irak wurde ein Teil der noch vorhandenen F-14A als fliegendes Frühwarnsystem eingesetzt, wobei das Feuerleitsystem AN/AWG-9 zur Ortung irakischer Flugzeuge verwendet wurde. Heute sind noch ungefähr 20 Maschinen einsatzbereit.

Ende der 80er Jahre entschied sich die US Navy, Teile der F-14-Flotte zu modernisieren. Dies betraf den Umbau von 18 F-14A zu F-14A-Plus und 38 neu gebaute F-14A-Plus. Die F-14A-Plus wird heute als F-14B bezeichnet.

Zur Erprobung der für die F-14D vorgesehenen Ausrüstung rüstete man zwei F-14A um. Gegenüber der F-14A wurden bei der F-14D ungefähr 60 Prozent der Avionik erneuert. Die F-14D erhielt das neue APG-71-Radar, das digitale Navigationssystem ASN-139 und die Datenverbindung JTIDS, die besonders sicher ist. Außerdem wurde ein AN/ALR-67-Radarwarnempfänger und unter dem Bug ein TCS/IRST-Sensor zur Identifizierung eines Objekts über große Entfernungen eingebaut. Die alten Schleudersitze wurden gegen NACES-Sitze ausgetauscht. Die erste F-14D flog am 9. Februar 1990. Die Auslieferung begann im November 1990, und bis März 1993 waren alle 37 Flugzeuge ausgeliefert. Die VF-124 in NAS Miramar erhielt die erste F-14D.

Northrop Grumman F-14D Tomcat

Verwendungszweck: Mehrzweck-Kampfflugzeug
Besatzung: 2
Triebwerk: zwei Mantelstromtriebwerke (General Electric F-110-GE-400) mit je 62,2 kN (6350 kp) Standschub ohne und 102,7 kN (10.478 kp) mit Nachbrenner
Länge: 19,10 m
Höhe: 4,88 m
Spannweite 20 Grad geschwenkt: 11,45 m
Spannweite 68 Grad geschwenkt: 19,55 m
Flügelfläche: 52,50 m²
Spannweite des Höhenleitwerk: 9,97 m
Radstand: 7,02 m
Spurweite: 5,00 m
Rüstmasse: 18.191 kg
Tankinhalt: 7348 kg
Zusatztanks: 1724 kg
Maximale Waffenlast: 6577 kg
Normale Startmasse: 26.632 kg
Maximale Startmasse: 33.724 kg
Höchstgeschwindigkeit in 12.190 m Höhe: 2485 km/h
Höchstgeschwindigkeit in Meereshöhe: 1468 km/h
Reisegeschwindigkeit: 741 km/h
Steiggeschwindigkeit: 152,4 m/s
Dienstgipfelhöhe: 15.240 m
Einsatzradius: 1233 km
Überführungsreichweite: 3220 km
Startstrecke: 427 m
Landestrecke: 884 m
Bewaffnung: eine 20-mm-Revolverkanone des Typs M.61A-1 Vulcan, vier Lenkflugkörper des Typs AIM-54C Phoenix oder vier AIM-7 Sparrow halbversenkt an den Rumpfstationen und zwei AIM-9G/H Sidewinder sowie zwei AIM-7E/F Sparrow an Waffenträgern unter der Tragflächen

Northrop McDonnell Douglas YF-23A

Northrop McDonnell Douglas YF-23A
Verwendungszweck: Kampfflugzeug
Antrieb: zwei Mantelstromtriebwerke (Pratt & Whitney YF-119-PW oder General Electric YF-120-GE) mit je 133,88 kN (13.650 kp) Schub
Besatzung: 1
Spannweite: 13,29 m
Länge: 20,35 m
Höhe: 4,24 m
Höchstgeschwindigkeit: Mach 2+
Dienstgipfelhöhe: 15.250 m

■ **Die Northrop McDonnell Douglas YF-23 unterlag bei der Auswahl eines neuen Kampfflugzeugs für die USAF der YF-22.**

Die YF-23A stand in Konkurrenz zur Lockheed/Boeing YF-22A für das neue Kampfflugzeug der USAF. Sieger des Wettbewerbs war die YF-22A. Zwei Prototypen wurden gebaut: s/n 87-0800 und 87-0801. Die s/n 87-0800 flog zum ersten Mal am 27. August 1990. Als Bewaffnung waren eine Bordkanone sowie AIM-9 Sidewinder und AIM-120 AMRAAM vorgesehen. Beide Prototypen übergab man der NASA.

Northrop T-38 Talon

■ **Die T-38A wird bei der USAF auch als »The White Beauty« bezeichnet.**

Die T-38 basiert auf dem gleichen Entwurf wie die F-5. Die erste von zwei YT-38 (s/n 58-1191) flog am 10. April 1959, gefolgt von s/n 58-1192 am 12. Juni 1959. Die Serienfertigung begann Ende 1959, und am 17. März 1961 konnte das Air Training Command die erste T-38 übernehmen. Einschließlich der beiden Prototypen und der vier Vorserienflugzeuge baute Northrop 1145 T-38. In den USA fliegt neben der USAF auch die US Navy die T-38. Bei der NASA stehen 31 Exemplare im Dienst.

Die Bundesluftwaffe beschaffte 1966 für das Pilotentraining in den USA (Sheppard AFB, Texas) 46 T-38A. Portugal erhielt zwölf T-38A, Taiwan mietete im Zeitraum von 1994 bis 1997 für die Ausbildung 40 Flugzeuge, und die Türkei erhielt 1979 zuerst 30 T-38A, denen 1993 weitere 40 folgten.

Einige T-38A der US Navy wurden zu QT-38A-Drohnen und vier zu Drohnenleitflugzeugen (DT-38A) umgebaut. Insgesamt 132 Flugzeuge rüstete man zu Kampftrainern des Typs AT-38B um. Es ist geplant, die T-38 noch bis zum Jahr 2015 einzusetzen.

Northrop T-38A Talon

Verwendungszweck: Schulflugzeug
Antrieb: zwei Strahltriebwerke (General Electric J85-GE-5A) mit je 17,12 kN (1746 kp) Schub mit Nachbrenner
Besatzung: 2
Spannweite: 7,70 m
Länge: 14,14 m
Höhe: 3,92 m
Flügelfläche: 15,79 m²
Leermasse: 3250 kg
Maximale Startmasse: 5485 kg
Höchstgeschwindigkeit: 1381 km/h
Steiggeschwindigkeit: 152 m/s
Dienstgipfelhöhe: 10.975 m
Reichweite: 1759 km
Startstrecke: 762 m
Landestrecke: 1035 m

Raytheon Hawker/British Aerospace 125

Entwickelt wurde das Flugzeug von de Havilland, wo die erste Maschine als D.H. 125 am 13. August 1962 erstmals flog. Die RAF bestellte 20 Flugzeuge als Dominie T.Mk.1 (Erstflug 30. Dezember 1964), die bei der No.6 FTS zum Einsatz kamen. Ihnen folgten vier H.S.125 CC.Mk.1 (1971), zwei BAe 125 CC.Mk.2 und sechs BAe 125 CC.Mk.3. Im Jahr 1990 übernahm die USAF sechs Flugzeuge mit der Bezeichnung C-29A (Erstflug 11. Mai 1989) als Ersatz für die CT-39A und C-140A bei der 1866th FCS. Die Flugzeuge wurden im September 1991 der FAA übergeben und in Hawker 125-800 umbenannt. Am 4. März 1992 flog die erste von 30 U-125A, die die japanischen Streitkräfte für SAR-Aufgaben bestellten.

■ **Für die Vermessung von Flugsicherungsanlagen stehen bei der JASDF drei Hawker 800 im Dienst.**

Raytheon Hawker 800

Verwendungszweck: Mehrzweckflugzeug
Antrieb: zwei Mantelstromtriebwerke (Garrett TFE 731-5R-1H) mit je 19,13 kN (1950 kp) Schub
Besatzung: 2 + 8 Passagiere
Spannweite: 15,66 m
Länge: 15,60 m
Höhe: 5,36 m
Flügelfläche: 34,75 m²
Leermasse: 6858 kg
Maximale Startmasse: 12.429 kg
Reisegeschwindigkeit: 741 km/h
Steiggeschwindigkeit: 15,75 m/s
Dienstgipfelhöhe: 13.100 m
Reichweite: 5318 km

Republic F-84F Thunderstreak

■ **Zur Erstausrüstung des JaboG 34 in Memmingen gehörte die F-84F Thunderstreak.**

Die Republic F-84-Serie gehört zu den bekanntesten Strahlflugzeugen der 50er- und 60er-Jahre. Viele Luftwaffen der westlichen Welt setzten dieses Flugzeug ein. Selbst in Jugoslawien flogen Republic F-84 Thunderjet.
Das Konstruktionsteam von Republic unter der Leitung von Alexander Kartveli befasste sich bereits seit Spätsommer 1944 mit der Entwicklung eines strahlgetriebenen Jagdflugzeugs, der P-84 Thunderjet. Der erste von drei Prototypen, die XP-84 (s/n 45-59475), startete am 28. Februar 1946 von der Startbahn des Muroc Dry Lake Testzentrums, der heutigen Edwards AFB, zu seinem Jungfernflug. Testpilot war Major William A. Lien. Die Maschine war zuvor an Bord einer C-97 Stratofreighter von Farmingdale auf Long Island zur Testbasis gebracht worden. Ein J35-GE-7-Strahltriebwerk mit einem maximalen Standschub von 1700 kp trieb den Prototyp an.
Der zweite Prototyp mit der s/n 45-59476 flog im August 1946. Diese Maschine konnte im September 1946 mit 977 km/h einen amerikanischen Geschwindigkeitsrekord aufstellen. Der letzte Prototyp wurde nicht fertig gestellt.
Nach Abschluss der Erprobung baute Republic eine Vorserie mit 15 YP-84A (s/n 45-59482 bis 45-59496). Diese Flugzeuge verfügten bereits über eine Bewaffnung von sechs 12,7-mm-MGs – vier im Bug und zwei in den Tragflächen. Zum Einbau kam das schubstärkere J35-A-15-Strahltriebwerk. Die Vorserienmaschinen dienten Truppenversuchen unter Einsatzbedingungen.

Erste Serienausführung war die P-84B, von der man 226 Maschinen baute (s/n 45-59497 bis 45-59581 und 46-533 bis 46-673). Als Triebwerk diente das wiederum leistungsgesteigerte J35-A-15C. Die P-84B war mit einem Schleudersitz ausgerüstet und verfügte ebenfalls über sechs 12,7-mm-MGs. Ab Fertigungsblock 20 konnten auch noch acht 5-Zoll-Raketen mitgeführt werden. Weitere Versionen waren die P-84C, von der 191 Flugzeuge (s/n 47-1412 bis 47-1602) entstanden, und die F-84D, von der man 154 Einheiten (s/n 48-641 bis 48-794) mit J35-A-17D-Triebwerken produzierte. Die F-84D kam ab Dezember 1950 als erste Thunderjet-Version in Korea zum Einsatz, wo sie wegen ihrer Robustheit vor allem im Erdkampf erfolgreich war. Die F-84E verfügte über ein Sperry-Radarzielgerät sowie zwei Unterflügelzusatztanks und führte als zusätzliche Bewaffnung 5-Zoll-Raketen (32 Stück) und zwei 1000-lb-Bomben mit sich. Von dieser Version wurden 843 Flugzeuge (s/n 49-2022 bis 49-2429, 50-1111 bis 50-1230. 50-1813 bis 50-1837, 51-477 bis 51-691 und 51-9548 bis 51-9622) hergestellt. Letzte Ausführung mit geraden Tragflächen – und auch gleichzeitig die am meisten gebaute Variante – war die F-84G mit 3025 Exemplaren. Sie verfügte über das J35-A-29-Triebwerk sowie einen Autopiloten und konnte im Flug betankt werden.
Die F-84 Thunderjet war im Vergleich zu anderen Mustern nicht leicht zu fliegen und konnte aufgrund ihres Normalflügels keine höheren Geschwindigkeiten erreichen.
Bei Republic begann man 1949 mit der Entwicklung einer Pfeilflügel-Version der F-84 mit dem Ziel, einen neuen Hochleistungs-Jagdbomber mit einem Minimum an Entwicklungskosten zu schaffen, da vor dem Koreakrieg der Verteidigungsetat für die US Air Force sehr knapp bemessen war. So entstand aus der F-84E der Prototyp der F-84F Thunderstreak, die YF-84F (s/n 49-2430). Der Rumpf der F-84E wurde beibehalten. Er erhielt jedoch eine sehr lange und flache Cockpithaube mit

geringem Luftwiderstand. Vollkommen neu gestaltet wurden jedoch die Tragflügel und das Leitwerk. Beide waren auf der t/4-Linie um 38,5 Grad nach hinten gepfeilt. Als Antrieb diente eine Allison-XJ35-A-25-Axialturbine mit 2355 kp Standschub. Die Entwicklung lief zuerst unter der Bezeichnung YF-96A. Vor ihrem Erstflug am 3. Juni 1950 mit Otto P. Hass im Cockpit wurde sie jedoch in YF-84F umbenannt. Die neue Maschine zeigte in Bezug auf Steigflug und Gipfelhöhe schlechtere Leistungen als die F-84E. Mit 1152 km/h war sie jedoch um 129 km/h schneller.

Nach Ausbruch des Koreakrieges im Juni 1950 wurden verstärkt Gelder aus dem Verteidigungsetat freigegeben, und Republic erhielt am 6. August 1950 den Auftrag, die F-84F mit dem J65-Triebwerk zu bauen. Wegen des Einbaus dieses Triebwerks musste der Lufteinlauf erheblich vergrößert werden, was durch Einsetzen einer zusätzlichen 17,8 cm langen Sektion hinter einem ovalen Einlauf geschah. Auch die Cockpithaube änderte man. Die Schiebevollsichthaube wurde gegen eine nach oben schwingende Cockpithaube ausgetauscht, dadurch verbesserte sich die Abdichtung der Druckkabine. Hinter der Haube lief eine große Verkleidung mit seitlichen Fenstern nach hinten bis zur Seitenflosse aus.

Es entstanden zwei Vorserienflugzeuge. Das erste (s/n 51-1344) flog am 14. Februar 1951 mit dem Curtiss-Wright-YJ65-W-1-Strahltriebwerk. Hierbei handelte es sich um einen Lizenzbau des britischen Armstrong-Siddeley Sapphire, das einen Standschub von 3250 kp entwickelte. Das zweite Vorserienflugzeug (s/n 51-1345) erhielt Lufteinläufe in den Tragflächenwurzeln, wie man es später bei der RF-84F Thunderflash verwirklichte. Schwierigkeiten mit dem neuen Triebwerk und der Flügelstruktur führten während der Mustererprobung zu erheblichen Verzögerungen.

Oft stand eine große Anzahl neuer F-84F auf dem Werksflugplatz in Farmingdale, da es an einsatzfähigen Triebwerken mangelte. Die F-84F entwickelte man als einstrahligen, freitragenden Pfeilflügel-Mitteldecker mit Ganzmetallflügel. Der Rumpf wurde in Ganzmetall-Schalenbauweise ausgeführt. An die Tragflügel wurden große Vorflügel angebaut und vor den Spaltklappen auf der Flügeloberseite Störklappen mit Löchern. Zwischen Querruder und Rumpf wurden die Landeklappen eingebaut. Perforierte Bremsklappen befanden sich in den Rumpfseitenwänden hinter der Flügelhinterkante. Die F-84F verfügte über ein freitragendes gepfeiltes Normalleitwerk ebenfalls aus Ganzmetall mit steuerbarer Höhenflosse. Die ersten 275 Serienmaschinen rüstete man mit einem konventionellen, zweiteiligen und gedämpften Höhenleitwerk aus, danach kam das einteilige ungedämpfte Höhenleitwerk zum Einsatz, das eine bessere Kontrolle der Maschine um die Querachse bewirkte. Unter dem Leitwerk war ein Behälter mit einem Bremsschirm untergebracht. Das Dreiradfahrwerk war hydraulisch einziehbar. Die Radspur betrug 6,25 m. Das Bugrad war nicht lenkbar – die Lenkung erfolgte über die Bremsen.

Wie bei der F-84E bestand die Bewaffnung aus sechs 12,7-mm-MGs des Typs Colt-Browning M-3 mit 1800 Schuss; vier waren im Bug eingebaut und zwei in den Flügelwurzeln. Zusätzliche Pylone außerhalb des Hauptfahrwerks ermöglichten die Aufnahme einer Bombenlast von 2722 kg. Mit angehängten Flügeltanks belief sich die Treibstoffkapazität insgesamt auf 4275 kg. Im linken Flügel befand sich ein Anschluss zur Luftbetankung. Die Reichweite der F-84F lag bei 3400 km. Die ersten Maschinen flogen mit dem J65-W3; es wurde aber bald durch das schubstärkere J65-W7 ersetzt.

Die erste Serienmaschine flog am 22. November 1951. Das Tactical Air Command (TAC) konnte die ersten einsatzreifen Thunderstreaks jedoch erst 1954 übernehmen.

Im März 1955 stellte eine F-84F des TAC mit 1st Lt Robert R. Scott im Cockpit einen neuen transkontinentalen Rekord auf: Oberleutnant Scott flog die 3900 km lange Strecke Los Angeles - New York in drei Stunden und 44 Minuten. Eine weitere sensationelle Leistung folgte im August 1955: Ein Verband mit F-84F der 27th Strategic Fighter Wing flog 8300 km von London nach Austin in Texas, wobei die Maschinen mehrmals in der Luft aufgetankt wurden.

Republic F-84F Thunderstreak

Verwendungszweck: Jagdbomber
Besatzung: 1
Triebwerk: ein Axial-Einwellen-Strahltriebwerk (Curtiss Wright J65-W-3 bzw. J65-W-7) mit 32,13 kN (3275 kp) bzw. 34,74kN (3540 kp) Standschub
Spannweite: 10,25 m
Länge: 13,24 m
Höhe: 4,37 m
Flügelfläche: 30,23 m²
Leermasse: 6195 kg
Startmasse: 11.527 kg
Höchstgeschwindigkeit in Meereshöhe: 1118 km/h
Höchstgeschwindigkeit in 6095 m Höhe: 1059 km/h
Anfangssteiggeschwindigkeit: 41 m/s
Reichweite: 3750 km
Dienstgipfelhöhe: 11.020 m
Bewaffnung: sechs 12,7-mm-Browning-AN-M-3-MGs; bis zu 2722 kg externe Waffen, darunter taktische Atomwaffen
Zuladung: Unterflügelstation für zwei 867 Liter- oder zwei 1700 Liter-Zusatztanks; Einrichtung für die Nachbetankung im Flug

Bei Produktionsschluss hatten 2713 F-84F Thunderstreak die Fertigungsstraße verlassen. 2476 davon wurden im Werk Farmingdale von Republic und 237 F-84F-GK bei General Motors-Fisher Body in Werk Kansas City gefertigt.
Nachdem die Thunderstreak aus den aktiven Einheiten der USAF ausschieden und dort durch die North American F-100 Super Sabre und McDonnell Douglas F-4C Phantom II ersetzt wurden, gingen zahlreiche Maschinen an die Einheiten der Air National Guard. Hier kamen sie 1961 während der Berlin-Krise nochmals zum aktiven Einsatz. Vier Staffeln verlegten in dieser Zeit auf Luftstützpunkte im östlichen Frankreich.
Neben der USAF flogen auch zahlreiche westliche Luftwaffen die F-84F Thunderstreak. Insgesamt 1301 Flugzeuge dieses Typs gingen im Rahmen des MAP-Programms an die NATO-Luftstreitkräfte.
Ab Juni 1955 ersetzte die belgische Luftwaffe 213 F-84E/G durch 197 F-84F Thunderstreak, die bei der 2nd Wing in Florennes und bei der 10th Wing in Kleine Brogel bis Anfang der 60er-Jahre eingesetzt wurden.
Die deutsche Luftwaffe übernahm mit 450 F-84F Thunderstreak die größte Anzahl an Flugzeugen: Sie wurden in eingemottetem Zustand an Bord von Flugzeugträgern nach Bremen gebracht und dort bei Weserflug auf ihren Einsatz vorbereitet. Am 24. September 1956 nahm die Waffenschule der Luftwaffe 30 in Fürstenfeldbruck als erster fliegender Verband mit zunächst drei Maschinen den Flugbetrieb mit der F-84F auf. Folgende Geschwader wurden mit F-84F ausgerüstet: JaboG 31 in Nörvenich, JaboG 32 in Lechfeld, JaboG 33 in Büchel, JaboG 34 in Memmingen, JaboG 35 in Husum und JaboG 36 in Hopsten. Nach der Ausmusterung bei diesen Verbänden wurde ein Großteil der Flugzeuge an Griechenland und die Türkei abgegeben, wo sie bis 1976 zum Ausrüstungsbestand gehörten.
Frankreich rüstete fünf Geschwader mit der F-84F aus. Die ersten Maschinen trafen im August 1955 ein. F-84F der EC 1 und EC 3 kamen 1956 während der Suez-Krise zum scharfen Einsatz.
Wie in Belgien ersetzten auch in den Niederlanden die F-84F die veralteten F-84E/G Thunderjet. Insgesamt 180 F-84F Thunderstreak erhielten die 311. und 321. Staffel in Volkel, die 313. und 315. Staffel in Twenthe, die 314. Staffel in Eindhoven und die 316. Staffel in Gilze-Rijen. Der letzte Flug einer F-84F in den Niederlanden fand am 21. Dezember 1970 statt.
Nach Italien wurden 150 F-84F Thunderstreak geliefert. Diese wurden an die 5. Stormo in Rimini, die 6. Stormo in Ghedi, die 8. Stormo in Cervia, die 36. Stormo in Goia de Colle, die 50. Stormo in Piacenza und die 51. Stormo in Istrana übergeben.

Republic F-105 Thunderchief

Die F-105 entstand aufgrund einer Ausschreibung der USAF für einen einsitzigen Jagdbomber, der sowohl nukleare als auch konventionelle Waffen mit sich führen konnte. Die Entwicklung begann 1951 unter der Projektbezeichnung AP-63 (Advanced Project 63). Für den Entwurf war der Chefkonstrukteur von Republic, Alexander Kartveli, verantwortlich. Zunächst sah man die Verwendung des Allison-J71-Triebwerks vor. Im März 1952 wurde der Entwurf dem Department of Defense vorgestellt. Das DoD erteilte einen Auftrag zur Serienvorbereitung des Flugzeugs. Den Auftrag ergänzte später die Forderung, das Pratt-&-Whitney-J57-P-25-Triebwerk mit 6804 kp Standschub einzusetzen. Im März 1953 wurden 37 Erprobungsflugzeuge der F-105A und neun Aufklärer RF-105 bestellt. Diese Flugzeuge sollten für RDTE-Zwecke (Research, Development, Test and Evaluation – Forschung, Entwicklung, Erprobung und Bewertung) eingesetzt werden. Aufgrund technischer Probleme verzögerte sich die Entwicklung jedoch, und im Dezember 1953 musste Republic auf Anweisung der US Air Force die Arbeiten zeitweise einstellen. Ab Februar 1954 konnte Republic wieder weiterarbeiten, den zunächst erteilten Auftrag über 46 Flugzeuge kürzte man jedoch auf 15 Maschinen.
Es wurden zwei Prototypen mit der Typenbezeichnung YF-105A (s/n 54-098 und 54-099) gebaut. Diese waren mit einem Pratt-&-Whitney-J57-P-25-Strahltriebwerk mit einem Standschub von 6804 kp Schub ausgerüstet. Die s/n 54-098 absolvierte am 22. Oktober 1955 ihren 45 minütigen Erstflug, bei dem bereits Mach 1 erreicht wurde. Die zweite YF-105A flog am 28. Januar 1956 zum ersten Mal.
Es folgten vier weitere Prototypen mit der Typenbezeichnung YF-105B (s/n 54-100 bis 54-103) mit dem schubstärkeren Pratt & Whitney YJ75-P-3 (7484 kp Schub). Diese wiesen die für die Thunderchief charakteristischen nach vorn gepfeilten Lufteinläufe auf. Der Einbau des neuen Triebwerks führte zu weiteren Verzögerungen in der Entwicklung.
Die erste YF-105B flog am 26. Mai 1956. Bei der anschließenden Landung wurde die Maschine beschädigt, was zu weiteren Verzögerungen der Flugerprobung führte.
Von der F-105B stellte man 71 Serienflugzeuge her, wobei 18 Maschinen des Fertigungsblockes 15 mit dem J75-P-5-Strahltriebwerk ausgerüstet waren. Die erste F-105B der Serie wurde am 27. Mai 1958 an das Tactical Air Command der USAF ausgeliefert. Als erste Einheit rüstete die 335th TFS der 4th TFW im August 1958 auf die F-105B um. Bei dieser Staffel führ-

■ **Im Einsatz über Vietnam: eine mit Bomben bewaffnete F-105D der 355th TFW.**

te man die Truppenerprobung der Thunderchief durch. Die Erprobung zog sich bis zum August 1960 hin, da noch eine Vielzahl von Problemen gelöst werden mussten. Die Fertigung der F-105B lief Ende 1959 zugunsten der F-105D aus. Eine Anzahl dieser Flugzeuge wurde später auf F-105D-Standard gebracht. Für Aufklärungseinsätze bestellte die USAF drei RF-105B (s/n 54-105, -108 und -112). Diese Version verwarf man aber wieder, und die Flugzeuge wurden als JF-105B für spezielle Testzwecke fertig gestellt.

Unter der Bezeichnung F-105C wurde ein zweisitziger, aus der F-105B abgeleiteter Einsatztrainer geplant, aber nicht gebaut. Bei ihrer Indienststellung war die F-105D Thunderchief das Flugzeug mit dem höchsten technischen Stand in der Flotte des Tactical Air Command. Die ursprünglichen Planungen sahen vor, 1500 F-105D in Dienst zu stellen. Eine Änderung der amerikanischen Verteidigungspolitik reduzierte die Anzahl aber auf 753 Flugzeuge, von denen noch 143 Maschinen als F-105F produziert wurden. Mit dann noch 610 gebauten Einheiten war die F-105D die am meisten gebaute Version. Sie wies viele Verbesserungen gegenüber den früheren Varianten auf. Ausgerüstet war sie mit dem Strahltriebwerk Pratt & Whitney J75-P-19W mit einer Leistung von 7802 kp Schub. Der Rumpfbug wurde für die Aufnahme des NASARR R-14A (North American Search And Ranging Radar) verlängert. Der Einbau des Bordradars ermöglichte es der F-105D, Nacht- und Allwettereinsätze durchzuführen. In Verbindung mit dem AN/ASG-19-Thunderstick-FCS (Fire Control System) und einem Bendix-Rechner konnten Bomben im Schleuderverfahren abgeworfen werden. Der Erstflug fand am 9. Juni 1959 statt. Die Serienfertigung begann Anfang 1960. Wiederum war es eine Staffel der 4th TFW – diesmal die 333rd TFS – die im Mai 1960 als erste auf das neue Flugzeug umrüstete. Für die gesamte Ausbildung der Thunderchief-Piloten und des Bodenpersonals zeichnete die in Nellis stationierte 4520th Combat Crew Training Wing verantwortlich. Ab der Baureihe F-105D-25-RE kamen MERs (Multiple Ejection Racks) zum Einbau: Diese Bombenträger ermöglichten die Mitnahme der vierfachen Nutzlast. Frühere Modellreihen wurden nachträglich auf MER umgerüstet. Da der Abwurf von Atombomben nicht mehr vorgesehen war, konnte im internen Waffenschacht ein zusätzlicher Treibstofftank mit 1476 Litern Fassungsvermögen untergebracht werden.

Die F-105D hielt man immer auf dem neuesten technischen Stand, so dass sie die neuesten Lenkwaffen- und Ausrüstungen mit sich führen konnte. Dazu gehörten auch Ausrüstungen für elektronische Gegenmaßnahmen. 1969/1970 wurden 30 F-105D mit dem neuen Bombenwurfsystem T-Stick II ausgerüstet. Die dafür erforderliche Avionik wurde in einer Verkleidung auf der Rumpfoberseite installiert. Der Erstflug der T-Stick-II-Version erfolgte am 9. August 1969. Ab 1970 kamen die modifizierten F-105D T-Stick II (auch als Thunderstick II bezeichnet) bei der 563rd TFS der 23rd TFW zum Einsatz. Ab 1972 wurden sie an die AFRES abgegeben.

Auch von der F-105D plante man als RF-105D eine Aufklärerversion mit der Kamera-Ausrüstung im Bombenschacht. Aber auch die RF-105D kam über das Projektstadium nicht hinaus. Sie wurde im Dezember 1961 zugunsten der RF-4C Phantom gestrichen.

Ebenfalls nur ein Projekt blieb die F-105E, ein zweisitziger Einsatztrainer der F-105D. Die Fertigung einiger Maschinen begann, endete jedoch im März 1959 wieder; die auf der Fertigungsstraße befindlichen F-105E wurden als F-105D fertig gestellt.
Verwirklicht wurde jedoch die F-105F, von der 143 Flugzeuge (s/n 62-4412 bis 62-4447 und 63-8260 bis 63-8366) die Werkhallen verließen. Die F-105F entstand 1962 als Einsatztrainer für die fortgeschrittene Waffen- und Kampfausbildung. Der vordere Rumpfbereich wurde um 0,79 Meter verlängert und die Seitenflosse vergrößert. Sie verfügte im zweiten Cockpit über ein Doppelsteuer. Die Leistungen der F-105F blieben nur geringfügig hinter denen der F-105D zurück. Der Erstflug erfolgte am 11. Juni 1963. Die ersten F-105F übernahm die 4th TFW in Seymour-Johnson AFB für die Ausbildung der Piloten. Allen Einsatzverbänden, die die Thunderchief flogen, teilte man eine Anzahl F-105F zu. Nach Auslieferung der letzten F-105F im Dezember 1964 wurde die Produktion der Thunderchief eingestellt.
Beide Versionen, F-105D und und F-105F, spielten in Vietnam eine wichtige Rolle im Luftkrieg. Sie zeichneten sich besonders durch ihre Fähigkeit zum Befördern großer Unterflügellasten und ihre Beschuss-Unempfindlichkeit aus. Mit der standardmäßig eingebauten M.61-Vulcan-Kanone konnten die F-105D über Vietnam mehrere MiGs abschießen. Die F-105 stand bis zum Ende des Vietnamkriegs im Einsatz. Über 300 Flugzeuge fielen der wirkungsvollen Luftverteidigung Nordvietnams zum Opfer.
In Europa kam die F-105D/F zwischen 1961 und 1965 bei der 36th TFW in Bitburg und vom 12. Mai 1961 bis 1966 bei der 49th TFW in Spangdahlem zum Einsatz. In beiden Geschwadern löste die McDonnell Douglas F-4D Phantom II die Thunderchief ab.
Für die ersten »Wild-Weasel«-Einsätze wurden F-105F mit RHAW (Radar Homing and Warning), Radarstörsendern in Außenbehältern und einem Warnempfänger ausgerüstet, der den Abschuss einer SAM-Flugabwehrrakete anzeigte. Weitere Ausrüstung diente der Erfassung und Identifizierung der Boden-Luft-Flugkörper SA-2 Guideline. Insgesamt 86 F-105F rüstete man für diese Aufgabe um. Sie waren mit AGM-45 Shrike und AGM-78 Standard ARM (anti-radiation missiles) ausgerüstet. Ab Sommer 1966 kamen die für »Wild Weasel«-Einsätze umgerüsteten F-105F in Vietnam zum Kampfeinsatz. Unter der Bezeichnung EF-105F wurde die erste »Wild Weasel«-Version der F-105 zur Bekämpfung gegnerischer Boden-Luft-Flugkörper entwickelt. Später benannte man sie in F-105G um. 54 F-105F wurden zur F-105G »Wild Weasel« umgebaut. Äußeres Merkmal waren die Rumpfverkleidungen, hinter denen sich das Radarstörgerät ALQ-105 befand. Wie die für »Wild-Weasel«-Einsätze ausgerüstete F-105F verfügte auch die F-105G neben der M.61-Bordkanone über die AGM-45 Shrike und AGM-78 Standard ARM. Ab 1970 lösten die F-105G der 388th TFW die F-105F bei den »Wild-Weasel«-Einsätzen ab.
Nach Beendigung der Kampfhandlungen in Vietnam verlegten die restlichen F-105G nach George AFB und wurden der 35th TFW zugeteilt. Hier wurden sie ab 1979 von der F-4G abgelöst und an die 128th TFS der Georgia ANG übergeben, wo man sie dann endgültig im August 1983 außer Dienst stellte.
Nach dem Abzug der F-105 aus Südostasien in den Jahren 1969 und 1970 wurden die Verbände der Air National Guard (ANG) und Air Force Reserve (AFRES) mit der Thunderchief ausgerüstet. Die letzten 20 F-105D und einige F-105F flogen 1983 noch bei der 466th TFS der AFRES in Hill AFB. Ab 1984 lösten General Dynamics F-16A/B Fighting Falcon auch sie ab.
Abschließend kann man sagen, dass die Republic F-105 Thunderchief trotz aller Rückschläge und Schwierigkeiten bei der Entwicklung und im Einsatz ein gelungener Entwurf mit einer äußerst langen Einsatzkarriere war, die während der 50er- und 60er-Jahre das Rückgrat der USAF bildeten.

Republic F-105D Thunderchief

Verwendungszweck: Jagdbomber
Besatzung: 1
Triebwerk: ein Axial-Zweiwellen-Strahltriebwerk (Pratt & Whitney J75-P-19W) mit einer Leistung von 7802 kp Schub ohne und 12.030 kp Schub mit Nachbrenner
Spannweite: 10,64 m
Länge: 19,61 m
Höhe: 5,97 m
Tragflügelfläche: 35,77 m²
Höchstgeschwindigkeit in 10.970 m Höhe: 2237 km/h
Anfangssteiggeschwindigkeit: 174,3 m/s
Dienstgipfelhöhe: 15.250 m
Reichweite mit zwei 1703-Liter-Abwurftanks unter den Flügeln, einem 2461-Liter-Abwurftank unter dem Rumpf und zwei AGM-12-Bullpup-ASM-Raketen: 1480 km
Überführungsreichweite bei 8300 Liter Kraftstoffzuladung und einer Geschwindigkeit von 940 km/h: 4830 km
Leermasse: 12.474 kg
Maximale Startmasse: 23.967 kg
Bewaffnung: eine sechsläufige 20-mm-General-Electric-M.61-Vulcan-Kanone mit 1028 Schuss (6000 Schuss/min), 340-kg-M117-Bomben, 454-kg-Mk.83-Bomben, 1361-kg-M118-Bomben, Martin-AGM-12-Bullpup-Luft-Boden-Raketen, AIM-9-Sidewinder-Luft-Luft-Raketen, 69,85-mm-Raketenbehälter, Napalmbehälter, 127-mm-Raketenbehälter und MLU-10/B-Minen

Republic RF-84F Thunderflash

■ **Diese RF-84F flog früher beim AG 51 »I« in Manching.**

Der Prototyp YRF-84F (s/n 51-1828) machte im Februar 1952 seinen Erstflug. Die ersten Serienmaschinen wurden im März 1954 ausgeliefert. Die RF-84F Thunderflash entstand aufgrund von Forderungen des SAC und des TAC nach einem taktischen Aufklärer. Sie war das erste Strahlflugzeug, das speziell als Aufklärer entwickelte wurde, und setzte damit neue Maßstäbe auf dem Gebiet der taktischen Luftaufklärung. Die Maschine konnte in der Luft aufgetankt werden, so dass sie über eine große Reichweite verfügte.

Der Bug nahm sechs Kameras auf, die in zwei getrennte Kammern eingebaut waren, sowie die elektronische Ausrüstung und als Defensivbewaffnung im oberen Bereich vier 12,7-mm-Colt-Browning-MGs. In der vorderen Kammer befand sich eine Vorwärtsgeneigt-Kamera für Aufnahmen in Flugrichtung und der Trimetrogon-Kamerasatz, bestehend aus drei Kameras für Horizont-zu-Horizont-Panoramaaufnahmen. In der hinteren Kammer waren eine Linksgeneigt-Kamera für Schrägsichtaufnahmen und eine Hauptsenkrecht-Kamera eingebaut. Neben 15 Standardkameras standen noch spezielle Nachtkameras zur Verfügung. Die Anordnung der Kameras im Bug ermöglichte einen leichten Zugang zu den Kamerasystemen und einen schnellen Wechsel der Filmkassetten, so dass kurze Bodenzeiten für Laden und Entladen der Kameramagazine erzielt werden konnten.

Der richtige Bildausschnitt wurde über ein Periskop ausgewählt, das den Geländeausschnitt auf einen Bildschirm im Instrumentenbrett projizierte. Der Pilot konnte jede Kamera über das zentrale Kontrollbrett innerhalb der Kabine einzeln steuern. Ein Computer wertete Lichtverhältnisse, Geschwindigkeit und Höhe aus und sorgte automatisch für die richtige Einstellung der Kameras. Ein Aufzeichnungsgerät speicherte die vom Piloten kommentierten Beobachtungen während des Fluges.

Die F-84-Serie war eine der bedeutendsten westlichen Flugzeugentwicklungen der 50er-Jahre. Der erste Prototyp, die XP-84 Thunderjet mit der s/n 45-59475 (PS-475), absolvierte am 28. Februar 1946 in Muroc seinen Jungfernflug.

Die Weiterentwicklung YF-84F Thunderstreak (s/n 49-2430) mit Allison-J35-Triebwerk startete am 3. Juni 1950 zum Erstflug. Es folgten zwei Vorserienflugzeuge mit Curtiss-Wright-YJ65-W-1-Strahltriebwerken. Diese beiden Maschinen waren im Grunde Neukonstruktionen. Auffallendste Änderung war eine kurze Cockpithaube, die flach nach hinten geschwenkt werden konnte. Das erste Vorserienflugzeug besaß einen zentralen Lufteinlauf, der für den Einbau des neuen Triebwerks erheblich vergrößert werden musste. Diese Maschine mit der s/n 51-1344 flog am 14. Februar 1951 zum ersten Mal. Der Ausbruch des Koreakrieges gab den Anstoß für die Aufnahme der F-84F-Serienproduktion. Die Auslieferung der ersten einsatzreifen Thunderstreak an das Tactical Air Command (TAC) der US Air Force begann 1954.

Beim zweite Vorserienflugzeug (s/n 51-1345) gestaltete man das Rumpfvorderteil neu und verlegte die Lufteinläufe in die verdickten Flügelwurzeln. Damals hatte man vor, diese Anordnung zur Standardausführung zu machen. Diese Variante wurde jedoch wegen zu schwacher Leistungen für die Jagdbomberversion verworfen, sie bildete jedoch die Grundlage für den taktischen Aufklärer RF-84F Thunderflash. Bis auf das neue Rumpfvorderteil entsprach der Aufbau der RF-84F weitgehend dem der F-84F.

Für das FICON-Projekt (Fighter Conveyor = Jagdflugzeug-Träger) des Strategic Air Command wurde als Prototyp die YRF-84F mit der s/n 51-1828 umgebaut. Ihr folgten weitere 25 RF-84F, die zu GRF-84F umgebaut wurden. Diese Flugzeuge erhielten später die Typenbezeichnung RF-84K. Sie wurden zusammen mit den Convair GRB-36F als Trägerflugzeuge bei der 91st Strategic Reconnaissance Squadron eingesetzt.
Eine weitere Versuchsreihe lief unter der Bezeichnung »Tom-Tom«. Dabei diente eine Convair RB-36F (s/n 42-2702) mit sechs Sternmotoren und über 70 m Spannweite als Trägerflugzeug: Zwei RF-84F (s/n 51-1848 und -1849) wurden an den Tragflächenspitzen der RB-36F mitgeführt.
Neben der USAF setzten noch weitere Länder in ihren Luftwaffen die RF-84F ein: Belgien, Deutschland, Frankreich, Griechenland, die Niederlande, Italien und die Türkei.
Belgien erhielt die ersten von 25 RF-84F am 8. Juni 1955. Weitere fünf folgten 1963, und 1965 gab die deutsche Luftwaffe weitere vier Aufklärer an Belgien ab: Hierbei handelte es sich um die EA-303, -305, -311 und -334 des AG 51 »Immelmann«. Eingesetzt wurden die Flugzeuge bei der 42. Smaldeel. 1971 löst die Mirage 5BR die RF-84F in Belgien ab.
Die deutsche Luftwaffe übernahm insgesamt 108 RF-84F und wurde damit der größte Nutzer der Thunderflash außerhalb der USA. Die Flugzeuge waren mit J65-W-7-Triebwerken ausgerüstet. Diese Triebwerke tauschte man jedoch später gegen die Version W-3 der F-84F aus. Die Flugzeuge wurden wie die F-84F an Bord von Flugzeugträgern nach Bremen gebracht und bei Weserflug entmottet und für den Einsatz hergerichtet.
Als erster Verband der neuen deutschen Luftwaffe erhielt die Waffenschule der Luftwaffe 50 die RF-84F Thunderflash. Die WaSLw 50 wurde am 1. Februar 1958 in Erding aufgestellt. Amerikanische Piloten überführten die beiden ersten RF-84F am 17. März 1958 nach Erding. Der erste Flug mit deutschen Piloten erfolgte am 10. Mai 1958.
Am 7. Juli 1959 wurde das AG 51 in Erding in Dienst gestellt, von wo aus es am 5. Mai 1960 nach Manching verlegte. Ab 1963 erfolgte die Umrüstung auf die Lockheed RF-104G Starfighter. Die letzte RF-84F Thunderflash stellte man beim AG 51 »I« im Juni 1965 außer Dienst.
Ebenfalls in Erding stellte am 12. Dezember 1959 der Inspekteur der Luftwaffe, General Kammhuber, das AG 52 in Dienst. Das Geschwader verlegte 1960 zunächst nach Eggebek und 1965 dann nach Leck. Im gleichen Jahr begann auch hier die Umrüstung auf die RF-104G. Als letzte RF-84F verließ die mit einer Sonderbemalung versehene EB-357 das AG 52 am 31. August 1966.
Beide Aufklärungsgeschwader übernahmen ihre Einsatzflugzeuge von der WaSLw 50. Der Schule verblieben nur noch wenige RF-84F. Nach Außerdienststellung gab man einen Teil der Flugzeuge an die Türkei und an Griechenland ab.
Bei der Armée de l'Air löste ab 1957 die RF-84F die Aufklärerversion der F-84G Thunderjet ab. Ausgerüstet wurden die drei Staffeln der 33. Escadre de Reconnaisance in Lahr. Die ER3/33 »Moselle« rüstete im März 1963 auf die Mirage IIIR um, gefolgt von der ER2/33 »Savoie« im März 1964. Die letzte Staffel war die ER1/33 »Belfort«, die erst im Januar 1967 die Mirage IIIR erhielt.
In den Niederlanden kam die RF-84F bei der 306. Staffel zum Einsatz. Insgesamt wurden 24 Flugzeuge in Dienst gestellt. Zwischen November 1955 und Mai 1957 übernahm die Staffel 20 Maschinen. Die letzten vier trafen im November 1958 ein. Ab 1963 löste die RF-104G die Thunderflash ab. Die ausgemusterten Flugzeuge übernahmen die griechische und die türkische Luftwaffe.
Die Aeronautica Militare Italiana (AMI) erhielt 78 RF-84F Thunderflash. Diese lösten bei der 3. Aerobrigate ab dem Frühjahr 1956 die RF-84G Thunderjet ab. Der Einsatz erfolgte bis 1974. Dann übernahm die RF-104G die Aufgaben der Thunderflash.
Im Januar 1958 lief die Produktion nach 715 gebauten Maschinen aus, von denen 386 an neun Luftstreitkräfte außerhalb der USA geliefert wurden.

Republic RF-84F Thunderflash

Verwendungszweck: Aufklärer
Besatzung: 1
Triebwerk: ein Axial-Einwellen-Strahltriebwerk (Wright J 65-W-7) mit 32,13 kN (3275 kp) Standschub.
Spannweite: 10,25 m
Länge: 14,48 m
Höhe: 4,57 m
Tragflügelfläche: 30,23 m²
Höchstgeschwindigkeit in Meereshöhe: 1160 km/h
Höchstgeschwindigkeit in 6095 m Höhe: 1059 km/h
Anfangssteiggeschwindigkeit: 51,6 m/s
Dienstgipfelhöhe: 14.600 m
Reichweite: 2898 km
Reichweite mit Zusatztanks: 3540 km
Leermasse: 6362 kg
Maximales Startgewicht: 12.700 kg
Bewaffnung: vier 12,7-mm-Browning-M3-MGs
Ausrüstung: eine Kombination von sechs Kameras 15 verschiedener Modelle einschließlich Nacht- und Trimetrogon-Geräten im Rumpfbug sowie Magnesium-Blitzlichtbomben unter den Tragflächen für Nachteinsätze

Rockwell OV-10 Bronco

Die erste Bestellung lautete auf sieben YOV-10A Prototypen, von denen der erste am 16. Juli 1965 flog. Das Flugzeug war für den Einsatz als leichter bewaffneter Aufklärer für das US Marine Corps vorgesehen. Die erste Serienmaschine flog am 6. August 1967. Deutschland erhielt sechs OV-10B als Zielschlepper. Später übernahm man noch weitere sieben OV-10B mit einem zusätzlichen Strahltriebwerk auf dem Rumpf. Die Strahltriebwerke wurden aber wieder demontiert.
Exportversionen waren die OV-10C, OV-10E und OV-10F. Die USAF bestellte 157 OV-10A als FAC-Flugzeuge (Forward Air Control = Einweisung von Jagdbombern auf Bodenziele), die in Vietnam zum Einsatz kamen. Auch in Sembach wurde eine Staffel OV-10A stationiert.
Letzte Version war die OV-10D, die man speziell für Nachteinsätze entwickelte.

Rockwell OV-10D Bronco

Verwendungszweck: Beobachtungsflugzeug
Antrieb: zwei Propellerturbinen (Garett T76-416/417) mit je 533 kW (715 WPS)
Besatzung: 2
Spannweite: 12,19 m
Länge: 13,41 m
Höhe: 4,62 m
Flügelfläche: 27,03 m²
Leermasse: 3127 kg
Maximale Startmasse: 6552 kg
Höchstgeschwindigkeit: 463 km/h
Dienstgipfelhöhe: 9145 m
Bewaffnung: fünf Waffenstationen um und unter dem Rumpf mit bis zu 1633 kg Zuladung sowie zwei Flügelstationen mit 272 kg Zuladung

Rockwell T-2 Buckeye

Die T-2 wurde als Strahltrainer für die US Navy entwickelt. Sechs Vorserienflugzeuge YT-2J-1 baute North American 1956. Die erste Maschine flog am 31. Januar 1958. Die Fertigung der T-2A umfasste 201 Flugzeuge. Nächste Variante war die verbesserte T-2B (97 Stück). Meistgebaute Ausführung war mit 231 Exemplaren die T-2C, die am 10. Dezember 1968 ihren Erstflug absolvierte. Für den Export entstanden zwei weitere Modelle. Venezuela erhielt 1973 zwölf T-2D und später weitere 19 Flugzeuge. Griechenland erwarb 36 T-2E.

■ **Für die Ausbildung ihrer Piloten setzte die US Navy die T-2C Buckeye ein.**

Rockwell T-2C

Verwendungszweck: Schulflugzeug
Antrieb: zwei Strahltriebwerke (General Electric J85-GE-4) mit je 13,12 kN (1338 kp) Schub
Besatzung: 2
Spannweite: 11,63 m
Länge: 11,79 m
Höhe: 4,51 m
Flügelfläche: 23,70 m²
Leermasse: 3681 kg
Maximale Startmasse: 5978 kg
Höchstgeschwindigkeit: 838 km/h
Dienstgipfelhöhe: 13.535 m
Reichweite: 1465 km

■ **Die OV-10D des USMC wurden inzwischen außer Dienst gestellt.**

Rockwell T-39 Sabreliner

Als North American N.A.246 Sabreliner entwickelt, flog die erste Maschine am 16. September 1958. Die militärische Variante T-39A flog erstmals am 30. Juni 1960. Bis 1963 erfolgte die Auslieferung von 143 T-39A. Für das Radartraining von F-105-Piloten bestellte die USAF sechs T-39B. Die US Navy erhielt 43 T-39D und sieben CT-39E. Bei der T-39F handelt es sich um drei umgebaute T-39A für das Training der F-105G-Besatzungen. Weitere zehn CT-39G gingen als taktische Transporter an US Navy und US Marine Corps. Für die Schulung von Navy-Besatzungen baute die Sabreliner Cooperation 17 Sabre 40 zur T-39N um. Die letzte T-39 der USAF, eine NT-39B, fliegt bei der 412th TW in Edwards AFB.
Die US Navy setzt neben den 17 T-39N noch zwei CT-39E und fünf CT-39G ein. Das US Marine Corps fliegt noch sechs CT-39G.

North American T-39A Sabreliner

Verwendungszweck: Schul- und Transportflugzeug
Antrieb: zwei Strahltriebwerke (Pratt & Whitney J60-P-3) mit je 13,34 kN (1360 kp) Schub
Besatzung: 2 + 4-8 Passagiere
Spannweite: 13,53 m
Länge: 13,34 m
Höhe: 4,88 m
Flügelfläche: 31,82 m²
Leermasse: 4180 kg
Maximale Startmasse: 8050 kg
Höchstgeschwindigkeit: 869 km/h
Reisegeschwindigkeit: 808 km/h
Dienstgipfelhöhe: 13.700 m
Reichweite: 2780 km

■ Bei der USAF steht heute nur noch eine T-39 im Dienst.

Sikorsky H-19/S-55 Chickasaw

Die USAF bestellte 1948 fünf YH-19 zur Erprobung. Der Erstflug fand am 10. November 1949 statt. Anschließend baute der Hersteller 50 H-19A und 264 H-19B. Die US Army erhielt 72 H-19C. Weitere 301 H-19D lieferte der Hersteller in den folgenden Jahren an die US Army. Ab 1962 wurde der Hubschrauber mit UH-19 bezeichnet. Die US Navy setzte die Maschine mit den Bezeichnungen HO4S, HRS-1 und HRS-2 ein. Die Lizenzfertigung erfolgte bei Westland in England, SNCA-SE in Frankreich und Mitsubishi in Japan.

■ Bereits in Korea wurde die UH-19A als Rettungshubschrauber eingesetzt.

Sikorsky H-19A Chickasaw

Verwendungszweck: Transporthubschrauber
Antrieb: eine Wellenturbine (Pratt & Whitney R-1340-57) mit 410 kW (550 PS)
Besatzung: 2 + 10 Passagiere
Länge: 12,85 m
Höhe: 4,07 m
Rotordurchmesser: 16,16 m
Heckrotordurchmesser: 2,67 m
Leermasse: 2245 kg
Maximale Startmasse: 3266 kg
Höchstgeschwindigkeit: 162 km/h
Reisegeschwindigkeit: 148 km/h
Dienstgipfelhöhe: 3218 m
Reichweite: 650 km

Sikorsky H-3/S-61 Sea King

■ Sikorsky S-61 der norwegischen Luftwaffe.

Als Such- und U-Boot-Jagdhubschrauber entwickelt, flog der Prototyp YHSS-2 zum ersten Mal am 11. März 1959. Die Umbenennung in SH-3A erfolgte 1962. Die zivile Version, die aber auch an einige Streitkräfte geliefert wurde, hat die Bezeichnung S-61. Sikorsky baute 145 SH-3A, denen die SH-3D folgte (ein Prototyp und 73 Serienmaschinen). Die SH-3D wurde ab Juni 1966 ausgeliefert. 105 SH-3A und zwei SH-3D baute man zu SH-3G um, die als Transport- und SAR-Hubschrauber eingesetzt werden. Letzte Variante war die SH-3H, die jetzt von der SH-60F ersetzt wird. Das US Marine Corps setzt für Flüge des Präsidenten einige VH-3D ein. Die US Coast Guard beschaffte 1968 40 HH-3F Pelican zur Küstenüberwachung.
Für die USAF baute Sikorsky die CH-3B, die der SH-3 entsprach. Die 1962 eingeführte CH-3C (S-61R) flog erstmals am 17. Juni 1963. Wichtigste Änderung war der Einbau einer Heckladerampe. Die meisten der 75 CH-3C wurden später auf CH-3E-Standard gebracht. Die als »Jolly Green Giant« bekannte HH-3E ist ein gepanzerter Rettungshubschrauber mit einer Luftbetankungseinrichtung und 12,7-mm-MGs.
Die S-61 wird bei Agusta und Westland in Lizenz gebaut.

Sikorsky SH-3D Sea King

Verwendungszweck: U-Boot-Jagdhubschrauber
Antrieb: zwei Wellenturbinen (General Electric T58-10) mit je 1044 kW (1400 WPS)
Länge: 16,69 m
Höhe: 5,13 m
Rotordurchmesser: 18,90 m
Leermasse: 5382 kg
Maximale Startmasse: 9752 kg
Höchstgeschwindigkeit: 267 km/h
Reisegeschwindigkeit: 238 km/h
Steiggeschwindigkeit: 11,2 m/s
Dienstgipfelhöhe: 4480 m
Reichweite: 1005 km
Bewaffnung: zwei Torpedos des Typs Mk.46

Sikorsky H-53 Super Stallion

Die unter der Firmenbezeichnung S-65 für das US Marine Corps entwickelte CH-53 flog am 14. Oktober 1964 zum ersten Mal. Die Serienversion CH-53A wurde im September 1966 in Dienst gestellt. Ihre Einsatzzeit endete im Juli 1993. Hauptversion ist die CH-53D, von der 124 Exemplare gebaut wurden. Größter Betreiber außerhalb der USA sind die deutschen Heeresflieger, die insgesamt 112 CH-53 übernahmen. Bei den ersten beiden handelte es sich um zwei CH-53D, gefolgt von 110 CH-53G, die VFW-Fokker in Speyer fertigte. Der Erstflug erfolgte am 11. Oktober 1971. Die CH-53G steht beim HFlgRgt 15 in Rheine, beim HFlgRgt 25 in Laupheim und beim HFlgRgt 35 in Mendig im Einsatz.
Für die USAF stellte man die HH-53B/C als SAR-Hubschrauber her. Größte und schwerste Variante ist die CH-53E (S-80), deren

Prototyp am 1. März 1974 flog. Die US Navy beschaffte die Minensuchversion MH-53E Sea Dragon und Japan entschied sich für die S-80M.

■ Diese Sikorsky CH-53C gehörte zur 601st TCW und war 1980 in Sembach stationiert.

Sikorsky CH-53E Super Stallion

Verwendungszweck: Transport- und Minensuchhubschrauber
Antrieb: drei Gasturbinen (General Electric T64-GE-416) mit je 3266 kW (4380 WPS)
Besatzung: 3
Länge: 22,35 m
Höhe: 8,64 m
Rotordurchmesser: 24,07 m
Leermasse: 15.071 kg
Maximale Startmasse: 33.339 kg
Höchstgeschwindigkeit: 315 km/h
Reisegeschwindigkeit: 278 km/h
Steiggeschwindigkeit: 12,7 m/s
Dienstgipfelhöhe: 5640 m
Reichweite: 2075 km

Sikorsky H-60 Blackhawk

■ Für den Einsatz bei den Vereinten Nationen stellte die US Army einige weiße UH-60A bereit.

Die UH-60 führte die US Army als Nachfolger für die UH-1 ein. Der Prototyp YUH-60A absolvierte seinen Erstflug am 17. Oktober 1974. Die erste UH-60A aus der Serie flog genau vier Jahre später am 17. Oktober 1978. Von der UH-60A und L, einer leistungsfähigeren Version, erhielt die US Army insgesamt 1400 Einheiten. 100 UH-60P gingen nach Korea. Für den Einsatz als VIP-Hubschrauber wurden neun UH-60N gebaut, die von der XMX-1 des US Marine Corps eingesetzt werden. Für elektronische Einsätze findet die EH-60A/C Verwendung. Die neuste Version ist die UH-60Q, die seit dem 31. Januar 1993 fliegt. Weitere Varianten, die für spezielle Aufgaben eingesetzt werden, sind die

HH-60G, MH-60G Pave Hawk und MH-60K. Bei der US Navy stehen die SH-60B Seahawk, SH-60F Ocean Hawk und die HH-60H Rescue Hawk im Einsatz. Die erste SH-60B flog am 12. Dezember 1979, die erste HH-60J Jayhawk am 8. August 1989. Letztere kommt bei der US Coast Guard zum Einsatz. Mitsubishi in Japan baute 54 SH-60J in Lizenz

Sikorsky UH-60A Blackhawk

Verwendungszweck: Transporthubschrauber
Antrieb: zwei Gasturbinen (General Electric T700-GE-700) mit je 1151 kW (1560 WPS)
Besatzung: 3 + 11 Soldaten
Länge: 15,26 m
Höhe: 3,76 m
Rotordurchmesser: 16,36 m
Leermasse: 5118 kg
Maximale Startmasse: 9185 kg
Höchstgeschwindigkeit: 296 km/h
Reisegeschwindigkeit: 268 km/h
Steiggeschwindigkeit: 20,3 m/s
Dienstgipfelhöhe: 5790 m
Reichweite: 2224 km

Vought A-7 Corsair II

Die Entwicklung der A-7 begann 1962, als die US Navy einen Nachfolger für die A-4 suchte. Der Prototyp (BuNo.152580) flog am 27. September 1965. Weitere sechs Prototypen folgten. Als erste Einheit übernahm die VA-174 am 14. Oktober 1966 die Corsair II. Von der A-7A baute LTV (Ling-Temco-Vought) 199 Flugzeuge. Die A-7A wurde in der Produktion von der A-7B (Erstflug 6. Februar 1968) abgelöst. Als Ersatz für die F-100 bestellte die USAF 459 A-7D, deren erste am 5. April 1968 (s/n 67-14582) flog. 72 A-7D der 354. TFW waren während des Vietnam-Krieges in Thailand stationiert, wo bei über 6800 Einsätzen nur vier Flugzeuge verloren gingen.
Die US Navy erhielt als nächstes die A-7E, die wie die A-7D mit einer Vulcan-Kanone ausgerüstet war. Im Juli 1974 erhielt Vought den Auftrag, 40 A-7B und 41 A-7C zu Kampftrainern umzubauen. Die Flugzeuge wurden anschließend als TA-7C bezeichnet. Eine weitere zweisitzige Variante war die A-7K, von der 31 Flugzeuge für die Air National Guard aus den Werkhallen rollten. Der Erstflug erfolgte im Januar 1981.
Für die griechische Luftwaffe entwickelte Vought die A-7H (Erstflug 6. Mai 1975), von der das Unternehmen bis Ende 1977 insgesamt 60 Flugzeuge auslieferte. Außerdem erhielt Griechenland noch fünf Doppelsitzer TA-7H. Für Portugal baute der Hersteller 50 A-7A/B zu A-7P und TA-7P um.

Vought A-7E Corsair II

Verwendungszweck: Kampfflugzeug
Antrieb: ein Mantelstromtriebwerk (Allison TF41-A-2) mit 64,5 kN (6577 kp) Schub
Besatzung: 1
Spannweite: 11,81 m
Länge: 14,06 m
Höhe: 4,90 m
Flügelfläche: 34,84 m²
Leermasse: 8841 kg
Maximale Startmasse: 19.051 kg
Höchstgeschwindigkeit: 1123 km/h
Reichweite: 1127 km
Bewaffnung: eine M.61A-1-Vulcan-Kanone und bis zu 6804 kg an sechs Flügelstationen und zwei seitlichen Rumpfstationen

Vought TA-7P während eines Trainingsfluges über Portugal.

Vought F-8 Crusader

Der Prototyp der Crusader, die XF8U-1 (Bu.No.138899), absolvierte am 25. März 1955 seinen Erstflug. Bereits Ende 1956 wurden die ersten Serienflugzeuge ausgeliefert. Die Serienfertigung der F-8A endete nach 318 gebauten Flugzeugen am 3. September 1958. Die Aufklärerversion RF-8A flog am 17. Dezember 1956 (144 Stück gebaut). Die F-8B, von der 130 Maschinen die Fertigungsstraße verließen, wurde in der Produktion von der F-8C (Erstflug 20. August 1958) abgelöst. Die F-8D (Erstflug 16. Februar 1960) verfügte über vier AIM-9A-Sidewinder-Raketen. Letzte und meistgebaute Version war die F-8E. Der Erstflug erfolgte 1961, und nach Fertigung von 284 Flugzeugen wurde 1964 die Produktion eingestellt. Die französischen Marineflieger bestellten 42 F-8E (FN), deren erste am 26. Juni 1964 flog. Die letzten 19 F-8E (FN) stellte man Ende 1999 außer Dienst.

Ein weiterer Exportkunde waren die Philippinen, die 25 F-8P erhielten. Bei diesen Flugzeugen handelt es sich um modifizierte F-8H.

Vought F-8E Crusader

Verwendungszweck: Jagdflugzeug
Antrieb: ein Strahltriebwerk (Pratt & Whitney J57-P-20A) mit 80,1 kN (8165 kp) Schub
Besatzung: 1
Spannweite: 10,72 m
Länge: 16,61 m
Höhe: 4,80 m
Flügelfläche: 32,52 m²
Maximale Startmasse: 15.422 kg
Höchstgeschwindigkeit: 1800 km/h
Dienstgipfelhöhe: 17.680 m
Reichweite: 1609 km
Bewaffnung: vier 20-mm-Browning-Kanonen, zwei Sidewinder-Raketen und bis zu 907 kg externe Waffenlast

■ Vought F-8K der VMF-351.

Bildnachweis

Hanspeter Abt (1), Aermacchi (1), Aérospatiale (1), Aero Vodochody (4), Agusta (3), Alenia (2), Antonow (1), Aufklärungsgeschwader 51 »I« (1), Belgische Luftwaffe (1), Berlin Airlift (1), Boeing (2), Boeing-St.Louis (1), British Aerospace (6), Canadair (1), Philippe Cier (1), Regent Dansereau (2), Dassault (3), Dassault/Aviaplans (5), Greg L. Davis (1), Deutsche Aerospace (2), Dornier (1), Embraer (1), Eurofighter (2), Klaus Faber (9), Fokker (1), General Dynamics (1), Grumman (3), Gerhard Hartmann (8), Rudolf Höfling (2), Israel Aircraft Industries (1), Ralf Jahnke (1), LAGL-Dokumentation (40), Gerhard Lang (41), Lockheed (4), Lockheed Martin (1), Lockheed Martin Skunk Works (2), McDonnell Douglas (5), Willy Metze (1), Alfonso Mino (3), Werner Münzenmaier (8), Northrop Grumman (1), Pilatus (2), Raytheon (1), Michael Riedesser (2), Royal Air Force (1), Ivo Rusák (2), Saab (5), Hanfried Schliephake (1), Schweizer Luftwaffe (2), Peter Steinemann (5), Holger Stüben (1), USAF (1), USAF/11th CS/SCUA (2), Bernd Vetter (6), Frank Vetter (1), Claus Wiest (3)

Abkürzungen

A

AAM	Air-to Air Missile
ADF	Air Defense Fighter
ADV	Air Defense Variant
AEW	Airborne Early Warning
AEW&C	Airborne Early Warning & Control
AFB	Air Force Base
AFRES	Air Force Reserve
AFTI	Advanced Fighter Technolgy Integration
AG	Aufkläungsgeschwader
AGM	Air-to-Ground Missile
AIM	Air Interception Missile
AMI	Aeronautica Militare Italiana
AMRAAM	Advanced Medium-Range Air-to-Air Missile
ANA	Autonome Navigationsanlage
ANG	Air National Guard
APU	Auxillery Power Unit
AS	Airlift Squadron
ASA	Aggiornamento Sistema d'Arma
ASAR	Advanced Synthetic Aperture Radar
ASMP	Air-sol á moyenne portée
ATB	Advanced Technology Bomber
ATF	Advanced Tactical Fighter
AW	Airlift Wing

B

BAe	British Aerospace
BAC	British Aircraft Corporation
BS	Bomb Squadron
BSH	Begleitschutzhubschrauber
Bu.No.	Bureau of Aeronautics serial number
BW	Bomb Wing

C

CAF	Canadian Armed Forces
CCV	Control Configured Vehicle
CEAM	Centre d'Expérimentations Aériennes Militaires
CFB	Canadian Forces Base
CFFTS	Canadian Forces Flying Training School
c/n	Construction Number
COIN	Counter Insurgency
CSRL	Common Strategic Rotary Launcher

D

DDR	Deutsche Demokratische Republik
DH	de Havilland
DHC	de Havilland Canada
DLR	Deutsche Forschungsanstalt für Luft- und Raumfahrt
Do	Dornier

E

EC	Escadron de Chasse
ECM	Electronic Counter Measures
ECR	Electronic Combat Reconnaissance
ECS	Electronic Countermeasures Squadron
EFM	Enhanced Fighter Manoeuvrability
EH	Escadron d'Hélicoptères
Elint	Electronics Intelligence
EloKa	Elektronische Kampfführung
ELS	Emitter Location System
ESM	Electronic Warfare Support Measures
ET	Escadron de Transport
EVS	Elementarie Vlieg School

F

FAA	Federal Aviation Administration
FAB	Fuerza Aérea Boliviana
FAC	Forward Air Control
FACh	Fuerza Aérea de Chile
FCS	Facility Checking Squadron
FFS	Flugzeugführerschule
FG	Fighter Group
FIS	Fighter Interceptor Squadron
FlgStff	Fliegende Staffel
FLIR	Forward-Looking Infra Red
FmL/VsuRgt	Fernmelde-Lehr- und Versuchs-Regiment
FRA	Flugregleranlage
FS	Fighter Squadron
FTS	Flying Training School
FW	Fighter Wing

G

GE	Groupement Ecole
GRD	Gruppe für Rüstungsdienste
GUS	Gemeinschaft Unabhängiger Staaten

H

HAL	Hindustan Aeronautics Ltd.
HARM	High-Speed Anti-Radiation Missile
HARV	High Alpha Research Vehicle
HFB	Hamburger Flugzeugbau
HFlgRgt	Heeresflieger-Regiment
HFlgStff	Heeresflieger-Staffel
HIDEC	Highly Integrated Digital Electronic Control

HOT	Haute Vitesse Optiquement Téléguidée
Hptm	Hauptmann
HUD	Head-Up Display

I

IAI	Israel Aircraft Industries
IDS	Interdictor Strike
IFF	Identification Friend or Foe
IFR	Instrument Flight Rules
IIS	Infrared Imaging System
ILA	Internationale Luftfahrt-Ausstellung
ITO	International Test Organization

J

JaboG	Jagdbombergeschwader
JASDF	Japanese Air Self-Defence Force
JG	Jagdgeschwader
JPATS	Joint Primary Aircraft Trainer System
J-STARS	Joint-Surveillance Target Attack Radar System

K

KHG	Kampfhubschraubergeschwader
kW	Kilowatt
KWS	Kampfwertsteigerung

L

LANTIRN	Low-Altitude Navigation Targeting Infra-Red for Night
LAMPS	Light Airborne Multi Purpose System
LEDA	Lebensdauerverlängerungsmaßnahmen
LSK	Luftstreitkräfte
Lt	Leutnant
LTG	Lufttransportgeschwader
LTV	Ling-Temco-Vought

M

MAD	Magnetic Anomaly Detector
Maj	Major
MAP	Military Aid Program
MAS	Military Airlift Squadron
MATV	Multi-Axis Thrust Vectoring
MAW	Miltary Airlift Wing
MBB	Messerschmitt-Bölkow-Blohm
MDD	McDonnell Douglas
MCAS	Marine Corps Air Station
MFG	Marinefliegergeschwader
MMI	Marina Militare Italiana
MRCA	Multi-Role Combat Aircraft

N

NAS	Naval Air Station
NASA	National Aeronautics & Space Administration
NATO	North Atlantic Treaty Organization
N/AW	Night/Adverse Weather
NTH	New Training Helicopter
NVA	Nationale Volksarmee

O

OCU	Operational Conversation Unit
ODIN	Operational Data Interface
OKB	Opitno Konstruktorski Bjuro
OLt	Oberleutnant
OTL	Oberstleutnant

P

PAH	Panzerabwehr-Hubschrauber
PAVE	Precision Avionics Vectoring
PMTC	Pacific Missile Test Center
PzAbw	Panzerabwehr

R

RAAF	Royal Australian Air Force
RAN	Royal Australian Navy
RAF	Royal Air Force
RN	Royal Navy
RNZAF	Royal New Zealand Air Force
RW	Reconnaissance Wing

S

SAAF	South African Air Force
SAC	Strategic Air Command
SAR	Search and Rescue
Sigint	Signal Intelligence
SLAR	Side-Looking Airborne Radar
s/n	Serial Number
SRW	Strategic Reconnaissance Wing

T

TARPS	Tactical Air Reconnaissance Pod System
TAS	Transportflieger-Ausbildungsstaffel
TASS	Tactical Air Support Squadron
TFG	Tactical Fighter Group
TFS	Tactical Fighter Squadron
TFTS	Tactical Fighter Training Squadron
TFW	Tactical Fighter Wing
TG	Transportgeschwader
THG	Transporthubschrauber-Geschwader
TOW	Tube-launched, optically-tracked, wire-guided
TRW	Tactical Reconnaissance Wing
TST	Transonischer Tragflügel
TTW	Tactical Training Wing
TW	Test Wing

U

UdSSR	Union der sozialistischen Sowjet-Republiken
UN	United Nations

USAF	United States Air Force
USCG	United States Coast Guard
USMC	United States Marine Corps

V

VBH	Verbindungs- und Beobachtungshubschrauber
VFR	Visual Flight Rules
VFW	Vereinigte Flugtechnische Werke
VIP	Very Important Person
VISTA	Variable-stability Inflight Simulator Test Aircraft
VS	Verbindungsstaffel
V/STOL	Vertical/Short Take-off and Landing
VVS	Voortgezette Vliegopleiding School

W

WaSLw	Waffenschule der Luftwaffe
WEG	Weapons Evaluation Group
WPS	Wellen-PS
WRS	Weather Reconnaissance Squadron
WSO	Waffensystem-Offizier
WTD	Wehrtechnische Dienststelle

Verzeichnis der Flugzeugtypen

C

G

H

I

J

K

T